Werner Sommer, Andreas Schlenker

Autodesk Fusion

Autodesk Fusion

Einstieg und Praxis

Werner Sommer, Andreas Schlenker

Markt+Technik

ISBN 978-3-98810-047-4

2., aktualisierte Auflage
Espenpark 1a
90559 Burgthann

Produktmanagement Christian Braun, Burkhardt Lühr
Herstellung Jutta Brunemann
Covergestaltung David Haberkamp
Coverfotos © Premreuthai, Loki Studio, Alexlmx, MUCHIB – Adobe Stock
Satz inpunkt[w]o, Wilnsdorf (www.inpunktwo.de)
Druck mediaprint solutions GmbH, Paderborn
Printed in Germany

Vorwort

3D-Konstruktion ist heute im Maschinenbau, im Anlagenbau, im Formenbau und in vielen weiteren Branchen »State of the Art«. Auch in der Architektur setzen sich diese Programme immer mehr durch. Trotzdem haben die traditionellen CAD-Programme noch immer den Ruf, dass sie teuer sind, schwer zu erlernen und nur für Spezialisten geeignet sind.

Dass dies nicht so sein muss, zeigt die Firma Autodesk mit **Autodesk Fusion** oder kurz **Fusion** (früher **Fusion 360**). Autodesk, einer der weltweit führenden Hersteller von CAD-Software, hat seit ein paar Jahren mit diesem Programm eine Lösung für alle, die im weitesten Sinn mit Produktentwicklung, Fertigung und Vermarktung von Produkten zu tun haben.

Doch was ist anders an Fusion? Zuerst einmal ist Fusion preislich sehr günstig. Wie die meisten kommerziellen Softwarepakete gibt es CAD-Software nur im Abonnement. Bei Fusion beträgt der Preis für ein Jahr nur etwa ein Viertel von dem für Inventor, der speziellen Lösung für die mechanische Konstruktion. Und das Beste daran, für den privaten Gebrauch ist Fusion sogar kostenlos. Eine Reihe von Funktionen fehlt zwar in der Lizenz für Privatanwender, die aber für Maker, Bastler oder für die Einarbeitung in die CAD-Konstruktion ohne Bedeutung sind.

Doch der Preis ist nicht alles. Mit was kann Fusion noch punkten? Es ist intuitiv zu bedienen, was eine schnelle Einarbeitung zur Folge hat. Es ist nicht für eine spezielle Branche optimiert. Das hat unter Umständen aber auch Nachteile. Es gibt nur eine begrenzte Anzahl an Befestigungselementen und keine Zahnräder und andere Maschinenelemente, die der Maschinenbauer braucht. Aber die gibt es auch aus anderen Quellen zum Download im Fusion-Format. Wem die Funktionen nicht ausreichen, kann für sein Spezialgebiet Erweiterungen erwerben, etwa für die 5-Achsen-CNC-Bearbeitung und Finite-Elemente-Berechnung, um nur zwei zu nennen. Damit ist Fusion skalierbar und für die unterschiedlichsten Spezialbereiche geeignet. Und noch ein Aspekt ist zu berücksichtigen: Fusion speichert seine Bauteile in der Cloud, ideal für die Zusammenarbeit von Projektgruppen. Ein wesentlicher Vorteil, wenn man bedenkt, dass die Arbeit im Home-Office immer wichtiger wird.

Von Autodesk Fusion gibt es keine Versionen. Das Programm wird ständig aktualisiert und erweitert. Wenn Sie das Programm starten und es gibt eine Aktualisierung, wird das Update automatisch installiert. So bleiben Sie immer auf dem aktuellen Stand. Wenn sich Abbildungen in diesem Buch von Ihrem Bildschirm im Detail unterscheiden, wurde inzwischen ein Update eingespielt. Das ändert aber an der Arbeitsweise für Sie nichts. Es gibt lediglich zusätzliche Funktionen, die Sie selbst testen können.

Dieses Buch wurde speziell dazu geschrieben, Ihnen einen strukturierten und praxisorientierten Einstieg in Fusion zu ermöglichen. Von den Grundlagen der Benutzeroberfläche über die Modellierungsfunktionen mit Volumen und Flächen bis hin zu fortgeschrittenen Techniken werden Sie Schritt für Schritt durch die verschiedenen Funktionen und Möglichkeiten der Software geführt. Dabei haben die Autoren besonderen Wert auf praktische Übungen gelegt, die es Ihnen ermöglichen, das Gelernte direkt anzuwenden und Ihre Fähigkeiten kontinuierlich zu verbessern. Allerdings ist es nicht möglich, alle Funktionen eines derart komplexen Programms bis ins letzte Detail in diesem Einführungswerk zu beschreiben. Sie sind aber in der Lage, nach dem Durcharbeiten der Übungen dieses Buches sich auch die Spezialfunktionen selbst anzueignen.

Egal, ob Sie als Anfänger zum ersten Mal mit der 3D-Modellierung in Berührung kommen oder ein erfahrener Nutzer eines 2D-Programms oder eines anderen 3D-CAD-Programms sind und Ihre Kenntnisse erweitern möchten, dieses Buch bietet Ihnen einen umfassenden Leitfaden, um Ihre Ziele zu erreichen.

Die Autoren wünschen Ihnen genauso viel Spaß beim Lesen und beim Bearbeiten der Beispiele, wie ihn die Autoren beim Schreiben dieses Buches hatten.

Die Autoren

Werner Sommer, Autor und Herausgeber

CAD-Professional seit über 35 Jahren, früher Geschäftsführer und Gesellschafter eines CAD-Systemhauses mit drei Standorten im Südwesten Deutschlands und Vertriebspartner der Autodesk GmbH. Nebenberuflich als Autor im Verlag Markt+Technik tätig mit über 70 Buchtiteln zu AutoCAD bzw. AutoCAD LT und anderen CAD-Programmen (Autodesk Fusion, FreeCAD u.a.) und 3D-Druck. Herausgeber und Hauptautor dieses Buches.

Andreas Schlenker, Mitautor

CAD-Professional, als Trainer und Consultant freiberuflich tätig. Koautor von Werner Sommer bei diversen Buchprojekten. Seine Themen in Schulung und Beratung: AutoCAD, Inventor, Autodesk Fusion und alles, was sonst noch mit CAD, Grafikprogrammen, DTP-Software sowie 3D-Druck zu tun hat.

Danksagungen

Für die Unterstützung bei der Arbeit an diesem Buch bedanke ich mich bei meinem Mitautor Andreas Schlenker sowie bei:

Burkhardt Lühr vom Lektorat im Verlag Markt+Technik, der von der Idee zu diesem Buch genauso begeistert war wie die Autoren und für die Realisierung des Projekts gesorgt hat. Jutta Brunemann von der Produktion im Verlag Markt+Technik, die aus unseren Texten und Bildern ein Buch gemacht hat.

Werner Sommer, Andreas Schlenker

Inhaltsverzeichnis

1. Einführung, Installation und ein erster Rundgang durch Fusion

Heutzutage sollte die Basis jeder Konstruktion, jeder technischen Anlage, jedes Gebäudes, jedes 3D-Drucks usw. ein vollständiges digitales 3D-Modell sein. Ein 3D-Modell entsteht üblicherweise in einem **3D-CAD-Programm** (CAD für **C**omputer-**A**ided **D**esign oder zu Deutsch »computerunterstütztes Konstruieren«). 3D-CAD-Programme gibt es für alle Branchen, für den Maschinenbau, den Anlagenbau, für die Architektur usw. Aber es gibt auch Fusion von Autodesk, ein Programm zur Modellierung von 3D-Objekten für alle, die es in irgendeiner Art mit Produktentwicklung, Design und Konstruktion zu tun haben.

Zunächst einmal ein paar prinzipielle Überlegungen zur Arbeitsweise in CAD-Programmen. Alle zeichnerischen Darstellungen, ob auf dem Papier oder in einem CAD-Programm, bilden dreidimensionale Gegenstände ab. Bis vor einigen Jahrzehnten arbeiteten CAD-Programme nur zweidimensional. Dabei werden unterschiedliche Methoden zur Darstellung verwendet:

- verschiedene Ansichten und Schnitte,
- isometrische Ansichten,
- perspektivische Darstellungen,
- Explosionszeichnungen.

Mit einem reinen 2D-CAD-Programm arbeiten Sie wie auf Papier. Sie zeichnen Ansichten und Schnitte und überlassen es dem technischen Verständnis des Betrachters, sich das dreidimensionale Objekt vorzustellen. Technisch weniger vorgebildete Nutzer können sich das Objekt sehr viel leichter vorstellen, wenn isometrische oder perspektivische Ansichten verfügbar sind. Auch diese lassen sich mit einem 2D-CAD-Programm erstellen, aber nur mit enormem Aufwand. Weiterhin ist nachteilig, dass Sie keine Kontrolle über die Richtigkeit der so erstellten Zeichnungen haben. Ob beispielsweise eine Kante in dieser oder jener Ansicht sichtbar oder unsichtbar ist oder welche Linien in einem Schnitt sichtbar sind, kann Ihnen kein 2D-CAD-Programm ermitteln.

Wenn Sie mit einem 3D-CAD-Programm arbeiten, erstellen Sie am Computer ein möglichst vollständiges digitales dreidimensionales Modell des Objekts. Sie zeichnen nicht, Sie modellieren. Aus 2D-Skizzen oder dreidimensionalen Grundelementen setzen Sie ein Modell zusammen, das Sie dann aus allen Richtungen betrachten können. Erst wenn das erledigt ist, kümmern Sie sich um die Zeichnung. Ansichten, Schnitte und perspektivische Darstellung lassen sich aus dem 3D-Modell ableiten. Die Zeichnung entsteht dabei ganz nebenbei wie von selbst.

Folgende Techniken stehen Ihnen für die Erstellung des digitalen Modells in einem 3D-CAD-Programm zur Verfügung:

Volumenmodelle: In einem 3D-Volumenmodellierer lassen sich Modelle aus dreidimensionalen Grundkörpern wie Zylinder, Quader, Kegel, Pyramide, Kugel oder Torus erzeugen. Wichtiger noch: Aus 2D-Konturen, die beliebig im Raum liegen, lassen sich durch Extrusion, Rotation, Sweeping und Lofting ebenfalls Volumen erzeugen. Diese wiederum können Sie mit booleschen Operationen (Addition, Subtraktion und Schnittmenge) verknüpfen sowie durch Fasen, Abrunden oder Kappen weiterbearbeiten.

Flächen- und Netzmodelle: Mit dieser Technik werden Objekte durch ein Oberflächennetz modelliert. Damit haben Sie die Möglichkeit, geglättete Oberflächen zu erstellen und diese durch Zupfen und Ziehen an den Scheitelpunkten der einzelnen Flächen in jede beliebige Form zu bringen. Häufig werden solche Netze verwendet, um damit Volumen zu schneiden.

1.1 Was kann Autodesk Fusion?

Autodesk Fusion – oder kurz nur Fusion – enthält alle Funktionen, um komfortabel und auch weitgehend intuitiv eine Volumen-, Flächen- und Netzmodellierung erstellen zu können. Das Erstellen komplexer Zusammenbauten, die Konstruktion von Blechteilen, die Ableitung von Zeichnungen, das Erstellen von Animationen und Renderings sowie ein integriertes CNC-Modul sind ebenfalls schon im Grundprogramm enthalten. Allerdings ist dieses Modul auf 3-Achsen-Steuerungen begrenzt. So leiten Sie aus den konstruierten Bauteilen sofort auch das NC-Programm für die Produktion ab. Sie können ebenso den 3D-Drucker in Ihren Workflow einbeziehen. Wichtig kann in Fusion zudem die Möglichkeit sein, Layouts für elektronische Leiterplatten zu entwickeln.

Volumenmodelle werden in Fusion parametrisch gespeichert, das heißt, Konturen und Objekte des Modells werden mit ihren Maßen und Parametern erstellt und können nachträglich geändert werden. In Fusion ist die komplette Historie ganzer Bauteile und Baugruppen gespeichert. Das ermöglicht eine enorme Flexibilität bei der Arbeit. Zusätzlich zur kommerziellen Lizenz gibt es noch eine Reihe von Erweiterungen, die den Funktionsumfang zusätzlich ergänzen.

1.2 Die Varianten von Fusion

Kommerzielle Version: Fusion wurde als kommerzielles 3D-CAD-Programm bzw. Modellierungswerkzeug entwickelt. Wie die meisten umfangreicheren Programme kann es nicht dauerhaft für die Nutzung gekauft werden, sondern man bekommt es im Abonnement. In gewissem Sinn mietet man das Programm zur Nutzung. Man kann eine Miete für einen Monat, ein Jahr oder gleich für drei Jahre abschließen. Je länger der Abschluss, desto günstiger ist die Miete auf den Monat bezogen. Das Mietmodell hat den Vorteil, dass je nach Bedarf Lizenzen hinzugemietet werden und auch wieder abgemeldet werden können.

Fusion-Erweiterungen: Erweiterungen sind ebenfalls im Abonnement erhältlich. Sie können nur in der kommerziellen Lizenz verwendet werden und nicht in der Lizenz für Privatanwender (siehe unten).

Kostenlose Testversionen: Sicher wollen Sie nicht die Katze im Sack kaufen. Sie können einmal auf Ihrem Computer eine Testversion für 30 Tage mit allen Funktionen der kommerziellen Lizenz installieren. Die Fusion-Erweiterungen sind ebenfalls in Testversionen erhältlich. Diese laufen allerdings nach 14 Tagen aus. Sie finden alle Informationen dazu einschließlich des Downloads auf der Homepage des Herstellers unter www.autodesk.de/products/fusion-360/free-trial.

Version für Aus- und Weiterbildung: Ein sogenannter Education-Vertrag bietet berechtigten Schülern, Studenten und Lehrkräften kostenlosen Single-User-Zugriff auf alle Autodesk-Lösungen für Bildungszwecke. Der Zugriff kann jährlich verlängert werden, solange die Berechtigung dazu besteht. Die Software darf nur für Zwecke genutzt werden, die in direktem Zusammenhang mit Bildung, Schulungen und Forschung stehen. Sie dürfen nicht für gewerbliche, berufliche oder andere gewinnorientierte Zwecke verwendet werden. Weitere Details dazu finden Sie auf der Homepage von Autodesk.

Version für Privatanwender: Fusion für Privatanwender ist eine eingeschränkte kostenlose Version, die die grundlegenden Funktionen enthält und eine Laufzeit von einem Jahr hat. Danach kann sie jeweils wieder um ein Jahr verlängert werden. Das Programm hat zwar eingeschränkte Funktionen, die aber für den Privatanwender ohne Bedeutung sind. Selbstverständlich darf die Lizenz auch nur für private Zwecke und zum Lernen verwendet werden. Was den kommerziellen Einsatz zusätzlich erschwert: Die Zahl der gleichzeitig bearbeitbaren Bauteile ist auf zehn begrenzt. Wer privat Objekte für den 3D-Druck oder seine Modelleisenbahn erstellen will, den stört diese Einschränkung allerdings kaum.

Immer, wenn im Buch am Rand dieses Symbol auftaucht, gilt diese Funktion oder Beschreibung nicht oder in anderer Form in der Version für Privatanwender.

Immer, wenn im Buch am Rand dieses Symbol auftaucht, gilt diese Funktion oder Beschreibung nicht bzw. sie ist nicht nötig. Zum Beispiel ist die Möglichkeit, im Datenpanel (siehe Kapitel 2.2) Dateien auf den Status *Schreibgeschützt* zu setzen, nicht erforderlich, da die Zahl der bearbeitbaren Dateien nicht begrenzt ist.

Unter bestimmten Voraussetzungen ist die Version auch für Start-up-Unternehmen verfügbar. Alle aktuellen Informationen dazu finden Sie ebenfalls auf der Homepage von Autodesk unter www.autodesk.de/products/fusion-360/personal-form, folgen Sie dort den weiteren Anweisungen.

Fusion-Updates

Für viele Programme gibt es regelmäßig Updates bzw. neue Versionen, die Sie kaufen und installieren müssen. Nicht so bei Fusion. Sie haben das Programm ja gemietet und haben damit das Recht auf die aktuelle Version. Updates werden bei Fusion automatisch installiert, wenn Sie das Programm starten. Sie bekommen in einem Fenster den Hinweis, dass eine Aktualisierung läuft. Somit haben auch immer alle User Ihres Teams die aktuelle Version und es gibt keine Probleme mit der Kompatibilität.

1.3 Dateien für die Übungen zum Download

Dieses Buch ist zugleich Tutorial und Nachschlagewerk für Fusion. So können Sie gleich im nächsten Kapitel unter Anleitung Ihr erstes 3D-Modell erstellen. Sie können das Vorgehen Schritt für Schritt nachvollziehen. Dabei bekommen Sie einen ersten Eindruck, warum dafür 2D-Skizzen so wichtig sind. Im dritten Kapitel erfahren Sie deshalb alles zur Erstellung von Skizzen. Danach wird im vierten Kapitel modelliert. Aber auch das Ableiten von Zeichnungen, das Arbeiten mit Baugruppen und alle weiteren wichtigen Bereiche folgen danach. Um das alles nachvollziehen zu können, gibt es Übungsdateien zum Download. Anhand dieser Aufgaben lernen Sie, wie die entsprechenden Funktionen sinnvoll eingesetzt werden können.

Außerdem sind in dem Download-Paket auch Musterlösungen zum Vergleich mit Ihren Ergebnissen enthalten. Um den vollen Nutzen aus diesem Buch zu ziehen, sollten Sie sich diese unbedingt herunterladen.

Gehen Sie wie folgt vor:

1. Auf der Homepage des Verlags finden Sie unter www.mut.de/0047 die Übungsdateien zum Download.
2. Laden Sie die Dateien herunter, entpacken Sie sie und speichern Sie diese in einem Ordner ab, zum Beispiel *Übungen Fusion*.
3. Sollte es Schwierigkeiten beim Download geben, wenden Sie sich an info@mut.de.

1.4 Die Installation und der erste Start

Auch wenn das Programm beim Speichern und Öffnen innerhalb der Cloud arbeitet, müssen Sie das Programm auf Ihrem Computer installieren. Laden Sie die Installationsdatei von einer der oben genannten Adressen herunter. Nach dem Herunterladen und dem Start der Datei läuft der Rest automatisch ab. Sie müssen je nach der Geschwindigkeit Ihres Computers und der Internetverbindung mehr oder weniger lange warten. Das Programm wird nach der Installation automatisch gestartet.

Legen Sie los mit dem ersten Start von Fusion. Bei der Installation wurde ein Icon auf dem Desktop angelegt.

1. Starten Sie das Programm mit dem Icon auf dem Desktop.
2. Um mit dem Programm arbeiten zu können, benötigen Sie ein *Autodesk-Konto*. Nach diesem Konto werden Sie beim Start von Fusion gefragt. Sie müssen sich bei Autodesk registrieren und damit ein Konto erstellen. Klicken Sie auf die Schaltfläche *Anmelden* auf der Startseite von Fusion (siehe Abbildung 1.1, links). Es wird zum Internetbrowser gewechselt (siehe Abbildung 1.1, Mitte). Wenn Sie bereits ein Konto haben, tragen Sie dort Ihre E-Mail-Adresse ein, und mit *Weiter* werden Sie nach dem Passwort gefragt. Danach können Sie den Programmstart fortsetzen.
3. Haben Sie noch kein Autodesk-Konto, klicken Sie auf die Schaltfläche *Konto erstellen*. Füllen Sie das daraufhin folgende Formular aus (siehe Abbildung 1.1, rechts) und erstellen Sie das Konto mit der Schaltfläche *Konto erstellen*. Jetzt haben Sie ein Autodesk-Konto und können den Programmstart fortsetzen.

Abbildung 1.1: Start von Fusion und Anmelden am Autodesk-Konto

> **Am Autodesk-Konto anmelden**
>
> Wenn Sie sich wie oben beschrieben bei Ihrem Autodesk-Konto angemeldet haben, bleiben Sie auch nach Beendigung des Programms weiterhin angemeldet. Erst wenn Sie sich in Fusion vom Konto abmelden, müssen Sie sich beim nächsten

Start erneut anmelden. Waren Sie längere Zeit nicht mehr in Ihrem Konto aktiv oder haben Sie sich an einem anderen Computer angemeldet, müssen Sie sich ebenfalls beim nächsten Start wieder anmelden.

Was ist in Autodesk Fusion ein Hub?

Ein Hub ist in Autodesk Fusion ein zentraler Speicherort für ein Team, eine Arbeitsgruppe oder für Partner, die an einem Projekt beteiligt sind. Alle berechtigten Personen können auf die Daten im Hub zugreifen. Der Administrator kann für die Beteiligten Zugriffsrechte vergeben. Beim ersten Start wird geprüft, ob bereits ein Hub existiert. Falls es von Ihnen noch keinen gibt und Sie einem beitreten wollen, müssen Sie den hier angeben. Wenn Sie neu sind, haben Sie noch keinen, und ein persönlicher Hub wird automatisch angelegt, wenn Sie die Anfrage mit ↵ übergehen. Treten Sie später per Einladung in weitere Hubs ein, können Sie per Symbol im Menü *Datei* den Hub wechseln.

1.5 Ein kurzer Rundgang durch die Bedienelemente

Sie haben das Programm gestartet. Bedingung: Ein permanenter Internetzugang ist bei der Arbeit mit dem Programm sinnvoll, aber Sie können unter bestimmten Bedingungen auch begrenzt lokal arbeiten.

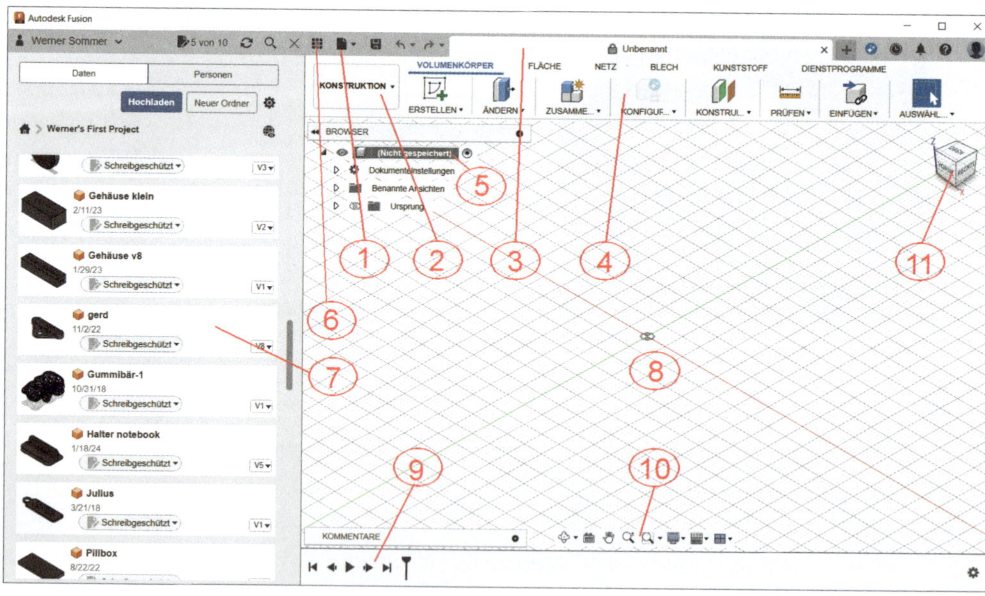

Abbildung 1.2: Die Programmoberfläche von Autodesk Fusion

Die wichtigsten Bedienelemente, die Sie auf dem Bildschirm sehen, finden Sie hier im Überblick (siehe Abbildung 1.2).

1. Am oberen linken Programmrand befindet sich unter dem Seitensymbol das Menü *Datei*. Mit dem Pfeil aktivieren Sie das Aufklappmenü mit den Dateifunktionen, beispielsweise zum Erstellen, Speichern, Exportieren von Dateien usw. Rechts daneben sehen Sie die Symbole zum Speichern, Rückgängigmachen und Wiederherstellen.
2. Darunter befindet sich das Auswahlmenü für die verschiedenen Arbeitsbereiche des Programms. Wir werden uns zunächst mit dem Arbeitsbereich *Konstruktion* befassen. Aber auch die Arbeitsbereiche *Zeichnung*, *Rendern* und *Animation* werden Sie im Laufe dieses Buches kennenlernen.
3. In der obersten Zeile des Programmfensters befinden sich die Reiter der gerade bearbeiteten Dateien, im Moment ist es nur eine. Es ist damit auch die aktuelle Datei, im Moment wird sie als *Unbenannt* angezeigt, da sie noch nicht gespeichert wurde und somit noch keinen Namen hat.
4. Unterhalb der Reiter für die geöffneten Dokumente befindet sich die Multifunktionsleiste, die in funktionale Gruppen aufgeteilt ist. Die Gruppen haben meist Aufklappmenüs, in denen je nach Einsatzbereich Funktionen für Skizzen, Modellierung usw. untergebracht sind.
5. Darunter befindet sich der Browser, der Zugriff auf erstellte Skizzen und Objekte bietet. In ihm lassen sich im Bereich *Dokumenteinstellungen* die Einheiten festlegen, mit denen Sie Ihr Modell erstellen wollen.
6. Ganz links das Symbol dient zum Ein- und Ausschalten des Datenpanels.
7. Das *Datenpanel* ist die Dateiverwaltung in Fusion. Diese benötigen Sie beim Modellieren meist nicht. Schalten Sie sie aus, um mehr Platz für das Modell zu haben. In Kapitel 2.2 erfahren Sie mehr zum Datenpanel.
8. Den größten Teil der Programmoberfläche nimmt der Bereich ein, in dem die 3D-Modelle erstellt werden. Darauf befinden sich zur besseren Orientierung die Achslinien und das Raster.
9. Unterhalb des Arbeitsbereichs befindet sich die Zeitleiste mit dem Konstruktionsverlauf. Da fehlen im Moment noch die Einträge, da Sie noch nichts gemacht haben. Er wächst erst mit Ihrer Arbeit an.
10. Am unteren Rand in der Mitte befinden sich die Schaltflächen mit Zoomfunktionen und weiteren Funktionen zur Steuerung der Anzeige des Modells im Arbeitsbereich. Außerdem befinden sich dort die Funktionen für die Anzeigeeinstellungen, das Raster und den Fang auf der Zeichenfläche sowie die Steuerung der Ansichtsfenster.
11. Ein wichtiges Werkzeug zum Steuern des Ansichtspunkts ist der Ansichtswürfel, der sich in der rechten oberen Ecke befindet. Mit ihm lassen sich Modelle im Raum drehen und von allen Seiten begutachten.

1.6 Navigation im dreidimensionalen Raum

Damit Sie sich auf dem Bildschirm zurechtfinden, laden Sie zuerst einmal ein fertiges Modell, um damit die Zoom-, Pan- und Orbit-Funktionen kennenzulernen.

1. Klicken Sie auf das Abrollmenü mit dem Seitensymbol und wählen Sie aus dem Menü die Funktion *Öffnen*. Sie bekommen zunächst die Dateien angezeigt, die in der Cloud gespeichert sind. Klicken Sie aber auf die Schaltfläche *Über meinen Computer öffnen*, sehen Sie die Dateien auf Ihrem lokalen Computer. Wählen Sie aus Ihrem Übungsordner mit den Dateien, die Sie hoffentlich schon heruntergeladen haben, die Datei ***Aufgabe-01-01.f3d***. Sie bekommen einen kleinen Schraubstock auf den Bildschirm, den Sie noch öfter sehen werden.

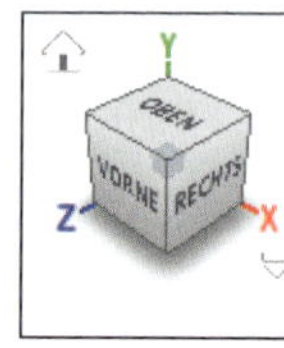

2. Schauen wir uns zunächst den *Ansichtswürfel*, auch *ViewCube* genannt, an. Den gibt es so oder so ähnlich in den meisten 3D-Programmen. Mit ihm können Sie die Anzeige steuern. Man geht von einem Betrachter aus, der seinen Standort im Raum hat und von dort aus das 3D-Modell betrachtet, vom sogenannten Ansichtspunkt. Wenn Sie beispielsweise oben auf den Würfel klicken, dort, wo beim ViewCube *OBEN* steht, sehen Sie von oben auf Ihr Modell. Klicken Sie auf eine Fläche, eine Kante oder eine Ecke, sehen Sie das Modell von diesem Blickwinkel aus. Abbildung 1.3 zeigt das aus den verschiedenen Richtungen betrachtete Modell. Wenn Sie die Maustaste auf dem Würfel gedrückt halten und dann den Mauszeiger bewegen, können Sie das Modell frei drehen (siehe Abbildung 1.3, unten rechts).

3. Um zur Ausgangsansicht zurückzukehren, können Sie das kleine Haussymbol links oberhalb des Ansichtswürfels anklicken (siehe Abbildung 1.3, oben links). Die Ansicht entspricht dann wieder der Startansicht.

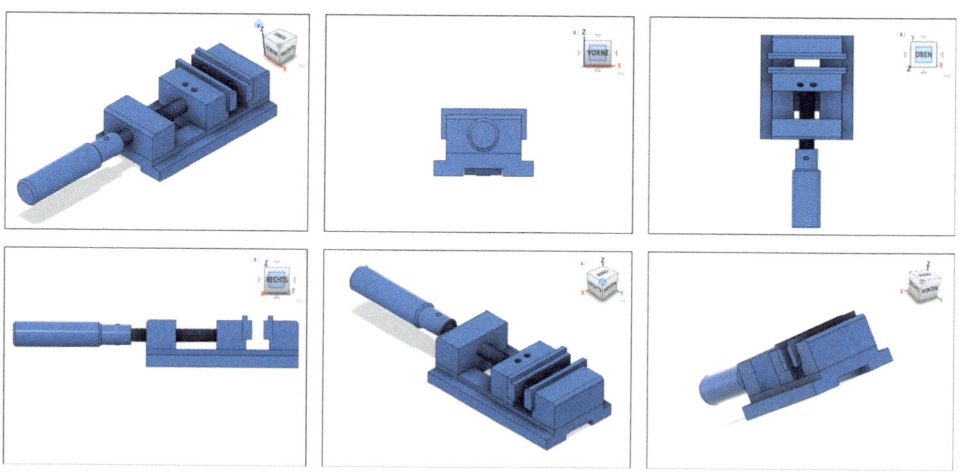

Abbildung 1.3: Das Modell von verschiedenen Ansichtspunkten aus betrachtet

4. Haben Sie eine der Standardansichten gewählt (*OBEN*, *VORNE*, *RECHTS* usw.), können Sie an den runden Tasten die Ansicht in der entsprechenden Richtung in Stufen von 90° drehen.

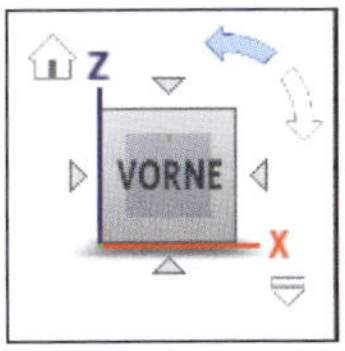

5. Mit der Pfeiltaste rechts unter dem Ansichtswürfel lässt sich ein Menü aktivieren, in dem Sie zwischen *Orthogonal* und *Perspektive* umschalten können. Was ist damit gemeint? Das Modell wird zunächst in einer orthogonalen Darstellung angezeigt, Einstellung *Orthogonal*. Parallele Kanten, die in die Tiefe des Raums reichen, werden in dieser Darstellung immer parallel angezeigt. Das ist zwar beim Modellieren sinnvoll, entspricht aber nicht unseren üblichen Sehgewohnheiten. Wir sehen weiter entfernte Objekte kleiner, und somit laufen in die Tiefe gehende Kanten auf einen Fluchtpunkt zu. Diese natürlichere Ansicht erhalten Sie mit der Einstellung *Perspektive*. Wechseln Sie zwischen den beiden Darstellungsarten und Sie sehen den Unterschied wie in Abbildung 1.4, links die orthogonale und rechts die perspektivische Darstellung.

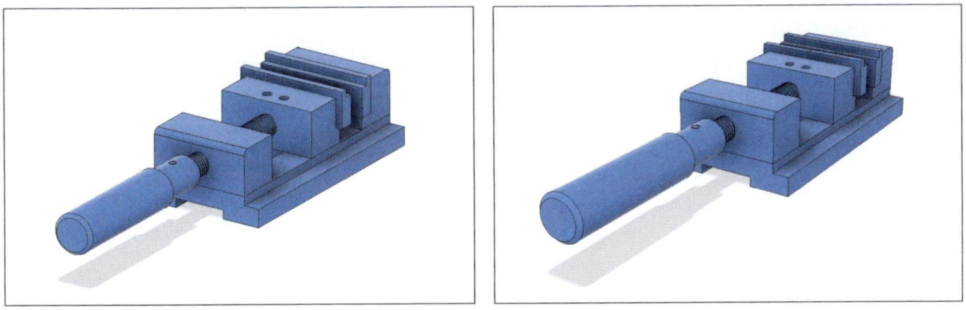

Abbildung 1.4: Das Modell in orthogonaler und perspektivischer Darstellung

6. In dem Menü gibt es weitere Funktionen zur Bestimmung der Ausgangsansicht und zur Bestimmung der aktuellen Ansicht.

Testen Sie alle Möglichkeiten des ViewCube. Mit der Maus haben Sie auch schon die Möglichkeit, ohne eine bestimmte Funktion zu wählen, am Bildschirm zu navigieren:

- **Linke Maustaste klicken:** Auswahl von Funktionen, Objekten usw., keine Navigationsfunktion.
- **Radtaste gedrückt halten:** Verschieben des Ausschnitts (Pan).
- **Rad drehen:** Vergrößern bzw. Verkleinern der Ansicht um den Mauszeiger herum (Zoom).
- **Radtaste zusammen mit ⇧-Taste gedrückt halten:** freies Drehen des Modells am Bildschirm, auch Orbit genannt.
- **Rechte Maustaste:** radiales Minimenü mit allgemeinen Funktionen und solchen, die im Kontext gerade möglich und sinnvoll sind (siehe Abschnitt 2.1.2).

Und es gibt noch mehr Stellen, an denen diese Funktionen gewählt werden können, teilweise mit der gleichen Wirkung. Am unteren Bildschirmrand befindet sich die Navigationsleiste.

Die ersten fünf Symbole (von links nach rechts) betreffen ebenfalls die Steuerung der Anzeige:

- **Orbit:** freies Drehen des Modells mit gedrückter linker Maustaste, Bewegen der Maus auf der Arbeitsfläche.
- **Ausrichten nach:** Draufsicht auf eine wählbare Fläche (nur bei Volumenmodellen). Die Fläche muss danach angeklickt werden.
- **Pan:** Verschieben des Ausschnitts mit gedrückter linker Maustaste.
- **Zoom:** Vergrößern bzw. Verkleinern der Ansicht mit gedrückter linker Maustaste. Mauszeiger nach oben bewegen zum Verkleinern, nach unten zum Vergrößern.
- **Anpassen:** Anzeige des kompletten Modells im Arbeitsbereich oder Vergrößern durch Eingabe eines Fensters mit zwei diagonalen Eckpunkten. Dieser Bereich erscheint dann formatfüllend auf dem Bildschirm.

Mit einem Klick ins Leere bzw. am Bildschirmrand (beim Orbit) lassen sich diese Funktionen beenden.

1.7 Visuelle Stile, Umgebung, Effekte und Raster

1.7.1 Visueller Stil

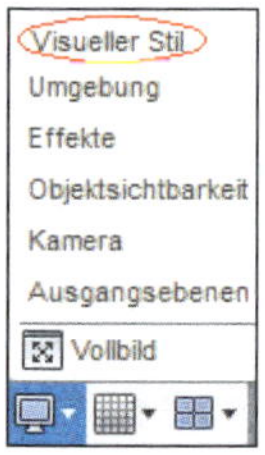

Das Modell kann in unterschiedlicher Darstellung am Bildschirm angezeigt werden. Dies wird von der Einstellung *Visueller Stil* bestimmt. Dafür finden Sie in der Navigationsleiste die Auswahlliste *Anzeigeeinstellungen*.

Dort finden Sie den Eintrag *Visueller Stil* und in einem Untermenü die verschiedenen Möglichkeiten:

- **Schattiert:** schattierte Darstellung ohne Kanten (siehe Abbildung 1.5, oben Mitte).
- **Schattiert mit verdeckten Kanten:** schattierte Darstellung mit sichtbaren und verdeckten Kanten (siehe Abbildung 1.5, oben rechts).
- **Nur schattiert mit sichtbaren Kanten:** schattierte Darstellung mit sichtbaren Kanten (siehe Abbildung 1.5, oben links). Dabei handelt es sich um die Standardansicht.

- **Drahtkörper:** alle Kanten in transparenter Darstellung (siehe Abbildung 1.5, unten links).
- **Drahtkörper mit verdeckten Kanten:** Drahtkörper mit sichtbaren und verdeckten Kanten (siehe Abbildung 1.5, unten Mitte).
- **Drahtkörper nur aus sichtbaren Kanten:** Drahtkörper mit sichtbaren Kanten (siehe Abbildung 1.5, unten rechts).

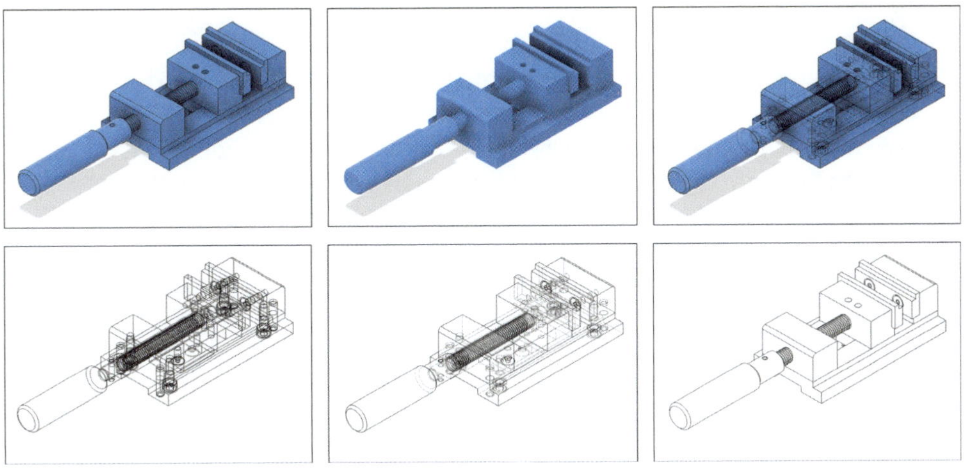

Abbildung 1.5: Die unterschiedlichen visuellen Stile

> **Welchen visuellen Stil verwenden?**
>
> Welcher Stil verwendet wird, ist letztlich Geschmacksache. Standard ist *Nur schattiert mit sichtbaren Kanten* und der eignet sich auch für die meisten Fälle. Beim Anwählen von Kanten bekommen Sie auch in den schattierten Darstellungen ohne verdeckte Kanten die nicht sichtbaren Kanten eingeblendet, wenn Sie mit dem Mauszeiger in ihre Nähe kommen. Bei komplizierten Zusammenbauten ist trotzdem oft die Einstellung *Drahtkörper mit verdeckten Kanten* sinnvoller. Sie können auch während der Arbeit beliebig oft hin- und herschalten.

1.7.2 Die Umgebung

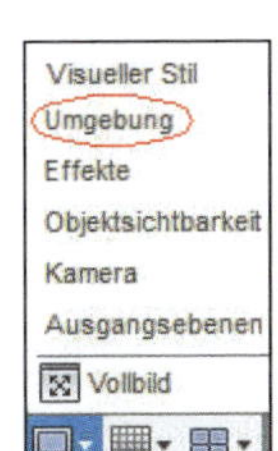

Außer dem visuellen Stil können Sie auch die Umgebung entsprechend Ihren Wünschen anpassen. Dafür finden Sie in der Navigationsleiste in der Auswahlliste *Anzeigeeinstellungen* den Eintrag *Umgebung*. Wählen Sie aus den Möglichkeiten Ihre gewünschte Darstellung der Umgebung (siehe Abbildung 1.6).

Abbildung 1.6: Verschiedene Einstellungen für die Umgebung

1.7.3 Effekte

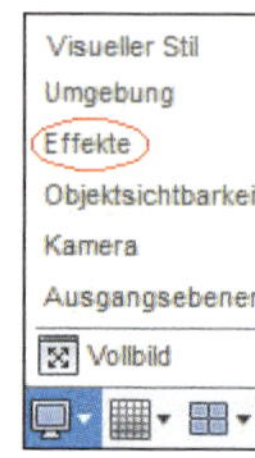

Doch das ist nicht alles. Sie können wählen, ob Sie einen Schatten des Objekts auf der Ebene haben wollen oder nicht, ob die Ebene reflektieren soll oder nicht, ob es Schatten auf dem Objekt geben soll oder nicht und ob die Umgebung das Objekt beeinflussen soll oder nicht. Diese Einstellungen finden Sie ebenfalls in der Navigationsleiste in der Auswahlliste *Anzeigeeinstellungen* unter dem Eintrag *Effekte*. In Abbildung 1.7 sind links die Effekte ausgeschaltet und rechts sind alle Schatteneffekte eingeschaltet.

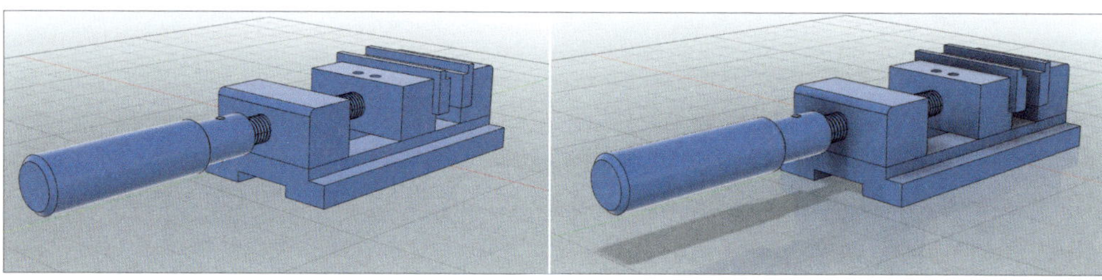

Abbildung 1.7: Modell ohne (links) und mit Schatteneffekten (rechts)

Die weiteren Untermenüs in dieser Auswahlliste betreffen die Sichtbarkeit von bestimmten Objekten (wie Skizzen, Gelenksymbole usw., dazu an späteren Stellen mehr), die Art der Kamera (orthogonal oder perspektivisch) und einen eventuellen Versatz des Objekts zur Grundebene.

1.7.4 Raster und Objektfang

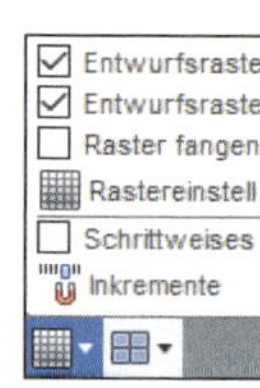

Eine weitere Auswahlliste finden Sie in der Navigationsleiste *Raster und Objektfang*. Dort können Sie ein Entwurfsraster auf der aktuellen Ebene ein- oder ausschalten (siehe Abbildung 1.8). Das dient nur der Orientierung. Mit dem Schalter *Raster fangen* bewirken Sie hingegen, dass beim Skizzieren und Modellieren nur Kreuzungspunkte des Rasters angeklickt werden können. Außerdem lassen sich mit dem Feld *Rastereinstellungen* die Parameter für das Raster einstellen.

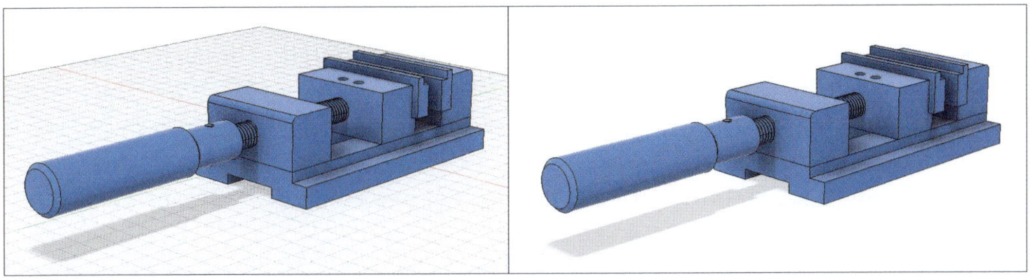

Abbildung 1.8: Modell mit und ohne Entwurfsraster

1.7.5 Ansichtsfenster

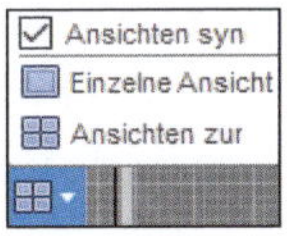

Mit dem Symbol ganz rechts in der Navigationsleiste kann auf eine Darstellung mit vier Fenstern umgeschaltet werden. Darin haben Sie die drei Standardansichten Draufsicht, Seitenansicht und Vorderansicht sowie eine perspektivische Ansicht. Sie können aber die Ansichten in jedem Fenster separat ändern (siehe Abbildung 1.9). Klicken Sie dazu in das Fenster. Auch der *Visuelle Stil* kann in jedem Fenster unterschiedlich eingestellt werden. Nur die Einstellung für die Umgebung ist in allen Fenstern gleich.

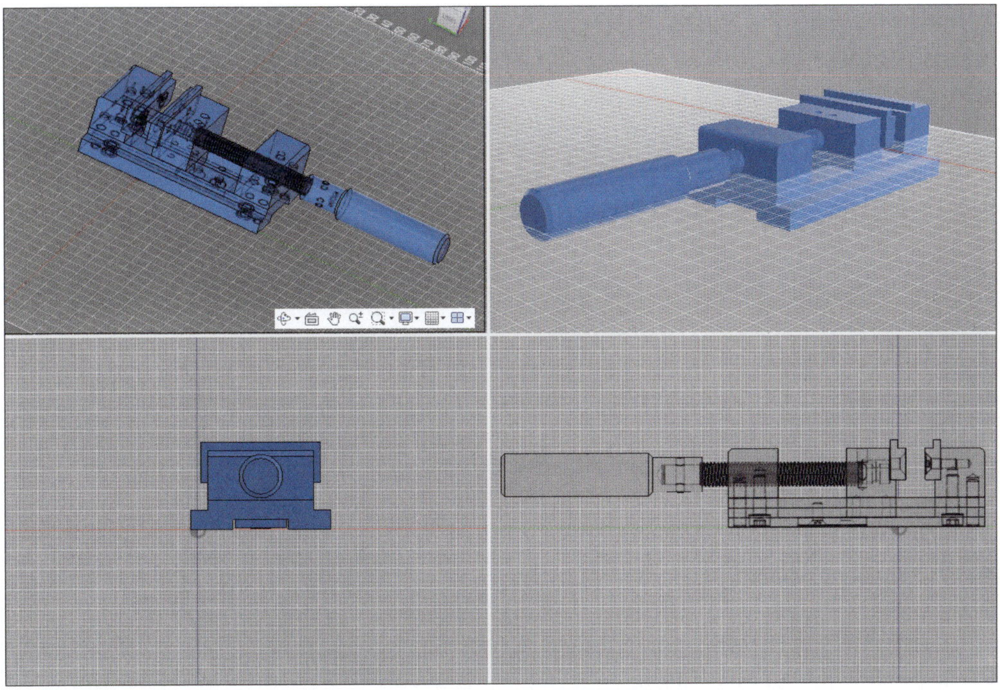

Abbildung 1.9: Anzeige in vier Fenstern mit unterschiedlichen visuellen Stilen und Ansichten

Die Navigationsleiste befindet sich immer im aktuellen Fenster, und die Einstellungen gelten dann auch nur für dieses Fenster, außer *Umgebung* und *Entwurfsraster*. In der Navigationsleiste kann mit der Funktion *Einzelne Ansicht* auf ein einzelnes Fenster zurückgeschaltet werden. Mit der Funktion *Ansichten zurücksetzen* werden wieder Standardansichten und Perspektive angezeigt. Ist der Schalter *Ansichten synchronisieren* aktiviert, werden Zoom- und Pan-Funktionen in einem Fenster ausgeführt, und dann werden diese auch in den anderen Fenstern nachgeführt.

Darstellung in diesem Buch

In den folgenden Abbildungen dieses Buches werden zur guten Lesbarkeit folgende Darstellungen verwendet:

- **Visueller Stil:** In der Regel *Nur schattiert mit sichtbaren Kanten*. Bei speziellen Aktionen kann davon abgewichen werden.
- **Umgebung:** Zur guten Lesbarkeit wird die Umgebung *Fotoautomat* verwendet.
- **Effekte:** Schatteneffekte sind meist eingeschaltet.
- **Entwurfsraster:** Zur Orientierung wird ein adaptives Raster eingeschaltet. Das heißt, dass sich das Raster je nach Vergrößerung anpasst. Der Schalter *Raster fangen* ist deaktiviert.
- **Kamera:** In der Regel wird mit der orthogonalen Einstellung gearbeitet. Es sei denn, eine realistische Ansicht soll auf der Zeichnung oder beim Rendering verwendet werden.

1.8 Hilfe und Voreinstellungen

Noch zwei wichtige Hinweise sollen angeführt werden, bevor es losgeht mit dem Modellieren. Ganz oben rechts im Programmfenster finden Sie noch eine Menüzeile. Zwei Funktionen daraus sind wichtig:

- **Hilfe:** Mit dem Fragezeichen-Symbol aktivieren Sie ein Menü, in dem Sie verschiedene Möglichkeiten der Hilfe für die Programmbedienung finden. Von Suchfunktionen in der Hilfedatei über den Link zu Schulungen, zum Support und zu verschiedenen Communitys, das alles kann in diesem Menü gewählt werden.

- **Persönliches Menü:** Auch wenn Ihnen die Begriffe im Moment noch nicht viel sagen, schon mal ein Hinweis auf die *Voreinstellungen* von Fusion. Mit dem Symbol rechts aktivieren Sie ein Menü mit dem Zugang zu Ihrem Autodesk-Account, zu Ihrem Profil und mit dem Eintrag *Voreinstellungen* zu Ihren persönlichen Einstellungen des Programms (siehe Abbildung 1.10).

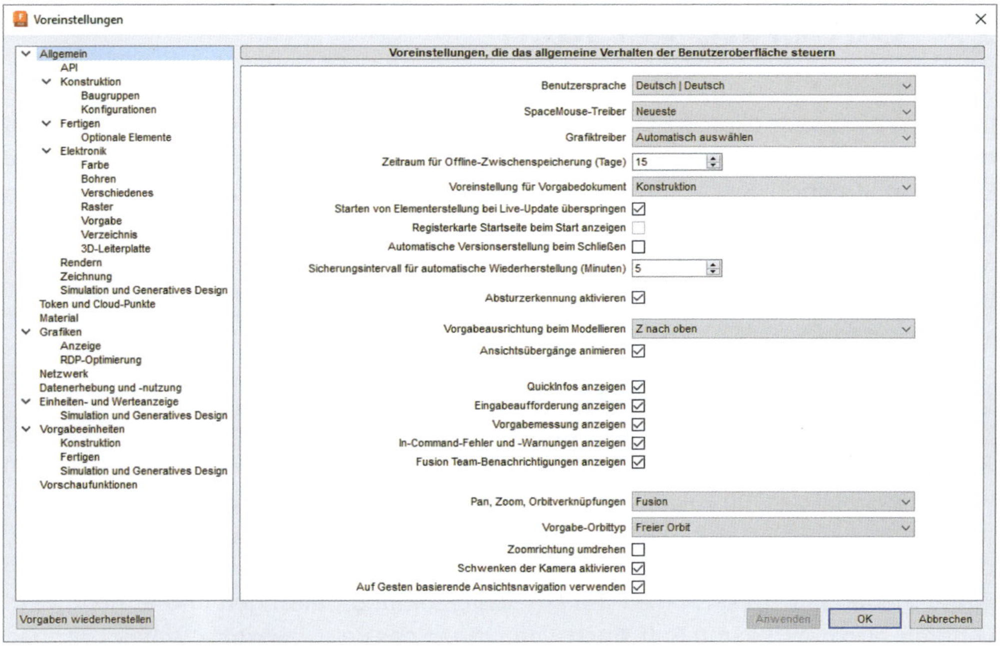

Abbildung 1.10: Voreinstellungen in verschiedenen Kategorien

In einem umfangreichen Dialogfeld finden Sie in der linken Spalte die verschiedenen Kategorien wie *Allgemein, Grafiken, Einheiten und Werteanzeige* usw. Hier einige Beispiele dazu:

- **Konstruktionsverlauf:** In der Kategorie *Allgemein*, Unterkategorie *Konstruktion* gibt es den Eintrag *Vorgabemäßiger Modellierungsmodus*. Dort kann gewählt werden, ob parametrisch oder direkt modelliert werden soll. Nur wenn parametrisch modelliert wird, lassen sich Änderungen später komfortabel vornehmen. Der Verlauf der Konstruktion wird dann in der Zeitleiste angezeigt.
- **Vorgabe-Einheiten für neue Konstruktion:** In der Kategorie *Vorgabeeinheiten*, Unterkategorie *Konstruktion* kann gewählt werden, in welcher Einheit eingegebene Maße ohne Einheit übernommen werden sollen: mm, cm, m, inch oder feet.
- **Einheiten- und Werteanzeige:** In dieser Kategorie lässt sich beispielsweise einstellen, mit wie vielen Nachkommastellen Werte angezeigt werden sollen oder welches Dezimaltrennzeichen verwendet werden soll und vieles mehr.

Wenn Sie im Verlauf der Arbeit mit einem Vorgabewert nicht einverstanden sind, dann schauen Sie hier nach, ob der sich ändern lässt. Alle Werte an dieser Stelle durchzugehen, ist langweilig und zu aufwendig. Suchen Sie bei Bedarf. Da Sie sich jetzt auf dem Fusion-Bildschirm schon einmal fürs Erste auskennen, können wir uns an die erste Aufgabe machen. Um die Arbeitsweise kennenzulernen, werden wir im nächsten Kapitel das erste Objekt modellieren.

2. Der erste Versuch

In jedem professionellen 3D-CAD-Programm arbeitet man mit Skizzen. Man beginnt mit zweidimensionalen Ansichten und erstellt aus diesen durch 3D-Funktionen wie Extrusion, Rotation, Sweeping usw. Volumen. Diese Skizzen lassen sich beliebig im Raum anordnen und man kann so einen einfachen Körper beliebig weiterbearbeiten. Mit weiteren 3D-Befehlen wie Runden, Fasen, Aushöhlen oder Verjüngen können Sie weiter verfeinern. Das ist auch in Autodesk Fusion die prinzipielle Arbeitsweise.

2.1 Der Chip mit Pfiff für den Einkaufswagen

Aller Anfang ist einfach, wenn man Schritt für Schritt angeleitet wird. Bei unserem ersten Projekt in Fusion soll ein Chip für den Einkaufswagen modelliert werden. Aber nicht einen einfachen, den man lose in den Einkaufswagen steckt und den man ständig verliert. Unseren Chip kann man wieder aus dem Wagen herausziehen, wenn man ihn entriegelt hat. So kann man ihn am Schlüsselbund befestigen und er geht nicht verloren, also der Chip mit Pfiff. Auch wenn Ihnen das Beispiel banal erscheint, modellieren Sie mit. Sie erfahren viel zur prinzipiellen Arbeitsweise in Fusion. Im Ordner mit den heruntergeladenen Dateien finden Sie das Ergebnis als fertiges Modell, die Datei *Lösung-02-01.f3d*. Aber nur zum Anschauen. Wie Sie eine Datei laden können, die auf Ihrem lokalen Computer gespeichert ist, haben Sie schon in Kapitel 1.6 erfahren. Der Chip sollte am Ende wie in Abbildung 2.1 aussehen, sehen Sie ihn sich aus allen Richtungen an. Doch genug damit, schließen Sie die Lösung und fangen wir ganz von vorne an.

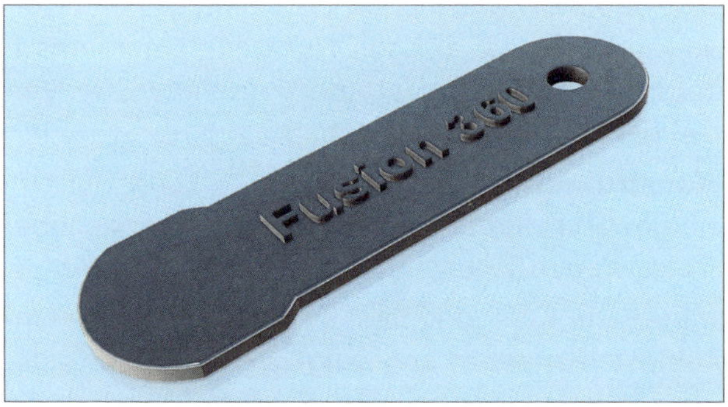

Abbildung 2.1: Der erste Versuch in Fusion

> **Eine neue Datei anlegen**
>
> Wenn Sie in der Symbolleiste im Abrollmenü für die Dateien den Eintrag *Neu* wählen, können Sie in einem Auswahlmenü per Bild bestimmen, mit welchem Bereich Sie starten wollen (Bauteilkonstruktion, Baugruppenkonstruktion, Zeichnung usw.).

2.1.1 Die erste Skizze

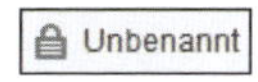

Starten Sie Fusion, falls Sie das noch nicht getan haben. Sie können sofort loslegen und müssen nicht erst eine Datei anlegen, das ist schon erledigt. In der Leiste mit den geöffneten Dateien finden Sie den Eintrag *Unbenannt*. Erst beim Speichern vergeben Sie den Namen.

1. Starten Sie eine neue Skizze mit der Funktion *Skizze erstellen* in der Multifunktionsleiste, Bereich *Volumenkörper*, Gruppe *Erstellen*. Klicken Sie an dem auf der Arbeitsfläche schematisch dargestellten Koordinatensystem als Skizzierebene die untere Fläche an, also die *XY-Ebene* (siehe Abbildung 2.2, rechts) oder im Browser den Begriff *XY* (siehe Abbildung 2.2, links). Der Eintrag befindet sich unter dem Haupteintrag *Ursprung*. Klappen Sie diesen mit dem Pfeil vor dem Begriff *Ursprung* auf und wählen Sie ihn dort. Danach haben Sie die Draufsicht auf die *XY-Ebene* und den Skizziermodus aktiv.

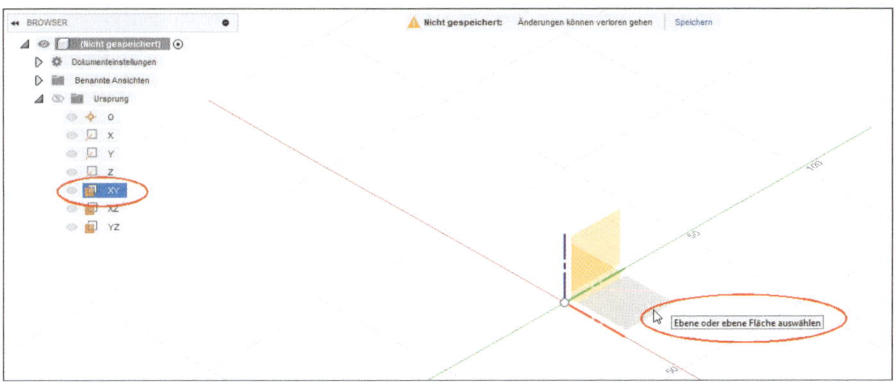

Abbildung 2.2: Die Skizzierebene wählen

> **Rückgängig und Wiederherstellen**
>
> 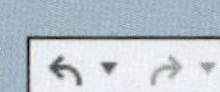
>
> Gleich vorweg, bevor Sie die ersten Fehler machen, der Hinweis: Mit den Pfeilsymbolen können Sie wie in allen Windows-Programmen Aktionen rückgängig machen (Symbol links) oder rückgängig gemachte Aktionen wiederherstellen (Symbol rechts). Mit den Pfeilen nach unten jeweils daneben können Sie auch gleich mehrere Aktionen korrigieren.

> **Die letzte Funktion wiederholen**
>
> Ein Tipp, der die Arbeit bei aufwendigen Konstruktionen deutlich beschleunigt. Oft brauchen Sie mehrmals hintereinander die gleiche Funktion. Um sie nicht jedes Mal aus dem Menü zu wählen, kann die letzte Funktion mit der [Leer]-Taste erneut gestartet werden. Das gilt generell in allen Menübereichen.

2. Die Multifunktionsleiste hat sich geändert. Sie zeigt jetzt die Funktionen für die Skizzenerstellung und -bearbeitung an, den Bereich *Skizze*. Wählen Sie aus der Gruppe *Erstellen* das Symbol für die Funktion *Rechteck*. Wie bei vielen wichtigen Funktionen gibt es hierfür ein Tastenkürzel, mit dem Sie die Funktion aktivieren können, und zwar die Taste R.

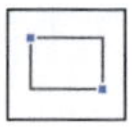

3. Beim ersten Mal wird hier die Zeichenfunktion im Detail beschrieben: Klicken Sie jetzt mit der linken Maustaste auf die Zeichenfläche, am besten am Nullpunkt, wo sich x- und y-Achse kreuzen. Wenn Sie in die Nähe kommen, rastet der Cursor dort ein. Das ist zwar nicht unbedingt erforderlich, dient aber dem besseren Überblick.
4. Bewegen Sie ohne gedrückte Taste den Mauszeiger nach rechts oben und das Rechteck wird dynamisch aufgezogen (siehe Abbildung 2.3, links oben). Tragen Sie in das aktuell markierte Feld für die Breite das Horizontalmaß 45 ein (siehe Abbildung 2.3, rechts oben). Bewegen Sie die Maus jetzt nicht mehr und wechseln Sie mit der Tab-Taste zur anderen Seite. Das Horizontalmaß wird verriegelt, ein Vorhängeschloss wird angezeigt, das vertikale Eingabefeld wird aktiviert.
5. Geben Sie 20 in das vertikale Eingabefeld ein (siehe Abbildung 2.3, links unten). Mit der Taste Tab können Sie beliebig zwischen den Feldern wechseln und eventuell noch korrigieren. Mit der Taste ↵ übernehmen Sie die Werte und das Rechteck wird erstellt (siehe Abbildung 2.3, rechts unten).

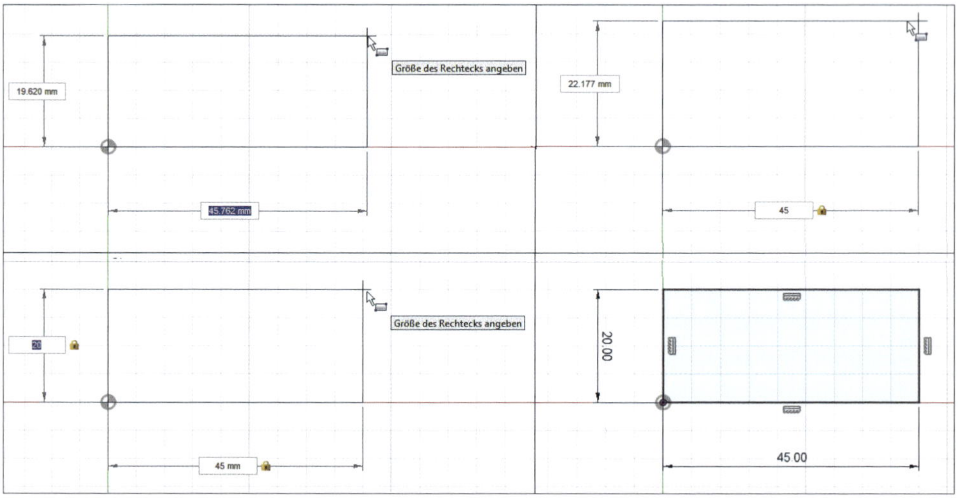

Abbildung 2.3: Das erste Rechteck erstellen

Erst zeichnen, dann bemaßen

1. Ein anderes Vorgehen hätte auch zum Ziel geführt. Klicken Sie einfach zwei beliebige diagonale Eckpunkte für das Rechteck an (siehe Abbildung 2.4, links oben) und es wird ohne genaue Maße gezeichnet. Wählen Sie

danach die Funktion *Skizzenbemaßung* aus der Multifunktionsleiste, Gruppe *Erstellen*. Klicken Sie eine Kante an und deren Maß wird angezeigt (siehe Abbildung 2.4, rechts oben).

2. Platzieren Sie das Maß per Klick an einer freien Stelle und tragen Sie den gewünschten Wert ein. Die Kante wird auf dieses Maß korrigiert (siehe Abbildung 2.4, links unten). Machen Sie es mit dem anderen Maß genauso und das Ergebnis sieht wie in Abbildung 2.4, rechts unten aus.
3. Und noch etwas: Wenn Sie eine Funktion gewählt haben, bleibt sie meist im Wiederholmodus. Mit der Taste Esc können Sie diesen abbrechen. Meist hilft es auch, eine andere Funktion zu wählen.

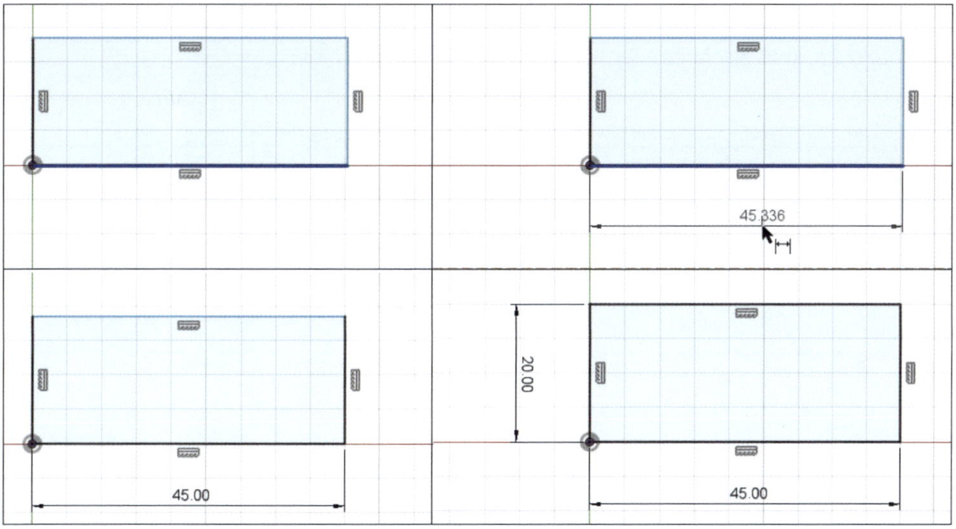

Abbildung 2.4: Erst zeichnen, dann bemaßen

4. Jetzt zum Kreis. Wählen Sie das Symbol für die Funktion *Kreis* aus der Multifunktionsleiste, Gruppe *Erstellen*. Bewegen Sie die Maus in etwa zur Mitte der rechten senkrechten Kante des Rechtecks. An der richtigen Stelle wird das Symbol für den Mittelpunkt angezeigt sowie ein Hinweis (siehe Abbildung 2.5, links). Klicken Sie diesen Punkt an und bewegen Sie die Maus zum oberen oder unteren Eckpunkt. Dort wird das Symbol für den Endpunkt angezeigt (siehe Abbildung 2.5, rechts). Klicken Sie es an und der Kreis wird gezeichnet.
5. Zeichnen Sie auf der anderen Seite ebenfalls einen Kreis. Auch an der Mitte der Senkrechten. Diesmal geben Sie als Durchmesser 24 ein (siehe Abbildung 2.6, links). Beenden Sie die Kreisfunktion. Da die Maßzahl jetzt etwas ungünstig in der Skizze platziert ist, können Sie sie mit gedrückter Maustaste an eine etwas günstigere Stelle ziehen. Auch das vertikale Maß kann aus der Fläche herausgeschoben werden (siehe Abbildung 2.6, rechts).

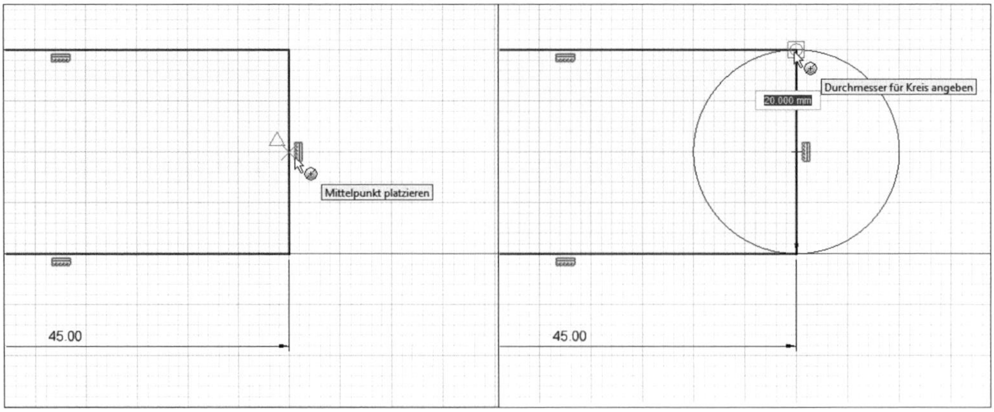

Abbildung 2.5: Kreis zeichnen

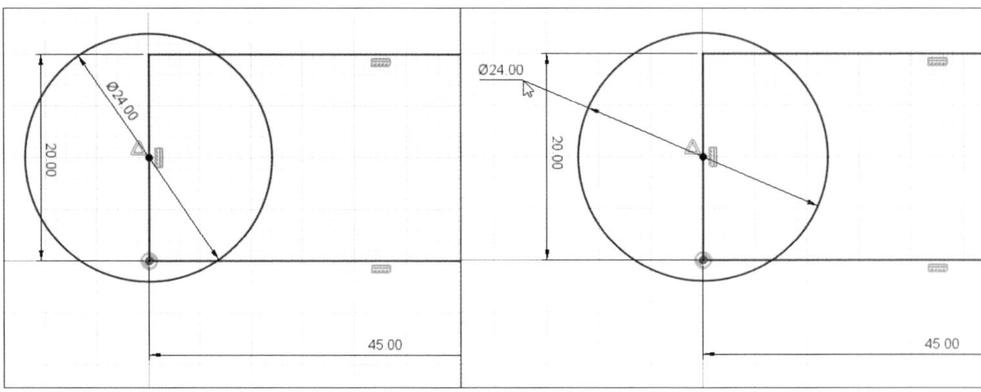

Abbildung 2.6: Kreis mit Maßeingabe zeichnen und Maße anordnen

Welche Dimensionen haben die Maßangaben?

Welche Dimensionen haben die eingegebenen Maße? Bei den Voreinstellungen von Fusion ist als Vorgabe **mm** als Dimension eingestellt. Wenn Sie ein Maß in **mm** eingeben wollen, müssen Sie die Dimension nicht eingeben. Wollen Sie beispielsweis in **cm** konstruieren, können Sie ein Maß mit der Dimension eingeben, zum Beispiel 10 cm. Die Maße in der Konstruktion werden trotzdem in **mm** angezeigt, es sei denn, Sie stellen dies in den Voreinstellungen um. Dann können Sie auch Maße in **cm** angeben, ohne dies jedes Mal eingeben zu müssen.

Ich finde das Symbol nicht

Vorher war das Symbol noch da (siehe Abbildung 2.7, oben). Wenn Sie beispielsweise das Datenpanel (siehe Kapitel 2.2) eingeblendet oder das Programmfenster verkleinert haben, können nicht mehr alle Symbole angezeigt werden (siehe Abbildung 2.7,

Mitte). Sie können trotzdem alle Funktionen verwenden. Klicken Sie auf den unteren Rand, bekommen Sie ein Menü mit allen Funktionen. Bei manchen Funktionen bekommen Sie sogar ein Untermenü mit weiteren Varianten der Funktion (siehe Abbildung 2.7, unten).

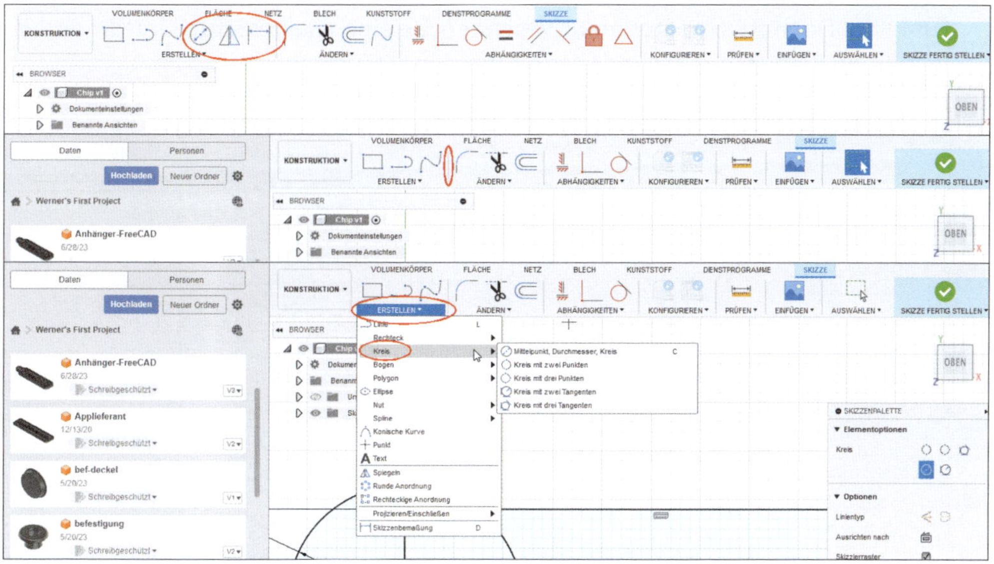

Abbildung 2.7: Auswahl der Funktionen aus dem Menü

1. Nun sind uns beim ersten Rechteck Fehler unterlaufen. Das Rechteck sollte eigentlich 52 mm breit und 19 mm hoch sein. Dumm gelaufen, noch mal von vorne? Nicht so in Fusion! Ein Doppelklick auf eine Maßzahl und sie kann geändert werden. Machen Sie es und der korrigierte Stand sollte wie in Abbildung 2.8 aussehen.

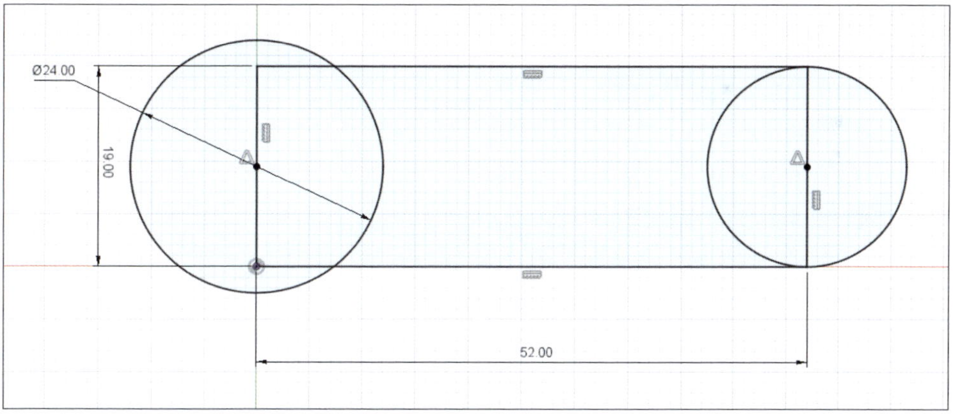

Abbildung 2.8: Änderungen sind kein Problem

2. An den äußeren Rundungen des vorderen Kreises muss noch etwas abgeflacht werden, damit sich der Chip nach der Entriegelung entfernen lässt. Dazu zeichnen Sie zunächst eine Linie. Wählen Sie die Funktion *Linie* in der Multifunktionsleiste, Gruppe *Erstellen*. Lassen Sie sich nicht täuschen, das Symbol sieht nicht nach einer Linie aus. Das liegt an den zusätzlichen Möglichkeiten der Funktion. Doch dazu später mehr. Zeichnen Sie eine waagerechte Linie irgendwo im oberen Bereich des Kreises (siehe Abbildung 2.9, oben links).

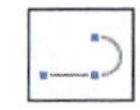

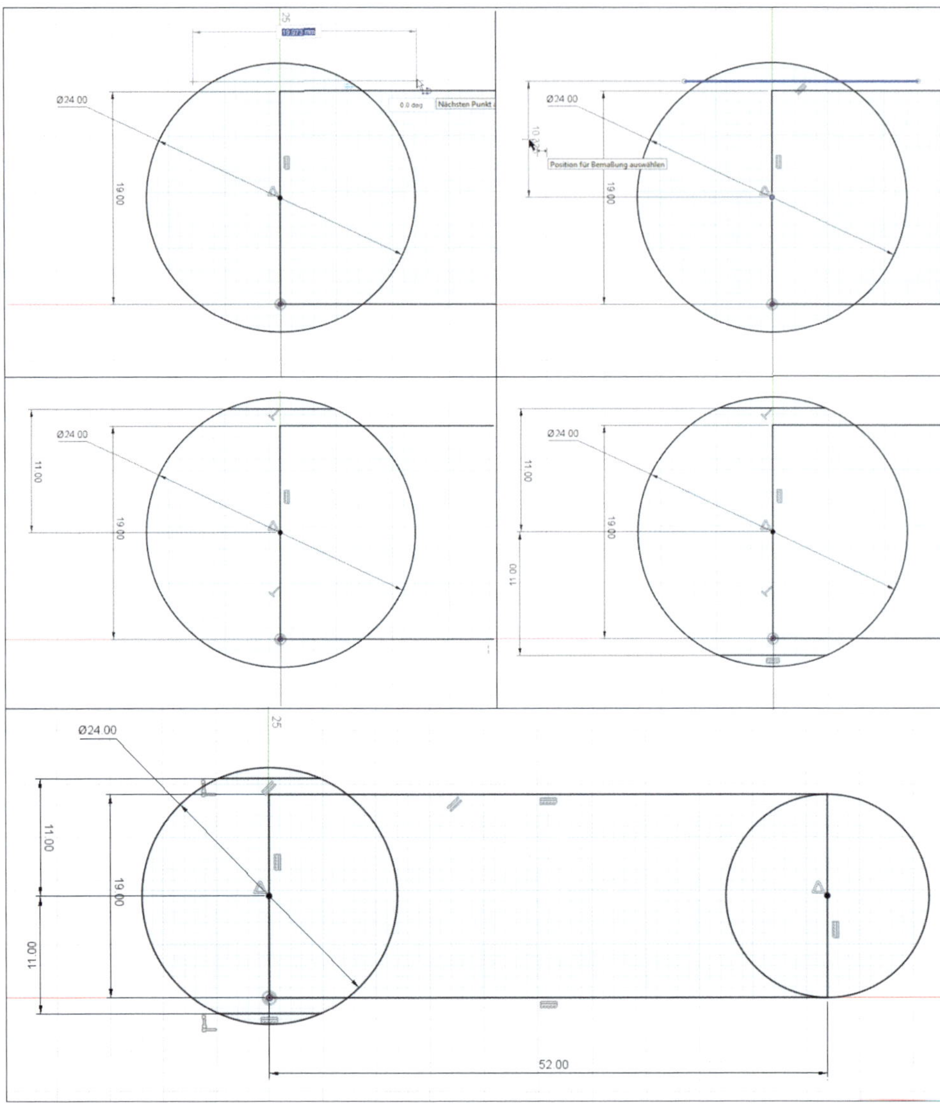

Abbildung 2.9: Den Kreis kappen und das Ergebnis des Skizzierens

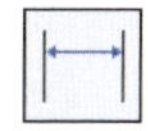

3. Bemaßen Sie die Linie. Klicken Sie diese irgendwo an und dann den Mittelpunkt des Kreises. Ziehen Sie das Maß auf die linke Seite und legen Sie es außerhalb per Mausklick ab (siehe Abbildung 2.9, oben rechts). Korrigieren Sie die Maßzahl auf 11 und die Linie wird auf diesen Abstand gebracht.

4. Nehmen Sie jetzt die Schere zur Hand. Sie finden die Funktion *Stutzen* in der Multifunktionsleiste, Gruppe *Ändern*. Klicken Sie die überstehenden Kanten nacheinander an und sie werden abgetrennt (siehe Abbildung 2.9, Mitte links).
5. Wiederholen Sie die Schritte 2 bis 4 am unteren Teil des Kreises und das Ergebnis sollte wie in Abbildung 2.9, Mitte rechts aussehen. In der Abbildung darunter sehen Sie die komplette Skizze.

6. Sie könnten jetzt weitere überflüssige Kanten stutzen. Ist aber bei Fusion nicht nötig. Nachher können Flächen auch dann gewählt werden, wenn sie durch Linien getrennt sind. Sie sind also erst einmal fertig mit dem Skizzieren. Wählen Sie die Funktion *Skizze fertig stellen* ganz rechts in der Multifunktionsleiste.

2.1.2 Minimenü und Gestensteuerung

Ein Bedienelement kann Ihnen die Arbeit wesentlich erleichtern, da damit die Auswahl in den Menüs vereinfacht wird. An jeder beliebigen Steile auf dem Bereich, in dem skizziert oder modelliert wird, kann mit der rechten Maustaste das Minimenü aktiviert werden (siehe Abbildung 2.10).

Das Menü ist radial angeordnet, sodass mit kurzem Weg des Mauszeigers wichtige Funktionen angesteuert werden können (siehe Abbildung 2.10, rechts). Dabei ist besonders bei häufig zu wiederholenden Funktionen der zeitliche Vorteil am größten, denn oben befindet sich die Wiederholfunktion. Lästiges Wählen im Menü über mehrere Ebenen entfällt.

Außerdem kann bei Fehlern sofort nach links oder rechts zu den Funktionen *Rückgängig* oder *Wiederherstellen* gewechselt werden. Zudem sind eine Menge wichtiger Funktionen in dem Menü darunter wählbar. Das Minimenü ist in allen Arbeitsbereichen mit den dort relevanten Funktionen verfügbar.

Mit dem Eintrag *Skizze* kann schnell zu einem Untermenü mit den Skizzenfunktionen gewechselt werden (siehe Abbildung 2.11) und dort mit dem oberen Pfeil auch wieder zum vorherigen Menü zurück.

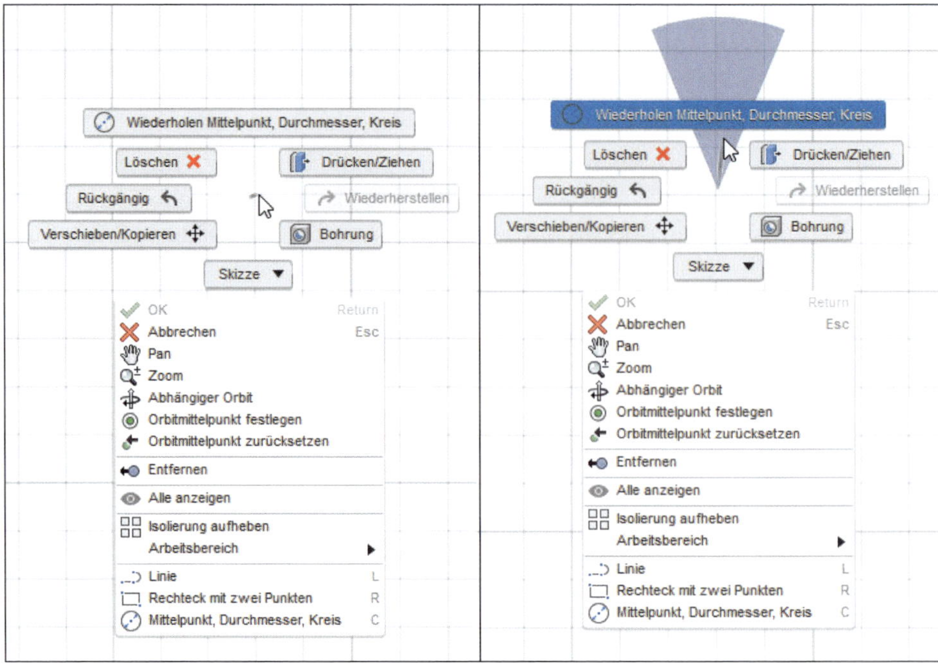

Abbildung 2.10: Minimenü an der Cursorposition

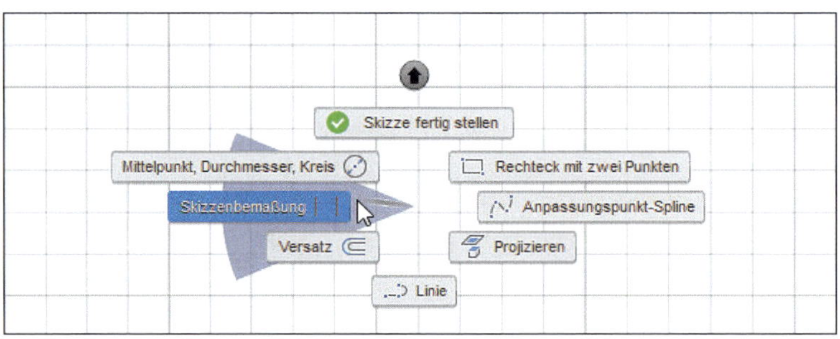

Abbildung 2.11: Untermenü im Minimenü mit den Skizzenfunktionen

Aber das ist noch nicht alles, es gibt auch noch die Gestensteuerung. Wenn mit gedrückter rechter Maustaste in eine Richtung weggefahren und losgelassen wird, dann wird die Funktion ausgeführt, die im Minimenü an dieser Stelle stand. Nun ist es nicht sinnvoll, sich alle Positionen in den Minimenüs der verschiedenen Arbeitsbereiche zu merken. Aber wichtige Funktionen wie *Wiederholen*, *Rückgängig*, *Wiederherstellen* und *Löschen* können so noch schneller ausgeführt werden. Es ist allerdings Ansichtssache, ob man sozusagen im »Blindflug« arbeiten will. Aber mit dem Minimenü sollte man sich auf jeden Fall anfreunden, denn es beschleunigt die Arbeit wesentlich.

2.1.3 Jetzt zur Extrusion

Sie wechseln in den Bereich *Volumenkörper* zurück und stellen dort die zuletzt verwendete Ansicht ein, die isometrische Ansicht. Falls das bei Ihnen nicht der Fall ist, wählen Sie diese.

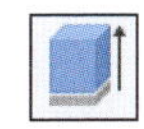

Eine Möglichkeit, aus einer Skizze ein Volumen zu erstellen, haben Sie mit der Funktion *Extrusion* in der Multifunktionsleiste, Gruppe *Erstellen*. Wählen Sie diese aus. Danach können Sie nacheinander in die Flächen klicken, die extrudiert werden sollen. Im Dialogfeld für die Extrusion belassen Sie die Parameter auf den Standard-Einstellungen, nur an dem kleinen Eingabefeld tragen Sie für den Wert der Extrusion 2,3 ein (siehe Abbildung 2.12). Mit ↵ wird die Aktion ausgeführt. Zu den weiteren Möglichkeiten dieser Funktion später mehr.

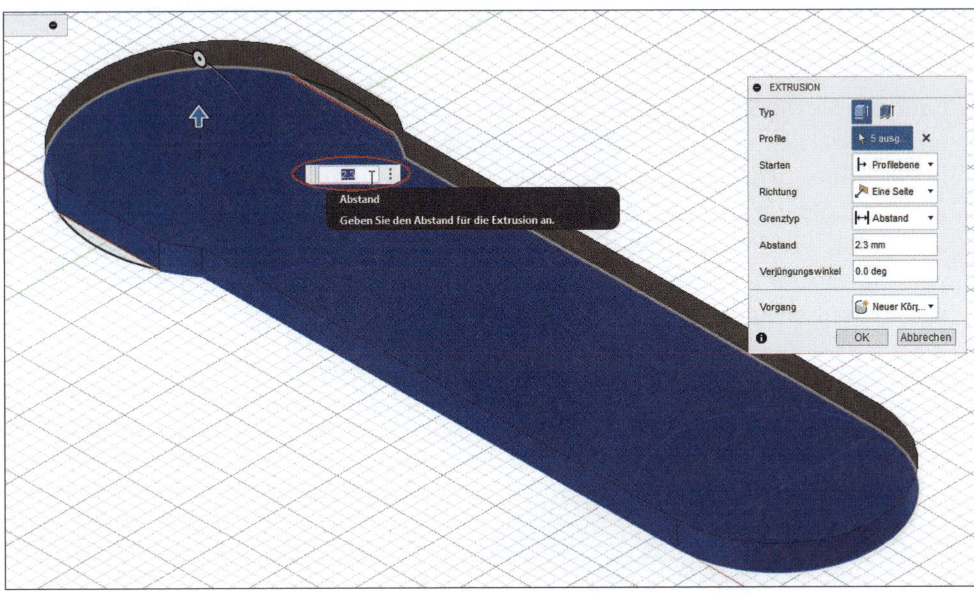

Abbildung 2.12: Aus der Skizze ein Volumen dank Extrusion

Wieder einmal zu schnell. Der Chip sollte noch eine Öse bekommen, um ihn am Schlüsselbund zu befestigen. Jetzt gibt es verschiedene Möglichkeiten. Man könnte eine weitere Skizze erstellen und extrudieren und das extrudierte Volumen dabei ausschneiden (dazu später mehr), aber wir machen es anders.

1. Eigentlich hätte die Bohrung in die erste Skizze gehört, also bearbeiten wir diese nachträglich. Links unter dem Arbeitsbereich befindet sich die Zeitleiste. Darin gibt es bis jetzt zwei Symbole, eines für die Skizze und eines für die Extrusion. Klicken Sie das Symbol für die

Skizze doppelt an. Sie kommen wieder in den Skizzenmodus und zeichnen einen Kreis. Der Mittelpunkt soll identisch mit dem rechten Kreis sein und der Durchmesser den Wert 5 haben (siehe Abbildung 2.13).

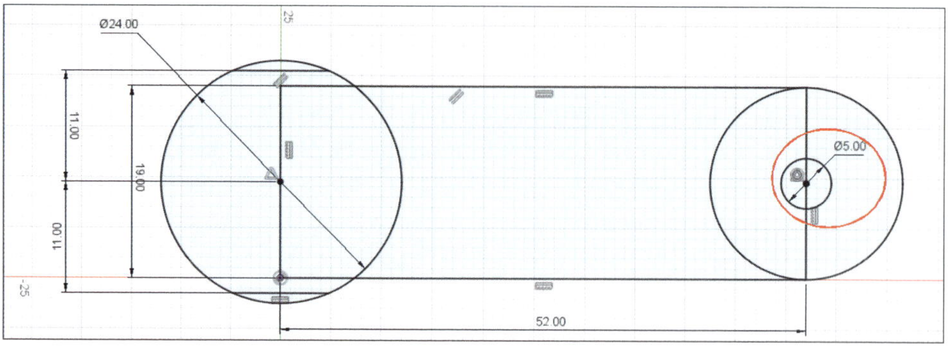

Abbildung 2.13: Skizze erweitern

2. Beenden Sie die Skizze wieder. Jetzt muss noch die Extrusion bearbeitet werden. Klicken Sie auch das Symbol für die Extrusion in der Zeitleiste doppelt an. Zeigen Sie mit der Maus an die Stelle, wo der gerade gezeichnete Kreis liegt. Jetzt wird ein Halbkreis angezeigt, weil eine Linie durch den Kreis geht. Klicken Sie in diese Fläche, dann wird sie aus der Extrusion ausgeschlossen. Machen Sie es mit dem anderen Halbkreis genauso (siehe Abbildung 2.14).

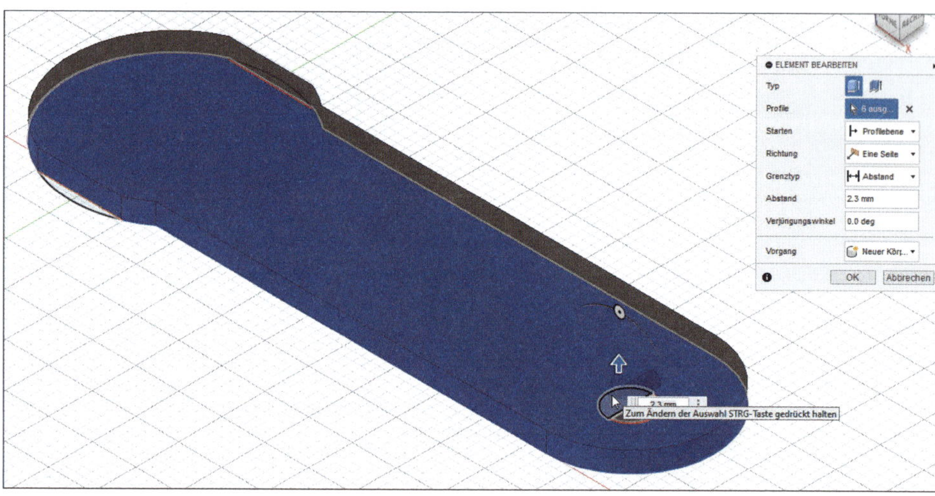

Abbildung 2.14: Aus der Extrusion die Halbkreise entfernen

Mit ↵ wird die Aktion ausgeführt und der Chip sieht wie in Abbildung 2.15 aus.

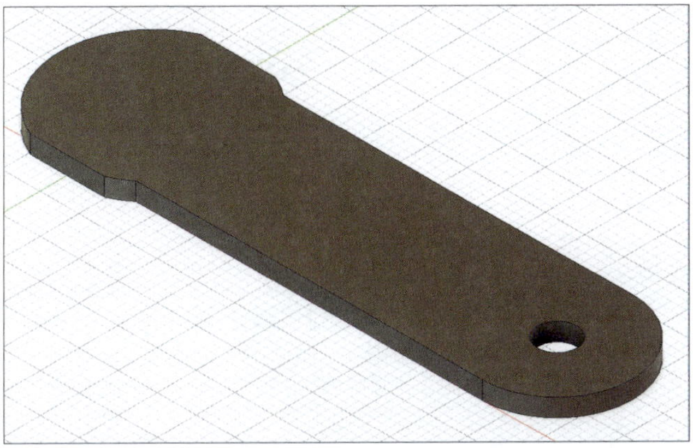

Abbildung 2.15: Die Änderung ausgeführt

2.1.4 Jetzt noch einen Text aufsetzen

Ein Text soll draufgesetzt werden, entweder *Fusion*, Ihr Name oder was auch immer. Dazu muss eine neue Skizze erstellt werden, weil der Text ja auf der oberen Fläche liegen soll.

1. Wählen Sie die Funktion *Skizze erstellen* in der Multifunktionsleiste, Bereich *Volumenkörper*, Gruppe *Erstellen*. Sie können jetzt als Skizzierebene einfach die obere Fläche des Chips anklicken. Damit wird wieder in den Bereich *Skizze* und in die Draufsicht gewechselt.

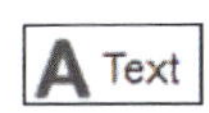

2. Wählen Sie nun die Funktion *Text*. Klicken Sie dazu auf den unteren Rand der Gruppe *Erstellen* und Sie bekommen ein Menü, aus dem Sie die Funktion wählen können. Ziehen Sie ein Rechteck auf, in dem der Text platziert werden soll (siehe Abbildung 2.16, oben). Tragen Sie im Dialogfeld für den Text im Feld *Text* den gewünschten Text ein, beispielsweise *Fusion*. Stellen Sie die weiteren Parameter ein (siehe Abbildung 2.16, unten), *Schriftart*, *Höhe*, *Ausrichtung* usw. Die Wirkungen werden sofort angezeigt. Wenn es Ihnen gefällt, klicken Sie im Dialogfeld auf *OK*.
3. Beenden Sie die Skizze und wechseln Sie in die isometrische Ansicht. Noch einmal die Funktion *Extrusion* wählen. Dann nur den Text anklicken und nun als *Höhe* den Wert 1 eingeben und schon sitzt der Text (siehe Abbildung 2.17).

> **Achtung bei der Texteingabe**
>
> Beim Eingabefeld für die Texteingabe werden zwei Zeichen '' angezeigt. Der Text muss zwischen diesen Zeichen eingegeben werden. Löschen Sie diese nicht heraus. Dazu mehr auf Seite 60.

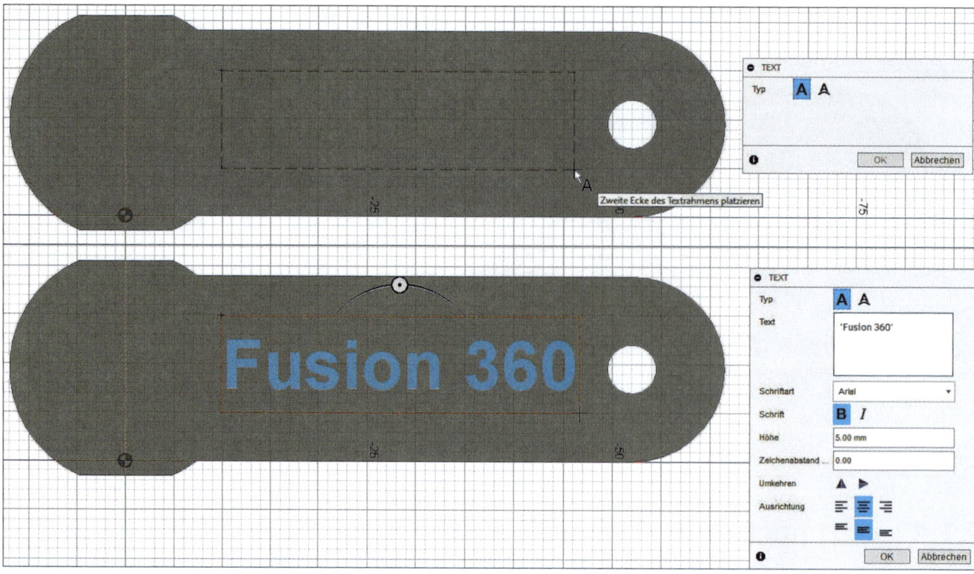

Abbildung 2.16: Der Text in der Skizze

Abbildung 2.17: Der Text ist aufgesetzt und der Chip ist (fast) fertig

2.1.5 Mit Rundungen und Fasen gefälliger machen

Eigentlich sind Sie fertig, aber besser geht immer. Das Ganze ist noch etwas scharfkantig, da sollten Sie noch etwas die Kanten runden bzw. Fasen anbringen. Fasen nennt man in der Mechanik abgeschrägte Kanten.

1. Wählen Sie in der Multifunktionsleiste, Gruppe *Ändern* die Funktion *Abrunden*. Klicken Sie nacheinander alle Kanten der oberen Deckfläche an und tragen Sie in das Feld mit dem Radius *0,5* ein (siehe Abbildung 2.18). Mit der Taste ↵ wird der Radius übernommen. Zu den weiteren Möglichkeiten der Funktion später mehr.

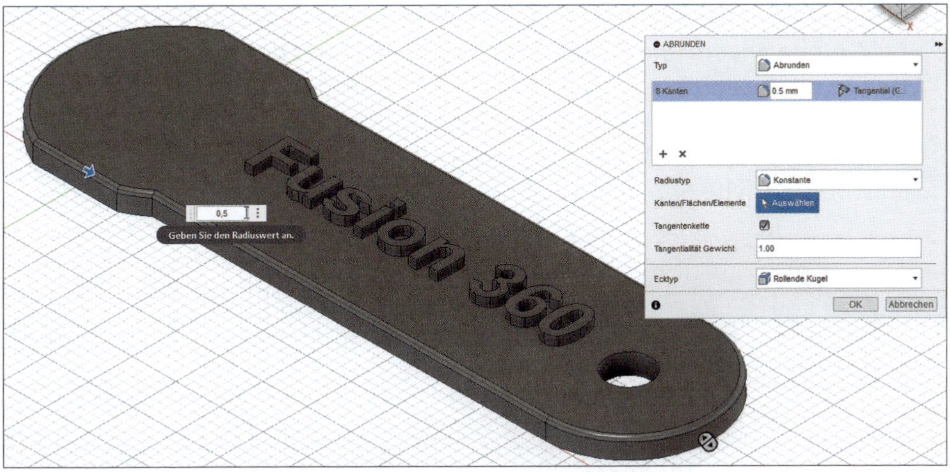

Abbildung 2.18: Die Kanten abrunden

2. Schauen Sie von unten auf den Chip. Klicken Sie dazu beim Ansichtswürfel auf den mittleren unteren Punkt und die Ansicht wird gedreht. Machen Sie auf der Unterseite das Gleiche wie oben, ebenfalls mit dem Rundungsradius 0,5 (siehe Abbildung 2.19).

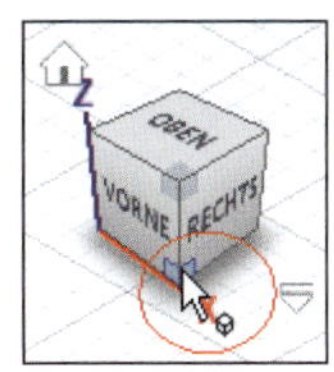

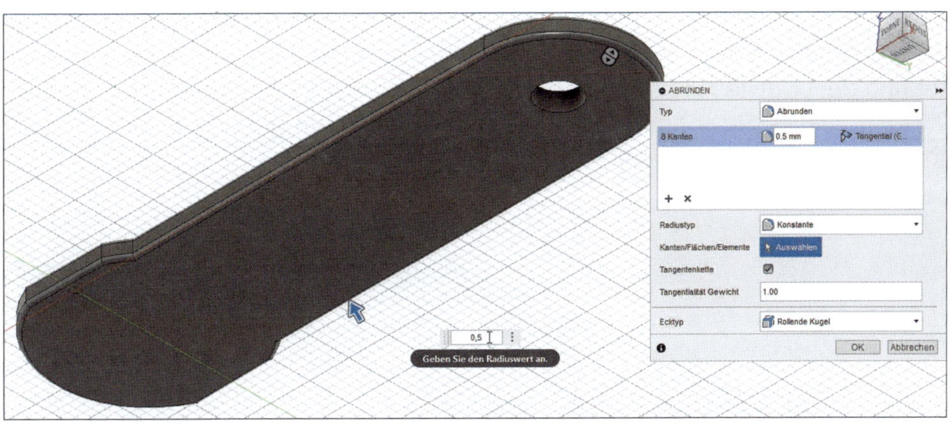

Abbildung 2.19: Die unteren Kanten abrunden

3. Schauen Sie wieder von oben auf den Chip. Klicken Sie am besten auf das stilisierte Haus beim Ansichtswürfel, das Symbol für die isometrische Standardansicht. An der Öse sollte noch eine Fase angebracht werden. Auch dafür gibt es eine Funktion.

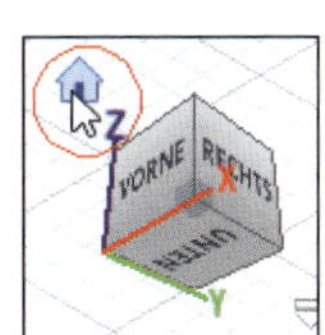

4. Wählen Sie dann die Funktion *Fase*. Klicken Sie dazu auf den unteren Rand der Gruppe *Ändern* und Sie bekommen ein Menü mit der Funktion. Wählen Sie die Innenfläche der Bohrung, nicht eine Kante. Bei der Innenfläche wird gleich an beiden Seiten gefast. Jetzt müssen Sie nur noch im Eingabefeld den Wert 0,6 eintragen und die Taste ↵ drücken und die Fasen werden an beiden Seiten angebracht (siehe Abbildung 2.20).

Abbildung 2.20: Die Öse gefast

Wenn jetzt die Ansicht gedreht, zur Perspektive umgeschaltet, das Raster ausgeschaltet und der visuelle Stil *Schattiert* gewählt wird, dann sieht der Chip wie in Abbildung 2.21 aus. Stellen Sie anschließend die normale Arbeitsumgebung wieder ein mit Raster und dem visuellen Stil mit Kanten.

Abbildung 2.21: Das erste Modell selbst erstellt

2.1.6 Jetzt aber auch speichern

1. Mit dem Diskettensymbol in der oberen Zeile des Programmfensters aktivieren Sie die Funktion *Speichern*. Sie bekommen den Dateiwähler mit dem Inhalt Ihres Cloud-Speichers, **nicht** den Inhalt Ihrer lokalen Festplatte (siehe Abbildung 2.22). Fusion speichert immer in der Cloud, nur mit der Export-Funktion können Sie im Einzelfall lokal auslagern.
2. Klicken Sie auf den Schalter neben dem Feld *Position*, werden Ihnen die Projekte in Ihrem Cloud-Speicher angezeigt. Klicken Sie auf den Schalter *Neues Projekt* und legen Sie das Projekt *Fusion-Buch* an. Innerhalb dieses Projekts könnten auch Ordner angelegt werden. Das soll aber jetzt noch nicht erfolgen.
3. Mit einem Doppelklick auf den Namen des neuen Projekts in der Projektliste wird dieses aktiviert. Tragen Sie im Feld *Name* einen Namen ein, beispielsweise *Mein erster Versuch*. Klicken Sie auf *Speichern* und die Datei mit dem Chip ist in der Cloud sicher gespeichert.

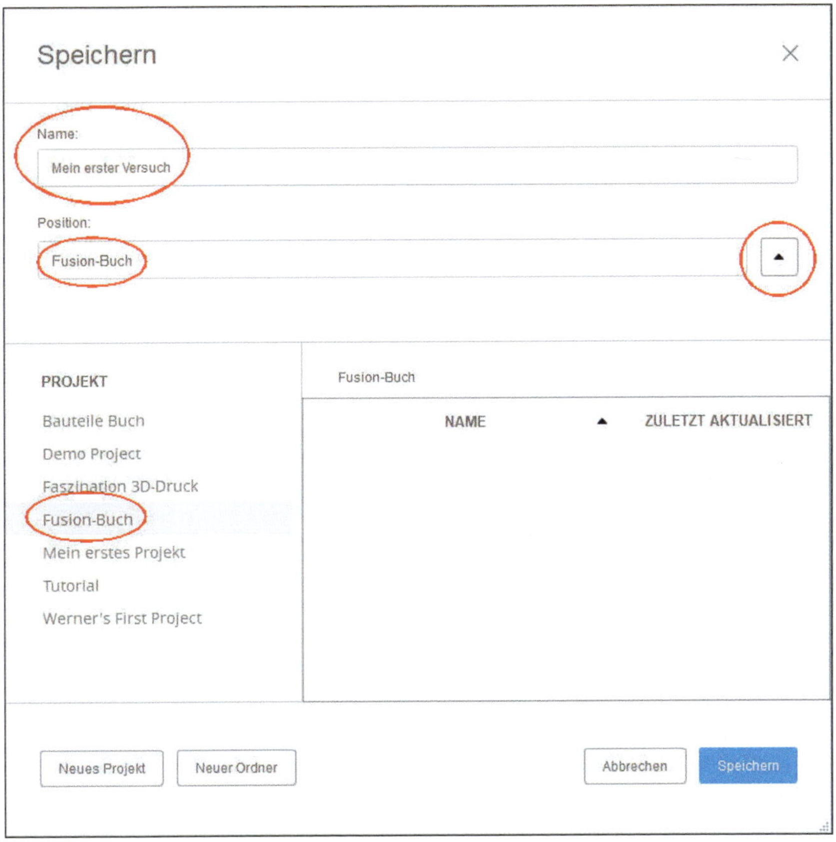

Abbildung 2.22: Ein Projekt speichern in der Cloud

Anmerkung: Diesen Stand finden Sie auch bei Ihren Download-Dateien unter dem Namen ***Lösung-02-01.f3d*** auf Ihrer lokalen Festplatte. Mit der Funktion *Öffnen* können Sie auch diese Datei öffnen. Klicken Sie dann aber im Dialogfeld auf die Schaltfläche *Über meinen Computer öffnen* (siehe Abbildung 2.23). Dann bekommen Sie den lokalen Explorer und Sie greifen auf Ihre Festplatte zu. Dort finden Sie dann auch die Datei im Ordner mit den Übungsdateien. Wenn Sie diese Datei jetzt speichern, wird sie in der Cloud gespeichert.

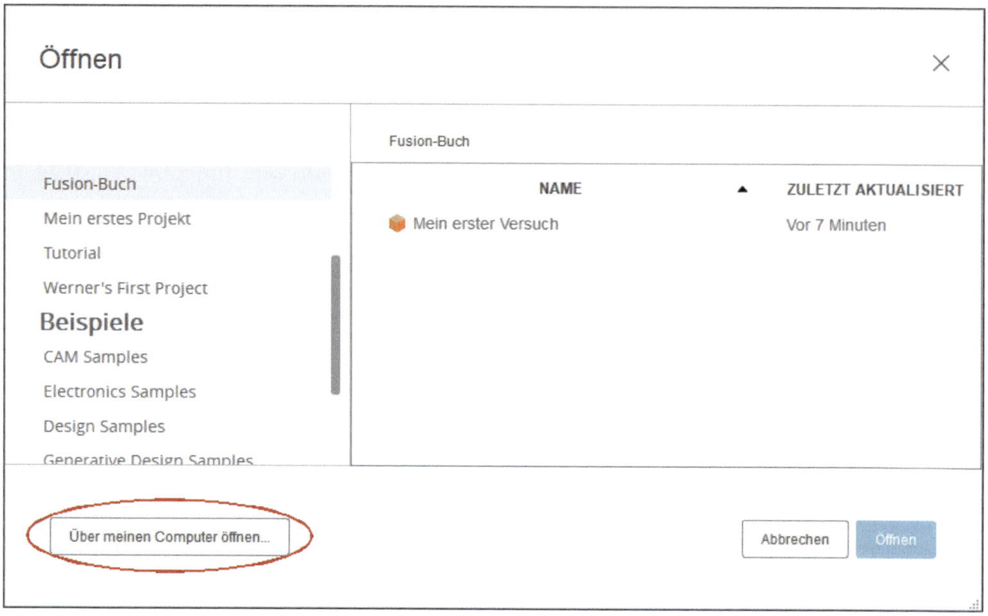

Abbildung 2.23: Öffnen von der lokalen Festplatte

2.2 Das Datenpanel, die Datenverwaltung in Fusion

Jetzt wollen wir uns noch mit einem weiteren Bedienelement beschäftigen, dem wir bis jetzt noch keine Beachtung geschenkt haben, dem Datenpanel. In den folgenden Kapiteln benötigen Sie immer wieder Aufgaben und Lösungen. Diese haben Sie sich von der Homepage des Verlags heruntergeladen. Sie befinden sich jetzt in einem Ordner Ihres lokalen Computers. Fusion arbeitet aber in der Cloud.

Damit Sie bei den späteren Übungen schnelleren Zugriff auf die Übungsdateien haben, ist es sinnvoll, die Dateien in die Cloud zu laden. Dann haben Sie schnellen Zugriff über das Datenpanel. Dieses wollen wir uns jetzt etwas genauer ansehen.

2.2.1 Funktionen im Datenpanel

Wie Sie schon bei der Betrachtung der Programmoberfläche in Kapitel 1.5 erfahren haben, gibt es ein Symbol zum Ein- und Ausschalten des Datenpanels.

- Mit einem Symbol in der oberen Zeile des Programmfensters können Sie das Datenpanel ein- bzw. mit einem weiteren Klick auch wieder ausschalten. Im Datenpanel finden Sie auf der obersten Ebene alle Projekte, die Sie schon angelegt haben, oder standardmäßig im Programm vorhandene (siehe Abbildung 2.24, links). Dort finden Sie auch den Ordner *Fusion-Buch*, den Sie vorher angelegt haben. Wenn Sie das nicht gemacht haben, klicken Sie auf den Schalter *Neues Projekt* und legen den Ordner *Fusion-Buch* an, er erscheint dann auch in der Liste. 
- Mit einem Doppelklick auf einen Projekteintrag wechseln Sie in das Projekt und bekommen die Dateien des Projekts angezeigt. Ein Projekt kann auch wiederum Ordner enthalten, die ebenfalls aufgelistet werden. Mit einem Doppelklick auf einen Ordner können Sie sich den Ordnerinhalt auflisten lassen. In der Zeile über den Einträgen sehen Sie die Hierarchie, die Sie zurückgelegt haben. Mit einem Klick auf den entsprechenden Namen kommen Sie auch wieder höher in der Hierarchie (siehe Abbildung 2.24, Mitte), mit dem Klick auf das kleine Häuschen ganz links kommen Sie auf die oberste Ebene.
- Mit dem Schalter *Neuer Ordner* können Sie Ordner im Projekt oder Unterordner in einem Ordner anlegen.
- Wenn Sie auf das Zahnrad-Symbol klicken, können Sie die Sortierung und die Anzeigeart im Projekt oder Ordner ändern. In Abbildung 2.24, rechts sehen Sie die Anzeige als Raster.

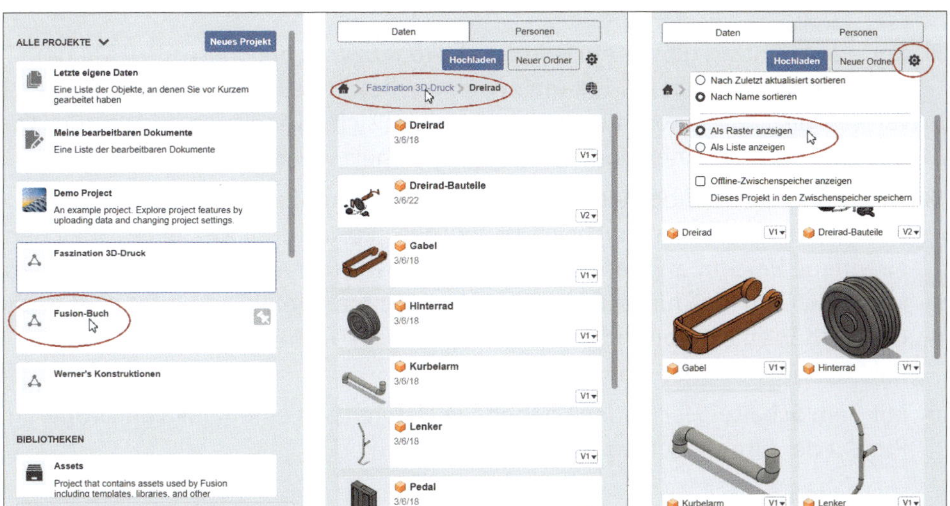

Abbildung 2.24: Verschiedene Ansichten im Datenpanel

- Mit einem Doppelklick auf einen Eintrag wird die Datei zur Bearbeitung in Fusion geöffnet. Mit einem Rechtsklick auf einen Eintrag bekommen Sie eine Liste der Funktionen, die mit dieser Datei möglich sind, neben *Öffnen* auch *In aktuelle Konstruktion einfügen*, *Neue Zeichnung aus Konstruktion* und *Löschen*, *Umbenennen* usw. (siehe Abbildung 2.25).

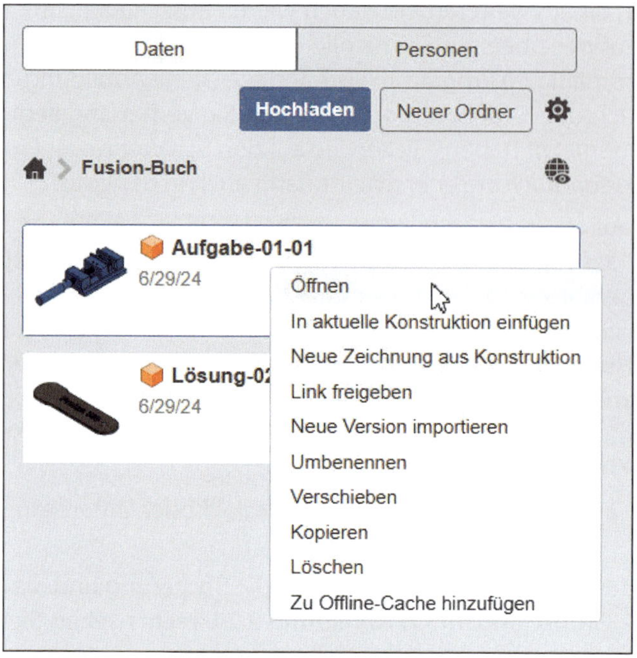

Abbildung 2.25: Funktionen im Datenpanel

- Bei jedem Eintrag gibt es ein Feld *Bearbeitbar* bzw. *Schreibgeschützt*. Mit dem Pfeil am rechten Rand des Felds kann zwischen diesen beiden Zuständen umgeschaltet werden. Schreibgeschützte Dateien lassen sich zwar öffnen und versuchsweise bearbeiten. Sie können aber nicht abgespeichert werden.
- Außerdem gibt es noch ein Feld *Vn*, also V mit einer Zahl. Dieses Feld gibt an, wie viele Versionen schon gespeichert wurden. Fusion legt bei jeder Speicherung eine neue Version an, der auch eine Versionsbeschreibung mitgegeben werden kann. Mit dem Pfeil hinter dem Feld bekommt man detaillierte Infos zu den bisher gespeicherten Versionen. Hier lassen sich auch vorherige Versionen öffnen und nachher unter neuem Namen abspeichern.
- Mit dem Schalter *Hochladen* können Sie Dateien aus einem lokalen Ordner in ein Projekt der Cloud hochladen.

2.2.2 Maximal bearbeitbare Dateien

Mit der Version für Privatanwender lassen sich maximal zehn Dateien bearbeiten. Schalten Sie also Dateien, an denen Sie momentan nicht arbeiten, auf *Schreibgeschützt*. Diesen Zustand können Sie jederzeit wieder zurücknehmen und auf *Bearbeitbar* schalten. In der kommerziellen Version fehlt diese Umschaltmöglichkeit, weil sie nicht erforderlich ist. Die Zahl der bearbeitbaren Dateien ist dort nicht begrenzt.

2.3 Übungsdateien in das Datenpanel hochladen

In den folgenden Kapiteln benötigen Sie immer wieder Übungsdateien. Um diese nicht jedes Mal aus dem lokalen Ordner hochladen zu müssen, können Sie auch alle auf einmal in das Datenpanel hochladen.

1. Wechseln Sie in den Ordner *Fusion-Buch* oder legen Sie ihn vorher an, falls Sie es noch nicht gemacht haben. Klicken Sie dort auf die Schaltfläche *Hochladen*. Klicken Sie dann im nächsten Dialogfeld auf den Schalter *Dateien auswählen* (siehe Abbildung 2.26).

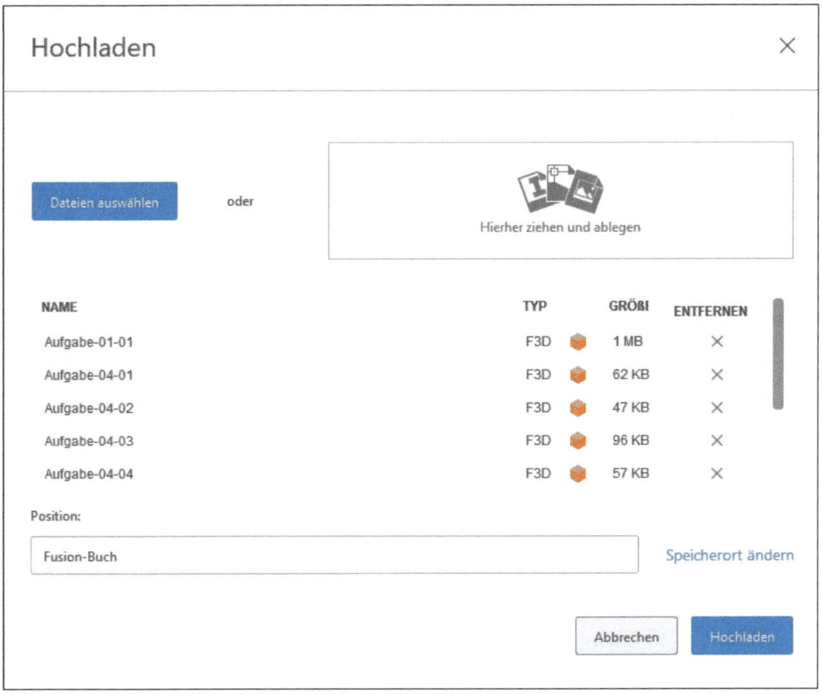

Abbildung 2.26: Hochladen von Dateien

2. Damit kommen Sie in den Dateiwähler des lokalen Computers. Wechseln Sie dort in den Ordner mit den heruntergeladenen Dateien. Wählen Sie dort alle Dateien am besten mit der Tastenkombination Strg+A und gehen Sie danach auf *Öffnen*. Es kann eine ganze Weile dauern, aber danach haben Sie alle Dateien, die Sie heruntergeladen haben, auch im Datenpanel.
3. Legen Sie dann im Datenpanel mit der Schaltfläche *Neuer Ordner* einen neuen Ordner unter dem Ordner *Fusion-Buch* an. Nennen Sie ihn *09-Baugruppe* für das Kapitel 9 mit der Baugruppe. Wechseln Sie per Doppelklick auf sein Symbol im Datenpanel in den neuen Ordner.

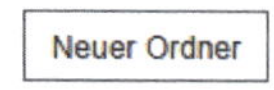

4. Klicken Sie erneut auf die Schaltfläche *Hochladen*. Laden Sie in den gerade im Datenpanel neu angelegten Unterordner *09-Baugruppe* alles aus dem lokalen Ordner *09-Baugruppe* der heruntergeladenen Dateien hoch. Damit befinden sich alle Dateien, die Sie für die weiteren Übungen benötigen, am richtigen Ort (siehe Abbildung 2.27).

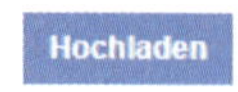

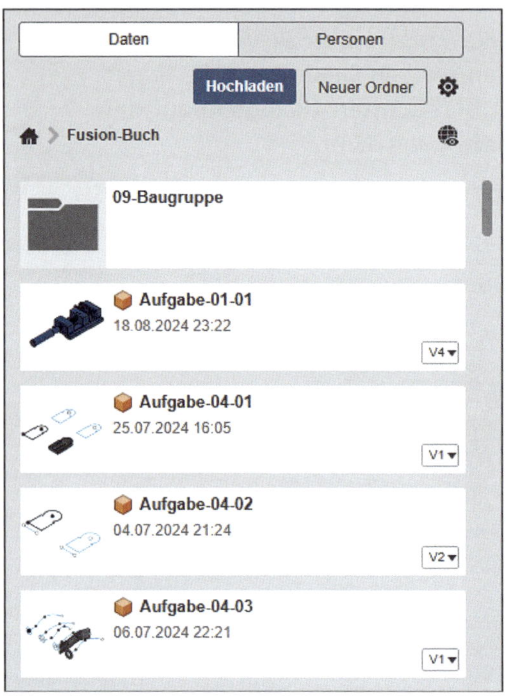

Abbildung 2.27: Alle Übungsdateien im Datenpanel

Das war jetzt zum Warmlaufen. Sie haben den groben Workflow in Fusion kennengelernt: Skizzieren – Modellieren – Verfeinern. Wobei sich die ersten beiden Stationen beliebig oft wiederholen können. Doch die bisher verwendeten Funktionen wurden bis jetzt nur gestreift. Sie beinhalten zum Teil noch mehrere Varianten. Jetzt geht es also ins Detail. Im nächsten Kapitel finden Sie alles zum Skizzieren und danach zum Modellieren mit Volumen. Bleiben Sie dran.

3. Alles zum Skizzieren

Nachdem Sie im vorherigen Kapitel gesehen haben, dass 3D-Modellieren meist 2D-Skizzen voraussetzt, beschäftigen wir uns in diesem Kapitel ausführlich damit. Dabei ist nicht nur das Zeichnen der Konturen wichtig, sondern genauso die Abhängigkeiten, mit denen wir die Parametrik der Objekte voll nutzen können. Also los geht's. Vollziehen Sie die vorgestellten Beispiele nach, starten Sie dazu eine neue Datei und darin eine neue Skizze auf der *XY-Ebene* wie in Kapitel 2.1. Probieren Sie darin die Funktionen aus. Die Anzeige in der Multifunktionsleiste wechselt in den Bereich *Skizze*. Dieser Bereich wird in den folgenden Erläuterungen immer vorausgesetzt.

3.1 Die geometrischen Grundformen und mehr

Mit Rechteck, Linie, Kreis, Bogen, Polygon und noch ein paar speziellen Funktionen lässt sich fast alles darstellen. Gehen wir sie der Reihe nach durch.

3.1.1 Die Funktion »Rechteck«

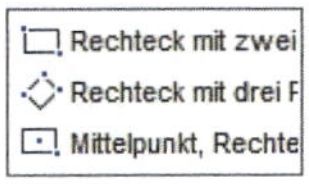

Ein Rechteck kann mit der Funktion *Rechteck* auf drei verschiedene Arten gezeichnet werden. Sie finden die Funktion im Menü *Erstellen* der Multifunktionsleiste und dort in einem Untermenü:

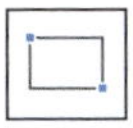

- **Rechteck mit zwei Punkten:** Bei der Standardvariante, die Sie auch bekommen, wenn Sie die Funktion mit dem Symbol in der Multifunktionsleiste wählen, geben Sie die beiden diagonalen Eckpunkte ein. Das entstehende Rechteck ist immer parallel zur x- und y-Achse. Diese Variante der Funktion kann auch mit dem Tastaturkürzel R gestartet werden (siehe Abbildung 3.1, links).
- **Rechteck mit drei Punkten:** Hierbei werden die beiden Punkte der Grundlinie abgefragt sowie ein dritter Punkt, der dem ersten diagonal gegenüberliegt (siehe Abbildung 3.1, Mitte).

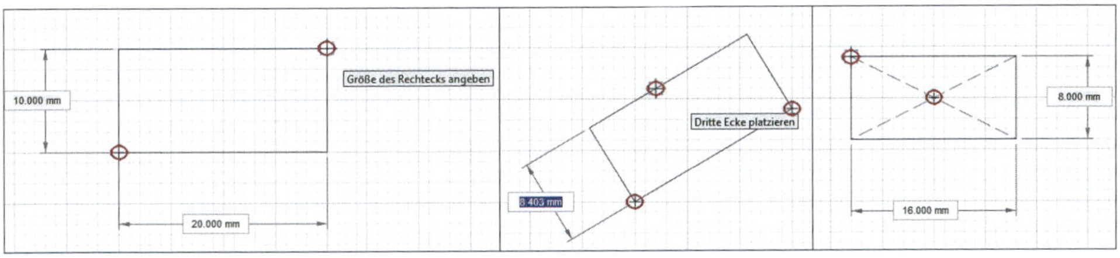

Abbildung 3.1: Zeichnen von Rechtecken

- **Mittelpunkt, Rechteck:** Die dritte Variante fordert einen Mittelpunkt und einen Eckpunkt ab. Auch dieses Rechteck ist parallel zur x- und y-Achse (siehe Abbildung 3.1, rechts).

3.1.2 Die Funktion »Kreis«

Für die Funktion *Kreis* gibt es sogar fünf Varianten. Auch diese finden Sie im Menü *Erstellen* der Multifunktionsleiste in einem Untermenü:

- **Kreis mit zwei Punkten:** Der Kreis wird durch die Eingabe zweier Durchmesserendpunkte erstellt (siehe Abbildung 3.2, oben Mitte).
- **Kreis mit drei Punkten:** Der Kreis wird durch die Eingabe dreier beliebiger Punkte auf der Kreislinie erstellt (siehe Abbildung 3.2, oben rechts).
- **Kreis mit zwei Tangenten:** Der Kreis wird durch die Auswahl von zwei Linienobjekten, die er tangential berühren soll, und der Eingabe des Radius erstellt (siehe Abbildung 3.2, unten links).
- **Kreis mit drei Tangenten:** Der Kreis wird durch die Auswahl von drei Linienobjekten erstellt, die er tangential berühren soll (siehe Abbildung 3.2, unten rechts).
- **Mittelpunkt, Durchmesser, Kreis:** Bei der Standardvariante geben Sie den Mittelpunkt und den Durchmesser ein (siehe Abbildung 3.2, oben links). Die bekommen Sie auch, wenn Sie die Funktion mit dem Symbol in der Multifunktionsleiste wählen oder sie mit dem Tastaturkürzel C starten.

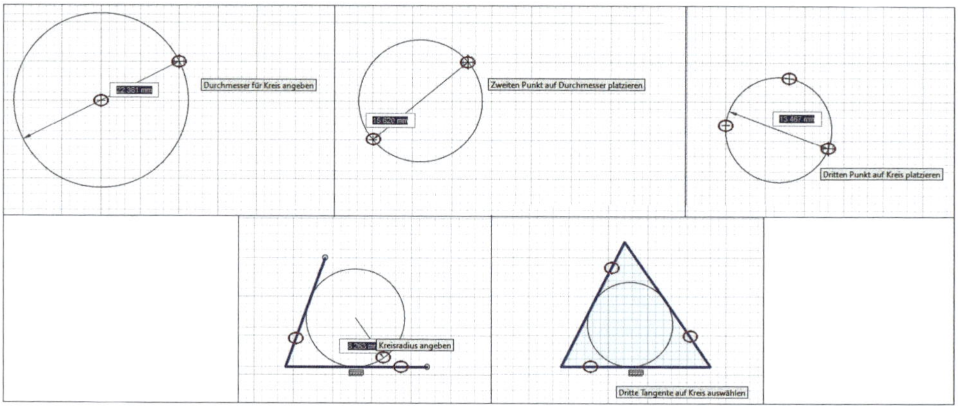

Abbildung 3.2: Zeichnen von Kreisen

3.1.3 Die Funktion »Bogen«

Die Funktion *Bogen* begnügt sich mit drei Varianten, wieder in einem Untermenü im Menü *Erstellen* der Multifunktionsleiste:

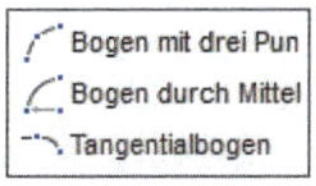

- **Bogen mit drei Punkten:** Der Bogen wird durch Eingabe von Startpunkt, Endpunkt und Punkt auf der Bogenlinie erstellt (siehe Abbildung 3.3, links).
- **Bogen durch Mittelpunkt:** Hierbei wird der Bogen durch Eingabe des Mittelpunkts und danach des Start- und Endpunkts erstellt (siehe Abbildung 3.3, Mitte).
- **Tangentialbogen:** Hier kann der Endpunkt eines Linien- oder Bogensegments geklickt werden. Der Bogen wird tangential an dieses Objekt angesetzt und wird durch Eingabe des Endpunkts festgelegt (siehe Abbildung 3.3, rechts).

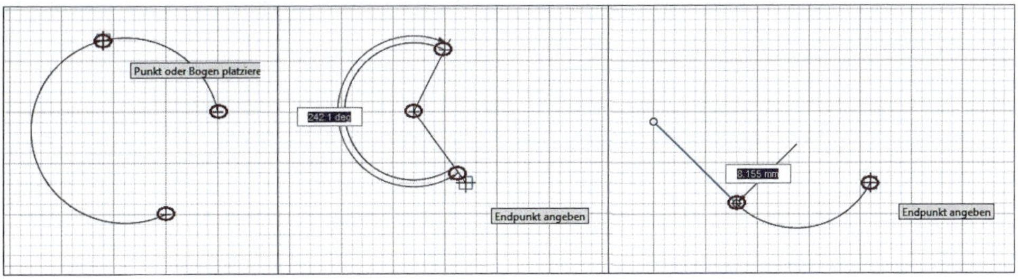

Abbildung 3.3: Zeichnen von Bogensegmenten

3.1.4 Die Funktion »Linie«

Mit der Funktion *Linie* kann sowohl eine einzelne Linie als auch ein Linienzug erstellt werden.

- **Linien bzw. Linienzüge:** Die Funktion kann mit dem Symbol im Bereich *Erstellen* der Multifunktionsleiste oder auch im Menü darunter gestartet werden sowie mit dem Tastaturkürzel L. Nach dem Start der Funktion lassen sich beliebig viele Stützpunkte eines Linienzugs eingeben. Mit den Tasten Esc oder ↵ sowie mit dem Klick auf das Symbol ☑ auf der Zeichenfläche wird die Eingabe beendet (siehe Abbildung 3.4, links).
- **Bogensegmente:** Eine Besonderheit gibt es bei dieser Funktion, wie schon auf dem Symbol zu sehen ist: Wird mit gedrückter linker Maustaste aus einem Stützpunkt weggefahren, setzt ein tangentialer Bogen an. Dafür muss dann nur der Endpunkt eingegeben werden. Wenn wieder die Maustaste gedrückt gehalten wird, setzt ein Bogen an, ansonsten ein Liniensegment (siehe Abbildung 3.4, rechts).

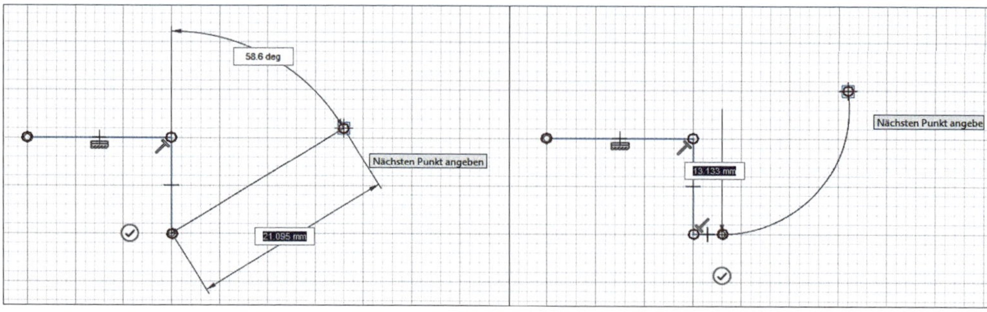

Abbildung 3.4: Zeichnen von Linien- und Bogensegmenten

3.1.5 Die Funktion »Polygon«

Die Funktion *Polygon* kann mit drei Varianten aus einem Untermenü im Menü *Erstellen* der Multifunktionsleiste gewählt werden:

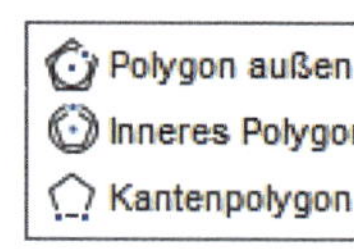

- **Polygon außen:** Das Polygon wird durch Eingabe des Mittelpunkts, des Radius des Inkreises des Polygons und der Anzahl der Seiten erstellt (siehe Abbildung 3.5, links).
- **Inneres Polygon:** Das Polygon wird durch Eingabe des Mittelpunkts, des Radius des Umkreises des Polygons und der Anzahl der Seiten erstellt (siehe Abbildung 3.5, Mitte).
- **Kantenpolygon:** Das Polygon wird durch Eingabe zweier Punkte einer Kante des Polygons, der Seite, auf der das Polygon erstellt werden soll, sowie der Anzahl der Seiten des Polygons angelegt (siehe Abbildung 3.5, rechts).

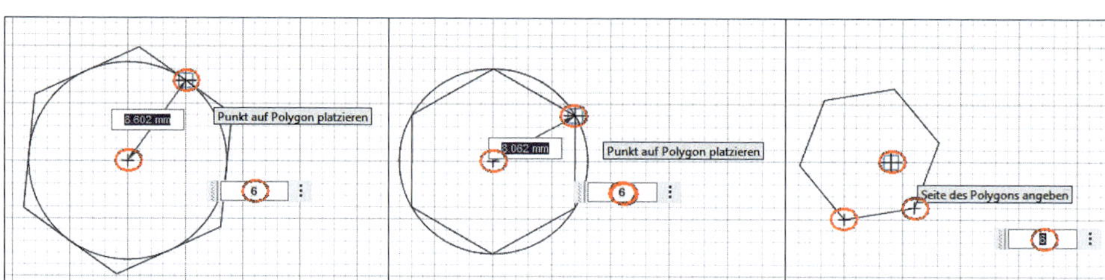

Abbildung 3.5: Zeichnen von Polygonen

3.1.6 Die Funktion »Ellipse«

Für die Funktion *Ellipse* gibt es nur eine Variante, die direkt aus dem Menü *Erstellen* der Multifunktionsleiste gewählt werden kann:

- Erstellt eine Ellipse durch Eingabe des Mittelpunkts eines Achsenendpunkts der Hauptachse und eines Punkts auf der Linie der Ellipse (siehe Abbildung 3.6). Sie können aber auch statt des zweiten und dritten Punkts die Länge der Hauptachse und die Länge der zweiten Achse angeben.

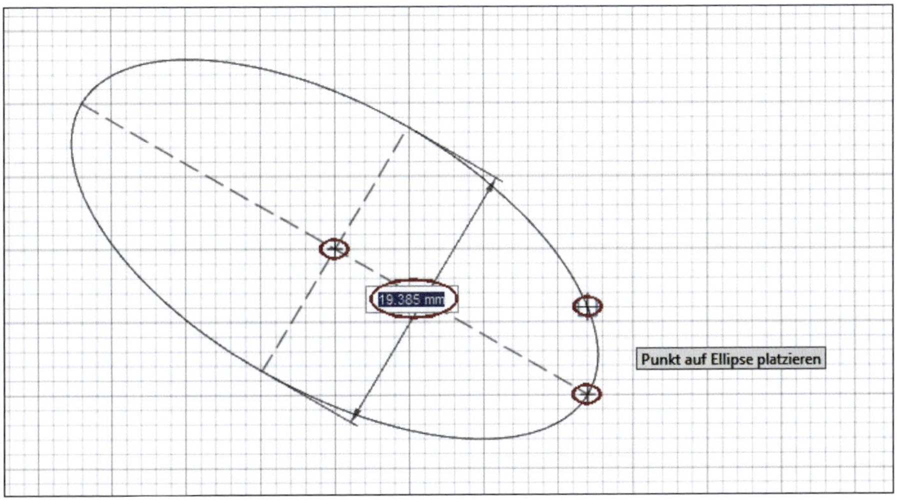

Abbildung 3.6: Zeichnen einer Ellipse

3.1.7 Die Funktion »Nut« bzw. »Langloch«

Eine weitere Funktion erstellt komplexere geometrische Objekte, Nuten und Langlöcher, die Funktion *Nut*. Sie kann mit fünf Varianten aus einem Untermenü im Menü *Erstellen* der Multifunktionsleiste gewählt werden:

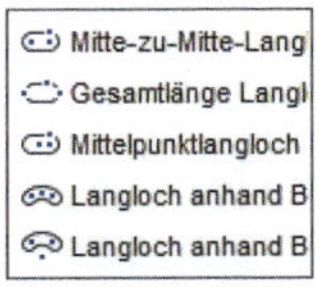

- **Mitte-zu-Mitte-Langloch:** Erstellt ein Langloch durch Eingabe der Mittelpunkte der beiden Bögen und eines Punkts auf der Geraden bzw. Eingabe der Breite des Langlochs (siehe Abbildung 3.7, oben links).
- **Gesamtlänge Langloch:** Erstellt ein Langloch durch Eingabe der äußeren Endpunkte der beiden Bögen und eines Punkts auf der Geraden bzw. Eingabe der Breite des Langlochs (siehe Abbildung 3.7, oben Mitte).
- **Mittelpunktlangloch:** Erstellt ein Langloch durch Eingabe der Mitte und des Endpunkts eines Bogens sowie eines Punkts auf der Geraden bzw. Eingabe der Breite des Langlochs (siehe Abbildung 3.7, oben rechts).
- **Langloch anhand Bogen durch drei Punkte:** Hierbei wird ein Bogen durch Startpunkt, Endpunkt und einen Punkt auf dem Bogen erstellt. Um den Bogen wird eine Nut nach Abfrage der Breite erstellt (siehe Abbildung 3.7, unten links).
- **Langloch anhand Bogen durch Mittelpunkt:** Wie oben, aber der Bogen wird durch Mittelpunkt, Startpunkt und Endpunkt erstellt. Auch hier wird um den Bogen eine Nut nach Abfrage der Breite erstellt (siehe Abbildung 3.7, unten rechts).

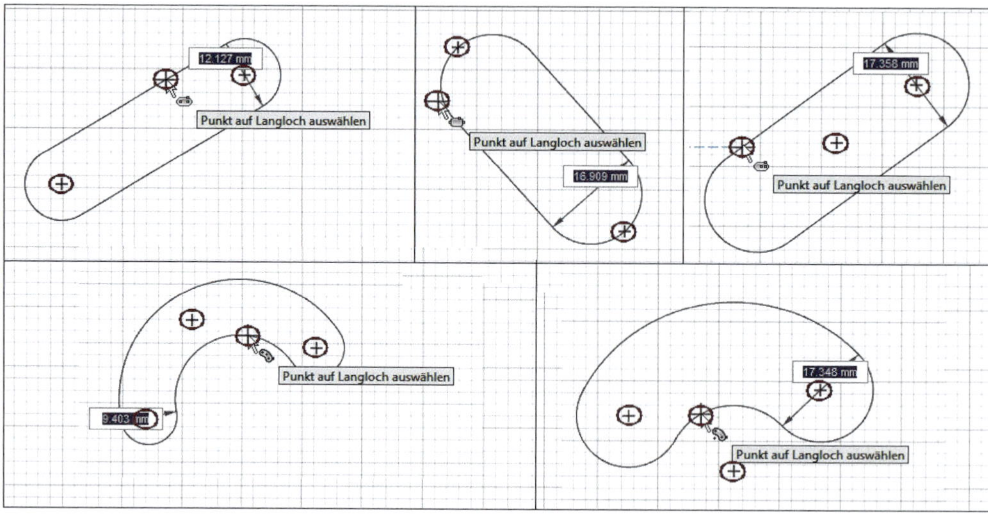

Abbildung 3.7: Langlöcher und Nuten zeichnen

3.1.8 Die Funktion »Splines«

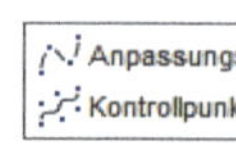

Kurven lassen sich mit der Funktion *Spline* erstellen. Dazu stehen zwei Varianten zur Auswahl, die Sie ebenfalls in einem Untermenü im Menü *Erstellen* der Multifunktionsleiste finden:

- **Anpassungspunkt-Spline:** Erstellt eine Kurve durch Eingabe von Stützpunkten. Die Kurve verläuft durch die eingegebenen Stützpunkte (siehe Abbildung 3.8, oben links).

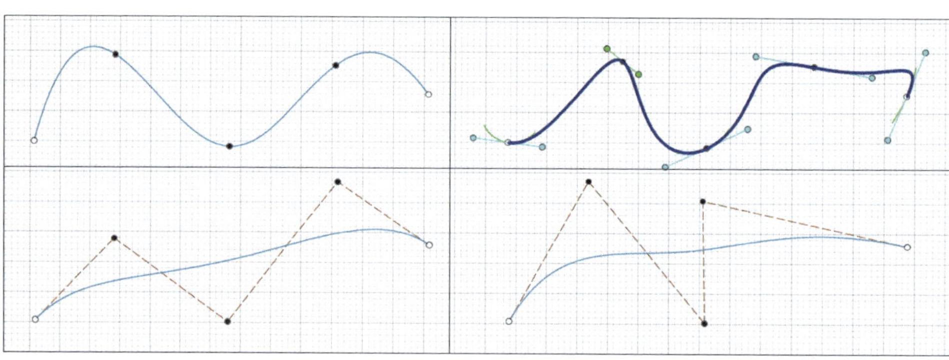

Abbildung 3.8: Splines zeichnen und ändern

Es lassen sich beliebig viele Stützpunkte der Kurve eingeben. Mit der Taste ↵ sowie mit einem Klick auf das Symbol ☑ auf der Zeichenfläche wird die Eingabe beendet. Diese Variante kann auch mit dem Symbol in der Multifunktionsleiste gestartet werden. Die Stützpunkte lassen sich mit gedrückter Maustaste verschieben, damit kann man den Spline nachträglich anpassen. An den Stützpunkten werden tangentiale Linien angesetzt. Damit lässt sich der Durchgang durch die Stützpunkte ändern (siehe Abbildung 3.8, oben rechts).

- **Kontrollpunkt-Spline:** Wie oben, aber die Kurve mittelt die Stützpunkte und berührt außer dem ersten und letzten keine weiteren Punkte (siehe Abbildung 3.8, unten links). Auch hier lassen sich die Stützpunkte mit gedrückter Maustaste verschieben und den Spline anpassen (siehe Abbildung 3.8, unten rechts).

3.1.9 Die Funktion »Kurve«

Die Funktion *Konische Kurve* kann direkt aus dem Menü *Erstellen* der Multifunktionsleiste gewählt werden. Weitere Varianten gibt es nicht. Start- und Endpunkt der Kurve können angegeben werden und danach die Oberkante des Scheitelpunkts der Kurve. Diese kann symmetrisch oder unsymmetrisch sein (siehe Abbildung 3.9). Auch hier lassen sich die Stützpunkte mit gedrückter Maustaste verschieben und die Kurve lässt sich somit anpassen.

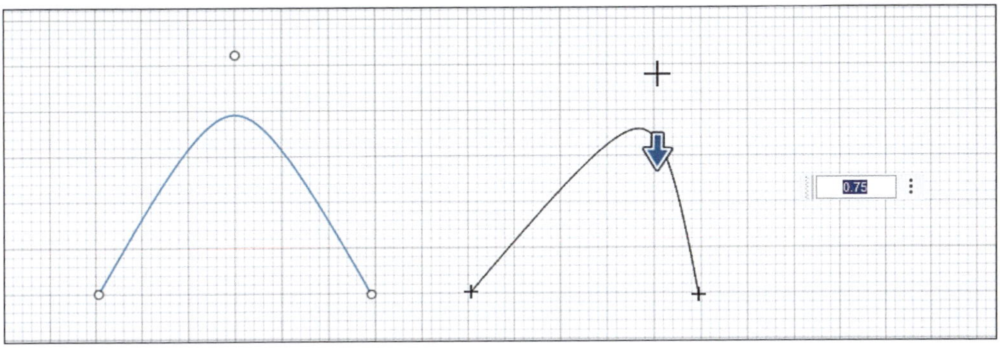

Abbildung 3.9: Zeichnen konischer Kurven

3.1.10 Die Funktion »Punkt«

Auch die Funktion *Punkt* kann ohne Varianten aus dem Menü *Erstellen* der Multifunktionsleiste gewählt werden. Punkte werden in der Skizze selten gebraucht. Damit können Stützpunkte in der Skizze platziert werden, die man später wieder fangen kann.

3.1.11 Die Funktion »Text«

Wie die letzten Funktionen befindet sich auch die Funktion *Text* ohne Varianten im Menü *Erstellen* der Multifunktionsleiste. Die Varianten lassen sich in Dialogfeldern einstellen.

- **Typ:** Zunächst wird im Dialogfeld *Text* bestimmt, ob der Text in ein Textfeld oder entlang eines Pfades gesetzt werden soll (siehe Abbildung 3.10, oben links).

- **Text:** Beim Typ *Text* kann ein Textfenster mit zwei diagonalen Eckpunkten aufgezogen werden. Der Text wird darin platziert und in einem erweiterten Dialogfeld formatiert (siehe Abbildung 3.10, oben rechts).
- **Text auf Pfad:** Wird der Typ *Text auf Pfad* gewählt, kann ein Linien- oder Bogensegment, ein Kreis, ein Spline oder eine Kurve angeklickt werden. Der Text wird daran ausgerichtet und kann ebenfalls in einem erweiterten Dialogfeld formatiert werden (siehe Abbildung 3.10, unten).

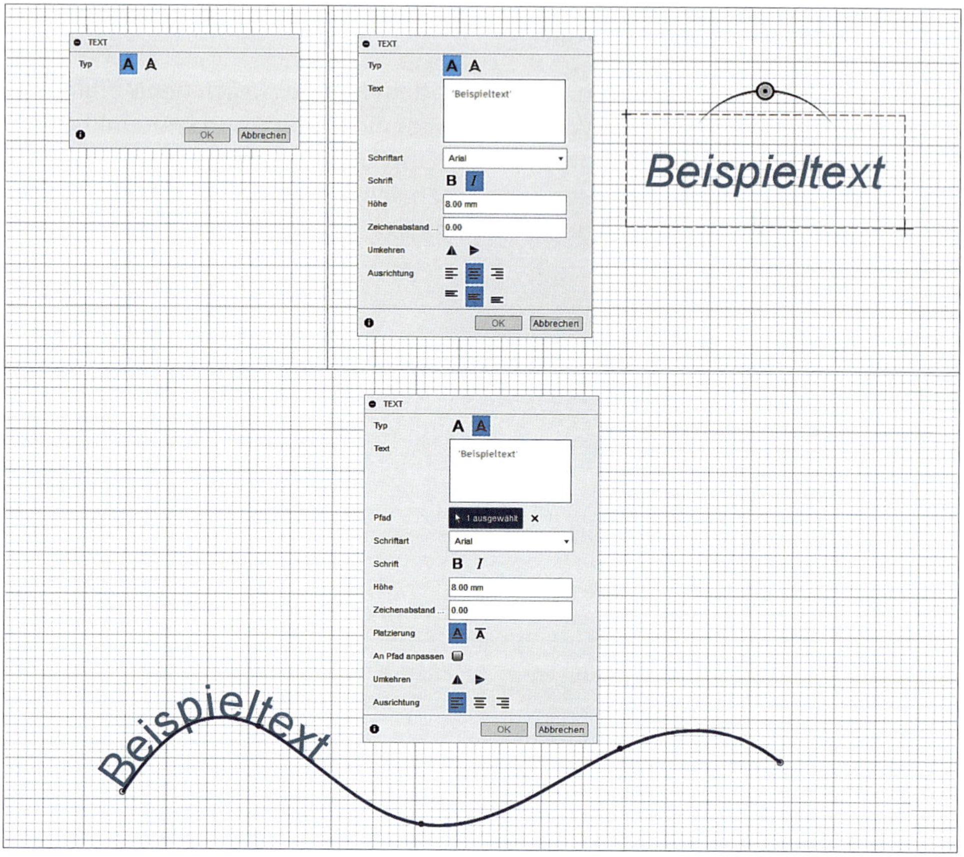

Abbildung 3.10: Erstellen von Texten

Parameter in Texten

In Abschnitt 2.1.4 haben Sie schon erfahren, dass Sie den Text zwischen die '-Zeichen setzen und diese nicht löschen sollen. Was steckt dahinter? Sie könnten auch einen Parameter (dazu mehr in Kapitel 8) im Text platzieren. Würden Sie im Text Folgendes eingeben:

'Länge =' + L

Wenn der Parameter existiert und er den Wert 40 hat, steht nachher im Text:

Länge = 40 mm

Wenn der Parameter nachträglich verändert würde, würde sich auch der Wert 40 im Text ändern. Das ist wahrscheinlich noch nicht so klar? Dazu müssen Sie erst mehr über Parameter wissen (siehe Kapitel 8). Wichtig ist vorerst nur: Löschen Sie die '-Zeichen nicht und setzen Sie Ihren Text dazwischen.

Beenden und ändern

- Die meisten Funktionen bleiben im Wiederholmodus, bis sie mit einer der Tasten Esc oder ↵ sowie der Auswahl einer neuen Funktion beendet werden. In manchen Fällen kann auch das Symbol ☑ zum Beenden verwendet werden.
- Meist lassen sich die Kontrollpunkte mit gedrückter Maustaste verschieben. In manchen Fällen geht das nicht in alle Richtungen. Das liegt unter Umständen an den Abhängigkeiten (siehe Abschnitt 3.4).
- Wurden automatisch Maße vergeben oder haben Sie die Skizze manuell bemaßt (siehe Abschnitt 3.2.6), können Sie die Maßzahl doppelt anklicken und sie danach ändern. Die Skizze wird entsprechend nachgeführt.
- Mit einem Klick auf die rechte Maustaste bekommen Sie das Minimenü, aus dem Sie Funktionen wie *OK*, *Abbrechen*, *Löschen*, *Wiederholen* usw. wählen können (siehe Abschnitt 2.1.2).

3.2 Methoden beim Skizzieren

Um maßlich korrekte Skizzen zu erstellen, haben Sie verschiedene Möglichkeiten. Außerdem ist es das Ziel, Skizzen »intelligent« zu machen, das heißt, sie sollten möglichst voll bestimmt sein. Nur so können bei nachträglichen Änderungen keine unbestimmten Zustände auftreten.

3.2.1 Auf dem Raster zeichnen

Wie Sie im Abschnitt 1.7.5 schon erfahren haben, können Sie Fusion so einstellen, dass Sie nur Punkte auf dem Raster anklicken können. Wählen Sie das Menü in der Navigationsleiste am unteren Bildschirmrand. Dort können Sie mit einem Klick auf *Rastereinstellungen* das Raster auf feste Werte einstellen (siehe Abbildung 3.11, links). Haben Sie zudem den Schalter *Raster fangen* aktiviert, können Sie Rasterpunkte anklicken, wenn Sie in die Nähe eines Rasterpunkts kommen und das Symbol für den Rasterpunkt angezeigt wird (siehe Abbildung 3.11, rechts).

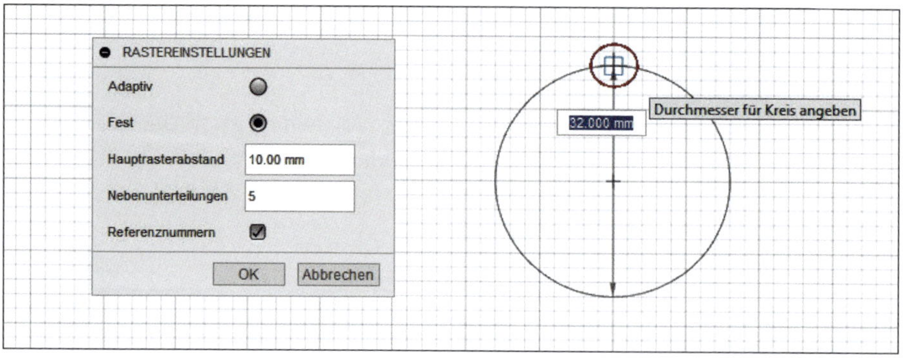

Abbildung 3.11: Auf dem Raster zeichnen

In Abbildung 3.11 ist das Hauptraster auf 10 mm eingestellt und wird durch die Nebenrasterunterteilungen auf fünf Linien unterteilt. Somit können Punkte auf einem Raster von 2 mm gefangen werden. Bei dieser Methode werden die Maße nicht gespeichert und somit sind die daraus erstellten Objekte nachher nicht parametrisch. Sie können die Skizze aber nachträglich bemaßen.

3.2.2 Werte auf der Tastatur eingeben

Beim Zeichnen werden immer die momentanen Werte der Cursorposition angezeigt. Der Wert, der gerade geändert werden kann, ist markiert und Sie können dafür auch einen Wert auf der Tastatur eingeben (siehe Abbildung 3.12, links). Daraufhin wird der Wert fixiert, was durch ein kleines Vorhängeschloss angezeigt wird. Kann – wie beim Rechteck – ein weiterer Wert eingegeben werden, kommen Sie zu dessen Eingabe mit der Taste ⇆ (siehe Abbildung 3.12, Mitte). Durch weiteres Drücken der ⇆-Taste kann zwischen den Eingabefeldern gewechselt werden. Mit ↵ wird die Eingabe abgeschlossen und das Objekt gezeichnet. Die eingegebenen Werte werden als Maße in die Zeichnung eingetragen (siehe Abbildung 3.12, rechts).

Bei den einzugebenden Werten kann es sich um Längenangaben, Winkelwerte oder auch Zahlenwerte handeln, beispielsweise um die Kanten eines Polygons.

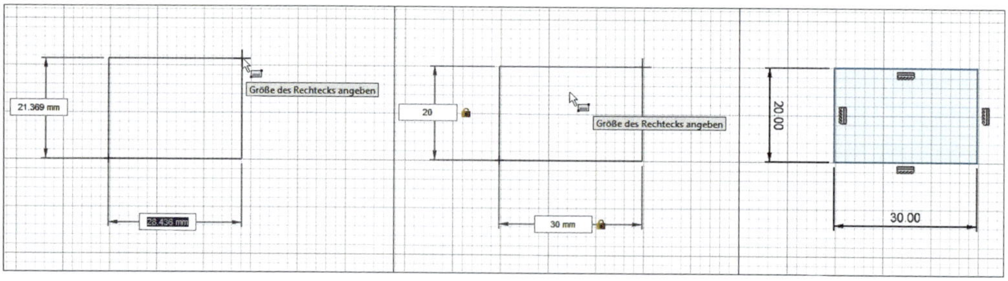

Abbildung 3.12: Mit numerischen Werten zeichnen

3.2.3 Objekte wählen

Haben Sie Fehler in der Skizze und wollen Objekte löschen, können das aber nicht mit der Funktion *Rückgängig* erledigen, weil Sie danach schon andere Objekte gezeichnet haben, dann können Sie auch löschen. Sie haben mehrere Möglichkeiten.

- **Wahl aus dem Kontextmenü:** Wählen Sie aus dem Minimenü der rechten Maustaste die Funktion *Löschen*. Wählen Sie danach das zu löschende Objekt und bestätigen Sie mit der Taste ↵ oder aus dem Minimenü mit *OK*.
- **Wahl des Objekts:** Noch einfacher, ganz ohne Funktion. Klicken Sie das Objekt an, das Sie löschen wollen, drücken Sie danach die Taste Entf und die Objekte werden gelöscht. Sie können auch mehrere Objekte wählen, wenn Sie beim Anklicken die ⇧-Taste gedrückt halten.
- **Wahl mit Fenstern:** Haben Sie sehr viel zu löschen, kann es mühsam werden, alle Objekte einzeln anzuwählen. Klicken Sie dann ins Leere und ziehen Sie ein Fenster auf. Wird das Fenster **von links nach rechts** aufgezogen, werden alle Objekte gewählt, die sich komplett im Fenster befinden (siehe Abbildung 3.13, oben). Wird dagegen das Fenster **von rechts nach links** aufgezogen, werden alle Objekte gewählt, die sich komplett im Fenster befinden und die vom Fenster geschnitten werden (siehe Abbildung 3.13, unten). Je nach Richtung des Fensters wird es in unterschiedlichen Farben und mit unterschiedlichen Rändern angezeigt.

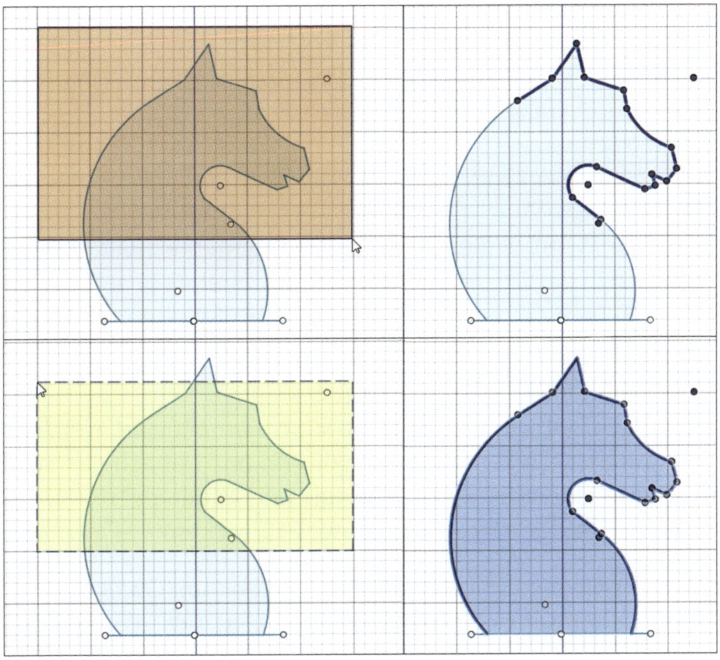

Abbildung 3.13: Unterschiedliche Fenster bei der Objektwahl

> **Weitere Methoden der Auswahl**
>
> In der Gruppe *Auswählen* der Multifunktionsleiste finden Sie nur das gleichnamige Menü *Auswählen*, in dem Sie auf weitere Auswahlmodi umschalten können. Dort ist standardmäßig der Modus *Fensterauswahl* aktiv, der so wie gerade beschrieben funktioniert. Mit dem Modus *Freiformauswahl* wird bei der Auswahl wie oben mit gedrückter Maustaste ein Freiformfenster aufgezogen. Wird das Fenster **in Uhrzeigerrichtung** aufgezogen, werden alle Objekte gewählt, die sich komplett in der Form befinden. Wird dagegen das Fenster **entgegen der Uhrzeigerrichtung** aufgezogen, werden alle Objekte gewählt, die sich im Fenster befinden und die vom Fenster geschnitten werden. Zwischen den Methoden kann auch mit Tastenkürzeln umgeschaltet werden: [1] für die Fensterauswahl und [2] für die Freiformauswahl. Weitere Auswahlfunktionen sind dort ebenfalls möglich, z. B. nach Farbe oder die Begrenzung der Auswahl auf bestimmte Objekte.

3.2.4 Die Skizzenpalette

Einem Dialogfeld haben wir bis jetzt keine Beachtung geschenkt, und zwar der *Skizzenpalette* (siehe Abbildungen 3.14 und 3.15). Darin finden Sie im oberen Teil, im Bereich *Elementoptionen*, die Symbole für die Optionen der gerade aktiven Funktion. Hier können Sie nach der Wahl noch eine andere Variante der Funktion wählen. Ist keine Funktion aktiv oder keine Funktion mit Varianten, dann fehlt dieses Feld.

Im Bereich *Optionen* befindet sich oben der Eintrag *Linientyp*. Skizzen lassen sich mit unterschiedlichen Linientypen erstellen.

- **Konturen:** Ist kein Symbol aktiv, werden Konturen gezeichnet. Sie werden in der Skizze mit durchgezogenen Linien gezeichnet.
- **Konstruktion:** Ist das linke Symbol aktiv, werden Geometrien erstellt, die für die Konstruktion der Konturen in der Skizze erforderlich sind, aber nicht selbst als Konturen für die folgenden 3D-Funktionen verwendet werden. Sie werden in der Skizze gestrichelt dargestellt. In Abbildung 3.15, links ist die Konstruktionslinie erforderlich, um den Abstand zu garantieren.
- **Mittellinie:** Das rechte Symbol kann nicht beim Zeichnen aktiviert werden. Sie können aber ein vorhandenes Liniensegment anklicken und danach das Symbol. Das Liniensegment wird in eine Mittellinie geändert und in der Skizze mit kurzer und langer Strichelung angezeigt (siehe Abbildung 3.15, rechts).

Im restlichen Teil der *Skizzenpalette* finden Sie diverse Schalter, um Objekte ein- und auszublenden. Mit dem Schalter *Konstruktionsgeometrien* lässt sich die Sichtbarkeit dieser ein- und ausschalten. Zu den weiteren Schaltern später mehr. Am unteren Rand befindet sich das Schaltfeld, um die Skizzenbearbeitung zu beenden.

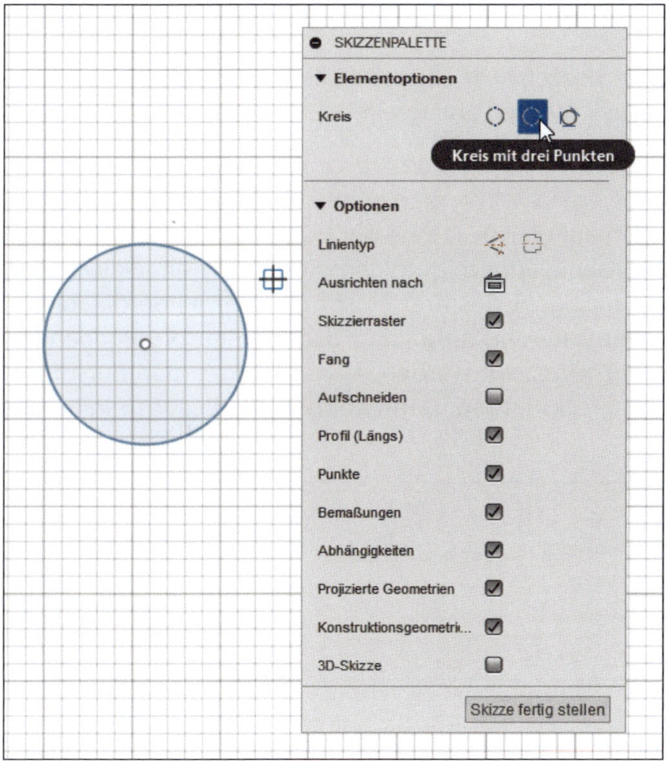

Abbildung 3.14: Wahl der Varianten einer Funktion in der Skizzenpalette

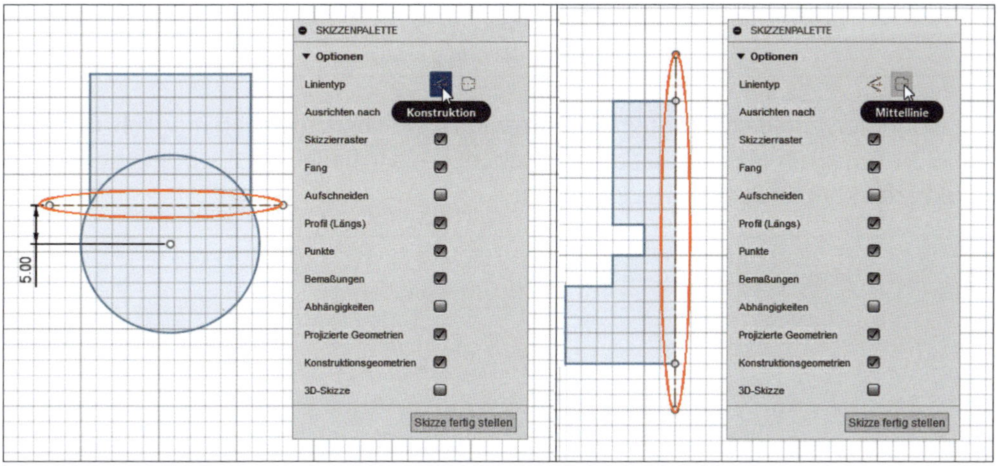

Abbildung 3.15: Zeichnen von Konstruktion und Mittellinien

3.2.5 Bezugspunkte abgreifen

Eine weitere Möglichkeit, exakte Skizzen schnell zu erstellen, ist die Möglichkeit, Bezugspunkte aus anderen Skizzenelementen abzugreifen.

In Abbildung 3.16 sehen Sie, wie mit der Funktion *Kreis mit zwei Punkten* die Punkte an einem Rechteck abgegriffen werden. Wenn man beim Zeichnen des Kreises in die Nähe des Punkts kommt, wo sich auf gleicher Höhe der Eckpunkt des Rechtecks befindet, wird eine gestrichelte Hilfslinie angezeigt. Wenn diese Stelle angeklickt wird, befindet sich der Durchmesserendpunkt des Kreises auf gleicher y-Koordinate wie der Punkt des Rechtecks. An der unteren Kante kann dann genauso vorgegangen werden. Falls die Hilfslinien nicht angezeigt werden, muss man mit dem Cursor nur einmal über eine Kante des Rechtecks fahren. Dann können alle Bezugspunkte des Rechtecks abgegriffen werden.

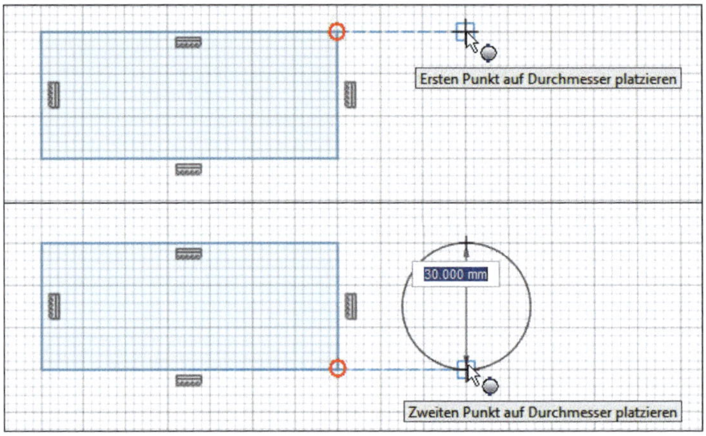

Abbildung 3.16: Abgreifen von Bezugspunkten

Das Abgreifen von Bezugspunkten ist auch in zwei Achsrichtungen möglich. In Abbildung 3.17 wird der Mittelpunkt des Kreises auf den virtuellen Schnittpunkt der Mittelpunkte der Kanten des Rechtecks gesetzt.

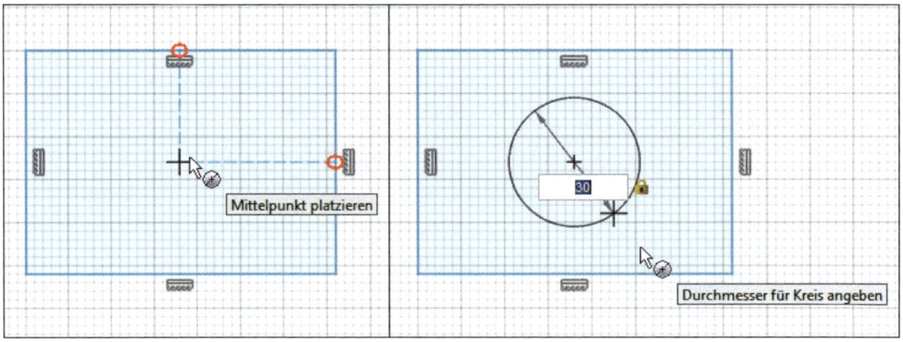

Abbildung 3.17: Abgreifen von Bezugspunkten in beide Achsrichtungen

3.2.6 Skizzenbemaßung

Wie schon gesehen, lassen sich Skizzenobjekte bereits beim Erstellen bemaßen. Das kann übergangen werden. Außerdem ist es oft erforderlich, Objekte zueinander zu bemaßen. Skizzenbemaßungen sind deshalb jederzeit nachträglich möglich. Mit der Funktion *Skizzenbemaßung* können Sie jegliche Art von Bemaßung erstellen und damit die Skizzen »intelligent« machen. Bei späteren Änderungen der Maße werden die Skizzenobjekte entsprechend nachgeführt.

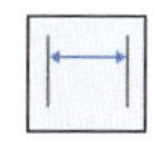

- **Skizzenbemaßung linear:** Die Funktion kann mit einem Symbol im Bereich *Erstellen* der Multifunktionsleiste oder im Menü darunter gestartet werden sowie mit dem Tastaturkürzel D. Es sind zwei Punkte oder ein Liniensegment anzuklicken sowie die Position der Maßlinie. Je nach deren Platzierung wird das Maß gesetzt (siehe Abbildung 3.18, oben und unten links).
- **Skizzenbemaßung Radial bzw. Durchmesser:** Wird ein Kreis angeklickt, wird ein Durchmessermaß erstellt. Je nach Positionierung des Maßtextes wird es innen oder außen angesetzt. Soll aber ein Radiusmaß erstellt werden, kann dies aus dem Kontextmenü mit der rechten Maustaste gewählt werden (siehe Abbildung 3.18, oben rechts). Bei der Wahl eines Bogens wird zunächst ein Radiusmaß angesetzt, innen oder außen. Aus dem Kontextmenü kann auch hier auf ein Durchmessermaß umgeschaltet werden (siehe Abbildung 3.18, Mitte rechts).
- **Skizzenbemaßung Winkel:** Werden zwei Liniensegmente angeklickt, wird der Winkel der Linien bemaßt. Der bemaßte Winkel ist auch hierbei wieder davon abhängig, wo die Maßlinie platziert wird.

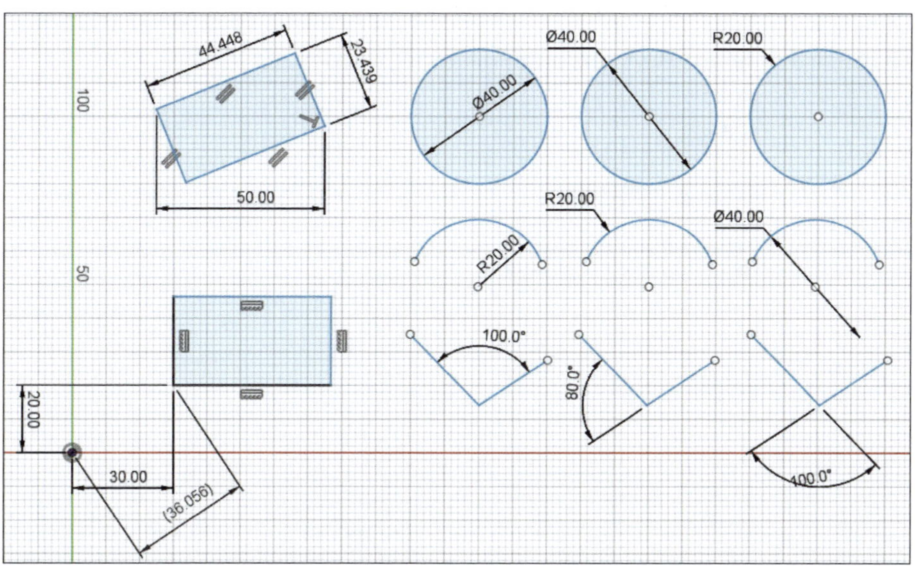

Abbildung 3.18: Bemaßung von Skizzen

- **Maß übernehmen:** In allen Fällen wird danach das gemessene Maß angezeigt, das an dieser Stelle auch überschrieben werden kann. Mit der Taste ↵ wird es übernommen und die Kontur entsprechend angepasst.
- **Änderungen:** Mit gedrückter Maustaste auf der Maßzahl kann diese verschoben und damit die Form des Maßes verändert werden. Wie oben schon beschrieben, lässt sich mit den Maßen auch die zugehörige Skizze ändern, wenn die Maßzahl doppelt angeklickt und danach überschrieben wird.
- **Maße anzeigen:** Wenn Sie komplexe Skizzen haben, kann es sein, dass bei vielen Maßen die Übersicht verloren geht. Mit dem Schalter *Bemaßungen* in der *Skizzenpalette* können Sie diese aus- und bei Bedarf auch wieder einblenden.
- **Getriebene Bemaßung:** Wird eine Bemaßung erstellt, die sich aus bereits bestehenden Maßen ergibt, erscheint die Meldung *Überbestimmte Skizze*. Soll das Maß aber trotzdem eingetragen werden, weil es der Übersicht dient, kann es mit dem Schalter *Getriebene Bemaßung erstellen* eingetragen werden. Zur Kennung wird es in Klammern gesetzt (siehe Abbildung 3.18, unten links).

3.3 Vorhandene Elemente anordnen

Skizzengeometrien lassen sich auf verschiedene Arten anordnen, sie lassen sich spiegeln sowie für rechteckige oder polare Anordnungen verwenden.

3.3.1 Die Funktion »Spiegeln«

Die Funktion *Spiegeln* kann mit einem Symbol im Bereich *Erstellen* der Multifunktionsleiste oder im Menü darunter gestartet werden.

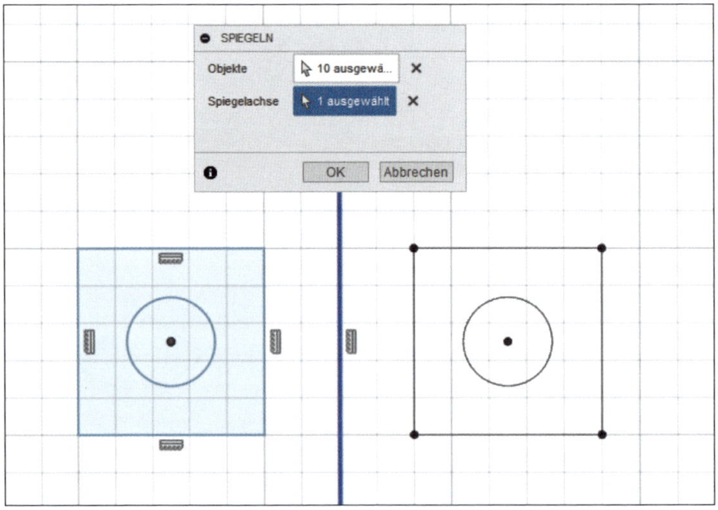

Abbildung 3.19: Spiegeln von Skizzengeometrien

In einem Dialogfeld werden die zu spiegelnden Objekte gewählt und danach die Spiegelachse. Mit dem Klick auf *OK* wird die Spiegelung erstellt. Die Ausgangsobjekte bleiben erhalten (siehe Abbildung 3.19).

3.3.2 Runde und rechteckige Anordnungen

Mit speziellen Funktionen lassen sich bestehende Skizzenobjekte kreisförmig oder matrixförmig in Reihen und Spalten anordnen.

- **Runde Anordnung:** Mit der Funktion *Runde Anordnung* werden Objekte auf einem Kreis oder Bogen angeordnet. Die Anordnung kann auch auf einer Konstruktionslinie erfolgen. In einem Dialogfeld (siehe Abbildung 3.20, links) wählt man die Objekte und dann den Mittelpunkt der Anordnung. Dazu kann der Kreis oder Bogen angeklickt werden. Mit der Verteilung wird gewählt, ob die anzuordnenden Objekte auf dem kompletten Kreis oder Bogen angeordnet werden sollen oder nur auf einem Teil. Ist der Schalter *Unterdrückung* aktiv, lassen sich einzelne Objekte ausblenden (siehe Abbildung 3.20, links). Diese können an dem kleinen Häkchen beim Objekt ein- und ausgeschaltet werden. Zuletzt im Feld *Menge* noch die Anzahl der Objekte einstellen und mit *OK* bestätigen und die Anordnung wird erstellt (siehe Abbildung 3.20, rechts).

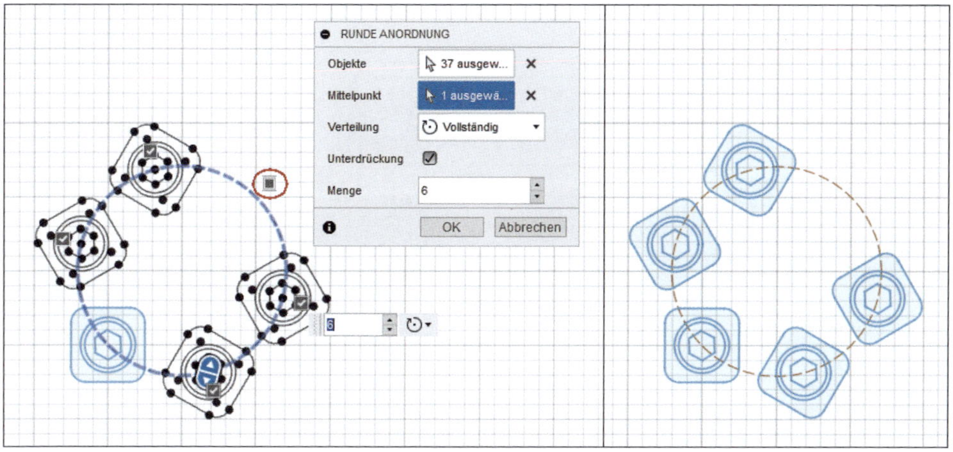

Abbildung 3.20: Runde Anordnung erstellen

- **Rechteckige Anordnung:** Die Funktion *Rechteckige Anordnung* ordnet Objekte matrixförmig an. In einem Dialogfeld (siehe Abbildung 3.21, oben) wählt man die Objekte und die Richtung der Anordnung. Hierzu kann ein Linienobjekt angeklickt werden, das die Richtung vorgeben soll. Wird nichts angeklickt, wird die Anordnung in x- und y-Richtung erstellt. Danach kann bei der *Verteilung* gewählt werden, ob die Gesamtgröße der Anordnung oder der Abstand zwischen den Objekten angegeben werden soll. In den Eingabefeldern darunter werden für jede Richtung die Anzahl der Objekte (Felder *Menge*) sowie – je nach der Auswahl weiter oben – die Gesamtgröße der Anordnung oder der Abstand zwischen den Objekten (Felder *Abstand*) angegeben. Außerdem kann noch gewählt werden, ob in eine Richtung oder symmetrisch um die Ausgangsobjekte angeordnet werden soll (Felder *Richtung*). Ist der Schalter *Unterdrückung* aktiviert, lassen sich auch hier einzelne Objekte mit dem kleinen Häkchen ausblenden (siehe Abbildung 3.21, oben). Mit *OK* wird die Anordnung erstellt (siehe Abbildung 3.21, unten).

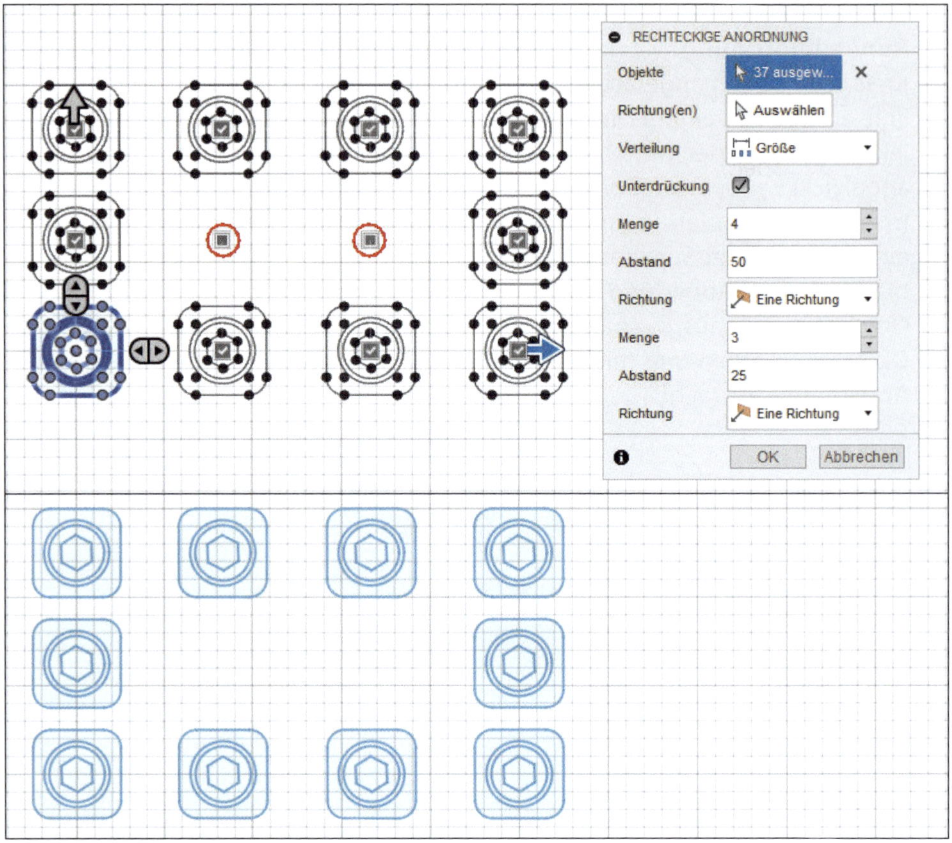

Abbildung 3.21: Rechteckige Anordnung erstellen

Anordnungen ändern

Wird an einem Objekt der Anordnung eine Änderung vorgenommen, ändern sich die anderen ebenfalls. Ausnahme ist das Löschen. Wird aus einem Objekt ein Element gelöscht, wird das nur dort ausgeführt und das Objekt aus der Anordnung genommen.

3.4 Abhängigkeiten

Eine weitere Möglichkeit, Skizzen »intelligent« zu machen, sind die Abhängigkeiten. Diese werden zum Teil schon beim Zeichnen automatisch erstellt. Sie werden aber nur dann als Symbol in der Skizze angezeigt, wenn in der *Skizzenpalette* der Schalter *Abhängigkeiten* aktiviert ist, vorhanden sind sie immer.

3.4.1 Automatisch vergebene Abhängigkeiten

Beispielsweise werden dann, wenn ein Rechteck gezeichnet wird, schon automatisch Abhängigkeiten erstellt. Das stellt man fest, wenn man einen Eckpunkt des Rechtecks mit gedrückter Maustaste verschieben will. Es bleibt immer ein Rechteck (siehe Abbildung 3.22, oben). Wird ein Symbol für eine Abhängigkeit in der Skizze angeklickt, löscht man es mit der Taste Entf. Bei Änderungen macht sich das bemerkbar (siehe Abbildung 3.22, unten).

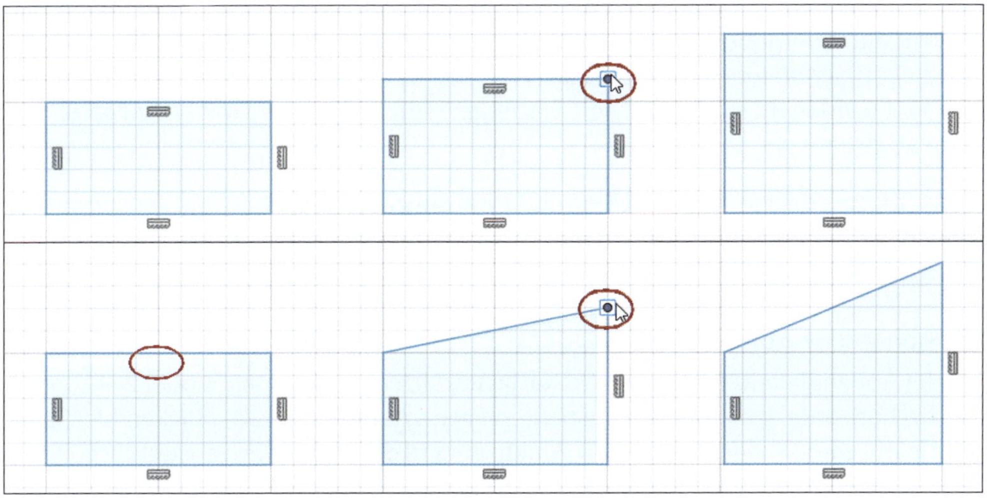

Abbildung 3.22: Auswirkung der Abhängigkeiten bei Änderungen

Die automatisch vergebenen Abhängigkeiten sind unterschiedlich, je nachdem, wie gezeichnet wurde. Am Beispiel des Rechtecks ist das gut zu sehen. Bei *Rechteck mit zwei Punkten* werden automatisch viermal die Abhängigkeiten *Horizontal/Vertikal* vergeben (siehe Abbildung 3.23, links). Wird dagegen ein Rechteck mit drei Punkten gezeichnet, werden viermal die Abhängigkeiten *Parallel* und einmal die Abhängigkeit *Lotrecht* vergeben (siehe Abbildung 3.23, Mitte).

Bei schon geringfügig komplexeren Geometrien kann die Anzeige der Abhängigkeiten leicht unübersichtlich werden (siehe Abbildung 3.23, rechts).

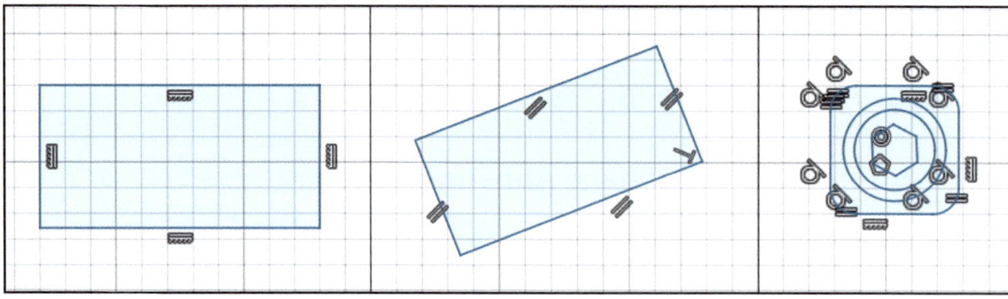

Abbildung 3.23: Verschiedene Abhängigkeiten automatisch vergeben

3.4.2 Abhängigkeiten manuell vergeben

Falls erforderliche Abhängigkeiten nicht automatisch vergeben wurden, lassen sich diese manuell vergeben. Sie finden die wichtigsten als Symbol in der Multifunktionsleiste, Gruppe *Abhängigkeiten*, und alle weiteren verfügbaren in dem Menü darunter. Beachtet werden muss, dass zu viele vergebene Abhängigkeiten mit einer Fehlermeldung abgelehnt werden.

Wenn beispielsweise in Abbildung 3.23 im Beispiel links noch die Abhängigkeit *Lotrecht* vergeben würde. Im Folgenden werden die einzelnen Abhängigkeiten beschrieben.

Die Abhängigkeit Horizontal/Vertikal

Mit der Abhängigkeit *Horizontal/Vertikal* lassen sich Liniensegmente oder zwei Punkte horizontal bzw. vertikal ausrichten (siehe Abbildung 3.24). Klicken Sie das Liniensegment oder die beiden Punkte an und die Aktion wird ausgeführt.

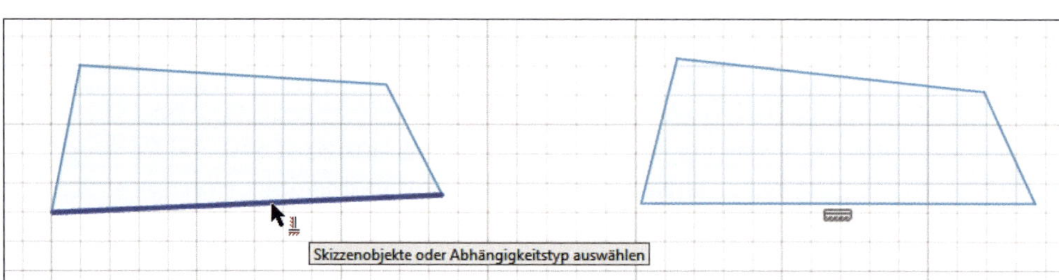

Abbildung 3.24: Abhängigkeit Horizontal/Vertikal vergeben

Die Abhängigkeit Koinzident

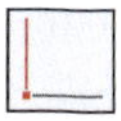

Mit der Abhängigkeit *Koinzident* lassen sich Punkte zweier Objekte zusammenführen (siehe Abbildung 3.25). Die Regel ist dabei, dass der zweite Punkt mit dem ersten zusammengelegt wird.

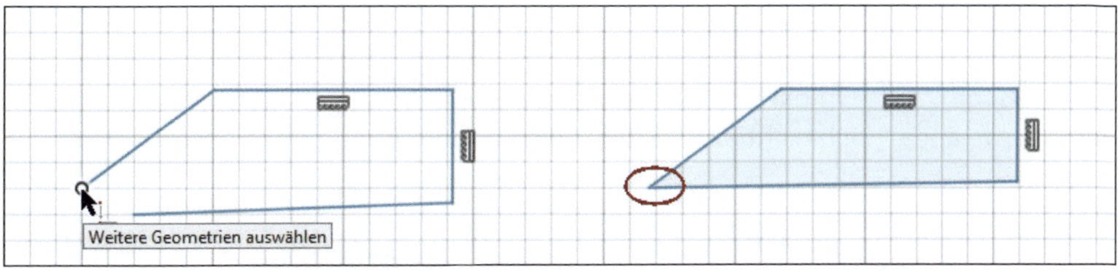

Abbildung 3.25: Abhängigkeit Koinzident vergeben

Die Abhängigkeit Tangential

Die Abhängigkeit *Tangential* dient dazu, Liniensegmente tangential an Kreisen oder Bögen anzusetzen (siehe Abbildung 3.26, oben). Außerdem lassen sich auch Kreise an Kreisen oder Bögen an Bögen tangential zusammenführen (siehe Abbildung 3.26, unten).

Da in diesen Fällen bei einem Objekt der Radius angepasst wird, ist es wichtig, als Erstes das Objekt zu wählen, das nicht verändert werden soll.

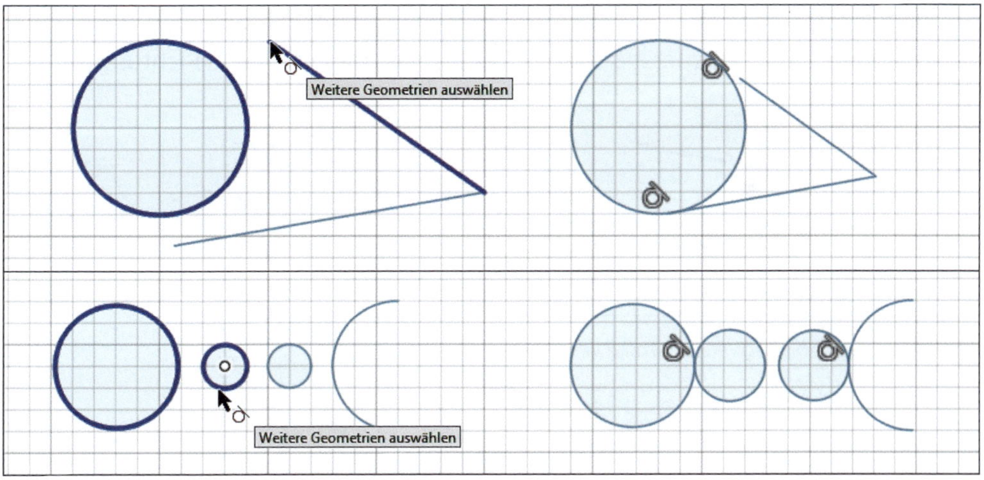

Abbildung 3.26: Abhängigkeit Tangential vergeben

Die Abhängigkeit Gleich

Mit der Abhängigkeit *Gleich* werden ähnliche Objekte auf das gleiche Maß gebracht (siehe Abbildung 3.27, oben). Damit werden beispielsweise zwei Linien auf die gleiche Länge (siehe Abbildung 3.27, oben) sowie zwei Kreise oder Bögen auf die gleichen Durchmesser gebracht (siehe Abbildung 3.27, unten) usw.

Das zuerst gewählte Objekt bestimmt die neue Größe. An der Position und Ausrichtung der Objekte ändert sich nichts, es sei denn, eine andere Abhängigkeit erzwingt es.

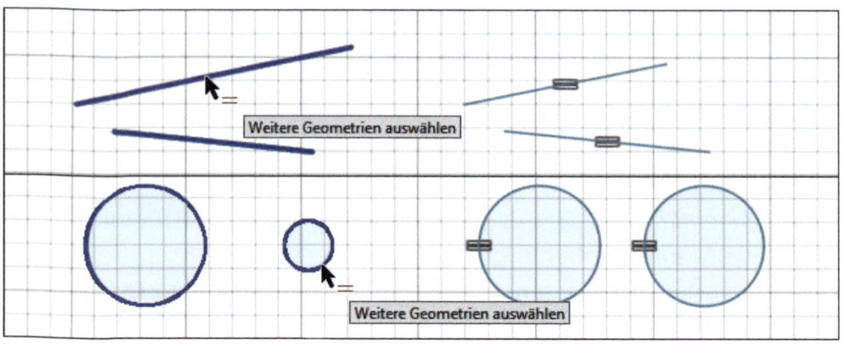

Abbildung 3.27: Abhängigkeit Gleich vergeben

Die Abhängigkeit Parallel

Die Abhängigkeit *Parallel* erzwingt die Parallelität zweier Liniensegmente (siehe Abbildung 3.28). Das zuerst gewählte Objekt bestimmt die neue Richtung.

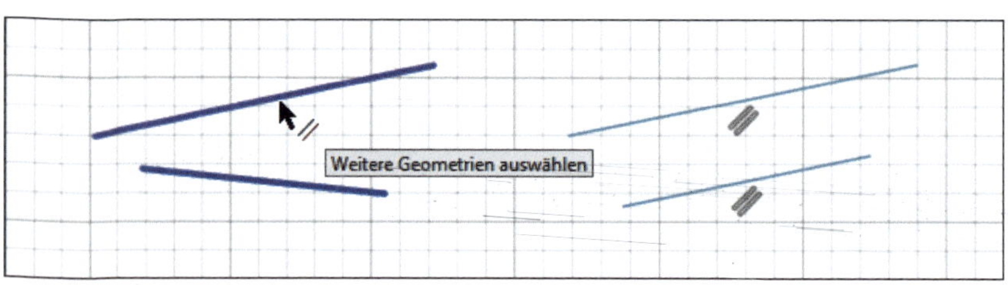

Abbildung 3.28: Abhängigkeit Parallel vergeben

Die Abhängigkeit Lotrecht

Mit der Abhängigkeit *Lotrecht* lassen sich zwei Liniensegmente lotrecht – also im rechten Winkel zueinander – ausrichten (siehe Abbildung 3.29). Das zuerst gewählte Objekt bleibt unverändert.

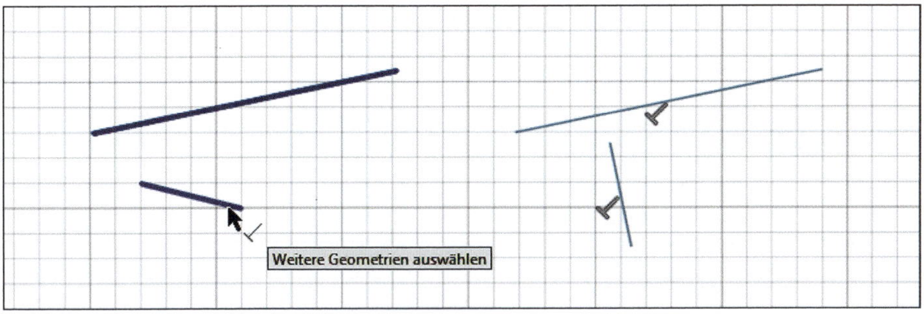

Abbildung 3.29: Abhängigkeit Lotrecht vergeben

Die Abhängigkeit Fixierung/Fixierung aufheben

Die Funktion *Fixierung/Fixierung aufheben* wird häufig benötigt. Damit wird ein Objekt an seiner Position fixiert und auch bei der Eingabe weiterer Abhängigkeiten nicht mehr verschoben.

Wird ein Liniensegment angeklickt, lassen sich die Endpunkte noch verschieben, aber nicht mehr die Position der Linie. Wird dagegen das Liniensegment an einem Endpunkt angeklickt, lässt sich das Objekt noch um den fixierten Punkt drehen. Es lassen sich aber auch beide Endpunkte fixieren. Dann ist keine Bewegung mehr möglich.

Ähnlich ist es beim Kreis und beim Bogen. Hier lässt sich der Mittelpunkt fixieren und Radius bzw. Start- oder Endpunkt beim Bogen sind noch veränderbar. Wird die Kreislinie fixiert, kann nichts mehr am Kreis geändert werden, beim Bogen aber immer noch Start- oder Endpunkt.

Fixierte Objekte werden farblich anders dargestellt. Bei nochmaligem Anklicken mit der Funktion wird die Fixierung wieder aufgehoben.

Die Abhängigkeit Mittelpunkt

Mit der Abhängigkeit *Mittelpunkt* lassen sich zwei Liniensegmente so verschieben, dass deren Mittelpunkte zusammenfallen (siehe Abbildung 3.30, oben). Wird ein Punkt und ein Liniensegment gewählt, wird der Punkt auf der Mitte des Liniensegments verschoben (siehe Abbildung 3.30, unten).

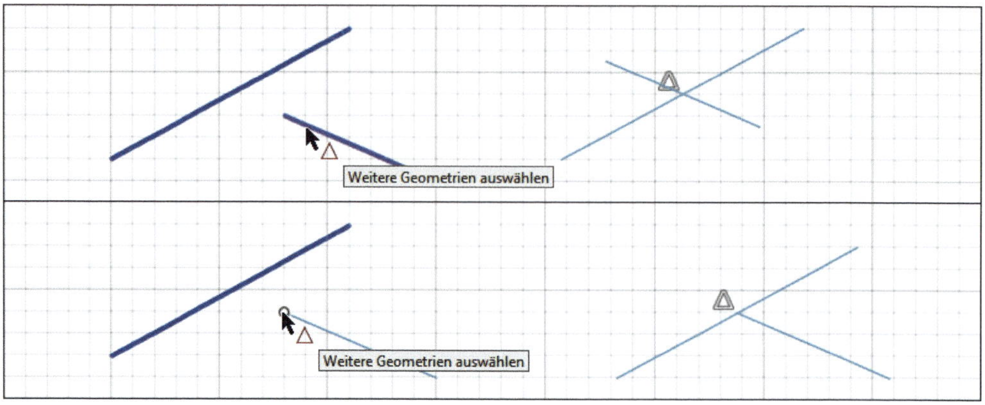

Abbildung 3.30: Abhängigkeit Mittelpunkt vergeben

Die Abhängigkeit Konzentrisch

Mit der Abhängigkeit *Konzentrisch* werden zwei Kreise und/oder Bögen so verschoben, dass deren Zentren zusammenfallen (siehe Abbildung 3.31).

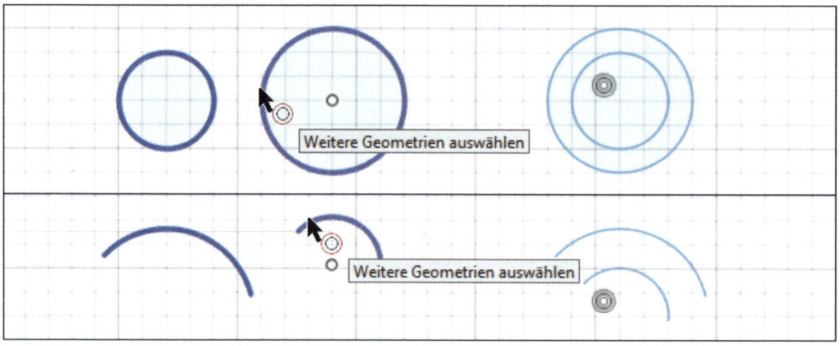

Abbildung 3.31: Abhängigkeit Konzentrisch vergeben

Die Abhängigkeit Kolinear

Die Abhängigkeit *Kolinear* erzwingt, dass zwei Liniensegmente in eine Richtung verlaufen (siehe Abbildung 3.32).

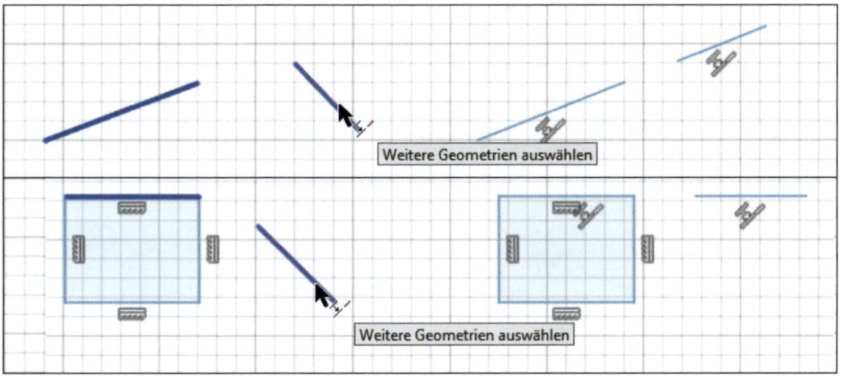

Abbildung 3.32: Abhängigkeit Kolinear vergeben

Die Abhängigkeit Symmetrie

Mit der Abhängigkeit *Symmetrie* erreicht man, dass zwei Objekte (siehe Abbildung 3.33, oben und Mitte) symmetrisch zu einem Linienobjekt angeordnet werden. Auch lassen sich zwei Punkte symmetrisch anordnen (siehe Abbildung 3.33, unten, Mittelpunkte anordnen).

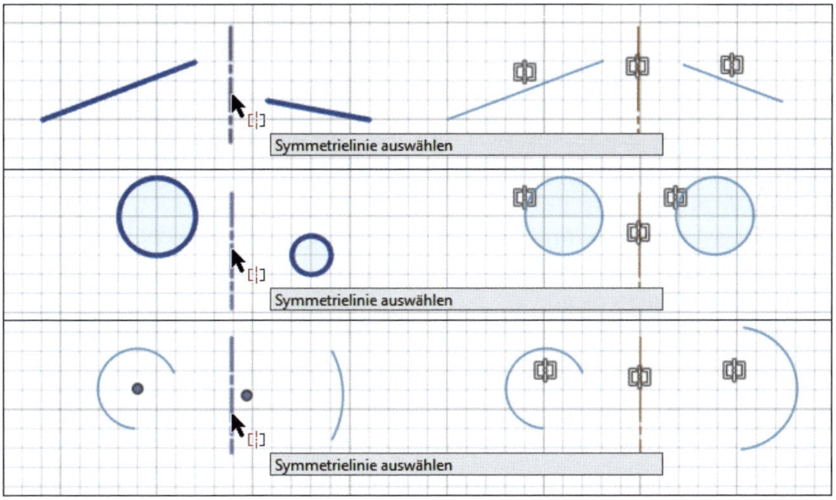

Abbildung 3.33: Abhängigkeit Symmetrie vergeben

Die Abhängigkeit Krümmung

Die Abhängigkeit *Krümmung* verbindet zwei Splines oder einen Spline mit einem Liniensegment so miteinander, dass an einer Knickstelle ein glatter Übergang entsteht (siehe Abbildung 3.34).

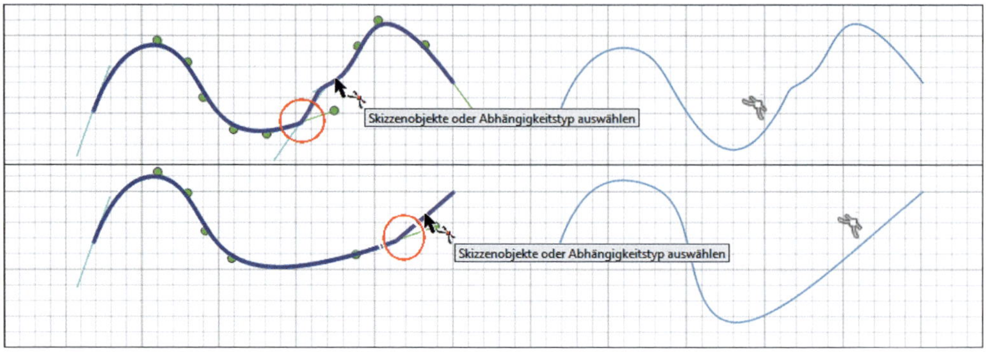

Abbildung 3.34: Abhängigkeit Krümmung vergeben

3.5 Änderungen an Skizzen

Im Skizzenmodus gibt es eine Reihe von Änderungsbefehlen in der Multifunktionsleiste. Sie befinden sich in der Gruppe *Ändern* und sind dort über ein Symbol oder im Menü darunter wählbar.

3.5.1 Die Funktion »Abrunden«

Vorhandene Kanten einer Skizze lassen sich mit der Funktion *Abrunden* entsprechend anpassen. Dabei spielt es keine Rolle, ob die Liniensegmente sich an der Kante treffen, kreuzen oder nur auf eine virtuelle Kante zulaufen. Die Liniensegmente anklicken und den Rundungsradius eingeben oder am Pfeil verschieben und mit ↵ bestätigen und der Radius ist erstellt und die Liniensegmente sind entsprechend korrigiert (siehe Abbildung 3.35, erste Reihe). Die Maße werden automatisch gesetzt.

3.5.2 Die Funktion »Fase«

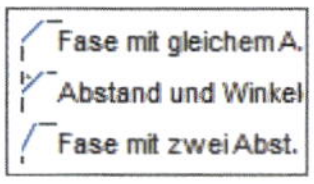

Vorhandene Kanten einer Skizze lassen sich aber auch mit der Funktion *Fase* abschrägen, also fasen. Hierbei gibt es allerdings drei verschiedene Varianten, die aus einem Untermenü im Menü *Ändern* gewählt werden können:

- **Fase mit gleichem Abstand:** Fase unter 45° mit Eingabe des Abstands, der auch durch Verschieben des Pfeils in der Zeichnung angepasst werden kann (siehe Abbildung 3.35, zweite Reihe).
- **Abstand und Winkelfase:** Abstand und Winkel für die Fase lassen sich eingeben oder an den entsprechenden Symbolen verschieben (siehe Abbildung 3.35, dritte Reihe).
- **Fase mit zwei Abständen:** Beide Abstände für die Fase lassen sich eingeben oder mit den Pfeilen verschieben (siehe Abbildung 3.35, unterste Reihe).

Wie bei der Funktion *Abrunden* gilt: Es ist nicht erforderlich, dass sich die Liniensegmente an der Kante treffen, kreuzen oder nur auf eine virtuelle Kante zulaufen. Die Maße werden auch hier automatisch gesetzt.

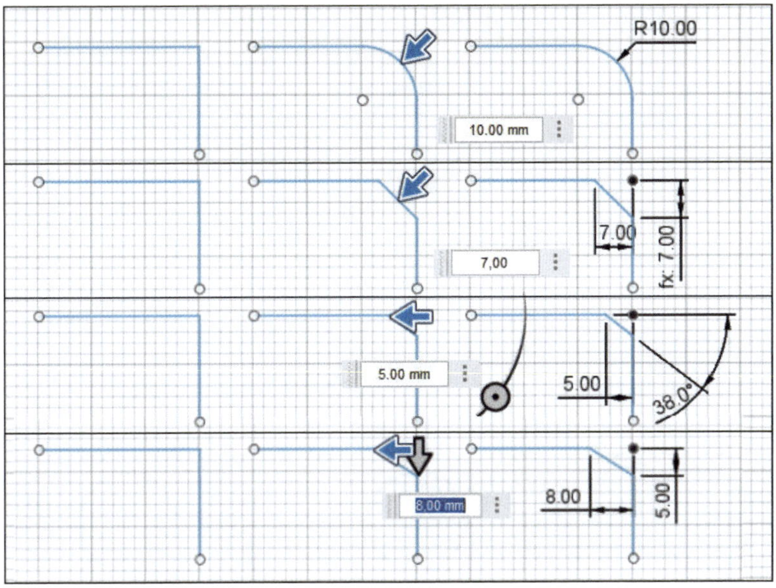

Abbildung 3.35: Abrunden und Fasen an Skizzen

3.5.3 Die Funktion »Stutzen«

Mit der Funktion *Stutzen* lassen sich Elemente einer Skizze an einer vorhandenen Kante stutzen. Die Funktion kann per Symbol gewählt werden. Danach lassen sich Objekte durch Anklicken an der zu stutzenden Seite kürzen (siehe Abbildung 3.36, oben, dreimal gestutzt).

3.5.4 Die Funktion »Dehnen«

Ganz ähnlich ist die Funktion *Dehnen*. Damit lassen sich Elemente einer Skizze bis zur Kante einer vorhandenen Skizze dehnen. Die Funktion befindet sich im Menü *Ändern*. Die Objekte zum Dehnen können durch Anklicken an der zu dehnenden Seite gewählt werden (siehe Abbildung 3.36, Mitte, waagerechte Linie zweimal gedehnt, senkrechte einmal).

3.5.5 Die Funktion »Lösen«

Mit der Funktion *Lösen* lassen sich die Konturen von Elementen einer Skizze an einer Kante in einzelne Objekte trennen. Die Funktion ist im Menü *Ändern* zu finden. Die Objekte zum Lösen können durch Anklicken an der zu lösenden Seite gewählt werden (siehe Abbildung 3.36, unten, Kreis einmal gelöst).

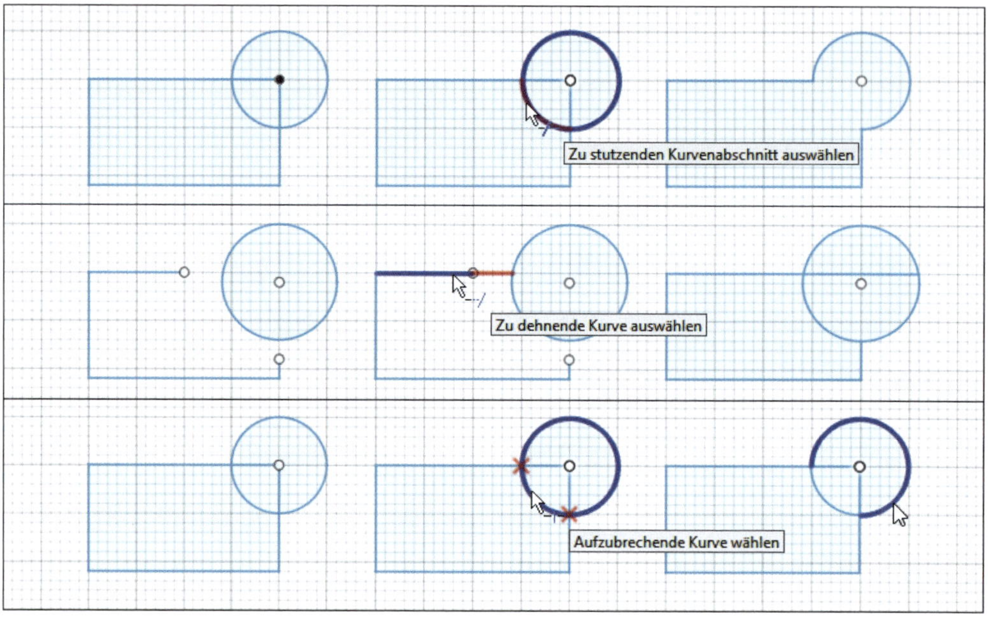

Abbildung 3.36: Stutzen, Dehnen und Lösen an Skizzen

3.5.6 Die Funktion »Versatz«

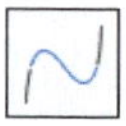

Mit der Funktion *Versatz* lassen sich parallele Konturen von Elementen einer Skizze erstellen. Die Funktion ist per Symbol wählbar oder im Menü *Ändern* zu finden. Es kann ein einzelnes Objekt oder eine zusammenhängende Kontur versetzt werden.

Das Vorgehen: Objekt anklicken, Pfeil für die Richtung anklicken, den Wert des Versatzes eintragen und mit [↵] bestätigen (siehe Abbildung 3.37, einmal nach innen und einmal nach außen versetzt).

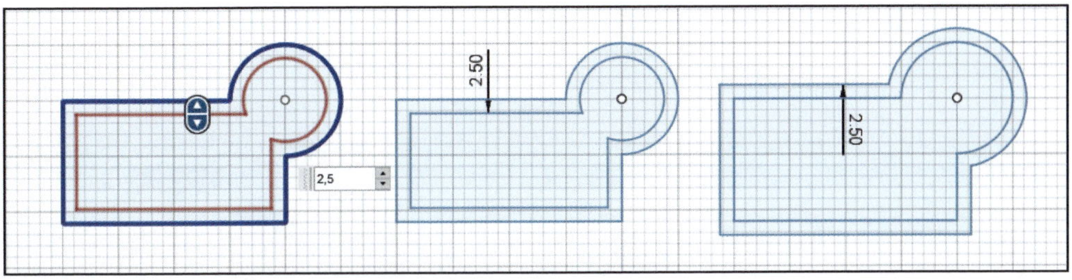

Abbildung 3.37: Versetzen von Konturen

3.5.7 Die Funktion »Verschmelzungskurve«

Sollen zwei Objekte miteinander durch eine stetige Kurve verbunden werden, wird die Funktion *Verschmelzungskurve* verwendet. Die Funktion ist per Symbol wählbar oder im Menü *Ändern* zu finden. Danach die zu verbindenden Objekte wählen und die Kurve wird erstellt (siehe Abbildung 3.38).

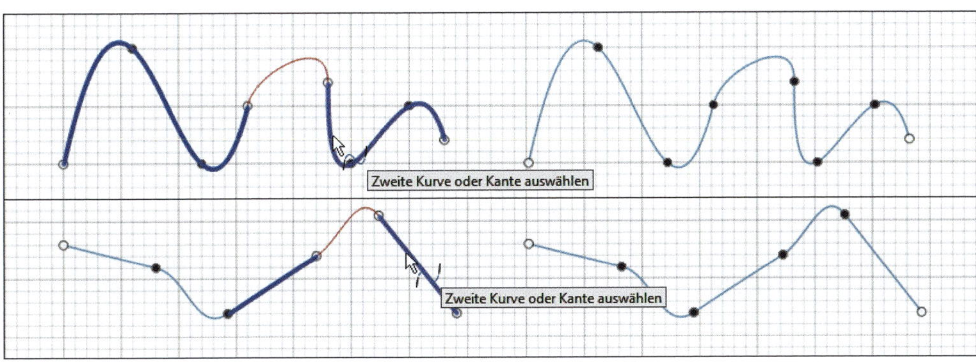

Abbildung 3.38: Verschmelzen mit Kurven

3.5.8 Die Funktion »Skalierungsmaßstab«

Soll eine Gruppe von Objekten vergrößert oder verkleinert werden, kann die Funktion *Skalierungsmaßstab* verwendet werden. Die Funktion findet man im Menü *Ändern*.

In einem Dialogfeld lassen sich die Objekte wählen. Weiterhin ist ein Punkt zu bestimmen, um den skaliert wird. Danach kann der Faktor im Dialogfeld eingegeben oder mit dem Pfeil auf die gewünschte Größe gezogen werden. Mit [Enter] wird die Aktion ausgeführt (siehe Abbildung 3.39).

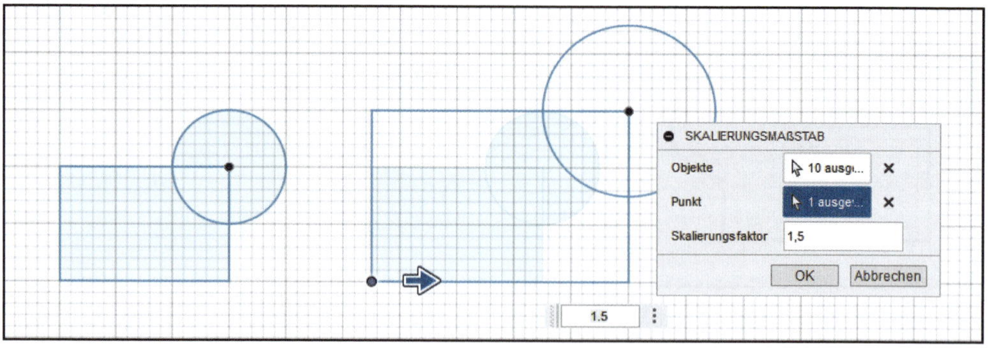

Abbildung 3.39: Skalieren von Objekten

3.5.9 Die Funktion »Verschieben/Kopieren«

Die Funktion *Verschieben/Kopieren* ist sehr vielseitig. Damit lassen sich Objekte nicht nur verschieben oder kopieren, sondern auch drehen. Die Funktion finden Sie im Menü *Ändern*.

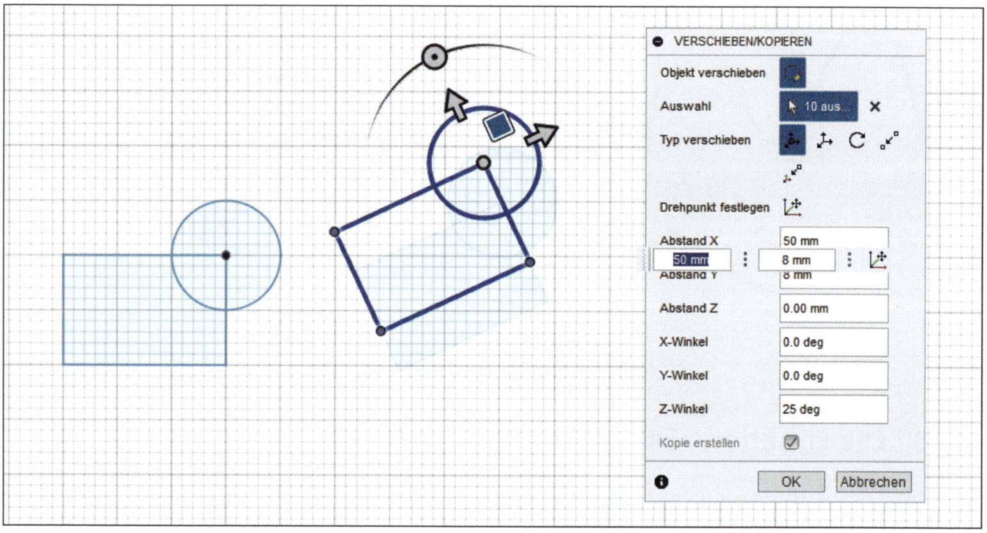

Abbildung 3.40: Verschieben/Kopieren von Objekten

In einem Dialogfeld lassen sich die Objekte wählen und die Parameter einstellen. Zur besseren Orientierung wird ein Werkzeug angezeigt, an dessen Bearbeitungspunkten gezogen und gedreht werden kann. Es lassen sich aber auch alle Werte ins Dialogfeld eintragen. Ist der Schalter *Kopie erstellen* deaktiviert, wird das Original verändert, ist er aktiviert, wird eine Kopie erzeugt und diese geändert (siehe Abbildung 3.40). Alle Varianten dieser Funktion darzustellen, würde hier den Umfang sprengen. Daher sehen Sie in Abbildung 3.40 nur ein Beispiel, bei dem eine gedrehte und verschobene Kopie erstellt wurde. Mit *OK* wird die Aktion ausgeführt.

3.6 Skizzen beenden

Wenn Sie dieses Kapitel durchgearbeitet und geübt haben, wissen Sie alles, um jetzt mit den Volumenkörpern starten zu können. Ein paar Funktionen wurden ausgespart, beim Menü *Erstellen* das Projizieren und beim Menü *Ändern* die Parameter. In späteren Aktionen kommen wir darauf zurück.

Wenn eine Skizze erstellt ist, kann mit dem Symbol *Skizze fertig stellen* ganz rechts in der Multifunktionsleiste die Skizzenbearbeitung beendet werden. Damit wird an die Stelle und in die Ansicht zurückgewechselt, an der die Skizzenbearbeitung gestartet wurde. In der *Skizzenpalette* befindet sich ebenfalls ein Schalter zum Beenden.

4. Volumenkörper erstellen und bearbeiten

Genug mit 2D-Skizzen, jetzt soll es endlich in die dritte Dimension gehen. Damit Sie die Erklärungen in diesem Kapitel auch gleich ausprobieren können, gibt es zu fast jeder Funktion eine Übungsaufgabe mit einer Musterlösung. Wenn Sie, wie in Kapitel 2.2 beschrieben, die heruntergeladenen Dateien in die Cloud hochgeladen haben, dann finden Sie diese im Datenpanel im Projekt *Fusion-Buch*. Legen wir also los mit den Basisfunktionen zum Modellieren. In allen Fällen arbeiten Sie in der Multifunktionsleiste mit Funktionen, die Sie im Reiter *Volumenkörper* finden.

Manipulator-Griffe verwenden

Wichtig: Im Folgenden werden die Parameter beschrieben, die zur Erstellung bzw. Änderung der Volumen festgelegt werden können. Die meisten lassen sich in Dialogfelder eintragen oder direkt am Objekt an den sogenannten Manipulator-Griffen auf den richtigen Wert ziehen. Dies wird im Folgenden nicht jedes Mal wieder ausdrücklich erwähnt.

4.1 Volumenkörper modellieren

Die Funktionen zum Modellieren von Volumenkörpern sind sehr umfangreich. In diesem Einführungsbuch ist es aufgrund des begrenzten Umfangs nicht möglich, jede Variante bis ins kleinste Detail zu behandeln. Nach Durcharbeiten des Kapitels haben Sie einen guten Überblick über das Wichtige und können sich spezielle Details auch selbst aneignen.

4.1.1 Die Funktion »Extrusion«

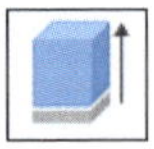

Mit der Funktion *Extrusion* lässt sich eine Skizze zu einem Volumen extrudieren. Dabei stehen einige Varianten zur Verfügung. Sie finden die Funktion mit einem Symbol in der Multifunktionsleiste sowie als Eintrag im Menü *Erstellen*. Nach Anwahl der Funktion können die Varianten gewählt und die Parameter eingestellt werden.

- **Typ:** Umschaltung zwischen voller Extrusion (siehe Abbildung 4.1, alle außer links unten) und Extrusion nur der Kanten mit zwei Symbolen (siehe Abbildung 4.1, links unten).

- **Profile:** Auswahl des zu extrudierenden Profils durch Klick in das Profil. Es können mehrere nacheinander gewählt werden.
- **Starten:** Hier kann gewählt werden, wo die Extrusion beginnen soll, auf der Ebene des Profils, im Abstand oder auf einer gewählten Fläche oder Ebene.
- **Richtung:** Auswahl, ob in einer Richtung extrudiert werden soll (siehe Abbildung 4.1, oben links), auf zwei Seiten mit unterschiedlichen Werten oder symmetrisch in beide Richtungen (siehe Abbildung 4.1, oben rechts).
- **Grenztyp:** Hier wird festgelegt, ob um einen Abstand, bis zu einem Objekt oder durch das ganze Objekt extrudiert werden soll. Letzteres ist wichtig, wenn eine Aushöhlung erstellt werden soll (siehe Abbildung 4.1, unten rechts).
- **Abstand:** Hier wird der Extrusionsabstand festgelegt, wenn beim *Grenztyp* die Option *Abstand* gewählt wurde (siehe Abbildung 4.1, alle).
- **Verjüngungswinkel:** Ausweitung der Extrusion bei positivem Wert (siehe Abbildung 4.1, unten links) und Verjüngung bei negativem Wert (siehe Abbildung 4.1, oben rechts).
- **Wandstärke und Wandposition:** Nur bei Extrusion der Kanten. Dabei werden Wandstärke und Ansetzung der Wandstärke nach innen oder außen bestimmt (siehe Abbildung 4.1, unten links).
- **Vorgang:** Auswahl, ob ein neuer Körper erstellt werden soll (siehe Abbildung 4.1, alle außer unten rechts) oder mit einem vorhandenen verbunden, aus ihm ausgeschnitten (siehe Abbildung 4.1, unten rechts) oder die Schnittmenge gebildet werden soll.

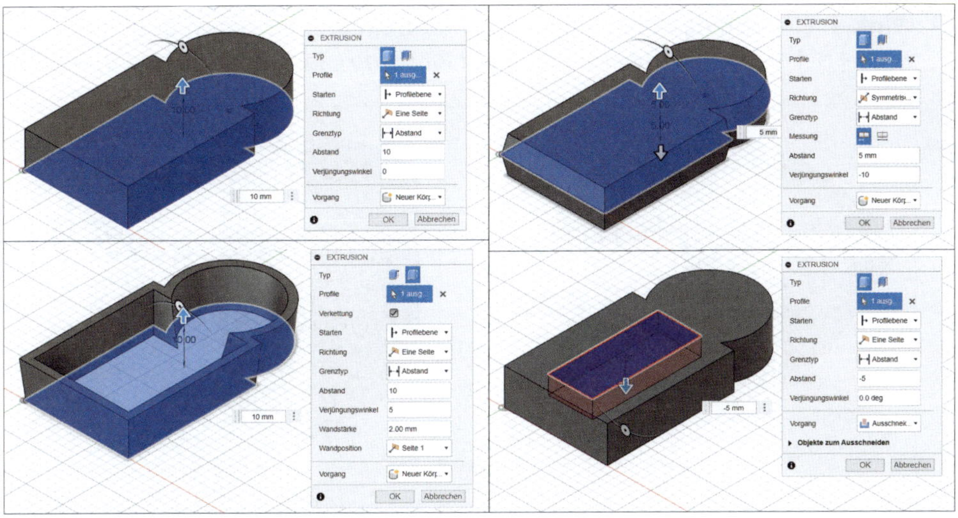

Abbildung 4.1: Verschiedene Varianten der Funktion EXTRUSION

1. Testen Sie die Funktionen und laden Sie die Beispieldatei ***Aufgabe-04-01*** durch Doppelklick im Datenpanel. Versuchen Sie, die Beispiele aus Abbildung 4.1 zu erstellen.
2. Wenn nach einer Extrusion die anderen Skizzen verschwinden sollten, können Sie im Browser die Skizzen wieder zur Anzeige bringen. Unter dem Eintrag *Skizzen* finden Sie die in der Datei vorhandenen Skizzen. Vor den Einträgen steht ein Augensymbol. Dieses ist durchgestrichen, wenn die Skizze nicht sichtbar ist. Klicken Sie auf das Symbol, wird die Skizze sichtbar geschaltet. Eine Musterlösung haben Sie in der Datei ***Lösung-04-01*** im Datenpanel.

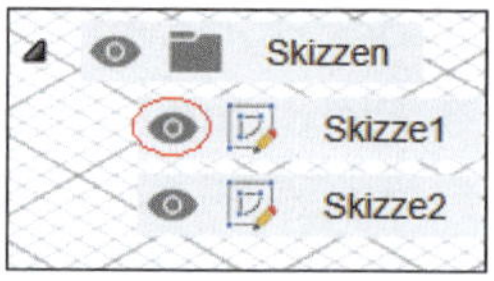

4.1.2 Die Funktion »Drehen«

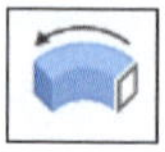

Mit der Funktion *Drehen* wird aus einer Skizze durch Drehen um eine Achse ein Volumen. Auch diese Funktion finden Sie mit einem Symbol in der Multifunktionsleiste sowie als Eintrag im Menü *Erstellen*. Im gleichnamigen Dialogfeld werden die Parameter für die Drehung eingegeben.

- **Profil:** Auswahl des zu drehenden Profils durch Klick in das Profil. Es lassen sich auch mehrere wählen.
- **Achse:** Auswahl der Achse durch Anklicken eines Liniensegments.
- **Grenztyp, Richtung und Vorgang:** identisch mit den Einstellungen bei der Funktion *Extrusion*.
- **Winkel:** Eingabe des Drehwinkels (siehe Abbildung 4.2, links) oder beider Drehwinkel bei der Option *Zwei Seiten* unter *Richtung* (siehe Abbildung 4.2, rechts).

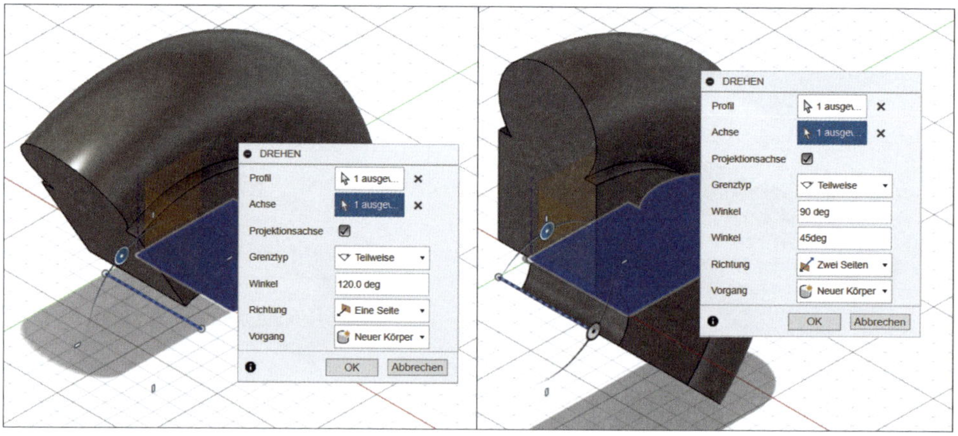

Abbildung 4.2: Die Funktion Drehen

Auch hier können Sie die Funktion an einer Übungsdatei testen: ***Aufgabe-04-02***. Versuchen Sie, die Beispiele aus Abbildung 4.2 zu erstellen. Eine Musterlösung wie in der Abbildung 4.2 haben Sie in der Datei ***Lösung-04-02*** im Datenpanel. Beachten Sie auch hier den Hinweis zu der Sichtbarkeit von Skizzen aus dem vorherigen Abschnitt.

4.1.3 Die Funktion »Sweeping«

Die Funktion *Sweeping* dient dazu, eine Skizze entlang eines Pfades zu bewegen und dabei ein Volumen zu erstellen. Die Funktion ist mit einem Eintrag im Menü *Erstellen* zu finden. Die Varianten der Funktion und deren Parameter können in einem Dialogfeld gewählt werden.

- **Typ:** Umschaltung zwischen den verschiedenen Varianten der Funktion: *Einzelner Pfad* (siehe Abbildung 4.3, links oben), *Pfad und Führungsschiene* (siehe Abbildung 4.3, rechts oben), *Pfad und Führungsfläche* (siehe Abbildung 4.3, links unten) und *Volumenkörper-Sweeping* (siehe Abbildung 4.3, rechts unten).

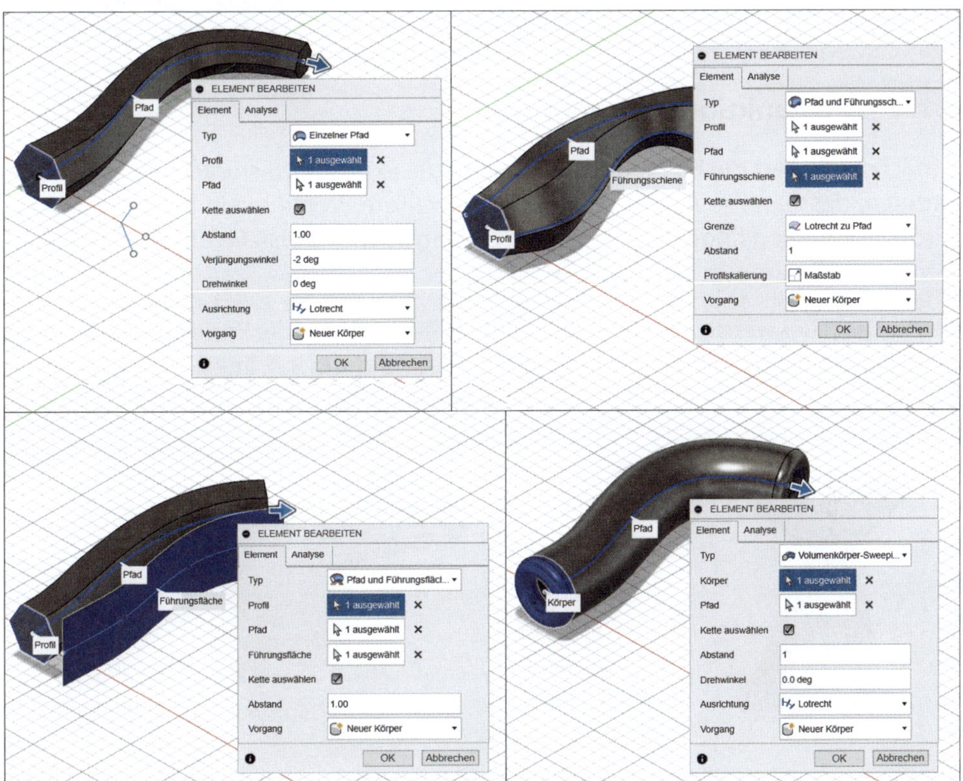

Abbildung 4.3: Verschiedene Varianten der Sweeping-Funktion

- **Profil bzw. Körper:** Auswahl des Profils oder Körpers (bei der Variante *Volumenkörper-Sweeping*) durch Klick auf das Element, das gesweept werden soll. Es sind auch mehrere möglich.
- **Pfad:** Kontur, an der entlang gesweept werden soll.
- **Führungsschiene:** Schiene für die andere Grenze des Sweepings. Nur bei der Variante *Pfad und Führungsschiene*.
- **Führungsfläche:** Fläche, die die andere Grenze des Sweepings beeinflusst. Nur bei der Variante *Pfad und Führungsfläche*.
- **Weitere Parameter:** Im unteren Bereich des Dialogfelds werden die unterschiedlichen Parameter der einzelnen Varianten eingestellt, zum Beispiel *Verjüngungswinkel* oder *Drehwinkel*. Die Option *Abstand* gibt die Verlängerung des gesweepten Körpers an.

Die Aufgabenstellung bei den Übungen im Folgenden ist einfach: Erstellen Sie aus den Objekten der Aufgabendatei die Objekte der Abbildung bzw. die der Lösungsdatei. Deshalb wird nur noch auf die beiden Dateien hingewiesen, hier: Aufgabe: ***Aufgabe-04-03***, Musterlösung: ***Lösung-04-03***.

4.1.4 Die Funktion »Erhebung«

Zunächst erinnert die Funktion *Erhebung* an die *Extrusion*. Sie unterscheidet sich aber dadurch, dass ein Profil über beliebig viele weitere Profile in ein Endprofil überführt wird. Die Funktion finden Sie mit einem Eintrag im Menü *Erstellen*. In einem Dialogfeld werden die Parameter eingegeben.

- **Profile:** Hier werden nacheinander in der Reihenfolge die Profile gewählt, über die die Erhebung gebildet werden soll (siehe Abbildung 4.4, links).

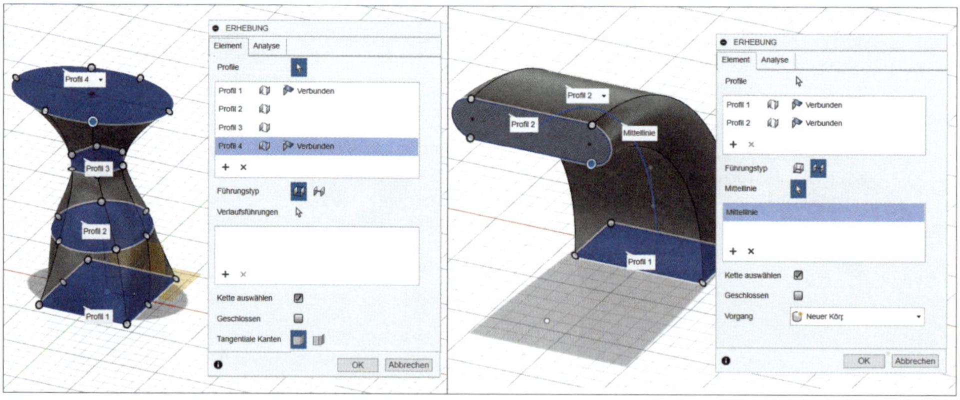

Abbildung 4.4: Zwei Varianten der Funktion ERHEBUNG

- **Führungstyp:** Zwei Arten der Führung sind möglich, die *Verlaufsführung* und die *Mittellinie*. In Abbildung 4.4, rechts wurde der Führungstyp *Mittellinie* gewählt.

Übungsdatei: ***Aufgabe-04-04***, Musterlösung: ***Lösung-04-04***.

4.1.5 Die Funktion »Rippe«

Mit der Funktion *Rippe* lässt sich ein bestehender Volumenkörper durch eine oder mehrere Rippen verstärken. Die Funktion finden Sie mit einem Eintrag im Menü *Erstellen*. In einem Dialogfeld wird die Funktion gesteuert.

- **Profil:** Hier wird das Profil der Rippe gewählt. Das Profil muss nicht mit dem Volumen abschließen, es reicht, wenn die Form angedeutet ist (siehe Abbildung 4.5).
- **Dicke:** Gibt die Dicke der Rippe an.
- **Stärkenrichtung:** Gibt an, auf welcher Seite die Dicke abgetragen werden soll, auf einer Seite oder symmetrisch.
- **Grenztyp:** Hier wird gewählt, ob die Rippe vollständig ausgebildet werden soll (Einstellung *Auf Nächste*, siehe Abbildung 4.5, links) oder nur mit einer bestimmten Tiefe (Einstellung *Abstand*, siehe Abbildung 4.5, rechts, letzte Rippe).
- **Tiefe:** Angabe der Tiefe der Rippe für den zweiten Grenztyp.
- **Richtung umkehren:** Damit lässt sich die Ausbildung der Rippe ändern, nach innen oder nach außen.

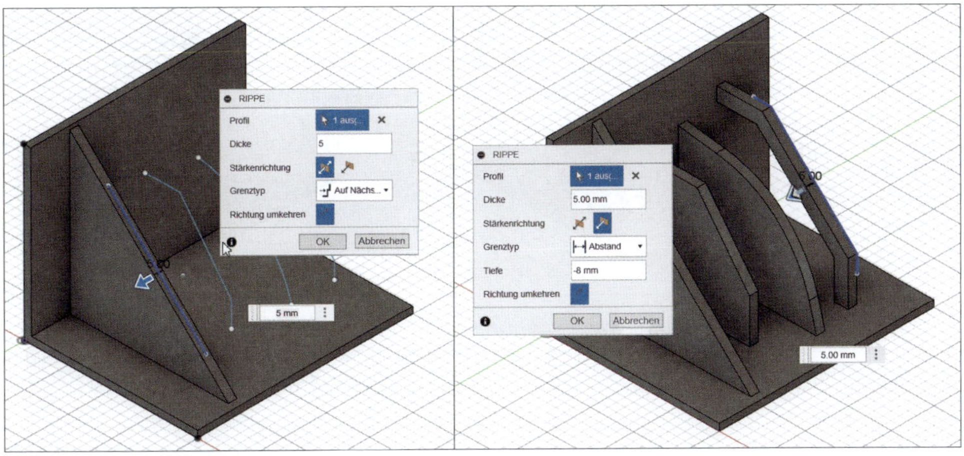

Abbildung 4.5: Varianten der Funktion Rippe

Übungsdatei: ***Aufgabe-04-05***, Musterlösung: ***Lösung-04-05***.

4.1.6 Die Funktion »Steg«

Ähnlich der Funktion *Rippe* ist die Funktion *Steg*. Aber hier wird ein geschlossener Volumenkörper durch Stege unterteilt bzw. verstärkt. Auch diese Funktion finden Sie im Menü *Erstellen*. In einem Dialogfeld wird die Funktion gesteuert.

- **Profil:** Zunächst werden das Profil bzw. die Profile für den Steg gewählt, die schon als Skizze vorhanden sein müssen (siehe Abbildung 4.6).
- **Dicke:** Gibt die Dicke des Stegs an.
- **Stärkenrichtung:** Gibt an, auf welcher Seite die Dicke abgetragen werden soll, auf einer Seite oder symmetrisch.
- **Grenztyp:** Hier wird gewählt, ob der Steg bis zum nächsten Volumen ausgebildet werden soll (Einstellung *Auf Nächste*, siehe Abbildung 4.6, links) oder nur mit einer Tiefe (Einstellung *Abstand*, siehe Abbildung 4.6, rechts).
- **Tiefe:** Angabe der Tiefe des Stegs für den zweiten Grenztyp.
- **Richtung umkehren:** Damit lässt sich die Ausbildung des Stegs ändern, nach innen oder nach außen.

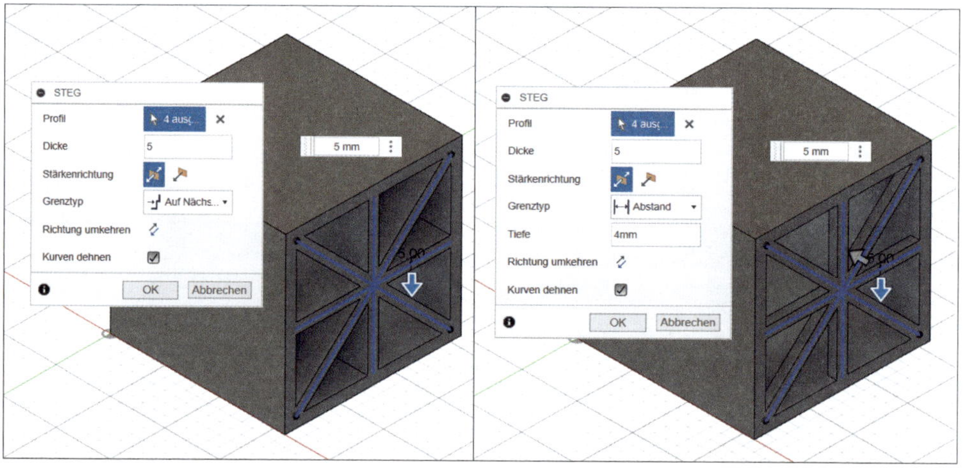

Abbildung 4.6: Zwei Varianten der Funktion STEG

Übungsdatei: ***Aufgabe-04-06***, Musterlösung: ***Lösung-04-06***.

4.1.7 Die Funktion »Prägen«

Soll ein Text oder eine Kontur auf einem Volumenkörper aufgesetzt oder eingeprägt werden, dann verwenden Sie die Funktion *Prägen*. Wie alle bisherigen Funktionen finden Sie auch diese mit ihrem Eintrag im Menü *Erstellen*. In einem Dialogfeld wird die Funktion gesteuert.

- **Skizzenprofile:** Zunächst wird das Profil für die Prägung gewählt. Dieses muss als Skizze vorhanden sein (siehe Abbildung 4.7).
- **Flächen:** Danach werden die Flächen gewählt, auf die das Skizzenprofil geprägt werden soll.
- **Tiefe:** Hier wird angegeben, wie tief die Prägung sein soll.
- **Effekt:** Zwei Symbole stehen zur Auswahl, das linke für die Aufsetzung des Skizzenprofils (siehe Abbildung 4.7, links) und das rechte für die Einprägung des Skizzenprofils (siehe Abbildung 4.7, rechts).
- **Ausrichtung:** In diesem Bereich kann mit den Angaben *Horizontaler Abstand*, *Vertikaler Abstand* sowie *Drehwinkel* die Prägung positioniert werden.

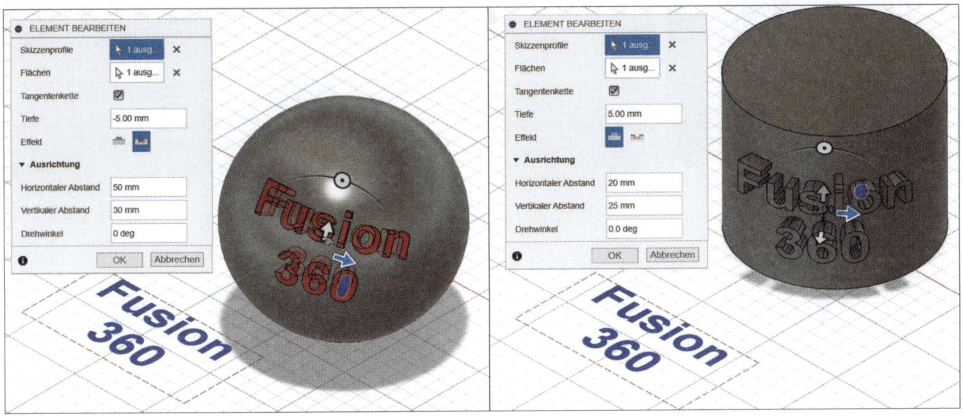

Abbildung 4.7: Zwei Beispiele für die Funktion Prägen

Übungsdatei: ***Aufgabe-04-07***, Musterlösung: ***Lösung-04-07***.

4.1.8 Die Funktion »Bohrung«

Mit der Funktion *Bohrung* lässt sich eine Bohrung in Bezug auf Referenzkanten platzieren (siehe Abbildung 4.8, links) oder auf einen oder mehrere Skizzenpunkte eine oder mehrere Bohrungen setzen (siehe Abbildung 4.8, rechts). Auch diese Funktion ist mit ihrem Eintrag im Menü *Erstellen* zu finden. Im gleichnamigen Dialogfeld wird die Funktion gesteuert.

- **Platzierung:** Mit zwei Symbolen kann zwischen den beiden oben genannten Varianten der Funktion gewählt werden.
- **Referenz:** Diese Einstellung ist bei der Bohrung in Bezug auf Referenzkanten vorzunehmen. Es können zwei Referenzkanten gewählt und der Abstand dazu angegeben werden (siehe Abbildung 4.8, links). Ist die erste Referenzkante kreisförmig, wird die Bohrung sofort auf das Zentrum gesetzt.

- **Skizzierpunkte:** Bei der Variante mit den Skizzierpunkten ist diese Einstellung gültig. Die Skizzierpunkte müssen festgelegt werden (siehe Abbildung 4.8, rechts).
- **Symboleinstellungen:** In diesem Bereich stellen Sie den *Bohrungstyp*, den *Bohrungsgewindetyp* sowie den *Bohrungspunkt* (gemeint ist die Bohrungsspitze) ein. Die Maße können an der Skizze eingestellt werden, entweder Normgrößen oder frei wählbare Größen.

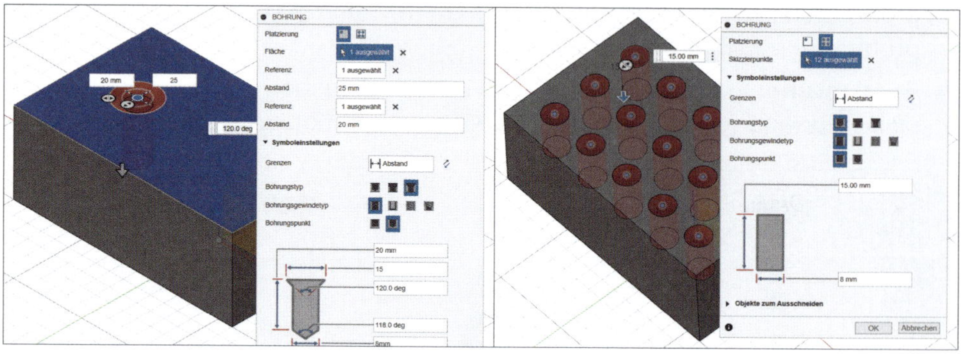

Abbildung 4.8: Zwei Varianten der Funktion Bohrung

1. Übungsdatei: ***Aufgabe-04-08***, Musterlösung: ***Lösung-04-08***.
2. Variieren Sie dabei auch den *Bohrungstyp*, den *Bohrungsgewindetyp* und den *Bohrungspunkt* und geben Sie verschiedene Maße ein.

4.1.9 Die Funktion »Gewinde«

Mit der Funktion *Gewinde* lässt sich ein Außengewinde (siehe Abbildung 4.9, links) oder ein Innengewinde (siehe Abbildung 4.9, rechts) anbringen. Zu finden ist die Funktion im Menü *Erstellen*. Im Dialogfeld *Gewinde* wird die Funktion gesteuert.

- **Flächen:** Hiermit wird die Fläche bestimmt, an der das Gewinde angebracht werden soll. Es sind Innen- und Außenflächen möglich.
- **Modellieren:** Damit wird angegeben, ob das Gewinde modelliert (siehe Abbildung 4.9, links) oder nur als Gewinde angezeigt werden soll (siehe Abbildung 4.9, rechts). Gewinde sind aufwendig und viele modellierte Gewinde können die Rechengeschwindigkeit heruntersetzen. Für die Funktion ist es meist nicht erforderlich, dass sie modelliert werden.
- **Volle Länge:** Damit wird angegeben, ob das Gewinde über die volle Länge des Körpers oder nur über eine Teillänge ausgebildet werden soll.
- **Maße für das Gewinde:** Darunter können der Gewindetyp und seine Parameter gewählt werden.

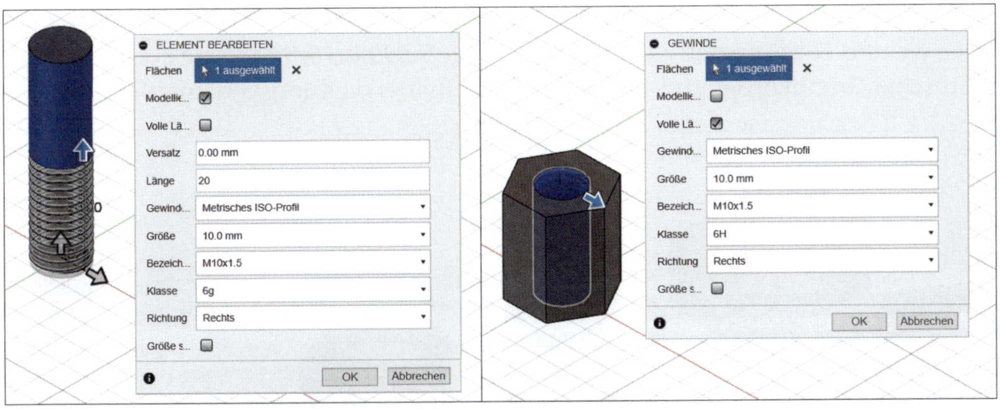

Abbildung 4.9: Die Funktion GEWINDE *für Innen- und Außengewinde*

Übungsdatei: ***Aufgabe-04-09***, Musterlösung: ***Lösung-04-09***.

4.1.10 Grundkörper erstellen

Im Bereich unterhalb der Mitte des Menüs *Erstellen* befinden sich die Funktionen zum Erstellen geometrischer Grundkörper: *Quader*, *Zylinder*, *Kugel*, *Torus*, *Spirale* und *Leitung*. Diese arbeiten alle nach dem gleichen Schema. Zunächst wird die Ebene angegeben, auf der das Objekt platziert werden soll, danach werden die Parameter in ein Dialogfeld eingetragen. Abbildung 4.10 zeigt dies am Beispiel der *Spirale*. Bei den anderen Objekten gilt dies analog.

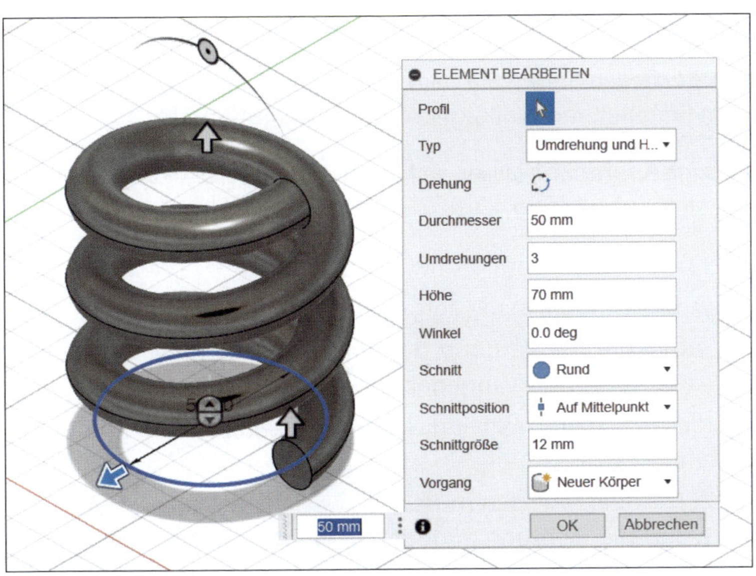

Abbildung 4.10: Erstellen eines Grundkörpers am Beispiel der Spirale

Abbildung 4.11 zeigt die möglichen Grundkörper, die bis auf die Funktion *Leitung* ohne weitere Skizze erstellt werden können. Die Funktion *Leitung* ist ja auch kein geometrischer Grundkörper und es ist eine Skizze für den Leitungsverlauf erforderlich.

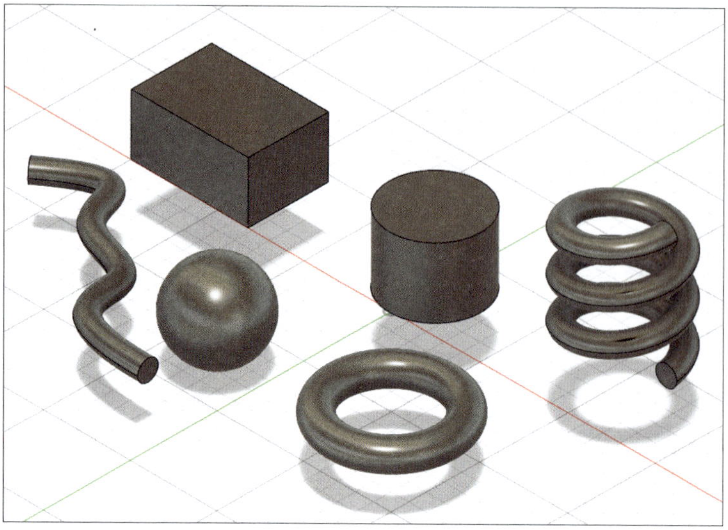

Abbildung 4.11: Beispiele für geometrische Grundkörper

Testen Sie die Funktionen. Eine Beispieldatei ist dazu nicht erforderlich, aber eine Musterlösung wie in Abbildung 4.11 enthält die Datei ***Lösung-04-10***.

4.1.11 Anordnungen erstellen

Im unteren Teil des Menüs *Erstellen* finden Sie das Untermenü *Anordnung*, das wiederum drei Funktionen zum Erstellen regelmäßiger Anordnungen enthält.

Mit der Funktion *Rechteckige Anordnung* lassen sich matrixförmige Strukturen von Volumenkörpern erstellen (siehe Abbildung 4.12).

- **Objekte:** Auswahl der Objekte, die angeordnet werden sollen.
- **Achsen:** Richtung bzw. Richtungen, in die aufgebaut werden soll.
- **Verteilung:** Es kann entweder der Abstand der einzelnen Elemente zueinander oder die Gesamtlänge der Anordnung angegeben werden.
- **Unterdrückung:** Ist dieser Schalter aktiviert, lassen sich einzelne Elemente der Anordnung ausschalten.
- **Achse 1** bzw. **Achse 2:** Für beide Achsen müssen jeweils die Menge, der Abstand bzw. die Gesamtlänge und die Richtung angegeben werden. Mit der Einstellung *Symmetrisch* für die *Richtung* wird die Anordnung symmetrisch um das Ausgangsobjekt aufgebaut.

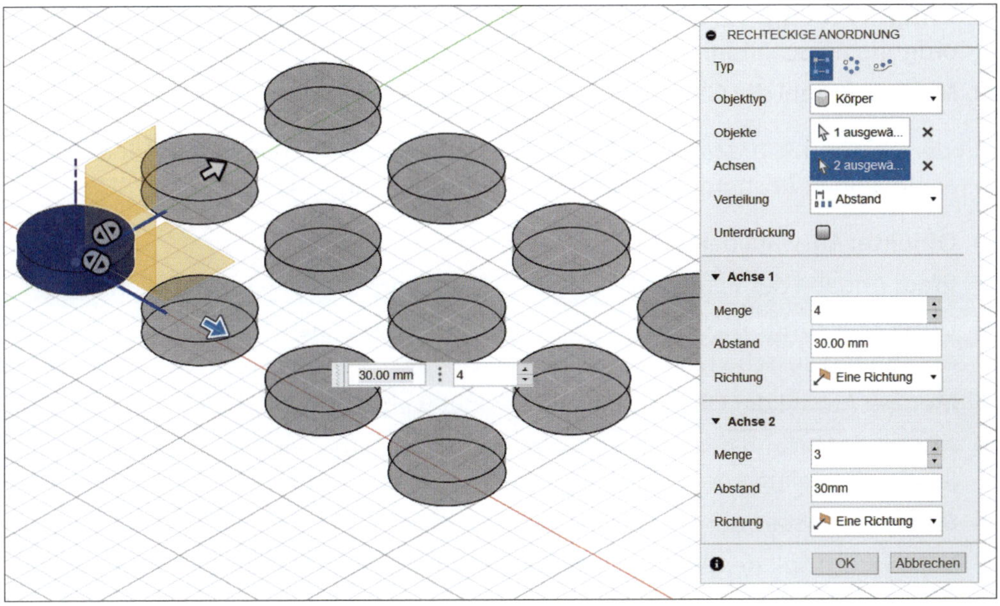

Abbildung 4.12: Beispiel für rechteckige Anordnung

Mit der Funktion *Runde Anordnung* lassen sich runde Strukturen um eine Achse aus einzelnen Volumenkörpern erstellen (siehe Abbildung 4.13).

- **Objekte:** Auswahl der Objekte, die angeordnet werden sollen.
- **Achse:** Achse, um die die Anordnung ausgebaut werden soll.
- **Verteilung:** Hier wird festgelegt, ob über einen Vollkreis mit 360° oder nur über einen anzugebenden Winkel aufgebaut werden soll.

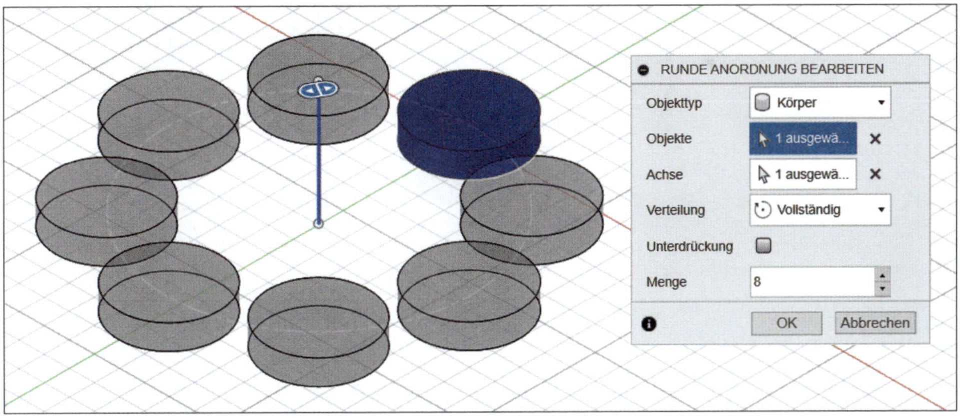

Abbildung 4.13: Beispiel für runde Anordnung

- **Unterdrückung:** Bei aktiviertem Schalter lassen sich einzelne Elemente der Anordnung ausschalten.
- **Menge:** Anzahl der Objekte, die angeordnet werden sollen.

Mit der Funktion *Anordnung auf Pfad* lassen sich Volumenkörper entlang eines Pfades in regelmäßigen Abständen anordnen (siehe Abbildung 4.14).

- **Objekte:** Auswahl der Objekte, die angeordnet werden sollen.
- **Pfad:** Angabe des Pfads, auf dem die Objekte angeordnet werden sollen.
- **Unterdrückung:** Ist dieser Schalter aktiviert, lassen sich einzelne Elemente der Anordnung ausschalten.
- **Menge:** Anzahl der Objekte, die angeordnet werden sollen.
- **Abstand:** Abstand der Objekte zueinander bzw. Länge der gesamten Anordnung, je nach Einstellung der Option *Verteilung*.
- **Startpunkt:** Start der Anordnung auf dem Pfad.
- **Verteilung:** Soll der Abstand der Objekte zueinander oder die Länge der gesamten Anordnung angegeben werden.
- **Richtung:** Werden die Objekte vom Startpunkt weg in Richtung des Pfades oder symmetrisch zum Startpunkt angeordnet.
- **Ausrichtung:** Sollen die Objekte senkrecht zum Pfad ausgerichtet werden oder bleiben sie in gleicher Ausrichtung.

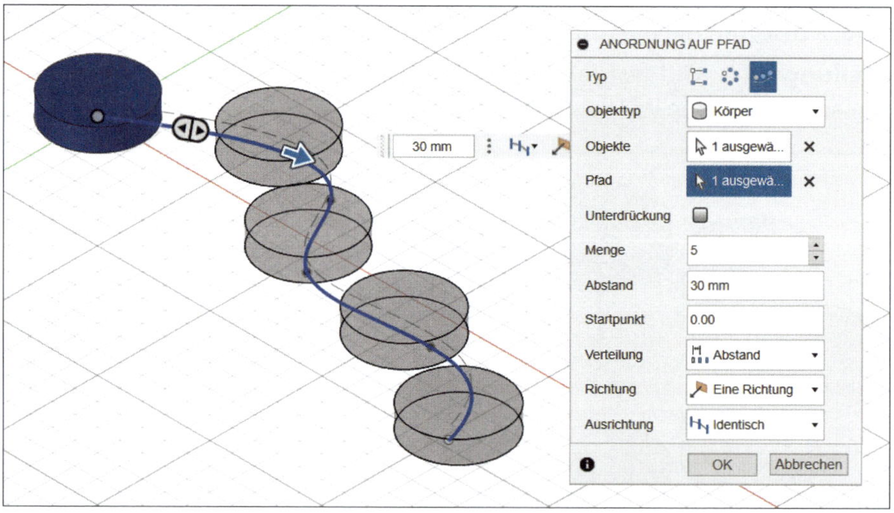

Abbildung 4.14: Beispiel für Anordnung auf Pfad

Übungsdateien: ***Aufgabe-04-11*** bis ***Aufgabe-04-13***, Musterlösung: ***Lösung-04-11*** bis ***Lösung-04-13***.

4.1.12 Die Funktion »Spiegeln«

Mit der Funktion *Spiegeln* lassen sich bestehende Objekte an einer *Spiegelebene* spiegeln. Erhalten bleiben das Original und das gespiegelte Objekt.

- **Objekte:** die zu spiegelnden Objekte wählen.
- **Spiegelebene:** Ebene, an der gespiegelt werden soll. Die *Spiegelebene* kann eine *Ebene*, eine *Konstruktion* (zu Konstruktionen später mehr, siehe Abbildung 4.15, links) oder eine beliebige Fläche sein (siehe Abbildung 4.15, rechts, hier eine Fläche auf dem Originalobjekt).

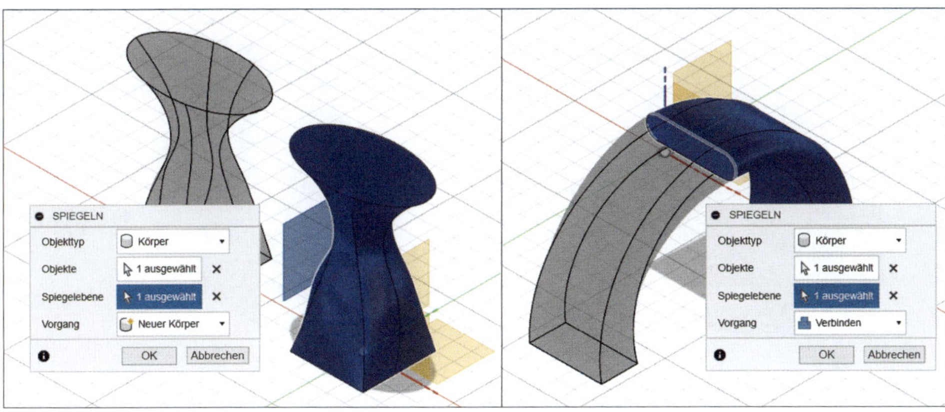

Abbildung 4.15: Beispiele für die Spiegeln-Funktion

Übungsdatei: ***Aufgabe-04-14***, Musterlösung: ***Lösung-04-14***.

4.2 Volumenkörper ändern

Um die erstellten Volumenkörper weiter zu verfeinern oder um Änderungen anzubringen, steht eine ganze Reihe weiterer Funktionen zur Verfügung.

4.2.1 Die Funktion »Drücken/Ziehen«

Die Funktion *Drücken/Ziehen* startet, je nachdem, was angeklickt wird, verschiedene Funktionen. Meist wird die Funktion verwendet, wenn eine oder mehrere Flächen eines Volumenkörpers versetzt werden sollen. Die Funktion finden Sie als Symbol in der Multifunktionsleiste sowie als Eintrag im Menü *Ändern*.

- **Flächen:** Hier werden die zu versetzenden Objekte gewählt. Werden eine oder mehrere Flächen angeklickt, wird die Funktion *Fläche versetzen* gestartet und es muss nur noch der Abstand eingegeben werden. Der kann positiv (siehe Abbildung 4.16, links) oder negativ sein (siehe Abbildung 4.16, rechts). Wird ein Skizzenprofil angeklickt, startet die Funktion *Extrusion*, und beim Anklicken einer Kante die Funktion *Abrunden*.
- **Abstand bzw. Winkel:** Versatzabstand eingeben (siehe Abbildung 4.16, links). Wurde der Volumenkörper aus einem gedrehten Profil erstellt, wird gedreht versetzt und es kann ein Winkel eingegeben werden (siehe Abbildung 4.16, rechts).

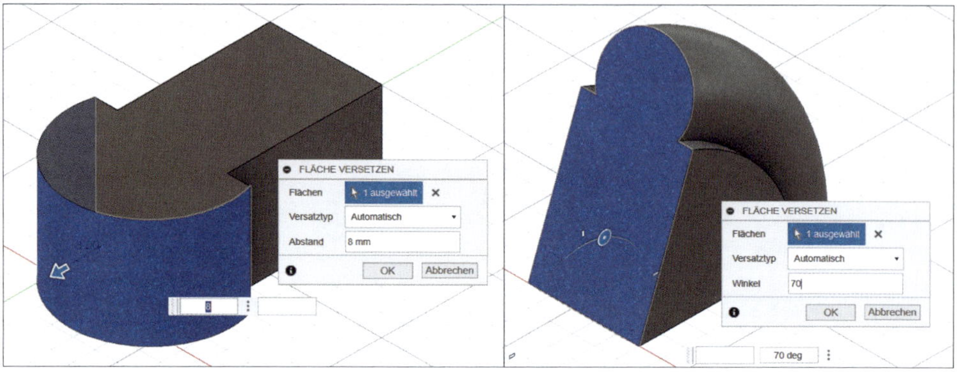

Abbildung 4.16: Beispiele für die Funktion Drücken/Ziehen

Übungsdatei: ***Aufgabe-04-15***, Musterlösung: ***Lösung-04-15***.

4.2.2 Die Funktion »Abrunden«

Die Funktion *Abrunden* wird verwendet, um Kanten mit einem Radius zu versehen, also abzurunden. Die Funktion kann mit einem Symbol in der Multifunktionsleiste sowie mit einem Eintrag im Menü *Ändern* gestartet werden.

Eigentlich einfach: Kante anklicken, Radius eingeben, fertig. Doch die Funktion kann mehr, deshalb soll sie etwas ausführlicher beschrieben werden.

Typ »Abrunden«

- **Typ:** Beim Typ *Abrunden*, wählbar im oberen Menü des Dialogfelds, lassen sich eine oder mehrere Kanten wählen (siehe Abbildung 4.17, erste und zweite Elemente von links), die abgerundet werden sollen. Wird eine Fläche angewählt, werden alle Kanten dieser Fläche gerundet (siehe Abbildung 4.17, Element rechts).

- **Weitere Kanten und Radien:** Der Rundungsradius kann im Feld darunter eingetragen werden. Mit den Symbolen **+** und **x** können weitere Kanten gewählt bzw. abgewählt werden und Radien dafür eingetragen werden. Jeweils hinter den Radien kann gewählt werden, ob der Radius *Tangential (G1)* oder mit *Krümmung (G2)* angesetzt werden soll.
- **Radiustyp:** Hier wird angegeben, ob für die Abrundung *Radius* oder *Sehnenlänge* des Radiusbogens angegeben werden soll. Die Variante *Variable* wird am Ende dieser Auflistung beschrieben.
- **Kanten/Flächen/Elemente:** Auswahl der zu rundenden Objekte.
- **Tangentenkette:** Ist dieser Schalter aktiviert, werden bei der Wahl einer Kante alle der mit dieser tangential verbundenen Kanten gewählt. Ist der Schalter deaktiviert, wird nur die eine Kante gewählt.
- **Tangentialität Gewicht:** Erhöhung oder Verringerung der Tangentenwirkung.
- **Ecktyp:** Änderung des Typs der Kofferecke (siehe Abbildung 4.17, links: *Rollende Kugel* und Abbildung 4.17, Mitte: *Versatz*).

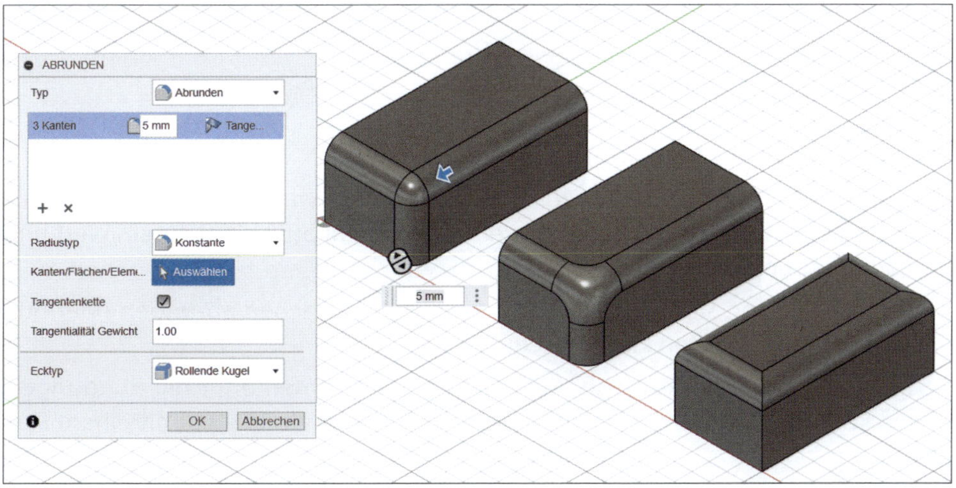

Abbildung 4.17: Beispiele für Abrunden*, Typ* Abrunden

- **Radiustyp Variable:** Wird die Variante *Variable* beim *Radiustyp* gewählt, lassen sich im Bereich *Radiuspunkte* des Dialogfelds Werte für den Start- und Endradius angeben. Außerdem können zusätzliche Punkte dazwischen gewählt und auch dafür Radien vorgegeben werden (siehe Abbildung 4.18).

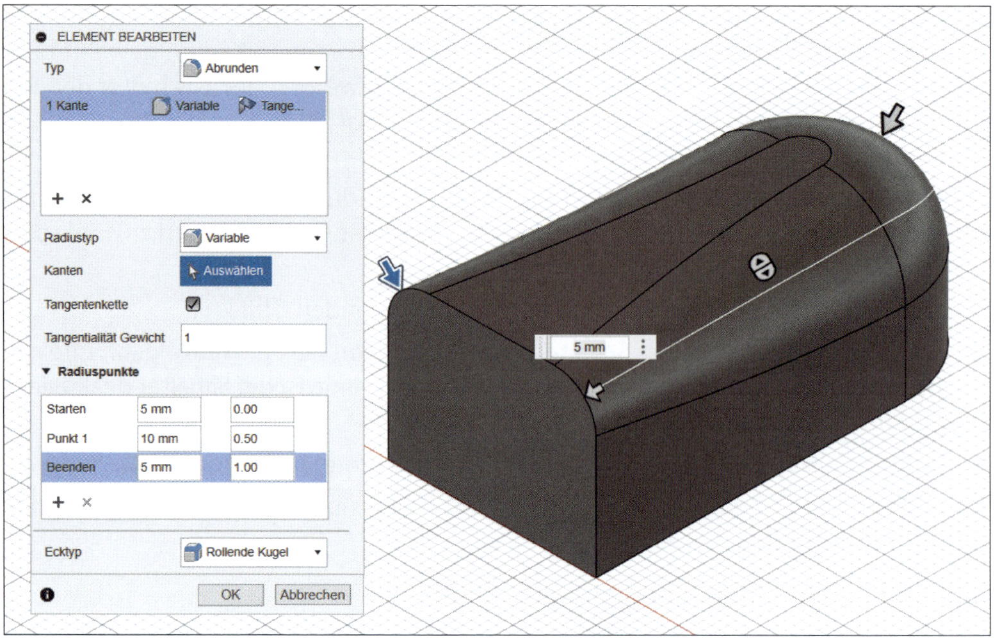

Abbildung 4.18: Beispiele für Abrunden, *Typ* Abrunden mit variablem Radius

Typ »Regelbasierte Abrundung«

- **Typ:** Beim Typ *Regelbasierte Abrundung*, ebenfalls wählbar im oberen Menü des Dialogfelds, lassen sich alle Kanten eines Volumenkörpers mit einem Wert für den Radius abrunden.
- **Regel:** Es lassen sich alle Kanten von gewählten Flächen abrunden oder nur die zwischen bestimmten Flächen oder Elementen.
- **Flächen/Elemente:** Auswahl der Flächen oder Elemente für die Rundungen. Ist ein kompletter Körper gewünscht, lässt sich dieser am besten mit einem Fenster wählen.
- **Radius:** Eingabe des Radius.
- **Topologie:** Nun stehen noch drei Varianten zur Auswahl: nur Außenkanten, Innenkanten oder alle Kanten runden (siehe Abbildung 4.19, links: alle Kanten).

Typ »Vollständige Rundung«

- **Typ:** Beim Typ *Vollständige Rundung* wird eine Kante mit einem Halbkreis gerundet (siehe Abbildung 4.19, rechts).
- **Mittelflächen:** Fläche anwählen, die gerundet werden soll. Die Rundung wird ohne weitere Anfragen sofort ausgeführt.

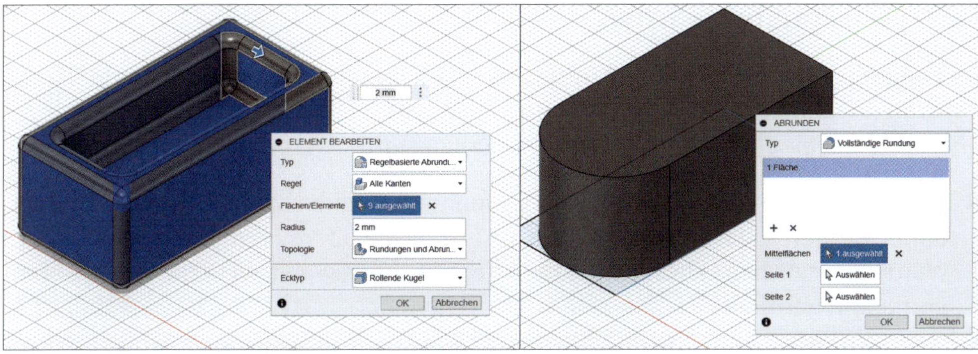

Abbildung 4.19: Beispiele für Abrunden*, Typ* Regelbasierte Abrundung *und* Vollständige Rundung

Übungsdateien: ***Aufgabe-04-16*** und ***Aufgabe-04-17***, Musterlösung: ***Lösung-04-16*** und ***Lösung-04-17***.

4.2.3 Die Funktion »Fase«

Eine Kante abschrägen nennt man auch fasen und das Ergebnis ist eine Fase. Mit der Funktion *Fase* kann dies vorgenommen werden. Die Funktion kann mit einem Eintrag im Menü *Ändern* gestartet werden.

- **Typ:** Gefast werden kann mit zwei gleichen Abständen (siehe Abbildung 4.20, links), mit zwei unterschiedlichen Abständen (siehe Abbildung 4.20, rechts) oder mit Abstand und Winkel.
- **Kanten/Flächen:** Es lassen sich einzelne Kanten zum Fasen wählen. Wird eine Fläche gewählt, werden alle Kanten der Fläche gefast (siehe Abbildung 4.20, rechts). Wird ein kompletter Volumenkörper gewählt, am besten mit einem Fenster, werden alle Außen- und Innenkanten gefast (siehe Abbildung 4.20, links).
- **Ecktyp:** Wahl der Form der Ecke, an der gefaste Kanten aufeinandertreffen.

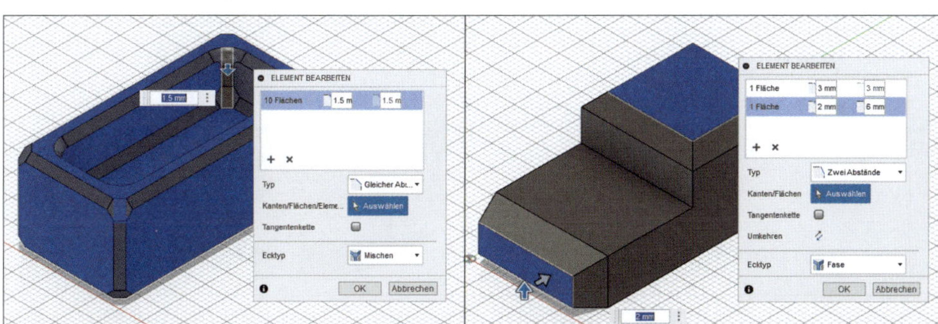

Abbildung 4.20: Beispiele für die Funktion Fase

Übungsdatei: ***Aufgabe-04-18***, Musterlösung: ***Lösung-04-18***.

4.2.4 Die Funktion »Schale«

Die Funktion *Schale* höhlt einen Körper aus und hinterlässt die Schale in einer wählbaren Wandstärke. Die Funktion kann per Symbol in der Multifunktionsleiste oder mit einem Eintrag im Menü *Ändern* gestartet werden.

- **Flächen/Körper:** Sie wählen eine oder mehrere Flächen an einem Körper, die geöffnet werden sollen. Bei Abbildung 4.21 ist es die obere Fläche am Flaschenhals. Würde zusätzlich die Fläche am Boden der Flasche gewählt, wäre die Flasche oben und unten geöffnet.
- **Tangentenkette:** wie oben beim Abrunden im Abschnitt 4.2.2.
- **Wandungstyp:** Auswahl per Symbol, ob die Kante der Schale scharfkantig oder gebrochen sein soll.
- **Innere/Äußere Dicke:** Dicke vom Originalobjekt betrachtet nach innen oder außen, je nach Auswahl im Feld *Richtung*.
- **Richtung:** Auswahl, ob die Dicke von der Originalkontur nach innen oder außen abgetragen werden soll. Ist die Einstellung *Beide* gewählt, können auch zwei Werte für *Innere Dicke* und *Äußere Dicke* eingegeben werden.

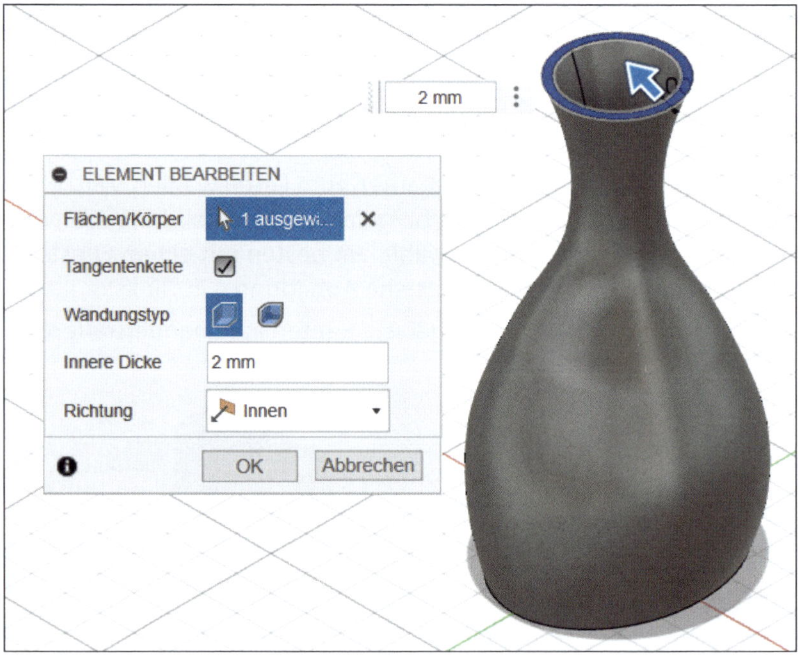

Abbildung 4.21: Beispiel für die Funktion SCHALE

Übungsdatei: ***Aufgabe-04-19***, Musterlösung: ***Lösung-04-19***.

4.2.5 Die Funktion »Verjüngung«

Mit der Funktion *Verjüngung* lassen sich Schrägen an Flächen erstellen, beispielsweise als Ausformschräge für eine Gussform. Die Funktion kann mit einem Eintrag im Menü *Ändern* gestartet werden. Zwei Varianten gibt es.

Typ »Feste Ebene«

- **Typ:** Beim Typ *Feste Ebene* können komplette Flächen bearbeitet werden (siehe Abbildung 4.22, links).
- **Zugrichtung:** Für die Zugrichtung wird die Fläche oder Kante angegeben, von der aus die Verjüngung bzw. Ausweitung ausgehen soll. Sie wird mit einem Pfeil angezeigt (siehe Abbildung 4.22).
- **Flächen:** Hier lassen sich Flächen wählen, die verjüngt bzw. ausgeweitet werden sollen. Wird eine Fläche angeklickt, erscheint sofort die Vorschau. Weitere Flächen können mit gedrückter Strg-Taste dazu gewählt werden.
- **Tangentenkette:** wie oben beim Abrunden im Abschnitt 4.2.2.
- **Zugrichtung umkehren:** Damit lässt sich die Wirkung in die andere Richtung vornehmen.
- **Winkel:** Eingabe des Winkels für die Verjüngung bzw. Ausweitung.
- **Verjüngungsseiten:** Wenn mehrere Seiten gewählt wurden, können unterschiedliche oder symmetrische Winkel angegeben werden.

Typ »Trennfuge«

- **Typ:** Beim Typ *Trennfuge* werden Flächen nur bis zu einer Trennfuge bearbeitet (siehe Abbildung 4.22, rechts). Bei der Auswahl wird das Dialogfeld um die folgenden Abfragen erweitert.
- **Trennwerkzeug:** Kontur zur Trennung als Skizze oder Fläche am Volumen (siehe Abbildung 4.22, rechts).

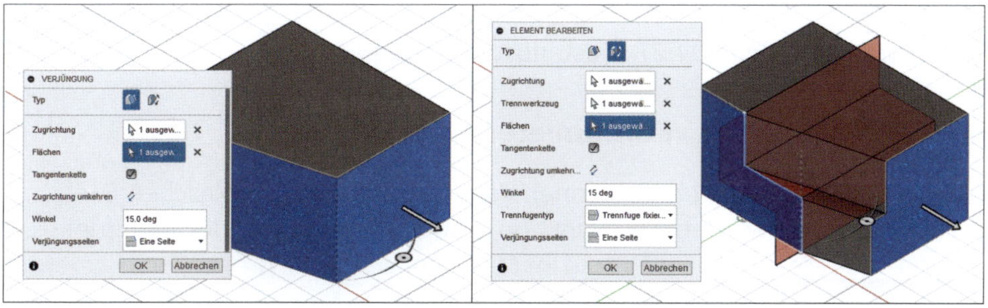

Abbildung 4.22: Beispiele für die Funktion VERJÜNGUNG

- **Trennfugentyp:** Hier kann die Trennfuge bei Bedarf noch bearbeitet werden. Falls nicht, sollte der Typ *Trennfuge fixieren* eingestellt werden.

Übungsdatei: ***Aufgabe-04-20***, Musterlösung: ***Lösung-04-20***.

4.2.6 Die Funktion »Maßstab«

Mit der Funktion *Maßstab* kann ein Volumenkörper einheitlich oder in den drei Achsrichtungen unterschiedlich skaliert werden. Die Funktion kann mit einem Eintrag im Menü *Ändern* gestartet werden.

- **Objekte:** Ein oder mehrere Objekte für die Skalierung wählen.
- **Punkt:** Bezugspunkt für die Skalierung.
- **Skalierungstyp:** Hier kann bestimmt werden, ob in allen Achsrichtungen einheitlich oder unterschiedlich skaliert werden soll.
- **Skalierungsfaktor:** Faktor für die Größe der Skalierung bzw. bei nicht einheitlicher Skalierung die Faktoren für die unterschiedlichen Achsen (siehe Abbildung 4.23, links Originalobjekt und rechts nicht einheitlich skaliertes Objekt.

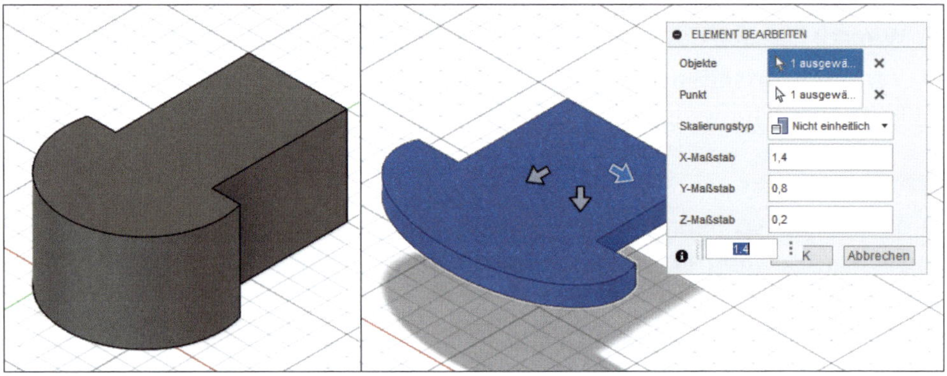

Abbildung 4.23: Beispiel für die Funktion MASSSTAB

Übungsdatei: ***Aufgabe-04-21***, Musterlösung: ***Lösung-04-21***.

4.2.7 Die Funktion »Kombinieren«

Mit der Funktion *Kombinieren* können Volumenkörper mit booleschen Funktionen verknüpft werden. Die Funktion kann per Symbol in der Multifunktionsleiste sowie mit einem Eintrag im Menü *Ändern* gestartet werden.

- **Zielkörper:** Körper für das Ergebnis der Operation.
- **Werkzeugkörper:** Körper, der verarbeitet werden soll.

- **Vorgang:** Auswahl der Operation. Möglich sind *Verbinden*, *Ausschneiden* und *Schnittmenge* (siehe Abbildung 4.24, von links nach rechts).
- **Werkzeuge beibehalten:** Ist der Schalter aktiviert, wird das Werkzeug beibehalten.

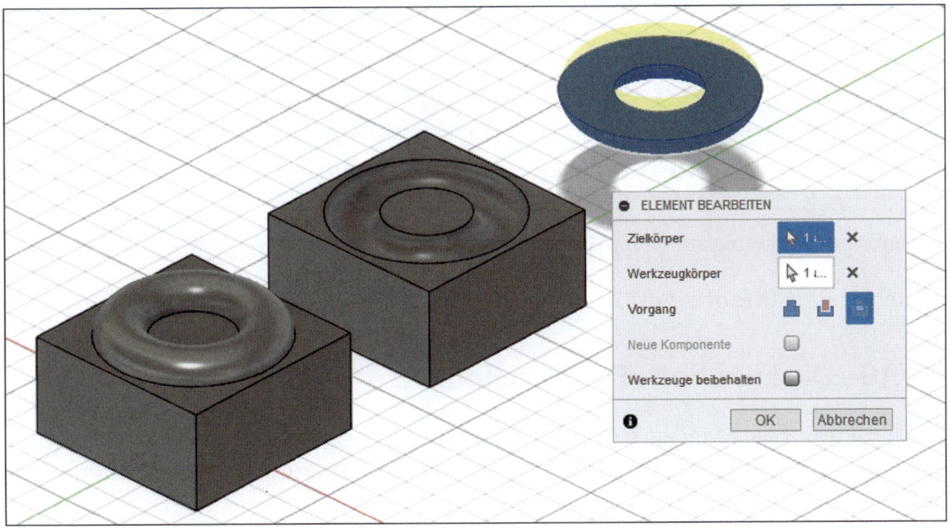

Abbildung 4.24: Beispiele für die Funktion KOMBINIEREN

Übungsdatei: ***Aufgabe-04-22***, Musterlösung: ***Lösung-04-22***.

4.2.8 Die Funktion »Fläche versetzen«

Die Funktion *Fläche versetzen* entspricht der Funktion *Drücken/Ziehen*, wenn bei *Drücken/Ziehen* eine Fläche angeklickt wird. Die Funktion wurde im Abschnitt 4.2.1 schon beschrieben. Sie kann mit einem Eintrag im Menü *Ändern* gestartet werden.

4.2.9 Die Funktion »Fläche ersetzen«

Die Funktion *Fläche ersetzen* ersetzt die Fläche eines Volumenkörpers durch eine neue wählbare Fläche. Sie ist ebenfalls mit einem Eintrag im Menü *Ändern* zu finden.

- **Quellflächen:** zu ersetzende Flächen.
- **Tangentenkette:** wie oben beim Abrunden im Abschnitt 4.2.2.
- **Zielflächen:** neue Fläche. Der Körper wird bis zur Zielfläche verlängert bzw. an der Zielfläche gekappt (siehe Abbildung 4.25).

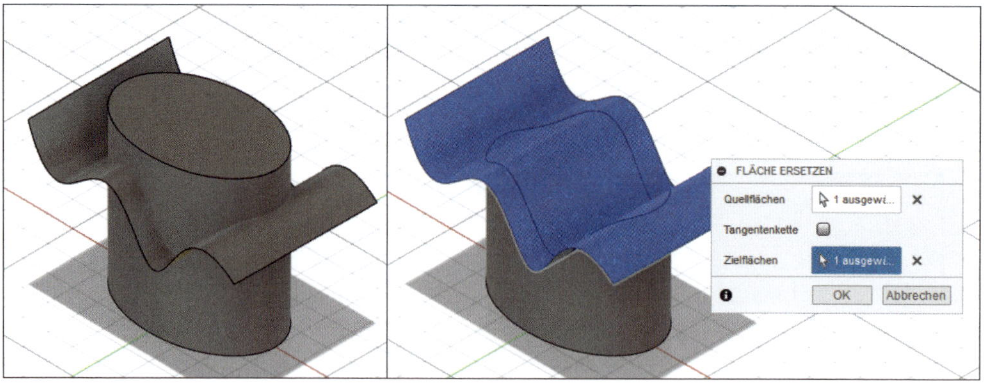

Abbildung 4.25: Beispiel für die Funktion FLÄCHE ERSETZEN

Übungsdatei: ***Aufgabe-04-23***, Musterlösung: ***Lösung-04-23***.

4.2.10 Die Funktion »Fläche teilen«

Die Funktion *Fläche teilen* teilt die Fläche an den Grenzen eines Volumenkörpers. Er stempelt sozusagen einen Teil aus der Fläche aus. Die Funktion ist mit ihrem Eintrag im Menü *Ändern* zu finden.

- **Zu teilende Fläche:** Fläche anklicken.
- **Teilungswerkzeug:** Körper oder Skizze zum Teilen wählen.
- **Teilungstyp:** Art der Teilung angeben.
- **Teilungswerkzeug erweitern:** Erweitern des Teilungswerkzeugs auf eventuelle weitere Flächen (siehe Abbildung 4.26).

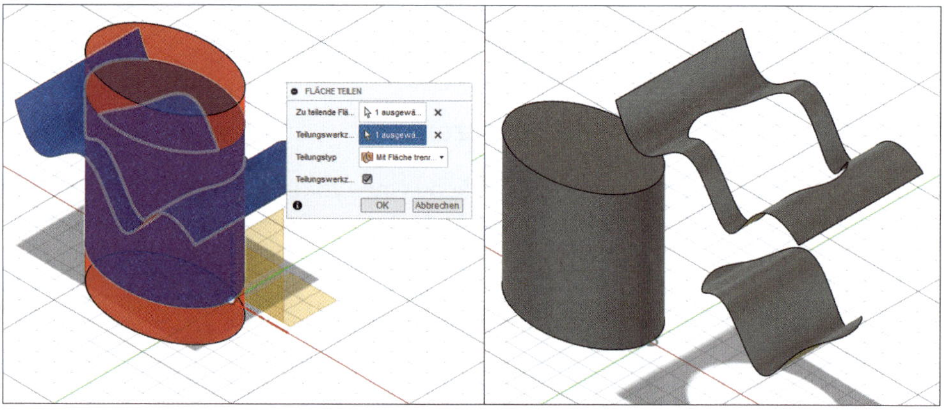

Abbildung 4.26: Beispiel für die Funktion FLÄCHE TREILEN

1. Übungsdatei: ***Aufgabe-04-24***, Musterlösung: ***Lösung-04-24***.
2. Nach der Teilung kann die Fläche mit der Funktion *Verschieben/Kopieren* (siehe Abschnitt 4.2.13) herausgeschoben werden (Abbildung 4.26, rechts). Der ausgestanzte Teil der Fläche ist noch mit der gesamten Fläche zusammengeheftet und kann so noch nicht verschoben werden, lediglich das Löschen ist möglich. Dazu muss zuerst die Flächenfunktion *Lösen* angewendet werden.

4.2.11 Die Funktion »Körper teilen«

Die Funktion *Körper teilen* teilt dagegen einen Körper an den Grenzen einer Fläche. Die Funktion ist ebenfalls mit ihrem Eintrag im Menü *Ändern* zu finden.

- **Zu teilender Körper:** Körper anklicken.
- **Teilungswerkzeug(e):** Fläche oder Skizze zum Teilen wählen.
- **Teilungswerkzeug(e) erweitern:** Erweitern des Teilungswerkzeugs auf eventuelle weitere Körper (siehe Abbildung 4.27).

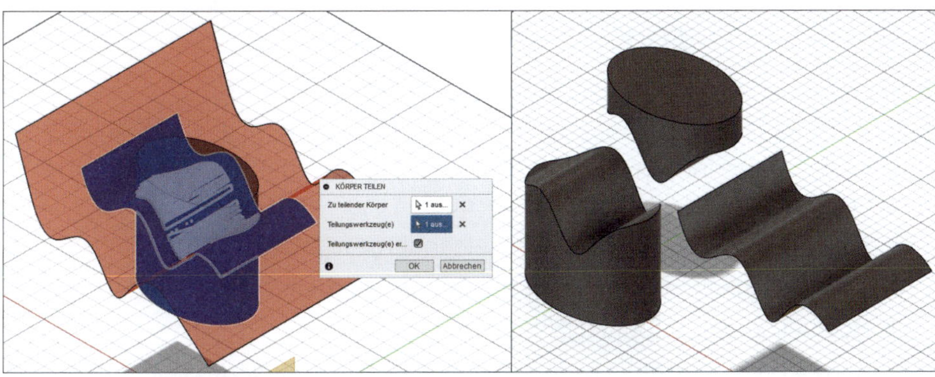

Abbildung 4.27: Beispiel für die Funktion Körper teilen

1. Übungsdatei: ***Aufgabe-04-25***, Musterlösung: ***Lösung-04-25***.
2. Nach der Teilung können die Teile mit der Funktion *Verschieben/Kopieren* (siehe Abschnitt 4.2.13) verschoben werden (Abbildung 4.27, rechts).

4.2.12 Die Funktion »Silhouette geteilt«

Einen seltsamen Namen hat die Funktion *Silhouette geteilt*. Damit lassen sich Volumenkörper oder Flächen in zwei Hälften trennen. Die Funktion ist ebenfalls im Menü *Ändern* zu finden.

- **Ansichtsrichtung:** Richtung, in der getrennt werden soll. Hier kann eine Fläche oder eine Kante des Körpers gewählt werden.
- **Zielkörper:** Körper, der getrennt werden soll.

- **Vorgang:** Hier kann mit *Volumenkörper teilen* der Körper in zwei Körper geteilt werden (siehe Abbildung 4.28). Im Browser in der Kategorie *Körper* finden Sie danach beide Körper. Eine weitere Möglichkeit besteht mit der Variante *Nur Flächen teilen*. Dabei werden nur die Flächen an den gewünschten Stellen geteilt. Handelt es sich um einen Körper mit einer bestimmten Wandstärke, kann dieser ebenfalls in zwei Körper geteilt werden. Hierbei ist die Variante *Körper mit Wandung teilen* zu verwenden.

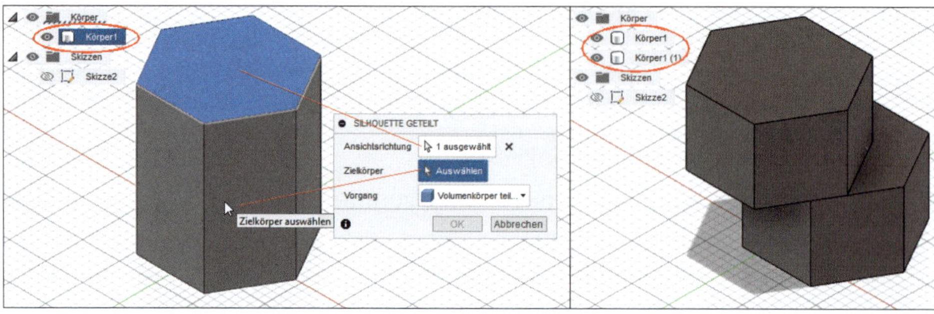

Abbildung 4.28: Beispiel für die Funktion Silhouette geteilt

1. Übungsdatei: ***Aufgabe-04-26***, Musterlösung: ***Lösung-04-26***.
2. In der Übungsdatei befindet sich eine Reihe gleicher Körper, die nach verschiedenen Arten getrennt werden können (siehe Abbildung 4.29). Von links oben nach rechts unten finden Sie hier Beispiele dazu:
   - Körper horizontal geteilt und auseinandergeschoben.
   - Körper vertikal geteilt und auseinandergeschoben.
   - Flächen geteilt und eine Fläche extrudiert.
   - Körper mit Wandstärke horizontal geteilt und auseinandergeschoben.

   Die Verschiebungen können mit der Funktion im nächsten Abschnitt durchgeführt werden (siehe Abschnitt 4.2.13).

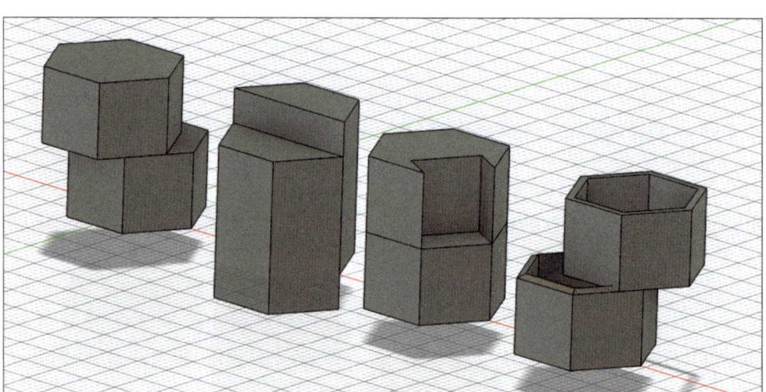

Abbildung 4.29: Weitere Beispiele für die Funktion Silhouette geteilt

4.2.13 Die Funktion »Verschieben/Kopieren«

Die Funktion *Verschieben/Kopieren* ist das Allzweck-Werkzeug, um Komponenten, Körper oder Flächen zu verschieben, zu drehen, von Punkt zu Punkt zu verschieben oder an einen bestimmten Punkt zu schieben. Dabei ist es immer auch möglich, zusätzlich eine Kopie zu erstellen. Die Funktion ist ebenfalls mit ihrem Eintrag im Menü *Ändern* zu finden. Abbildung 4.30 enthält Beispiele der Funktion.

- **Objekt verschieben:** Objektart wählen, die verschoben werden soll.
- **Auswahl:** Auswahl des zu bearbeitenden Objekts.
- **Typ verschieben:** Auswahl der gewünschten Aktion mit dem entsprechenden Symbol vornehmen: *Freie Verschiebung, Maßlich, Drehen, Punkt zu Punkt, Punkt zu Position*.
- **Parameter:** Je nach dem oben gewählten Typ lassen sich die Parameter für diese Aktion einstellen. Dazu wird ein Manipulator-Werkzeug an einen Punkt oder auf eine Fläche gesetzt. Danach lassen sich die Werte ins Dialogfeld eintragen oder mit den Griffen an eine bestimmte Stelle schieben.
- **Kopie erstellen:** Ist der Schalter aktiviert, wird das verschobene bzw. gedrehte Objekt als Kopie erstellt.

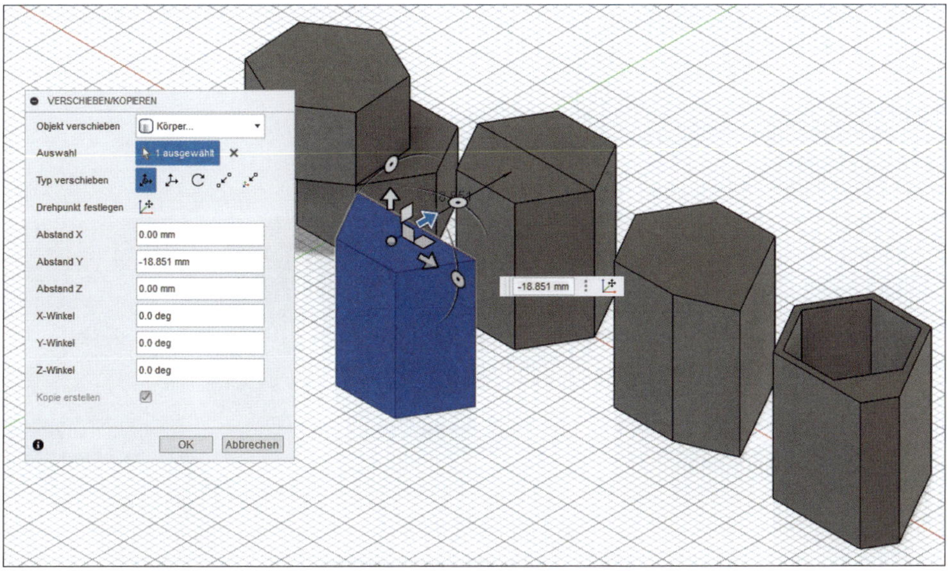

Abbildung 4.30: Beispiele für die Funktion VERSCHIEBEN/KOPIEREN

1. Übungsdatei: ***Aufgabe-04-27***, Musterlösung: ***Lösung-04-27***.
2. In der Übungsdatei befinden sich verschiedene Körper, die nach verschiedenen Arten bearbeitet werden können (siehe Abbildung 4.30).

Von links oben nach rechts sind das folgende Beispiele:

- Oberer Körper gedreht.
- Vorderer Körper verschoben und dabei eine Kopie erstellt.
- Vordere Fläche gedreht.
- Vordere Fläche verschoben.

4.2.14 Die Funktion »Ausrichten«

Mit der Funktion *Ausrichten* lassen sich Körper Fläche auf Fläche, Kante auf Kante oder Punkt auf Punkt aufeinanderbringen oder in einer Flucht ausrichten (siehe Abbildung 4.31). Die Funktion finden Sie mit einem Eintrag im Menü *Ändern*.

- **Objekt:** Es lassen sich Körper oder Komponenten ausrichten.
- **aus:** Objekt, das ausgerichtet werden soll: Fläche, Kante oder Punkt.
- **Bis:** Objekt, auf das hin ausgerichtet werden soll. Fläche, Kante oder Punkt sind auch hier wählbar.
- **Umkehren:** Ist dieser Schalter aktiviert, wird die Ausrichtung gedreht.

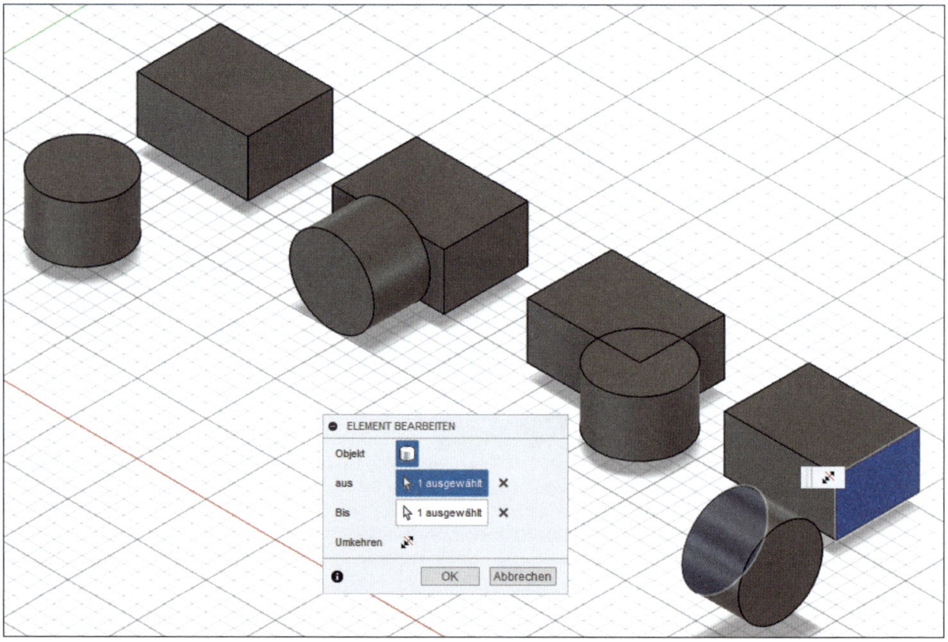

Abbildung 4.31: Beispiele für die Funktion AUSRICHTEN

1. Übungsdatei: ***Aufgabe-04-28***, Musterlösung: ***Lösung-04-28***.
2. In der Übungsdatei befinden sich verschiedene Körper, die nach verschiedenen Arten zueinander ausgerichtet werden können (siehe Abbildung 4.31). Von links oben nach rechts unten Beispiele hierzu:
   - Links oben die Ausgangsobjekte.
   - Zentrum Kreisfläche des Zylinders auf Zentrum Seitenfläche Quader ausgerichtet und umgekehrt.
   - Zentrum Kreisfläche des Zylinders auf den vorderen Eckpunkt des Quaders ausgerichtet.
   - Obere Fläche Zylinder mit vorderer Fläche des Quaders in Flucht gebracht.

4.2.15 Weitere Funktionen im Menü »Ändern«

Mit der Funktion *Löschen* können Objekte oder Komponenten dauerhaft gelöscht werden. Mit der Funktion *Entfernen* werden die Objekte zwar gelöscht, sie bleiben aber in der Zeitleiste erhalten und können später wieder durch neue Objekte ersetzt werden.

Die weiteren Funktionen werden hier zunächst noch zurückgestellt. Sie betreffen die Darstellung und sind bei tabellengesteuerten Objekten von Bedeutung.

4.3 Konstruieren

Bis jetzt haben wir immer auf einer Ebene skizziert oder Objekte platziert. Was aber, wenn beispielsweise eine Bohrung oder ein Kühlkanal quer in einem vorhandenen Körper platziert werden soll: Zylinder erstellen, drehen und quer in den Körper verschieben, genau in das Zentrum des Quaders. Viel Fummelei, aber doch nichts Exaktes. Dann noch anschließend mit dem Körper als Differenz kombinieren. Kann das sein? Das muss doch besser gehen? Tut es auch.

In der Multifunktionsleiste haben wir in allen Bereichen das Menü *Konstruieren*. Damit lassen sich Konstruktionselemente erzeugen, auf die man sich danach mit Skizzen oder Objekten beziehen kann. Das sind im Wesentlichen drei Elemente:

- **Ebenen:** Ebenen lassen sich auf vorhandenen geometrischen Elementen vorhandener Objekte erstellen. Auf diesen Ebenen lassen sich wiederum Skizzen erstellen bzw. Objekte platzieren.
- **Achsen:** Oft ist es nicht möglich, Ebenen aus vorhandenen geometrischen Elementen zu erzeugen. Dann ist es nötig, zunächst aus den vorhandenen geometrischen Elementen Achsen zu erstellen und daran dann die Ebenen.

- **Punkte:** Lassen sich auch keine Achsen erzeugen, kann es nötig werden, zuerst Punkte zu erstellen, aus diesen dann Achsen und daraus Ebenen. Manchmal reicht auch ein Punkt schon aus, um aus vorhandenen geometrischen Elementen eine Ebene zu erzeugen.

Zu all diesen Konstruktionselementen haben Sie im Menü *Konstruieren* eine ganze Reihe von Möglichkeiten, diese zu erzeugen. Alle Möglichkeiten im Detail zu beschreiben, würde hier zu weit führen. Oft erklären sich die Möglichkeiten schon mit ihrem Namen. Im Folgenden soll aber an einem Beispiel das Vorgehen erläutert werden.

Beispiel: Kühlkanal durchs Zentrum eines Quaders

Die Aufgabenstellung ist, dass durch das Zentrum eines Quaders ein Kühlkanal gelegt werden soll. Zur besseren Vergleichbarkeit sind im Folgenden Werte angegeben. Starten wir mit einer neuen Datei.

1. Erstellen Sie einen Quader auf der *XY-Ebene* mit den Kantenlängen der Grundfläche von 50 mm und einer Höhe von 100 mm.
2. Wählen Sie im Menü *Konstruieren* die Funktion *Versatzebene*, um eine Ebene parallel zu einer bestehenden zu erzeugen. Klicken Sie die obere Fläche des Quaders an und geben Sie *-50 mm* als Versatz ein (siehe Abbildung 4.32, links).

3. Erstellen Sie eine neue Skizze auf der gerade erzeugten Ebene. Wechseln Sie aber wieder in die Schrägansicht entgegen der sonstigen Vorgehensweise, bei der wir immer in der Draufsicht skizziert haben. Sie werden gleich sehen, warum das sinnvoller ist.

4. Jetzt zu einer neuen Funktion, und zwar *Projizieren*. Damit lässt sich die Fläche oder Kante einer bestehenden Geometrie auf die aktuelle Skizze projizieren. Sie finden die Funktion im Bereich *Skizze*, Menü *Erstellen*, Untermenü *Projizieren/Einschließen* und dort *Projizieren*. Eine häufig benötigte Funktion, auch wenn sie im Menü sehr versteckt ist. Sie kann deshalb auch mit der Taste [P] gestartet werden. Schalten Sie aber, bevor Sie mit der Projektion starten, in der Skizzenpalette auf den Linientyp *Konstruktion* um, weil Sie jetzt keine Geometrie, sondern nur Hilfslinien erstellen. Wählen Sie die Funktion und klicken Sie die obere Fläche des Quaders an. Das Ergebnis ist, dass die Kanten dieser Fläche auf die aktuelle Skizzierebene projiziert werden (siehe Abbildung 4.32, Mitte).
5. Zeichnen Sie eine weitere Hilfslinie von Mittelpunkt zu Mittelpunkt der gegenüberliegenden Kanten der projizierten Fläche (siehe Abbildung 4.32, rechts). Bevor Sie es vergessen, schalten Sie in der Skizzenpalette wieder auf normale Linien um und beenden die Skizze.
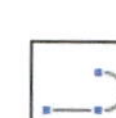

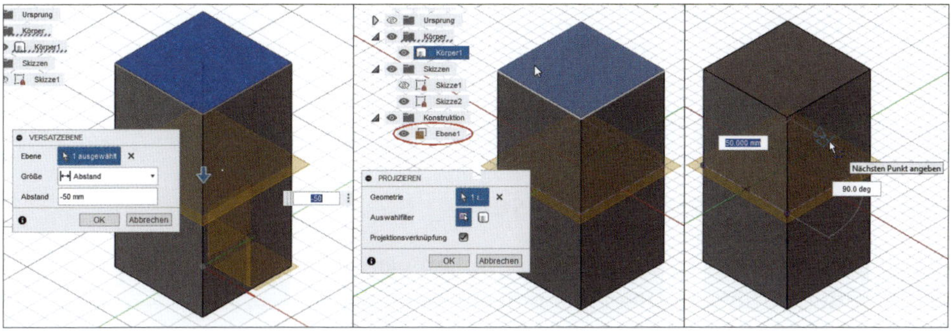

Abbildung 4.32: Beispiel für Ebene1

6. Jetzt die eigentliche Ebene für den Kühlkanal. Wählen Sie im Menü *Konstruieren* die Funktion *Ebene an Winkel*. Klicken Sie die zuletzt gezeichnete Hilfslinie an und geben Sie einen Winkel von 45° ein (siehe Abbildung 4.33, links). Jetzt haben Sie die Ebene schräg durch die Mitte des Quaders.

7. Legen Sie auf diese Ebene noch mal eine neue Skizze. Wenn Sie die Ebene nicht richtig wählen können, klicken Sie sie im Browser an. Bleiben Sie auch hier wieder in der Schrägansicht. Falls die schräge Ebene automatisch ausgeschaltet wurde, machen Sie diese im Browser per Klick wieder sichtbar.
8. Projizieren Sie die oben gezeichnete Hilfslinie auf die aktuelle Skizze und zeichnen Sie am Mittelpunkt der Hilfslinie einen Kreis mit dem Durchmesser von 20 mm. Drehen Sie die Ansicht etwas, dass Sie den Mittelpunkt gut wählen können.

9. Wählen Sie jetzt die Funktion *Extrusion*, geben Sie bei der Richtung *Symmetrisch* an und beim *Grenztyp* die Option *Alle*. Der *Vorgang* sollte auf *Ausschneiden* eingestellt sein (siehe Abbildung 4.33, Mitte). Mit *OK* wird der Kanal erstellt (siehe Abbildung 4.33, rechts im virtuellen Stil *Drahtkörper*). Diesen Stand finden Sie auch in der Musterlösung ***Lösung-04-29*** im Datenpanel.

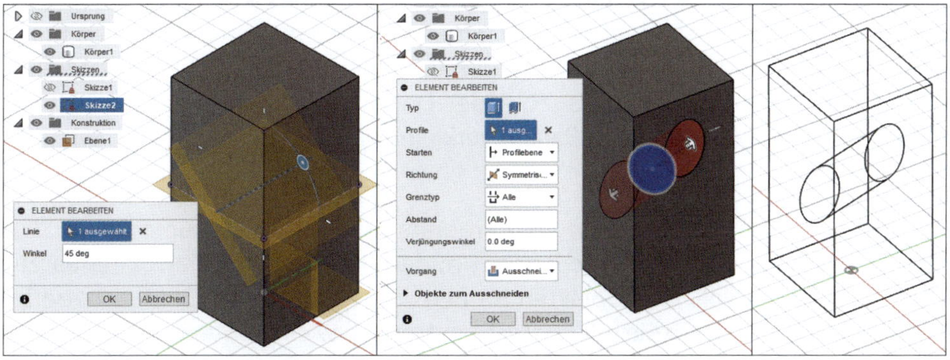

Abbildung 4.33: Beispiel für Ebene2

Im Laufe der Übungen in den folgenden Kapiteln werden Sie immer wieder auf die Funktionen im Menü *Konstruktion* zurückkommen. Nur damit lassen sich Objekte frei im Raum erstellen.

4.4 Was gibt es im Browser?

Ein Element auf der Bedienoberfläche wollen wir uns noch etwas genauer ansehen, den Browser am linken oberen Rand der Zeichenfläche.

4.4.1 Der Inhalt des Browsers

Im Browser werden die folgenden Kategorien gelistet:

- **Dokumenteinstellungen:** *Einheiten*, *Design*, *Materialien* usw. des Modells.
- **Benannte Ansichten:** Ansichten des Modells, Standardansichten und gespeicherte Ansichten.
- **Ursprung:** Standardachsen und -ebenen des Modells.
- **Körper:** Körper im Modell.
- **Skizzen:** angelegte Skizzen im Modell.
- **Konstruktion:** Konstruktionselemente wie *Punkte*, *Achsen* und *Ebenen* im Modell.
- **Komponenten:** Bauteile bei Zusammenbauten mit deren Unterelementen wie *Ursprung*, *Körper*, *Skizzen* und *Konstruktion*.

An den Dreiecken lassen sich die Kategorien ein- und ausblenden. Mit dem Augensymbol bei den Einträgen lassen sich diese ein- und ausschalten. Mit dem Klick auf einen Eintrag wird dieser in der Ansicht hervorgehoben.

In Abbildung 4.34 sehen Sie links den Browserinhalt eines einfachen Bauteils, in der Mitte den Browserinhalt eines Modells mit einigen Körpern und rechts den Browserinhalt eines Zusammenbaus mit einzelnen Bauteilen. Bei den beiden Letzteren wurden einige Standardbereiche ausgeblendet. Der Browser lässt sich in seiner Titelleiste mit dem Doppelpfeil zu einem Balken verkleinern, an dem er sich auch wieder einblenden lässt.

Die Objekte im Browser werden vom Programm immer durchnummeriert: *Skizze1*, *Skizze2* usw. oder *Körper1*, *Körper2* usw. Um den Browserinhalt transparenter zu gestalten, ist es sinnvoll, den Objekten Namen zu geben. Klicken Sie das betreffende Objekt an und aktivieren Sie mit der rechten Maustaste ein Kontextmenü. Dort finden Sie eine ganze Reihe von Funktionen, unter anderem auch *Löschen*, *Kopieren* und *Umbenennen*. Wenn Sie Letztere wählen, können Sie den Namen ändern.

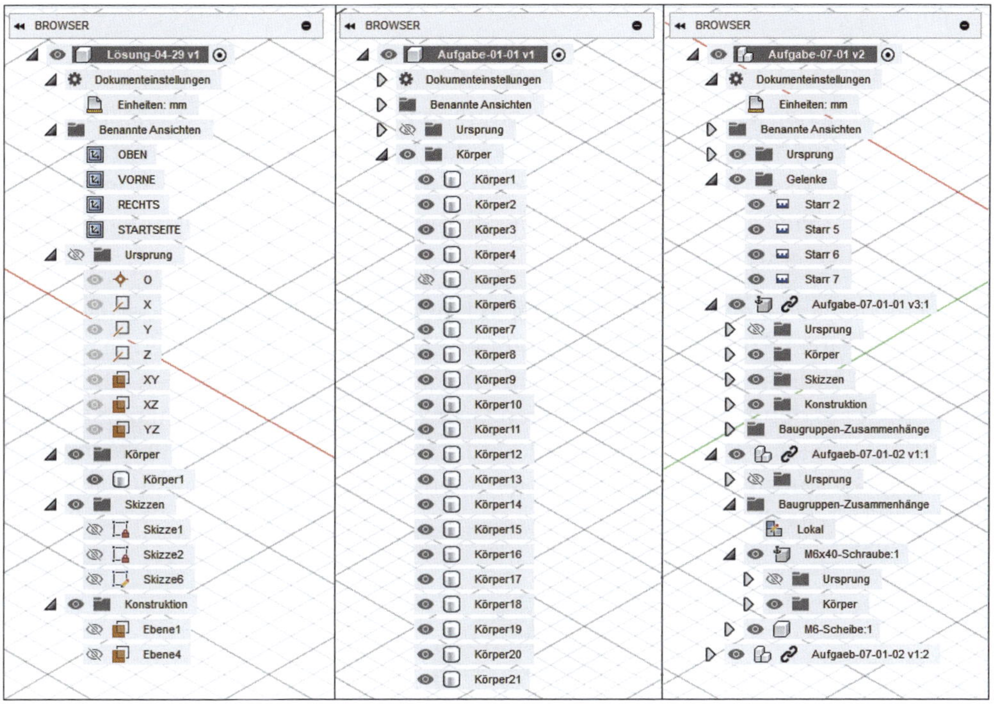

Abbildung 4.34: Verschiedene Browserinhalte

4.4.2 Von Körpern und Komponenten

Zur Erläuterung der Begriffe in Fusion wollen wir uns noch einmal die Datei mit den verschiedenen Grundkörpern anschauen. Es ist die Datei ***Lösung-04-10***, laden Sie diese Datei. Wie Sie im Browser sehen, wurde mit jedem neuen Grundkörper auch ein neuer Körper angelegt (siehe Abbildung 4.35, links im Browser).

Abbildung 4.35: Körper in der Datei

Es gilt:

- Mit jeder neuen Datei wird zunächst eine neue Komponente erstellt.
- Mit jeder Aktion kann innerhalb der Komponente ein neuer Körper erstellt werden, seien es Grundkörper (siehe Abbildung, 4.35, rechts im Dialogfeld) Extrusionen, Drehungen usw. Diese Körper können im Browser in sprechende Namen umbenannt werden. Die Datei selbst ist eine Bauteildatei, wie es am Symbol vor dem Dateinamen angezeigt wird.

Oft ist es sinnvoller, ein Einzelteil separat in einer eigenen Datei zu modellieren und nachher in einen Zusammenbau einzufügen. Aber auch der umgekehrte Weg ist möglich. Sie können aus den Körpern einer Datei *Komponenten* erzeugen. Klicken Sie im Browser auf den Körper und aktivieren Sie im Kontextmenü die Funktion *Komponenten aus Körpern erstellen* (siehe Abbildung 4.36). Das geht auch, wenn Sie mehrere Körper mit gedrückter ⇧-Taste markieren. Mehr zu Baugruppen und Komponenten erfahren Sie in Kapitel 9.

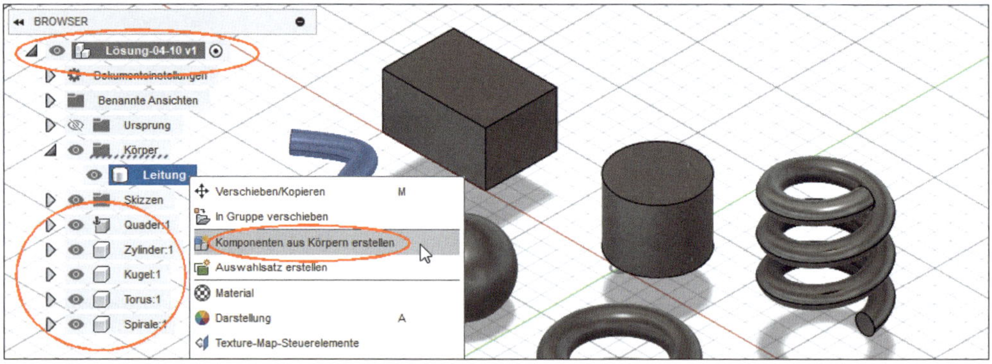

Abbildung 4.36: Körper in Komponenten umwandeln

Die Datei hat jetzt das Symbol einer Baugruppe und die Körper tragen jetzt das Symbol eines Bauteils, die in Fusion als Komponenten bezeichnet werden.

5. Modellieren von Objekten

Wenn Sie die vorherigen Kapitel durchgearbeitet haben, sind Sie jetzt fit für größere Aufgaben. Zwei Beispiele sollen Sie jetzt herausfordern. Im ersten Beispiel soll das Skizzieren und Modellieren am praktischen Beispiel vertieft und erprobt werden. Im zweiten Beispiel geht es mehr um Ebenen. Bei diesen Beispielen sind die Beschreibungen etwas knapper gehalten, da Sie jetzt schon über genügend Kenntnisse verfügen. Als Unterstützung haben Sie nicht nur die Lösung für die komplette Aufgabe, sondern auch Zwischenlösungen. Hier können Sie nachschauen, wenn Sie nicht weiterkommen.

5.1 Einen Pleuel modellieren

Im ersten Beispiel soll ein Pleuel modelliert werden. Abbildung 5.11 zeigt das Ergebnis und dieses finden Sie fertig in der Datei ***Lösung-05-01-Final***. Da alles von Grund auf modelliert werden soll, ist keine Aufgabendatei erforderlich.

5.1.1 Die erste Skizze

Beginnen Sie mit einer neuen Datei, denn Sie sollen ganz von vorne anfangen.

1. Legen Sie eine neue Skizze in der *XY-Ebene* an. Skizzieren Sie die linke Seite in Abbildung 5.1 und bemaßen Sie diese. Den Einschnitt links unten müssen Sie nicht bemaßen. Er soll immer gleich groß wie der obere Einschnitt sein. Deshalb können Sie hierzu die Abhängigkeit *Gleich* mit den entsprechenden Linien des oberen Einschnitts vergeben. Sie hätten auch die Abhängigkeit *Symmetrie* verwenden können.

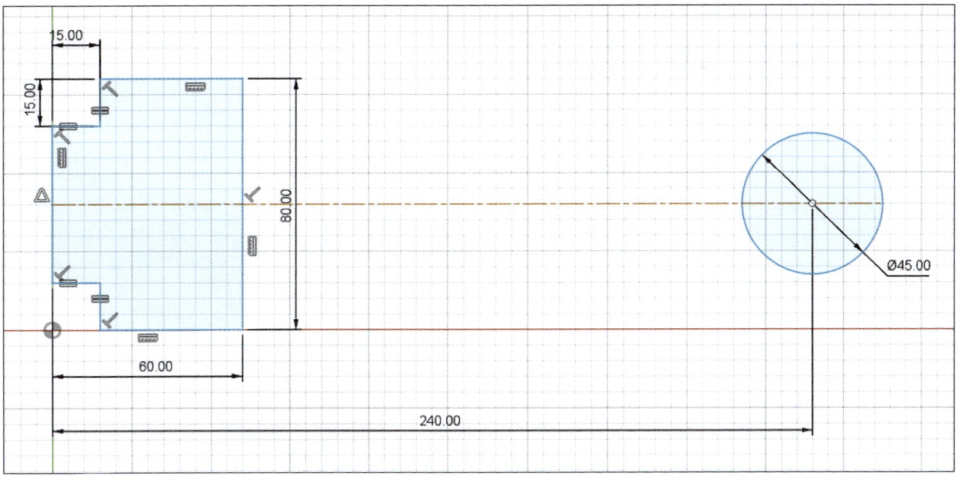

Abbildung 5.1: Der Beginn der ersten Skizze

Zeichnen Sie eine Linie mit dem Linientyp *Mittellinie* durch die Kontur. Zeichnen Sie den Kreis rechts mit seinem Mittelpunkt auf der Mittelinie. Bemaßen Sie ihn wie in Abbildung 5.1.

2. Machen Sie weiter an der Skizze. Zeichnen Sie eine Verbindungslinie von der rechten Kante des linken Abschnitts zum rechten Kreis (siehe Abbildung 5.2). Die Linie soll den Kreis und die senkrechte Kante berühren, zunächst noch an beliebigen Stellen. Bemaßen Sie den Winkel der Linie zur Senkrechten und geben Sie 92° ein. Spiegeln Sie die Linie an der Mittellinie nach unten. Bemaßen Sie die Breite des Stegs an der linken Seite mit 35 mm. Die Skizze ist fertig und sollte wie in Abbildung 5.2 aussehen. Diesen Stand haben Sie auch als Notnagel im Datenpanel, die Datei ***Lösung-05-01-01***.

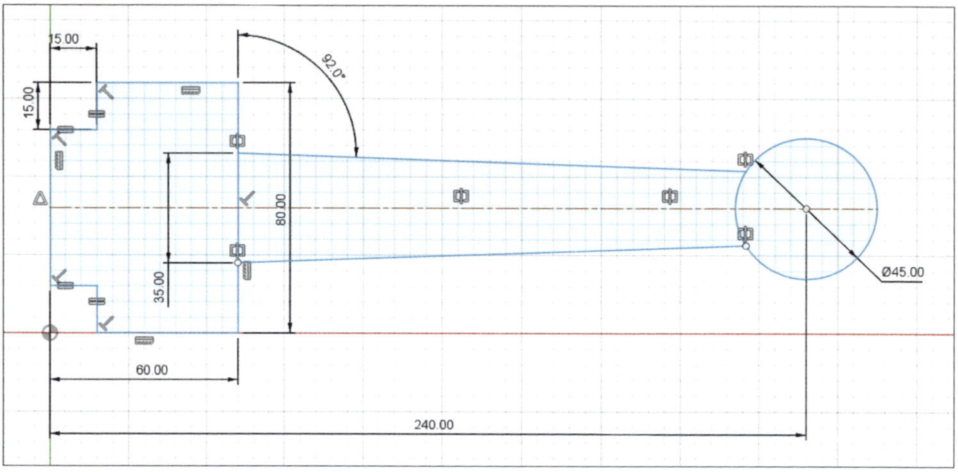

Abbildung 5.2: Die fertige erste Skizze

5.1.2 Jetzt modellieren

Nachdem die erste Skizze fertig ist, gehen Sie in die dritte Dimension.

1. Beenden Sie die Skizze und extrudieren Sie alle Bereiche der Skizze auf eine Höhe von 16 mm.
2. Runden Sie die Kanten wie in Abbildung 5.3. Beachten Sie die Anmerkungen in der Abbildung.

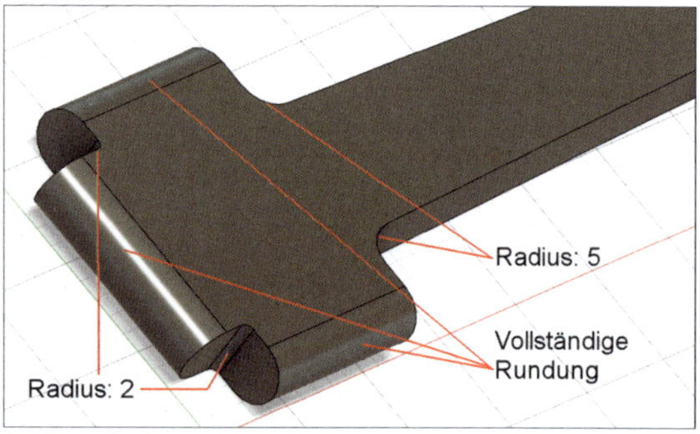

Abbildung 5.3: Rundungen erstellen

3. Platzieren Sie eine Durchgangsbohrung mit 8 mm auf den beiden Flächen wie in Abbildung 5.4. Machen Sie die Bohrungen nacheinander. Klicken Sie die Fläche an und wählen Sie bei der *Referenz* die Rundung. Stellen Sie die weiteren Größen wie im Dialogfeld in Abbildung 5.4 ein.

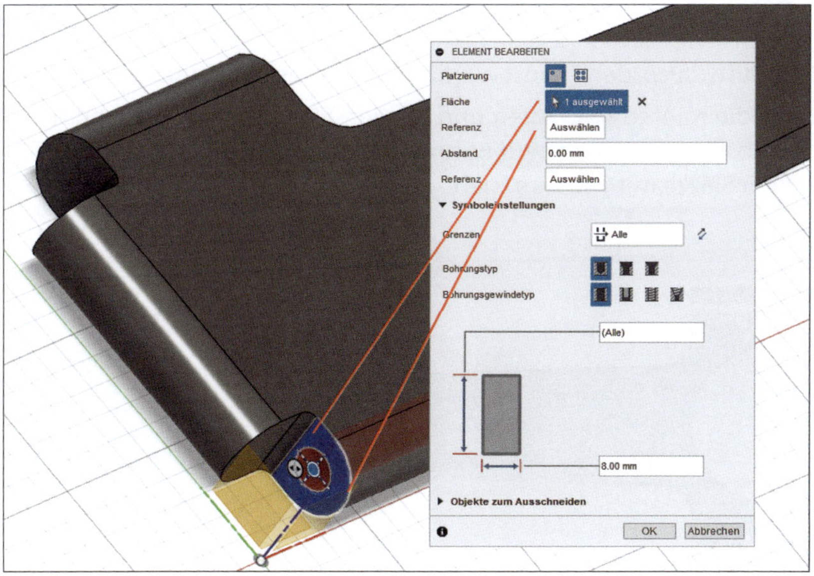

Abbildung 5.4: Bohrungen erstellen

4. Genauso können Sie rechts den Durchbruch für die Aufhängung des Kolbens mit 35 mm anbringen.
5. Der Durchbruch auf der linken Seite kann nicht so einfach erstellt werden, es fehlt eine Referenzkante. Hilft nichts, legen Sie eine Skizze auf die obere Fläche und zeichnen Sie einen Kreis am virtuellen Schnittpunkt der Mitten der beiden Kanten (siehe Abbildung 5.5, links). Der Durchmesser soll 45 mm betragen. Auch diesen Stand haben Sie im Datenpanel, die Datei ***Lösung-05-01-02***.

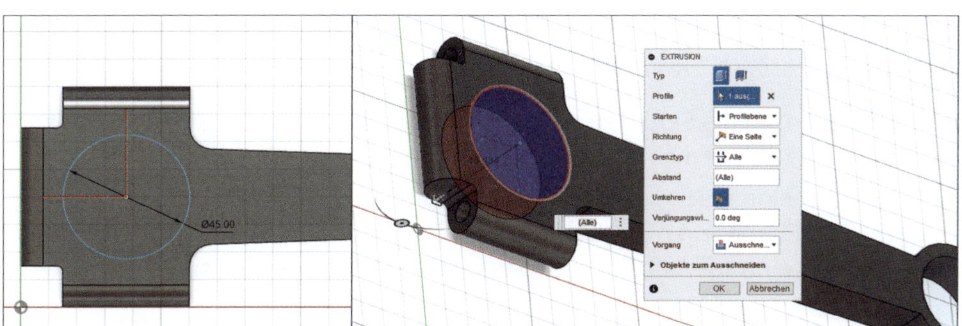

Abbildung 5.5: Den linken Durchbruch erstellen

5.1.3 Eine Aussparung erstellen

Nun soll der Arm des Pleuels, um Gewicht zu sparen, mit einer Aussparung versehen werden.

1. Legen Sie eine Skizze auf die obere Fläche des Pleuels. Versetzen Sie beide Außenkanten des Arms um 7 mm nach innen (siehe Abbildung 5.6, oben). Deaktivieren Sie den Schalter *Kette auswählen*, denn sonst würde die komplette Außenkontur versetzt.
2. Verbinden Sie die Kanten mit Linien und runden Sie danach alle Ecken mit dem Radius 5 mm ab. Da der Abstand zur Bohrung etwas knapp wird, bemaßen Sie die Abmessung der Skizze mit 148 mm (siehe Abbildung 5.6, unten). Danach beenden Sie die Skizze.

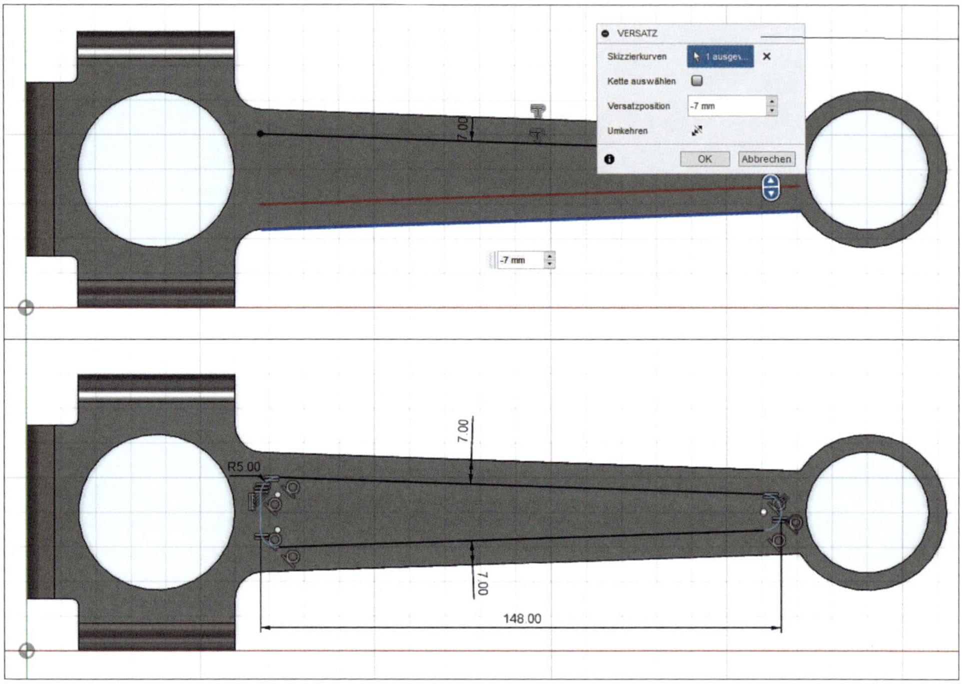

Abbildung 5.6: Die Skizze für die Aussparung

3. Extrudieren Sie die Skizze als Aussparung mit -5 mm mit dem Vorgang *Ausschneiden* und Sie haben die Aussparung (siehe Abbildung 5.7).
4. Jetzt noch eine Prägung mit der Teilenummer in die Aussparung. Also Skizze auf die tiefere Ebene legen und die Funktion *Text* aktivieren. Den gewünschten Text im Dialogfeld eintragen und die sonstigen Parameter wählen (siehe Abbildung 5.7, oben). Wenn der Text passt, können Sie die Skizze beenden.
5. Wählen Sie die Funktion *Prägen* und klicken Sie für *Skizzenprofile* den Text an. Im Feld *Flächen* klicken Sie auf die tiefer liegende Ebene. Die Tiefe (eigentlich die Höhe

der Prägung) soll 2 mm betragen. Beim *Effekt* können Sie zwischen *Prägen* und *Einstanzen* wählen. Sie sollten sich für *Prägen* entscheiden. Mit *OK* wird die Schrift aufgesetzt (siehe Abbildung 5.7, unten).

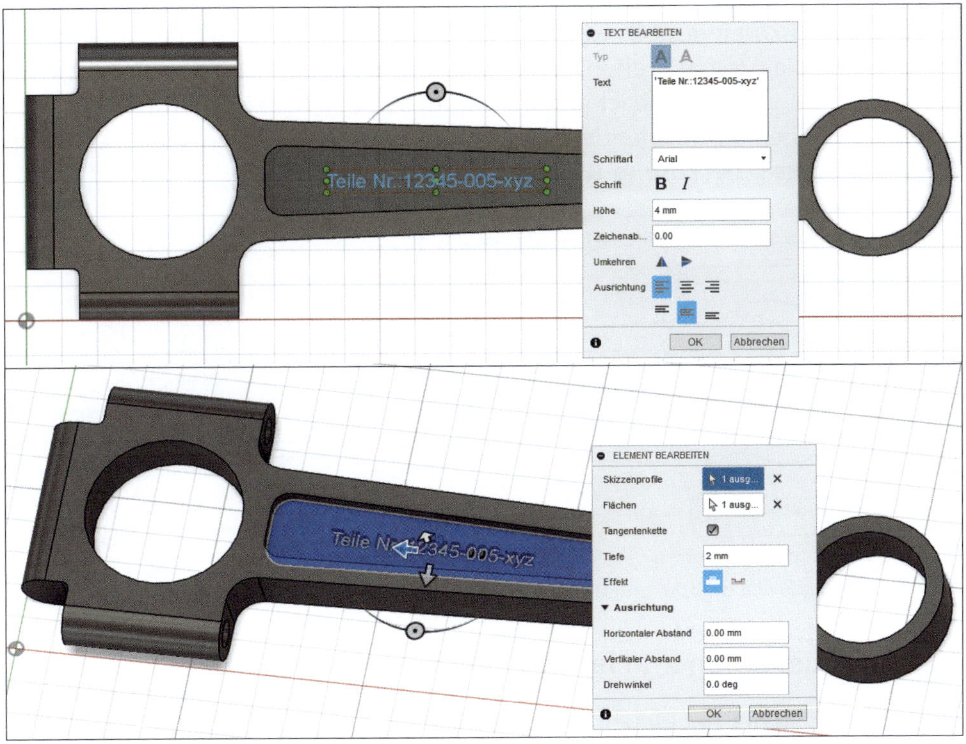

Abbildung 5.7: Die Prägung in der Aussparung

6. Die Aussparung soll auch auf der anderen Seite angebracht werden. Um die Skizze dafür nicht noch einmal erstellen zu müssen, spiegeln Sie. Dazu benötigen Sie aber eine Spiegelebene. Wählen Sie die Funktion *Mittelfläche* im Menü *Konstruieren* und klicken Sie auf die obere und untere Fläche des Pleuels (siehe Abbildung 5.8).

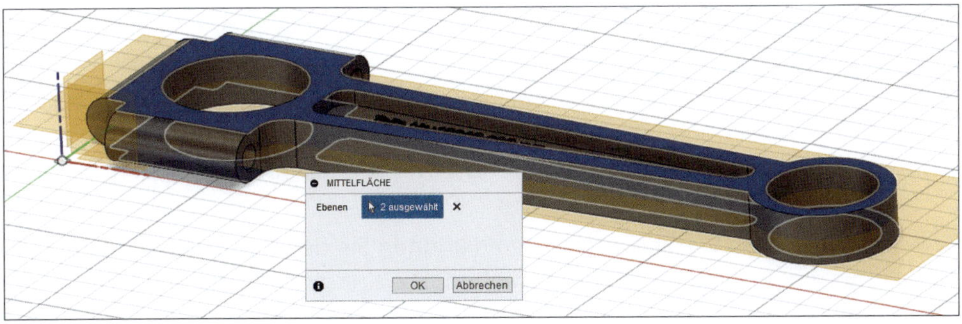

Abbildung 5.8: Die Ebene für die Spiegelung

7. Jetzt kann gespiegelt werden. Wählen Sie im Dialogfeld als *Objekttyp* die *Elemente* und als *Objekte* die *Aussparung*. Eventuell kann die etwas schwer gewählt werden. Sie können den Eintrag auch in der Zeitleiste anklicken. Der Text soll nicht gespiegelt werden. *Spiegelebene* ist die vorher erstellte Versatzebene. Als *Berechnungsart* kann I*dentisch* eingestellt werden. Mit *OK* wird die Aussparung gespiegelt, und wenn Sie die Ansicht drehen, sehen Sie sie auch auf der anderen Seite (siehe Abbildung 5.9, zum Durchblick als Drahtmodell mit verdeckten Kanten). Die Versatzebene können Sie ausblenden. Diesen Stand haben Sie ebenfalls im Datenpanel, und zwar die Datei **Lösung-05-01-03**.

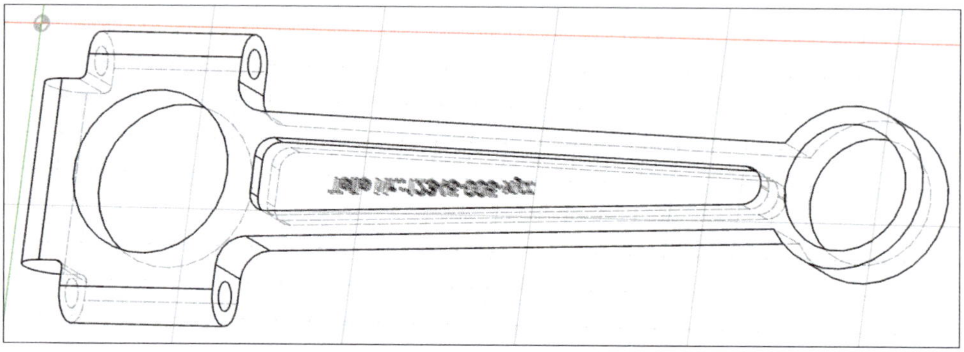

Abbildung 5.9: Die Aussparung auf beiden Seiten

5.1.4 Pleuel teilen und letztes Finish

An der Stelle, an der der Pleuel an der Kurbelwelle befestigt wird, müssen die beiden Hälften links aufgetrennt werden.

1. Dazu benötigen Sie zunächst ein Trennwerkzeug. Dazu erstellen Sie eine Ebene. Doch zunächst ist noch nichts da, um die Ebene anzubringen. Wählen Sie die Funktion *Achse durch Zylinder/Kegel/Torus* und klicken Sie die Innenfläche der Bohrung an. Eine Achse durch den Mittelpunkt der Bohrung wird erstellt. Wählen Sie dann die Funktion *Ebene an Winkel* und klicken Sie die gerade erstellte Achse an. Jetzt müssen Sie den Winkel so eingeben, dass die Ebene quer zum Pleuel steht (siehe Abbildung 5.10).
2. Wählen Sie dann die Funktion *Körper teilen* aus dem Menü *Ändern*. *Zu teilender Körper* ist der Pleuel und das *Teilungswerkzeug* die gerade erstellte Ebene. Wenn Sie beides gewählt haben, wird die Teilung in der Voransicht gezeigt (siehe Abbildung 5.10) und mit *OK* ausgeführt.
3. Mit der Funktion *Verschieben/Kopieren* können Sie den linken Teil zur Veranschaulichung um -15 mm nach links schieben. Die Konstruktionselemente können Sie im Browser ausschalten.

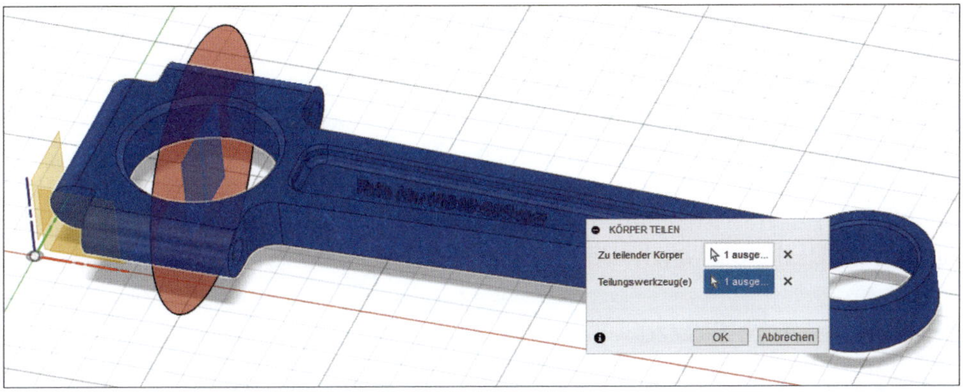

Abbildung 5.10: Der Pleuel mit dem Trennwerkzeug

4. Zum Schluss noch ein paar Schönheitskorrekturen, die inneren Kanten der Aussparung auf beiden Seiten abrunden, beispielsweise mit einem Radius von 2 mm. Die obere Kante wurde im Beispiel mit 1 mm auf beiden Seiten gefast.
5. Am linken Durchbruch wurde eine Fase von 2 mm angebracht und am rechten von 1,5 mm.
6. Das Ergebnis würde dann wie in Abbildung 5.11 aussehen, Sie haben dieses auch in der endgültigen Datei ***Lösung-05-01-Final*** im Datenpanel.

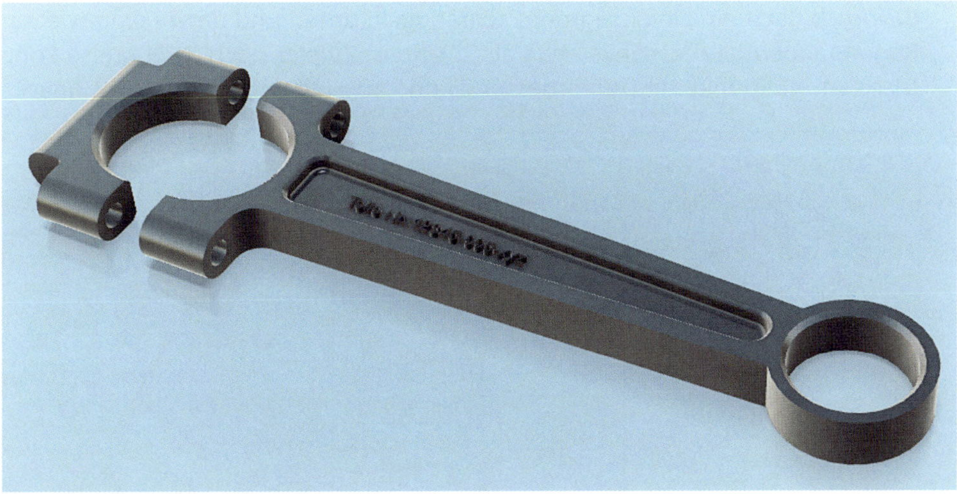

Abbildung 5.11: Der fertige Pleuel

5.2 Einen Kranhaken modellieren

In einem zweiten Beispiel soll ein Kranhaken modelliert werden. Hier wollen wir uns mit freieren Formen beschäftigen. Dabei sollen verstärkt Ebenen zum Einsatz kommen. Aber auch das Skizzieren soll noch mal vertieft werden. Abbildung 5.25 zeigt das Ergebnis dieses Beispiels. Eine Musterlösung haben Sie schon fertig im Datenpanel. Aber nur zum Ansehen, die Datei ***Lösung-05-02-Final***. Modelliert wird alles von Anfang an. Deshalb ist auch wieder keine Aufgabendatei erforderlich.

5.2.1 Die erste Skizze

Mit der ersten Skizze legen Sie die grobe Form des Kranhakens fest. Starten Sie also eine neue Konstruktion und beginnen Sie mit einer neuen Skizze auf der *XZ-Ebene*, also nicht auf der Grundebene, sondern senkrecht dazu. Automatisch wird in die Draufsicht auf diese Ebene gewechselt. Damit Sie sich besser an der Vorlage orientieren können, kann es sinnvoll sein, dass Sie bei den Rastereinstellungen die Referenznummern einschalten.

1. Erstellen Sie die Grundkontur noch ohne Maße wie in Abbildung 5.12. Zeichnen Sie mit der Funktion *Linie* vom Nullpunkt weg 20 mm senkrecht nach unten. Fahren Sie vom Endpunkt der Linie mit gedrückter linker Maustaste weg, sodass ein tangentialer Bogen angesetzt wird. Setzen Sie den Endpunkt des Bogens rechts davon ab. Jetzt ein Liniensegment schräg nach unten und davon weg wieder ein Bogen tangential nach links etwa als 2/3-Kreis. Zuletzt noch zwei Kreise konzentrisch am Nullpunkt mit Durchmesser 25 und 50 (siehe Abbildung 5.12, links).

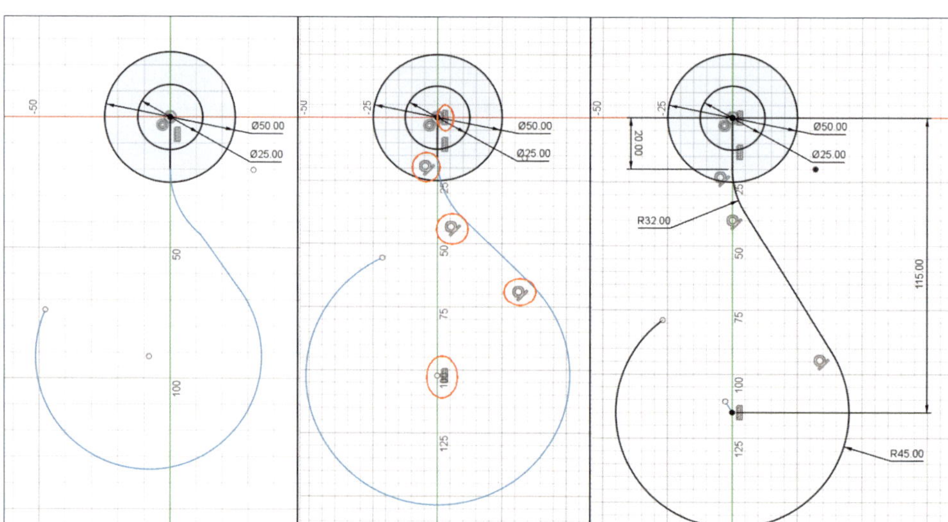

Abbildung 5.12: Die grobe Form des Kranhakens

2. Danach sollten Sie dafür sorgen, dass die Elemente tangential ineinander übergehen, falls Sie beim Skizzieren nicht richtig angesetzt haben. Verwenden Sie dazu die Abhängigkeit *Tangential*. Außerdem sollte der Mittelpunkt des unteren Bogens senkrecht unter den Nullpunkt der Skizze ausgerichtet werden. Nutzen Sie dazu die Abhängigkeit *Horizontal/Vertikal* (siehe Abbildung 5.12, Mitte). Jetzt können Sie die Skizze wie in Abbildung 5.12, rechts bemaßen und die dort angezeigten Werte vorgeben. Wenn eine Abhängigkeit schon vergeben ist oder ein Maß schon richtig ist, kommt eine Meldung, dass dieses Maß nicht erforderlich ist oder die Abhängigkeit schon vorhanden ist. Wenn Sie fertig sind, wird die Skizze schwarz dargestellt, sie ist vollständig bestimmt.
3. Den unteren Bogen sollten Sie in drei Segmente unterteilen, an deren Grenzen Sie später die Profile des Hakens platzieren. Dazu benötigen Sie Hilfslinien. Schalten Sie auf der Skizzenpalette den *Linientyp* auf *Konstruktion* und zeichnen Sie Hilfslinien von den beiden Enden des Bogens zum Mittelpunkt (siehe Abbildung 5.13, links). Danach zwei weitere Hilfslinien vom Mittelpunkt auf die Bogenlinie (siehe Abbildung 5.13, rechts). Achten Sie darauf, dass die Hilfslinien keinen rechten Winkel zueinander bilden. Falls Ihnen das doch passiert, klicken Sie das Symbol *Lotrecht* an und löschen es (siehe Abbildung 5.13, rechts).

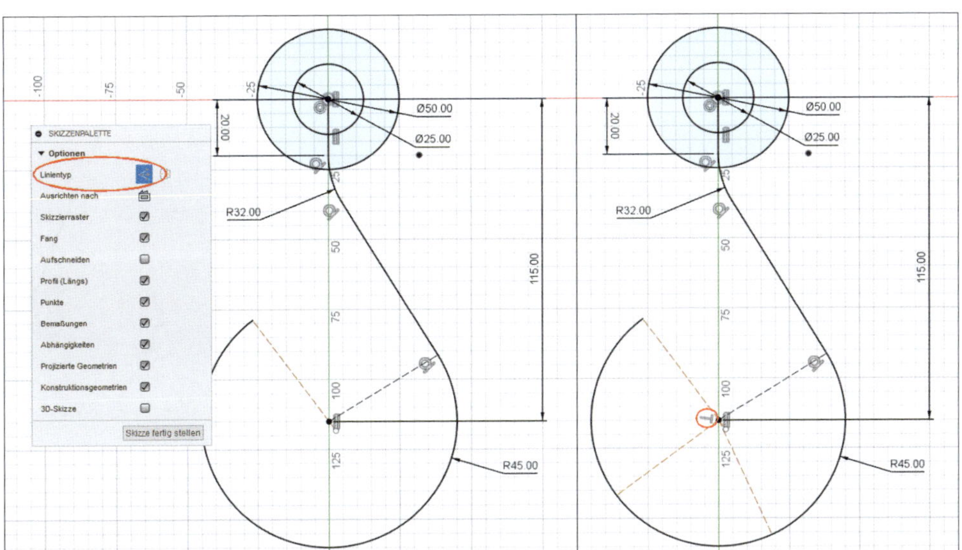

Abbildung 5.13: Hilfslinien am Bogen gezeichnet

4. Der untere Bogen ist jetzt zwar mit Hilfslinien unterteilt, aber der Bogen ist noch am Stück. Mit der Funktion *Lösen* soll der untere Teil getrennt werden. Damit haben Sie drei Segmente. Die Funktion *Lösen* finden Sie im Menü *Ändern*. Jetzt müssen Sie nur

noch das untere Bogensegment anklicken und es wird an den Hilfslinien getrennt. Wenn Sie mit der Maus draufzeigen, sehen Sie, dass es separat ist.

5. Bemaßen Sie nun die Bogensegmente an deren Hilfslinien mit Winkelmaßen. Geben Sie zweimal 80° und einmal 95° vor (siehe Abbildung 5.14, links). Die erste Hürde ist geschafft. Die Skizze ist fertig. Klicken Sie auf das Symbol *Skizze fertig stellen* und wählen Sie eine isometrische Ansicht. Dann sollte es wie in Abbildung 5.14, rechts aussehen.

   Falls nicht, diesen Stand haben Sie auch als Zwischenstand in Ihrem Datenpanel, die Datei ***Lösung-05-02-01***. Aber nicht einfach damit weitermachen, zunächst sollten Sie den Fehler an Ihrer Skizze suchen.

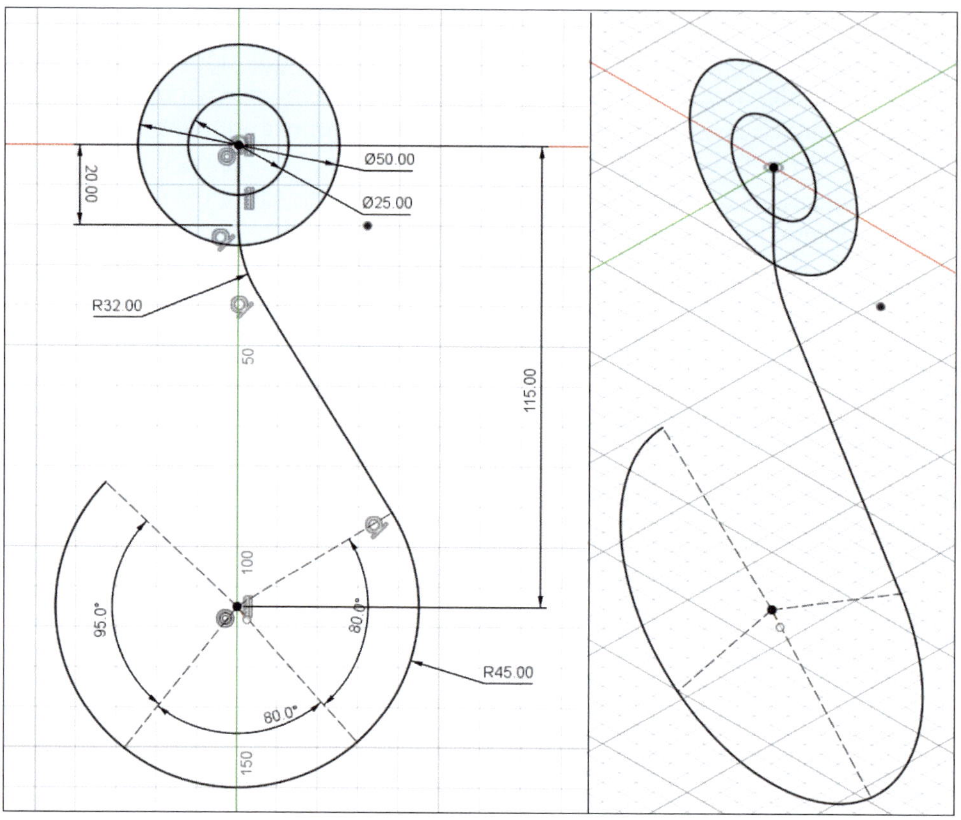

Abbildung 5.14: Die letzten Maße und die fertige Skizze

5.2.2 Von Ebenen und weiteren Skizzen

Als Nächstes sollten Sie Ebenen erstellen, die an den Trennstellen der Skizze lotrecht zur Skizze stehen. Auf diese Ebenen werden danach Skizzen gelegt, auf denen die Profile des Hakens gezeichnet werden. Eine Fleißaufgabe, los geht's.

1. Wählen Sie die Funktion *Ebene entlang Pfad* aus dem Menü *Konstruieren*. Klicken Sie das linke Ende der Skizze an und die Ebene wird schon eingezeichnet. Sie sitzt aber eventuell nicht an der richtigen Stelle. Im Dialogfeld tragen Sie deshalb beim Abstand den Wert *1* ein. Der Wert gibt an, wo die Ebene gesetzt werden soll: 0 am Anfang, 1 am Ende und mit anderen Werten proportional dazwischen. Damit kommt sie ans Ende der Skizze (siehe Abbildung 5.15, links). Der Schalter *Tangentenkette* muss dabei ausgeschaltet sein, damit Sie auch die Endpunkte der jeweiligen Segmente treffen. Das ist die Fleißaufgabe: Legen Sie an jeden Endpunkt eines Segments eine Ebene mit der Funktion *Ebene entlang Pfad* (siehe Abbildung 5.15 rechts). Insgesamt sind es dann sieben Ebenen.

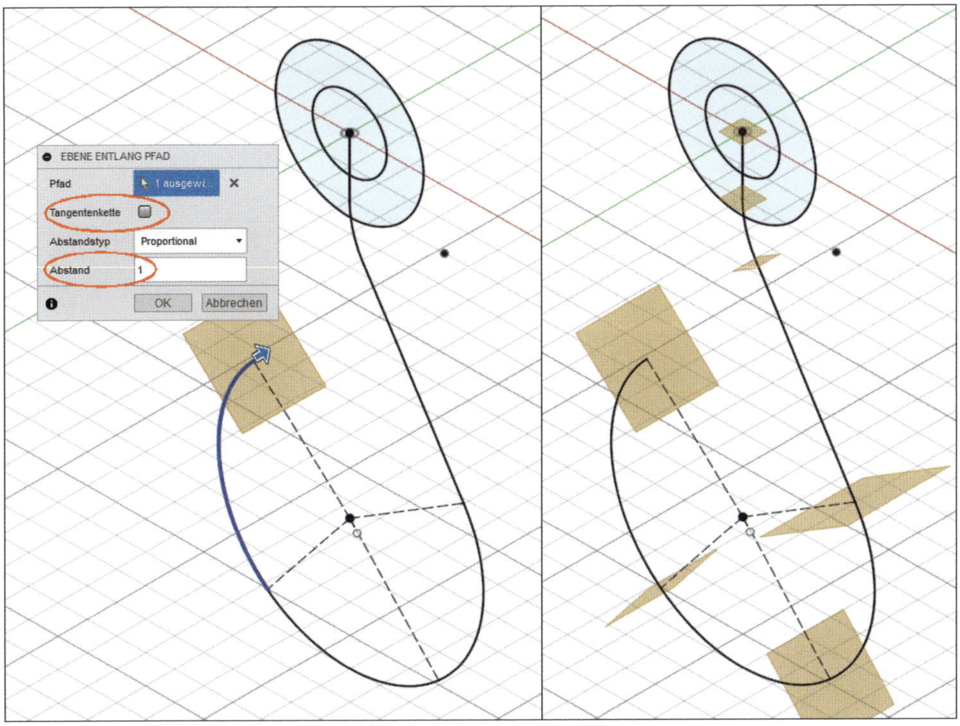

Abbildung 5.15: Eine Serie von Ebenen erstellen

2. Die Fleißaufgabe ist noch nicht zu Ende, im Gegenteil, sie fängt erst richtig an. Auf jede dieser Ebenen soll eine Skizze gelegt werden und eine Ellipse für das Profil des Hakens an dieser Stelle. Wählen Sie die Funktion *Skizze erstellen*. Klicken Sie auf die zuerst erstellte Ebene. Die Skizze liegt jetzt auf dieser Ebene und die Ebene selbst wird ausgeblendet.
3. Ändern Sie die Ansicht etwas, damit Sie schräg auf die Skizze schauen. Zur besseren Orientierung können Sie die Ebene im Browser auch einschalten. Zeichnen Sie eine Ellipse auf der Skizze. Mittelpunkt ist der Nullpunkt der Skizze (siehe Abbildung 5.16). Gehen Sie jetzt in die Richtung der grünen Achse dieser Ebene, geben Sie den Wert *12* ein und klicken Sie auf der Achse. Fahren Sie dann in Richtung der roten Achse, geben Sie den Wert *6* ein und beenden Sie das Ganze mit der Taste ⏎. Die erste Ellipse ist fertig. Jetzt können Sie die Ebene auch wieder ausblenden, damit es übersichtlicher wird.

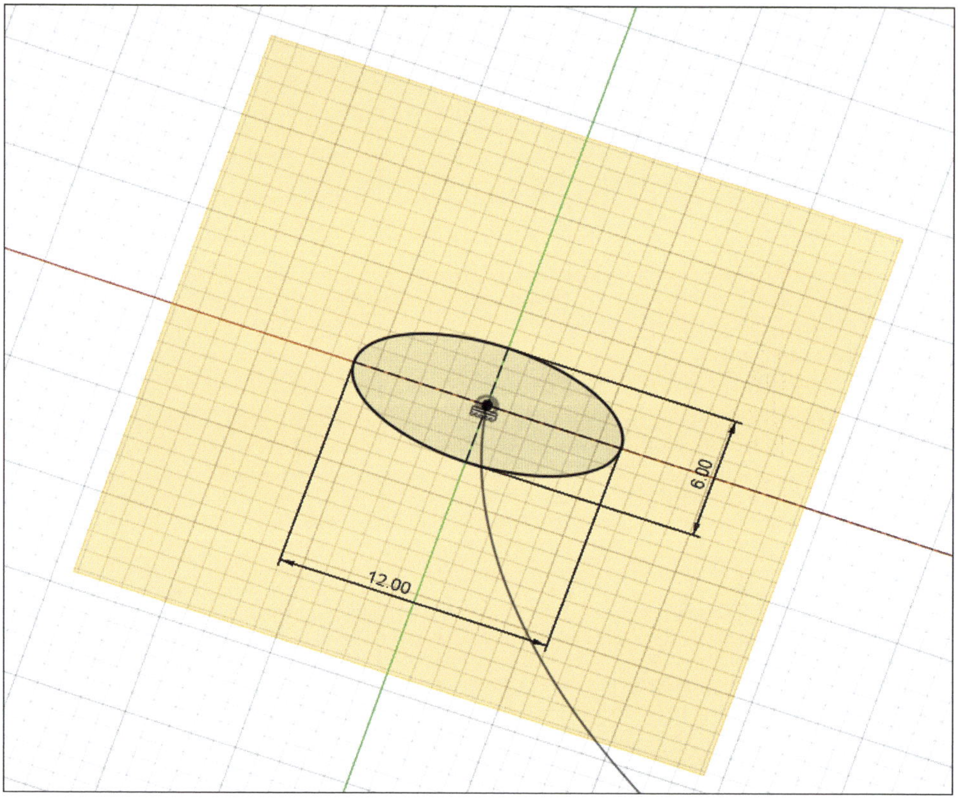

Abbildung 5.16: Ellipse auf einer Ebene

4. Machen Sie das Gleiche auf allen sechs weiteren Ebenen. Achten Sie darauf, dass die Ellipsen richtig ausgerichtet sind. Die Maße für die einzelnen weiteren Ellipsen (entgegen dem Uhrzeigersinn) sind:
   - Hauptachse *25*, zweite Achse *15*,
   - Hauptachse *30*, zweite Achse *17*,
   - alle weiteren Ellipsen Hauptachse *30*, zweite Achse *20* (fünfmal).

Geschafft, alle Profile sind erstellt. Der Haken sieht wie in Abbildung 5.17 aus. Zeit zu speichern. Wenn Ihnen der Aufwand zu groß war, auch diese Datei gibt es im Datenpanel, und zwar ***Lösung-05-02-02***.

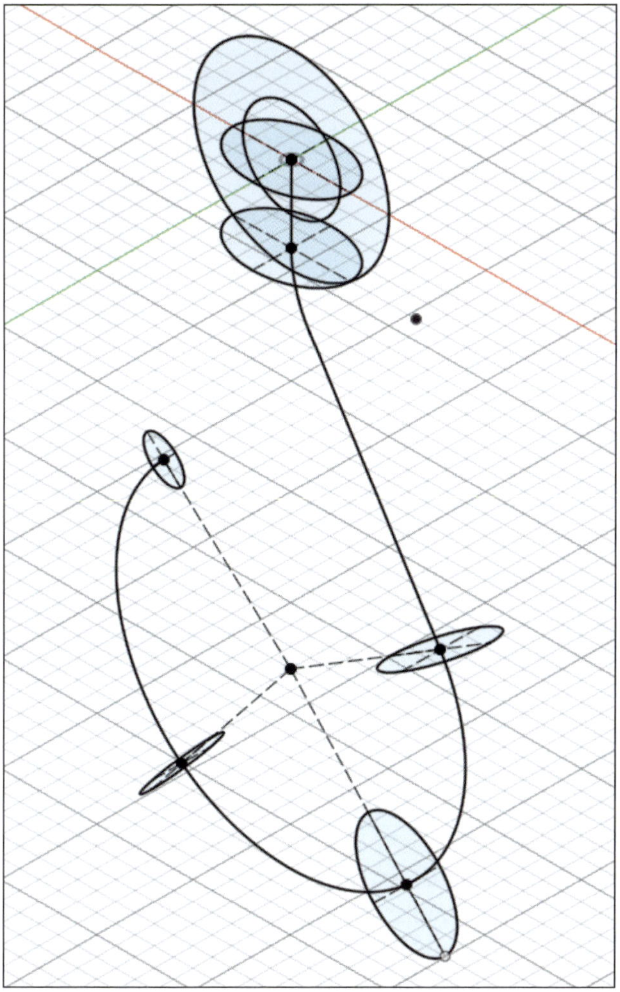

Abbildung 5.17: Alle Profile erstellt

5.2.3 Jetzt modellieren

Alle Vorbereitungen für die Modellierung sind erledigt. Aus den Profilen soll ein 3D-Modell entstehen.

1. Wählen Sie die Funktion *Erhebung* aus dem Menü *Erstellen*. Schalten Sie alle Skizzen ein. Klicken Sie nacheinander die Profile an (siehe Abbildung 5.18, links). Wenn Sie damit fertig sind, klicken Sie auf *OK* und das Volumen wird erstellt (siehe Abbildung 5.18, rechts).

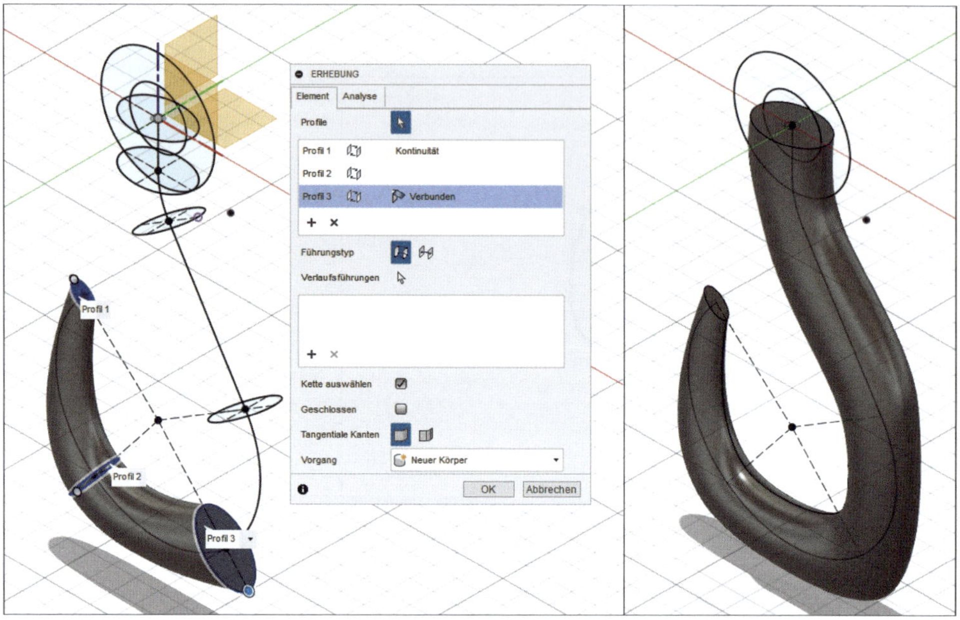

Abbildung 5.18: Der Kranhaken, erster Versuch

2. Schauen Sie sich den Haken in der Vorderansicht an. Die Form ist noch nicht optimal. Zuerst soll die Kontur auf das erste und letzte Profil rechtwinklig zulaufen. Klicken Sie in der Zeitleiste den letzten Eintrag für die *Erhebung* doppelt an und Sie können diese noch einmal ändern. Klicken Sie das *Profil 1* an und ändern Sie von *Verbunden* auf *Richtung*. Machen Sie das Gleiche bei *Profil 8* (siehe Abbildung 5.19).
3. Das war das kleinere Problem. An der Spitze des Hakens ist es noch schlimmer geworden als vorher. Sie sehen in der Vorderansicht des Hakens, dass sich die Form den kürzesten Weg von einer Ellipse zur anderen sucht. Die Form muss auf den Weg der Skizze gebracht werden. Auch dazu gibt es eine Variante bei der Funktion *Erhebung*. Falls Sie vorher schon mit *OK* beendet haben, klicken Sie in der Zeitleiste noch einmal doppelt. Wählen Sie dann beim *Führungstyp* das Symbol für *Mittellinie* an und danach die ursprüngliche Skizze (siehe Abbildung 5.20). So ist die Form perfekt. Diesen Stand finden Sie im Datenpanel in der Datei ***Lösung-05-02-03***.

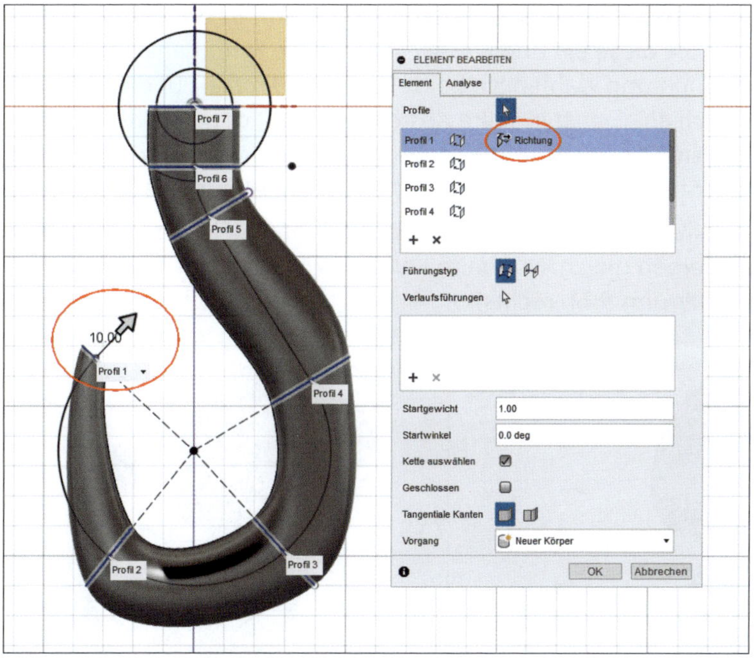

Abbildung 5.19: Übergang am Start und am Ende korrigiert

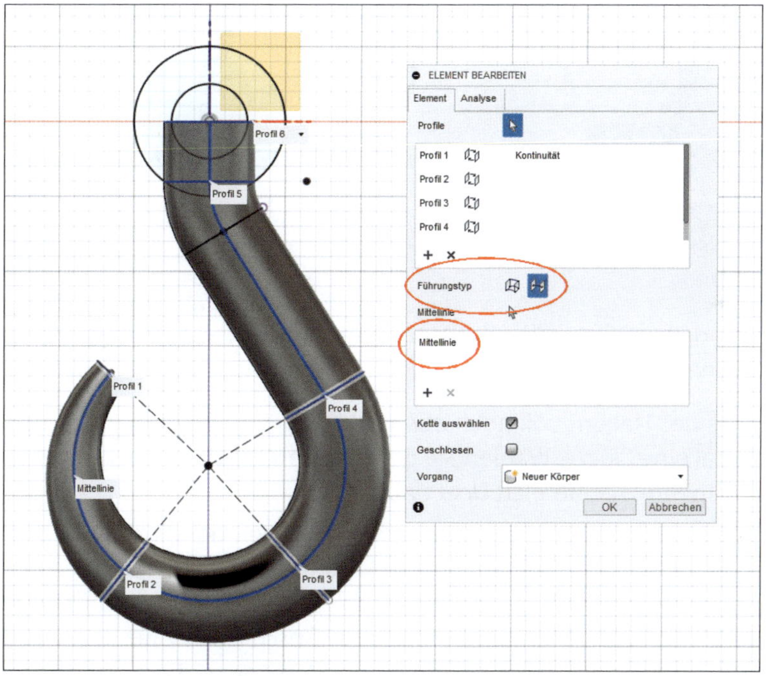

Abbildung 5.20: Die Form ist perfekt

4. Nun zur Aufhängung des Hakens. Den haben Sie schon in der ersten Skizze gezeichnet. Schalten Sie diese ein und wechseln Sie in die Schrägansicht. Starten Sie die Funktion *Extrusion* und wählen Sie beide Kreise als *Profile*. Für die *Richtung* geben Sie *Symmetrisch* an. *Grenztyp* sollte *Abstand* sein mit dem Wert *25*. Klicken Sie im Feld *Messung* den Schalter *Gesamte Länge* an und beim *Vorgang* die Einstellung *Verbinden* (siehe Abbildung 5.21, links). Mit *OK* wird die Aktion ausgeführt.
5. Schalten Sie die Skizze wieder ein und machen Sie das Gleiche mit dem inneren Kreis. Die Werte bleiben gleich. Nur beim *Vorgang* wird diesmal *Ausschneiden* eingestellt (siehe Abbildung 5.21, rechts).

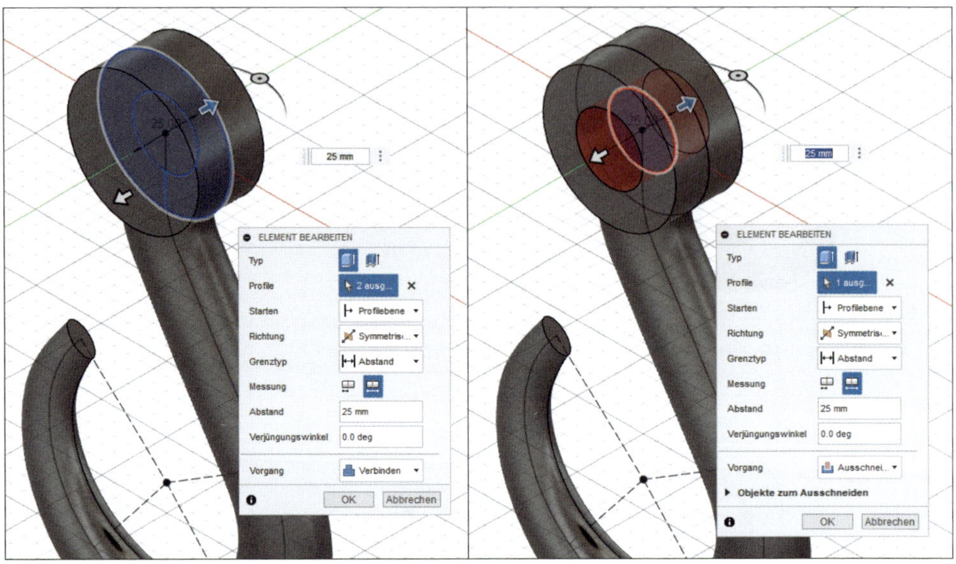

Abbildung 5.21: Die Aufhängung des Hakens

5.2.4 Das Finish

Im Prinzip ist alles modelliert. Sie wollen das Modell aber noch etwas gefälliger machen. Also gehen Sie ans Finish.

1. Das vordere Ende des Hakens soll noch etwas abgeschrägt werden. Dazu benötigen Sie wieder mal eine Skizze. Wählen Sie die Funktion *Skizze erstellen*. Am besten klicken Sie dazu im *Browser*, Bereich *Ursprung* auf *XZ*.
2. Schalten Sie *Skizze1* noch einmal ein, denn wir benötigen den Endpunkt des Bogens jetzt für unsere Schräge. Wählen Sie die Funktion *Projizieren*, um die Kontur aus *Skizze1* auf unsere neue Skizze zu übernehmen. Die Funktion *Projizieren* finden Sie im Menü *Erstellen,* Untermenü *Projizieren/Einschließen* und dort den Eintrag *Projizieren*. Klicken Sie dann die Kontur an und Sie haben diese auf der neuen Skizze (siehe Abbildung 5.22, links).

3. Zeichnen Sie vom Endpunkt der projizierten Kontur aus ein beliebiges Dreieck wie in Abbildung 5.22, rechts. Wichtig ist nur der Winkel, für den Sie 70° eintragen sollten. Danach können Sie die Skizze beenden.

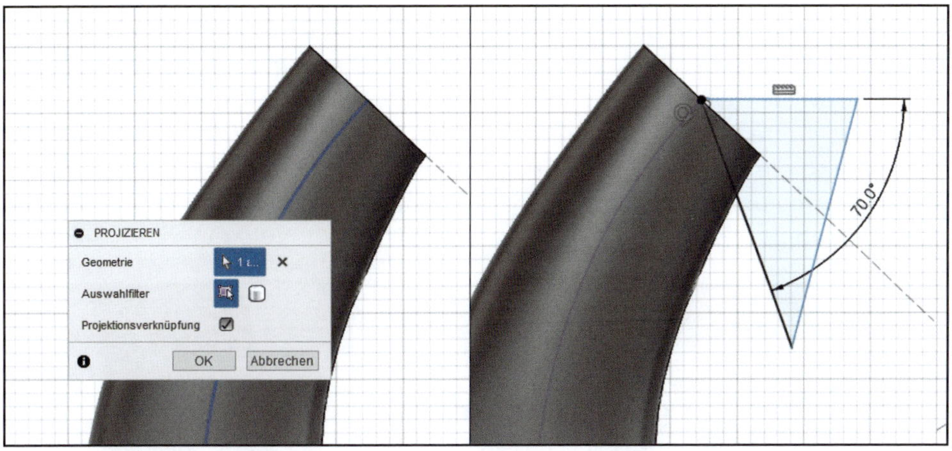

Abbildung 5.22: Die Schräge an der Spitze skizziert

4. Jetzt wieder einmal die *Extrusion*. Das Profil ist das Dreieck, das symmetrisch mit genügend großem Abstand extrudiert wird, beispielsweise mit einer gesamten Länge von 12. Der *Vorgang* ist in diesem Fall *Ausschneiden* (siehe Abbildung 5.23, links). Mit *OK* wird die Aktion ausgeführt (siehe Abbildung 5.23, Mitte). Jetzt noch die Kanten mit einem Radius von 1 abrunden und die Spitze ist fertig (siehe Abbildung 5.23, rechts).

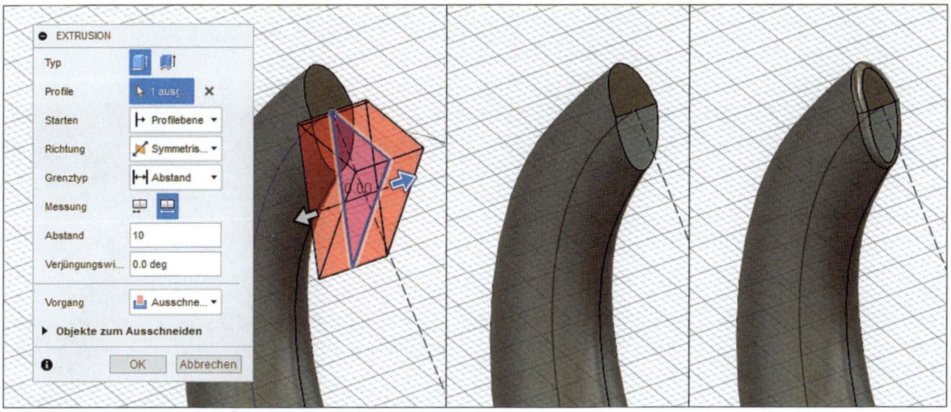

Abbildung 5.23: Die Schräge fertig modellieren

5. An der Aufhängung des Hakens sollen die Kanten innen und außen mit einer Fase von 1 abgeschrägt werden. Wählen Sie die Funktion *Fase*, klicken Sie die vier Kanten an und tragen Sie den Wert 1 ein und mit *OK* wird es erledigt.

6. Noch eine variable Abrundung an der Stelle, an der der Haken in die Öse übergeht. Drehen Sie das Modell so, dass Sie gut auf die Stelle sehen können. Wählen Sie die Funktion *Abrunden*. Entscheiden Sie sich im Dialogfeld beim *Rundungstyp* zunächst für die Option *Variable*. Jetzt müssen die Punkte eingegeben werden, an denen die Radien definiert werden, die hier als *Radiuspunkte* bezeichnet werden. Klicken Sie vier Punkte an der Rundung an, jeweils im Abstand von etwa 90°. Beginnen Sie in der Ansicht vorne (siehe Abbildung 5.24, links). Tragen Sie dann genaue Werte für die Position ein, *0* für den Startparkt, *0,25* für den zweiten Punkt usw., also die relative Position. Tragen Sie dann noch die Werte für die Rundung ein: *8* vorne und hinten sowie *2* für links und rechts (siehe Abbildung 5.24, links). Das Ergebnis sehen Sie in Abbildung 5.24, rechts.

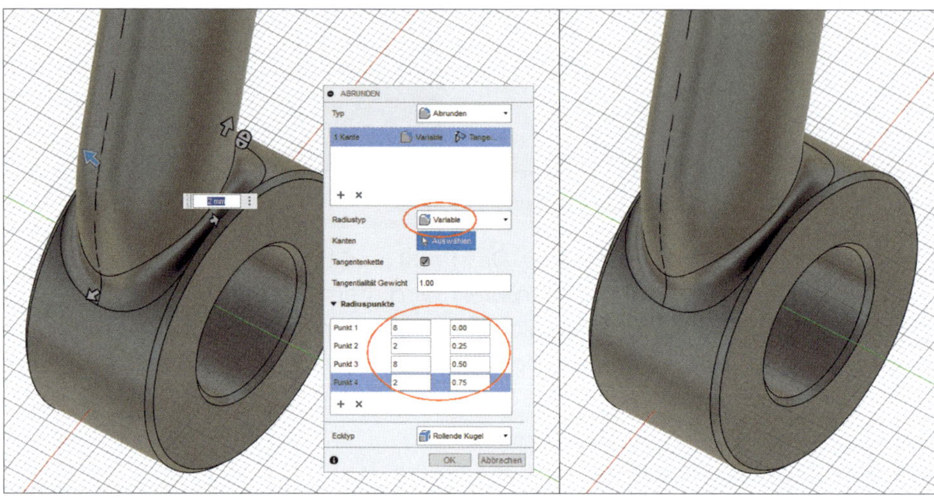

Abbildung 5.24: Runden mit variablem Radius

Sie haben es geschafft, das Modell ist fertig (siehe Abbildung 5.25). Falls Sie nicht modelliert haben, der fertige Haken ist auch in der Datei ***Lösung-05-02-Final*** im Datenpanel gespeichert.

Abbildung 5.25: Der fertige Kranhaken

5.3 Messen und analysieren

Oft ist beim Modellieren nicht mehr klar, wie groß ein Abstand war, wie groß ein Durchmesser oder wie groß die Fase war. Sicher, Sie könnten in der Zeitleiste die entsprechende Funktion aktivieren und nachschauen. Und schon geht das Gesuche los. Einfacher ist es da, aus dem Modell den Wert auszumessen. Sowohl an der Skizze als auch am 3D-Modell kann gemessen werden. Mit einigen Spezialfunktionen kann zudem das Modell analysiert werden.

5.3.1 Messen an der Skizze

Wenn der Skizziermodus aktiv ist, finden Sie in der Multifunktionsleiste den Bereich *Prüfen*. Darin befindet sich nur das Symbol der Funktion *Messen*. In dem Menü darunter gibt es noch eine ganze Reihe weiterer Funktionen. Hier soll zunächst nur die Funktion *Messen* behandelt werden.

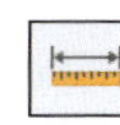

1. Holen Sie sich noch einmal die Datei ***Lösung-05-02-Final*** aus dem Datenpanel, wenn Sie diese nicht mehr geöffnet haben. Klicken Sie die erste Skizze in der Zeitleiste doppelt an, dann wird die Skizze zur Bearbeitung geöffnet. Es soll nichts geändert, sondern nur gemessen werden. Wählen Sie die Funktion *Messen* und klicken Sie beispielsweise die Gerade an, die quer von links oben bis zum Bogen läuft.

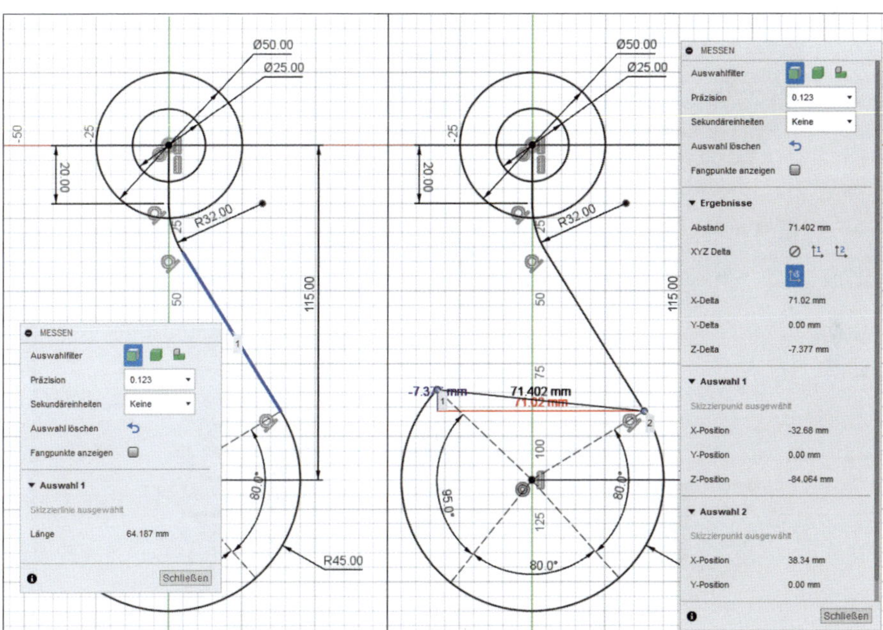

Abbildung 5.26: Messen an der Skizze

2. In einem Dialogfeld bekommen Sie die Länge der Linie angezeigt. Mit der Auswahl im Feld *Präzision* können Sie einstellen, mit welcher Genauigkeit das Ergebnis ermittelt werden soll. Mit dem Schalter *Auswahl löschen* wird die Anzeige gelöscht und Sie können neu wählen. Als weiteres Beispiel sollen zwei Punkte vermessen werden. Hier wird der direkte Abstand angezeigt, auf Wunsch auch der Abstand in x- und y-Richtung sowie die Koordinaten der Punkte (siehe Abbildung 5.26).
3. Testen Sie noch weiter. Wenn Sie genug haben, beenden Sie die Skizze. Jetzt geht es zum Messen in die dritte Dimension.

5.3.2 Messen am 3D-Modell

Auch bei der Volumenmodellierung gibt es in der Multifunktionsleiste den Bereich *Prüfen* mit dem Symbol für die Funktion *Messen*.

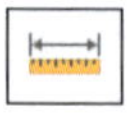

Am Modell geht es genauso wie bei der Skizze. Also Funktion wählen sowie die gewünschte Stelle am Modell. In Abbildung 5.27, links wurde eine Fläche gewählt und Sie bekommen diese vermessen und die Ergebnisse im Dialogfeld angezeigt. In Abbildung 5.27, rechts wurden dagegen zwei Punkte gemessen. Dazu ist der Schalter *Fangpunkte anzeigen* aktiviert und es sollen alle Maße in *X*-, *Y*- und *Z*-Richtung angezeigt werden.

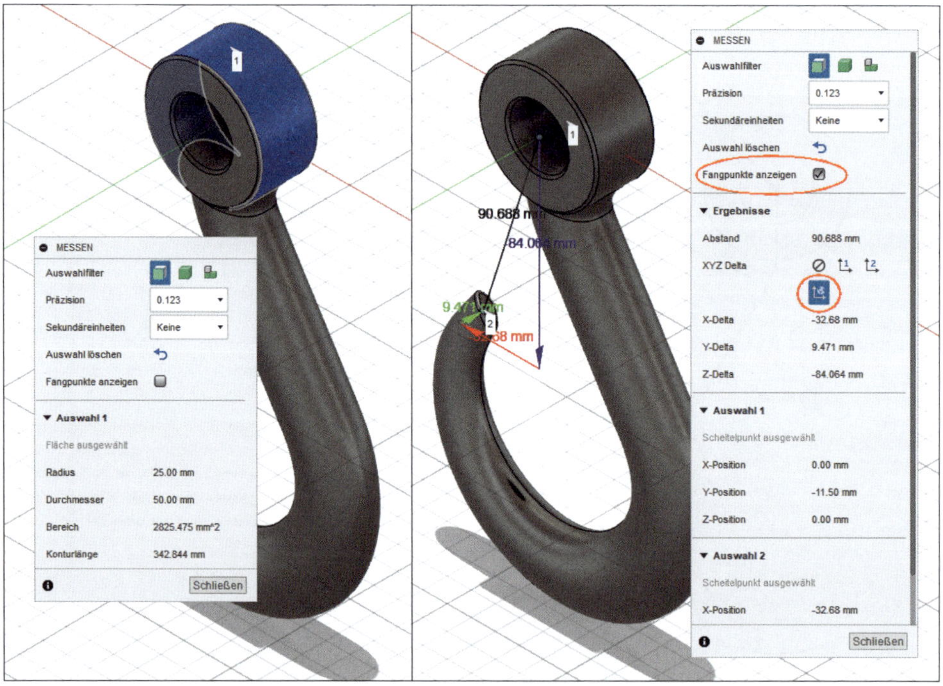

Abbildung 5.27: Messen am 3D-Modell

5.3.3 Analyse-Funktionen

Im Menü *Prüfen* finden Sie einige Spezialfunktionen, mit denen Sie Ihr 3D-Modell auf verschiedene Eigenschaften hin analysieren können. Zwei Beispiele dazu.

1. Die *Zebra-Analyse* wird vor allem im Formenbau verwendet. Es werden Streifen auf eine Fläche projiziert (siehe Abbildung 5.28, links). Damit lässt sich die Stetigkeit von Flächen beurteilen. Knickstellen werden am Zebramuster sichtbar. Die Parameter des Musters lassen sich in einem Dialogfeld festlegen. Testen Sie die Funktion *Zebra-Analyse* am Modell.
2. Die *Krümmungs-Map-Analyse* zeigt das Maß der Krümmung auf der Oberfläche des 3D-Modells an. Je dunkler die Farbe, desto höher die Krümmung (siehe Abbildung 5.28, rechts). Testen Sie auch die Funktion *Krümmungs-Map-Analyse* und die weiteren Funktionen im Menü *Prüfen*.

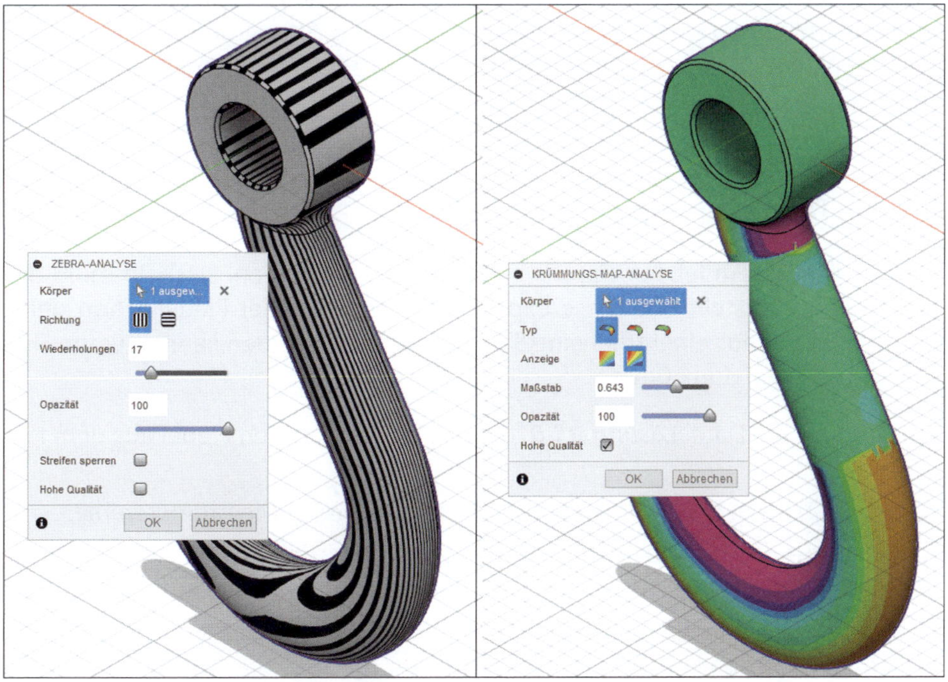

Abbildung 5.28: Analysen am 3D-Modell, zwei Beispiele

Analyseanzeigen ein- und ausschalten

Die einmal erstellten Analysen werden im Browser im Bereich *Analyse* aufgelistet. Mit dem Augensymbol vor dem Eintrag lassen sich die Anzeigen ein- und ausschalten.

6. 3D-Modelle drucken

Autodesk Fusion ist das ideale Werkzeug, um Objekte für den 3D-Druck zu modellieren. Doch dazu muss das Modell im STL-Format vorliegen. Mit Fusion haben Sie die Möglichkeit, Ihr 3D-Modell im STL-Format zu exportieren.

STL, was ist das? Die Bedeutung der Abkürzung ist in der Literatur nicht eindeutig definiert, es gibt verschiedene Erklärungen: **S**urface **T**esselation **L**anguage, **S**tandard **T**riangulation **L**anguage oder **S**tandard **T**esselation **L**anguage. Zunächst besteht die STL-Datei eines Objekts aus Punkten. Das können Messpunkte eines Scanners sein oder berechnete Punkte aus dem CAD-Modell, die sich alle auf der Oberfläche des Objekts befinden. Die Punkte werden zu Dreiecken verbunden, die mehr oder weniger exakt die Oberfläche des Objekts beschreiben. Dieser Vorgang wird auch als Triangulation bezeichnet. Die Triangulation hat allerdings den Nachteil, dass gekrümmte Flächen nicht genau wiedergegeben werden können. Sie werden durch die Dreiecke nur angenähert. Die Genauigkeit der STL-Datei ist aber im Allgemeinen höher als die Auflösung des 3D-Druckers.

6.1 STL-Datei exportieren

Der Pleuel aus dem letzten Kapitel soll ausgedruckt werden. Deshalb muss daraus eine STL-Datei erstellt und diese exportiert werden. Da der Pleuel schon getrennt wurde, aber nur aus einem Teil eine STL-Datei erzeugt werden kann, müssen Sie den Vorgang zweimal durchführen.

1. Laden Sie die Datei ***Lösung-05-01-Final***, also den fertigen Pleuel aus dem letzten Kapitel.
2. Wechseln Sie in der *Multifunktionsleiste* in den Bereich *Dienstprogramme*.
3. Wählen Sie das Symbol für die Funktion *3D-Drucken* im Bereich *Erstellen* der Multifunktionsleiste. 
4. Es wird ein Dialogfeld eingeblendet, in dem die Parameter für den STL-Export eingetragen werden können (siehe Abbildung 6.1).
   - **Auswahl:** Wählen Sie den Körper, der exportiert werden soll, hier zuerst den rechten Teil des Pleuels.
   - **Format:** Belassen Sie es bei der Standardeinstellung *STL (ASCII)*, das von allen Slicer-Programmen akzeptiert wird. Möglich ist auch der Export in die Formate *3MF* und *OBJ*.
   - **Einheitentyp:** Da die Exportdateien dimensionslos sind, muss hier die Einheit angegeben werden.

- **Netzvorschau:** Ist dieser Schalter aktiviert, wird die Triangulation der STL-Datei angezeigt.
- **Verfeinerung:** Hier sollte für den Export immer die Einstellung *Hoch* gewählt werden, um eine optimale Druckqualität zu erreichen. Für die Anzeige kann die Einstellung *Niedrig* gewählt werden, da sonst die Dreiecke zu dicht werden und nichts mehr sichtbar ist. So auch in Abbildung 6.1.
- **Ausgabe:** Ist der Schalter *An 3D-Druck-Dienstprogramm* aktiv, kann das Slicer-Programm des Druckers angegeben werden, sozusagen der Druckertreiber. Die Ausgabe wird dann sofort an den Slicer weitergeleitet. Ist der Schalter aus, kann die STL-Datei im Datenpanel oder auf Ihrem lokalen Computer abgespeichert werden. Von da aus können Sie die Daten manuell an den Slicer weitergeben.

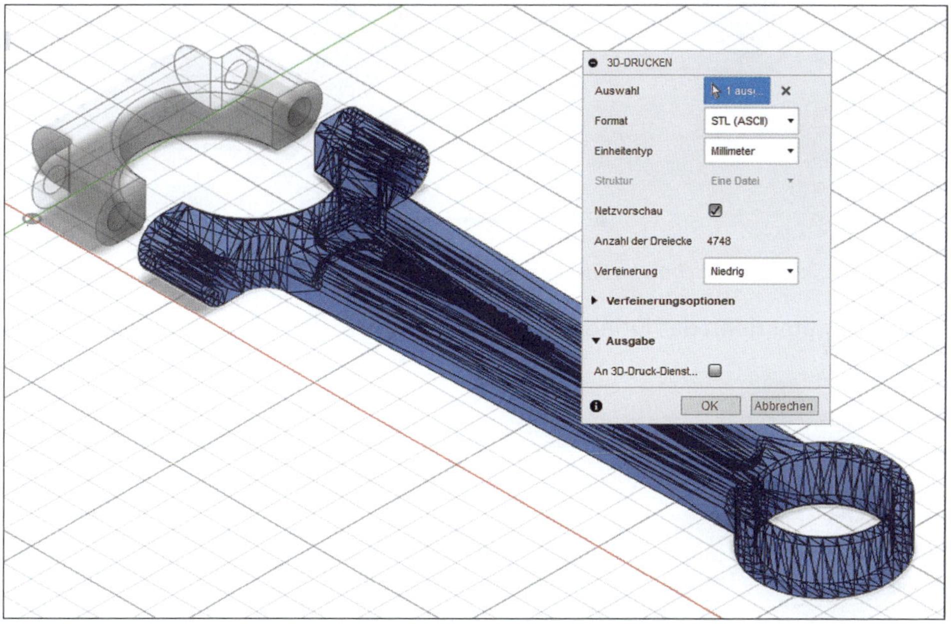

Abbildung 6.1: Voransicht der STL-Datei

6.2 Den 3D-Druck starten

Alles, was jetzt folgt, ist abhängig vom Drucker, den Sie verwenden, und damit von dem Slicer-Programm für Ihren Drucker. In Abbildung 6.2 sehen Sie die Daten in dem Slicer-Programm *Cura*, das mit den Druckern des Herstellers UltiMaker verwendet wird[1].

1 Alles zum Thema 3D-Druck finden Sie im Buch »Faszination 3D-Druck«, ebenfalls von den Autoren dieses Buches, erschienen im Verlag Markt+Technik, 4. aktualisierte Auflage 2024.

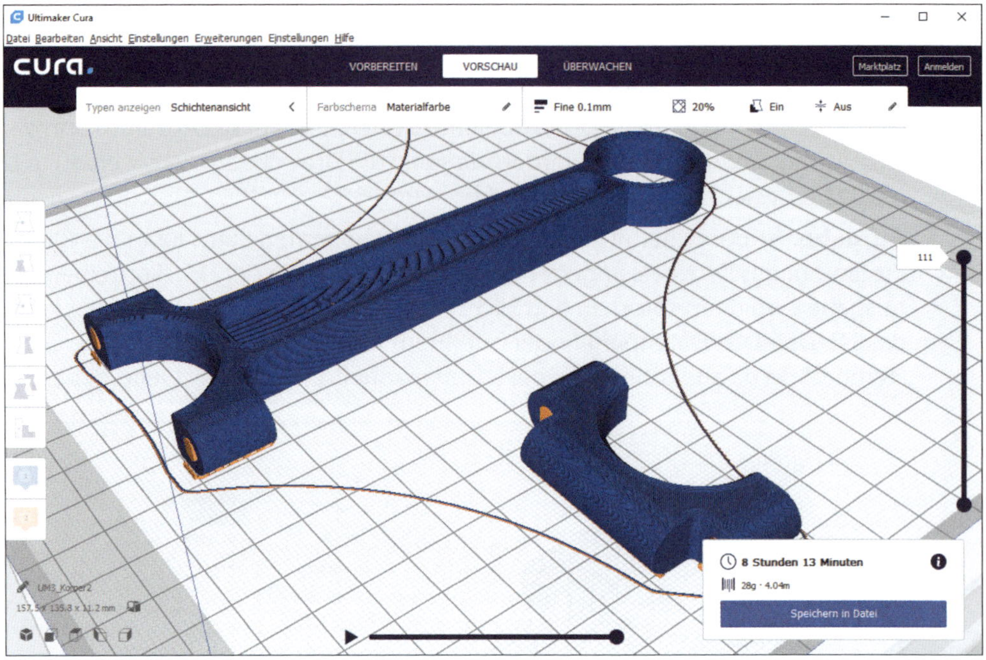

Abbildung 6.2: Druckvorschau im Slicer-Programm Cura

Stunden später dann das Ergebnis aus dem FDM-Drucker.

Abbildung 6.3: Der Pleuel aus dem 3D-Drucker

6.3 Auch den Kranhaken drucken

Auch die Datei ***Lösung-05-02-Final***, der Kranhaken aus dem letzten Kapitel, soll gedruckt werden. Gehen Sie genauso vor wie oben.

1. Laden Sie die Datei ***Lösung-05-02-Final*** und wechseln Sie in der Multifunktionsleiste in den Bereich *Dienstprogramme*.
2. Wählen Sie das Symbol *3D-Drucken* im Bereich *Erstellen* der Multifunktionsleiste und Sie bekommen wieder das Dialogfeld. Stellen Sie alles analog zum vorherigen Beispiel ein, bekommen Sie die Voransicht (siehe Abbildung 6.4). Starten Sie die STL-Ausgabe und speichern Sie diese auf der lokalen Festplatte ab.

3. Der Rest hängt von Ihrem 3D-Drucker ab, falls Sie einen haben. In Abbildung 6.5 wurde die Datei in den Slicer *FlashPrint* übernommen und für den Druck vorbereitet. Die 3D-Drucker von Flashforge werden mit diesem Slicer geliefert.
4. In Abbildung 6.6 sehen Sie das in PLA gedruckte Objekt.

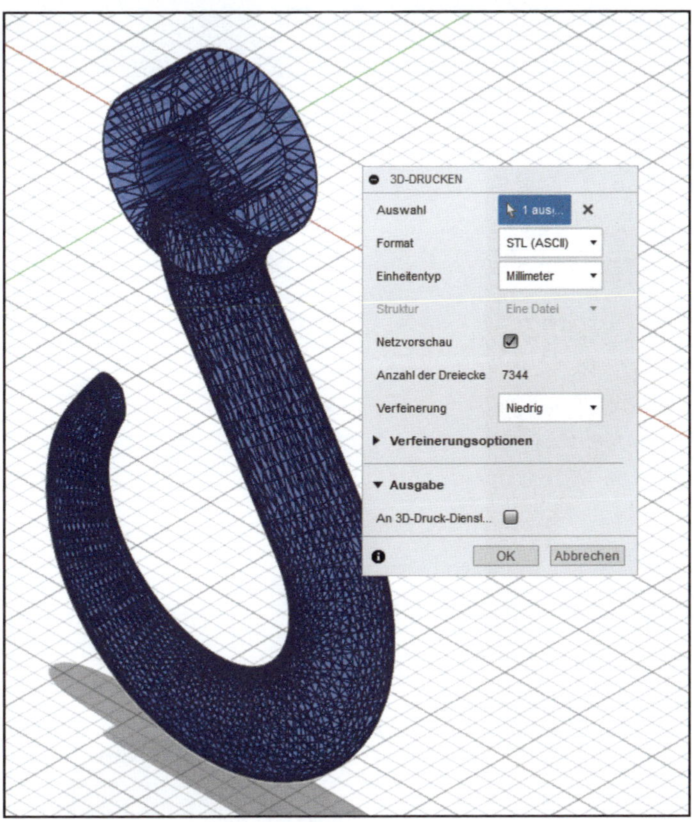

Abbildung 6.4: Voransicht der STL-Datei

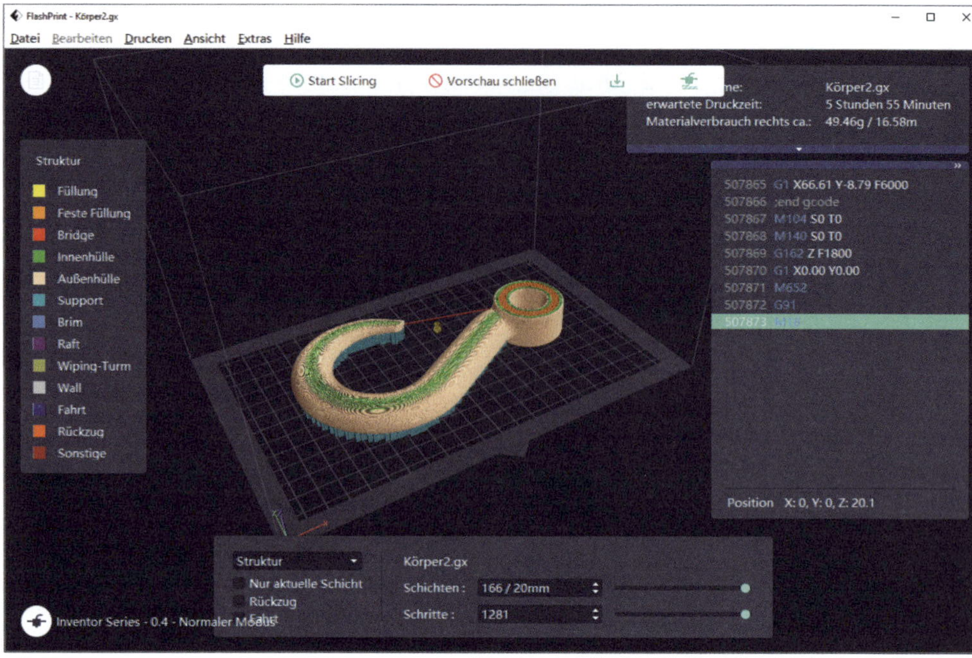

Abbildung 6.5: Druckvorschau, diesmal im Slicer-Programm FlashPrint

Abbildung 6.6: Der Kranhaken in weißem PLA gedruckt

7. Technische Zeichnungen von 3D-Modellen

Wer braucht denn heute noch technische Zeichnungen? Auch heute ist oft immer noch die Zeichnung in Papierform das Ziel der CAD-3D-Konstruktion. Das mag mancher für antiquiert halten, ist es auch, aber die Realität in der Fertigung ist anders. Mit den heutigen Methoden wäre es möglich, jedem Mitarbeiter in der Produktion die gewünschten Informationen per Tablet zur Verfügung zu stellen. Und dies in wesentlich aussagekräftigerer Form als 3D-Modell. Aber noch ist man nicht überall so weit. Deshalb braucht man noch die technische Zeichnung und sei es nur für eine Dokumentation in Papierform. Autodesk Fusion bietet selbstverständlich auch diese Möglichkeit. Zunächst einmal ist Folgendes wichtig:

- Zeichnungen von einem Modell oder einem Zusammenbau werden in einer eigenen Datei gespeichert, der Zeichnungsdatei. Diese Dateien haben die Dateierweiterung **.F2D* im Gegensatz zu den Modelldateien mit der Endung **.F3D*.
- Diese Datei kann mehrere Zeichnungsblätter enthalten. Nicht so in der Version für Privatanwender, hier geht nur ein Zeichnungsblatt. Es sind noch einige weitere Funktionen eingeschränkt.
- Auf einem Zeichnungsblatt können beliebig viele Ansichten, Hilfsansichten, Detailansichten und Schnitte abgelegt werden. Das ist auch von verschiedenen Bauteilen eines Zusammenbaus möglich.

Hierbei zeigt sich, dass Zeichnungen mit erheblicher Zeitersparnis flott und fehlerfrei erstellt werden können. Und wie das geht, soll hier gleich am Beispiel erläutert werden.

7.1 Der Pleuel auf der Zeichnung

Hier soll eine Zeichnung des Pleuels aus Kapitel 5 erstellt werden. Aber er wurde noch etwas weiterbearbeitet und verfeinert. Nehmen Sie also nicht den vorherigen Pleuel, sondern beginnen Sie mit einer anderen Aufgabendatei.

1. Öffnen Sie die Datei ***Aufgabe-07-01*** aus dem Datenpanel. Sie sehen den Pleuel verschraubt mit zwei Innensechskant-Zylinderschrauben und passenden Unterlegscheiben. Die Durchgangsbohrung am Pleuel wurde durch ein nicht durchgehendes Gewinde ersetzt. Der Rest ist geblieben, so wie Sie ihn in Kapitel 5 modelliert haben. Wechseln Sie in die Draufsicht.

2. Jetzt haben Sie eine Auswahl verschiedener Möglichkeiten. Sie können einen Rechtsklick auf den Titel im Browser machen und aus dem Kontextmenü die Funktion *Zeichnung erstellen* (siehe Abbildung 7.1) nutzen. Oder Sie wählen aus dem Pull-down-Menü der Arbeitsbereiche den Eintrag *Zeichnung* und dort den Untereintrag *Aus Konstruktion*. Und noch eine Möglichkeit wäre es, ohne die Konstruktionsdatei zu öffnen, wenn Sie einen Rechtsklick auf dem Eintrag im Datenpanel machen und aus dem Kontextmenü den Eintrag *Neue Zeichnung aus Konstruktion* wählen.

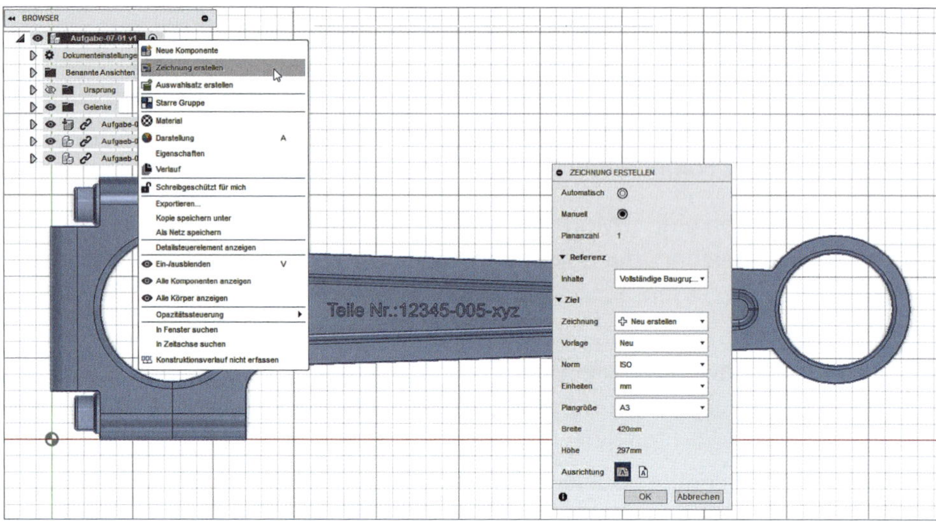

Abbildung 7.1: Erstellung der Zeichnung starten

3. Egal, wo und wie Sie es gemacht haben, Sie bekommen das Dialogfeld *Zeichnung erstellen* (siehe Abbildung 7.1). Wir wollen das Zeichnungsblatt manuell erstellen, wählen Sie den gleichnamigen Schalter. In der Version für Privatanwender ist die automatische Erstellung übrigens nicht möglich. Wählen Sie im Bereich *Referenz*, Menü *Inhalte* die Auswahl *Vollständige Baugruppe*. Das gilt auch dann, wenn es sich um ein Einzelteil handelt. Weiterhin könnte die Option *Nur Sichtbare* für die gerade sichtbar geschalteten Bauelemente gewählt werden. Bei der Wahl *Auswählen* könnten Sie bei einer Baugruppe die Objekte in der Zeichnung oder im Browser wählen, die aufs Zeichenblatt kommen sollen.

4. Im Bereich *Ziel* können Sie eine *Vorlage*, die *Norm*, die *Einheiten* sowie die *Plangröße* einstellen. Belassen Sie es bei den Standardwerten und erstellen Sie einen Plan im Format *A3*. Mit *OK* wird die Aktion ausgeführt.

5. Sofort wird ein neues Blatt mit Rahmen und Schriftfeld angelegt und die erste Ansicht hängt am Mauszeiger. Sie wollen nicht sofort mit der Erstansicht beginnen, klicken Sie deshalb im Dialogfeld *Zeichnungsansicht* auf *Abbrechen*.

6. Kümmern wir uns zunächst um das Schriftfeld. Mit einem Doppelklick darauf bekommen Sie es herausgezoomt, und mit einem Klick auf einen Eintrag können Sie diesen überschreiben (siehe Abbildung 7.2). Füllen Sie das Schriftfeld mit Ihren Daten aus. Mit einem Klick auf *Schlichteigenschaften* im Dialogfeld *Eigenschaften* werden die Einträge übernommen.

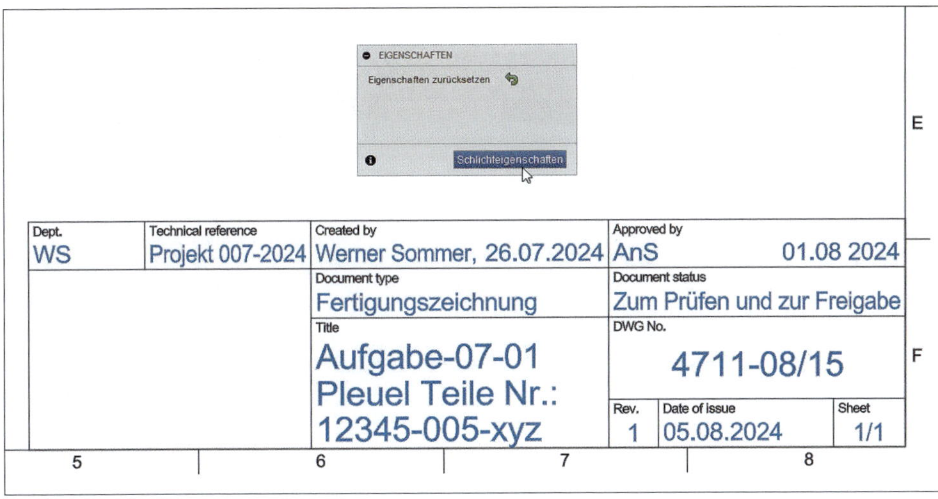

Abbildung 7.2: Ausfüllen des Schriftfelds

7. Jetzt soll die erste Ansicht aufs Papier. Das erfolgt mit der Funktion *Erstansicht*. Der Inhalt der Multifunktionsleiste hat sich inzwischen geändert, Sie haben jetzt die Anzeige *Zeichnung*. Dort finden Sie im Bereich *Erstellen* das Symbol für die Funktion *Erstansicht*.

8. Im Dialogfeld *Zeichnungsansicht* (siehe Abbildung 7.3) lässt sich Folgendes einstellen:
   - **Referenz und Darstellung:** Hier kann gewählt werden, was in die Erstansicht der Zeichnung soll.
   - **Darstellung:** Wahl von Ausrichtung, Stil und Maßstab. In Abbildung 7.3 wurde mit *Oben* die Draufsicht gewählt, der Stil *Sichtbare und verdeckte Kanten* und der Maßstab 1:1.
   - **Kantensichtbarkeit:** Eingestellt wird die Sichtbarkeit für *Tangentiale Kanten*, hier *Volle Längen*. Außerdem können *Überlagernde Kanten* und *Gewindekanten* sichtbar geschaltet werden. *Gewindekanten* sollen angezeigt werden.
   - **Automatische Mittelpunktmarkierungen:** Hier könnte gewählt werden, ob direkt Mittellinien und Mittelpunktmarkierungen gesetzt werden sollen. Das lassen wir zunächst aus und schauen uns später die Funktionen dazu an.

Die grob dargestellte Ansicht hängt jetzt am Mauszeiger, und mit einem Klick an der gewünschten Stelle kann sie platziert werden. Sie wird mit den im Dialogfeld gewählten Einstellungen erstellt (siehe Abbildung 7.3).

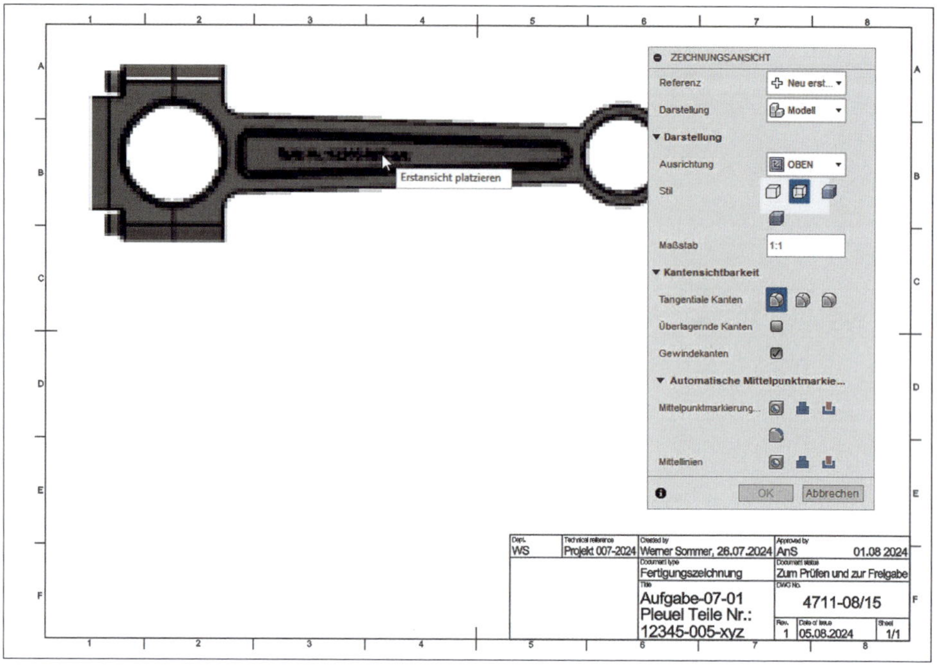

Abbildung 7.3: Platzierung der Erstansicht

9. Noch beeindruckender ist die Funktion *Projektionsansicht*, die ebenfalls per Symbol oder mit dem Eintrag im Menü gewählt werden kann. Wählen Sie diese und klicken Sie in die Erstansicht, danach rechts wegfahren und die Seitenansicht mit einem Klick platzieren, nach unten von der Erstansicht wegfahren, um die Vorderansicht zu platzieren, und von der Erstansicht schräg nach rechts unten wegfahren und eine isometrische Ansicht ablegen (siehe Abbildung 7.4). Diese Sequenz beenden Sie mit der Taste ↵.

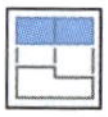

10. So sollte es allerdings nicht aussehen, hier ist Nacharbeit erforderlich. Mit einem Doppelklick in die Ansicht können Sie die Parameter dafür einstellen. In Abbildung 7.4 wurde in die Vorderansicht geklickt. *Stil* und *Maßstab* wurden von der übergeordneten Ansicht übernommen, also von der Erstansicht. Dies können Sie ändern. Mit einem einfachen Klick in eine Ansicht können Sie die Position der Ansicht verschieben, aber nur in der Projektionsrichtung. Die Ansichtsrichtung bleibt erhalten. Verschieben Sie die Erstansicht, gehen die abgeleiteten Ansichten mit, sodass sich die Ansichten nicht überlagern.

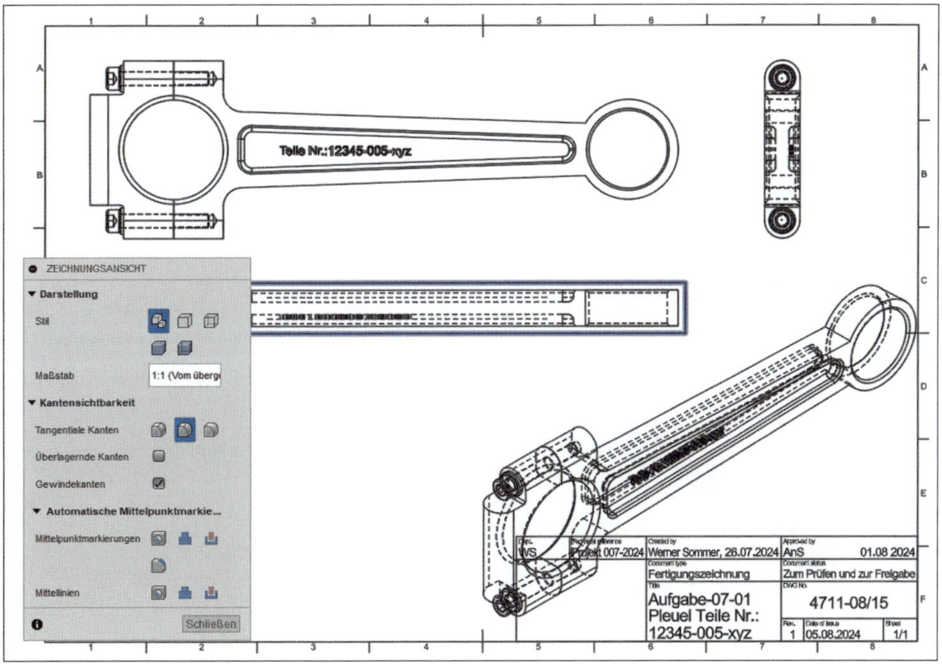

Abbildung 7.4: Projektionsansichten erstellt

11. Richten Sie die Ansichten wie in Abbildung 7.5 aus. Rechts oben sollte noch etwas Platz für eine Schnittansicht bleiben und unter der Vorderansicht Platz für Maße. Die Seitenansicht soll ohne verdeckte Kanten und bei der Vorderansicht sollen die Einstellungen von der Erstansicht übernommen werden. Die isometrische Ansicht sollte schattiert sein und im Maßstab 1:2, platziert in der linken unteren Ecke.

12. Mit der Funktion *Hilfsansicht* könnte man eine Ansicht auf eine Schräge des Modells erstellen. Das macht bei dem gerade zu bearbeitenden Modell allerdings keinen Sinn. Bei einem keilförmigen Modell mit Bohrungen auf der Schräge kann es eventuell sinnvoll sein, eine Hilfsansicht auf die Schräge zu erstellen.

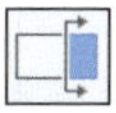

13. Jetzt aber auch einen Schnitt. Auch dafür gibt es eine Funktion, die Funktion *Schnittansicht* per Symbol an der gleichen Stelle und im Menü. Wählen Sie die Funktion. Aktivieren Sie die Ansicht, aus der der Schnitt erstellt werden soll, und platzieren Sie die Schnittlinie (siehe Abbildung 7.6). Schließen Sie mit ↵ ab, stellen Sie die Parameter für den Schnitt ein und klicken Sie die Stelle an, an der der Schnitt abgelegt werden soll, und klicken Sie im Dialogfeld auf *OK* bzw. *Schließen*, schon wird der Schnitt erstellt (siehe Abbildung 7.6). Wenn Sie die Schnittlinie später noch einmal anklicken und verschieben, wird der Schnitt aktualisiert.

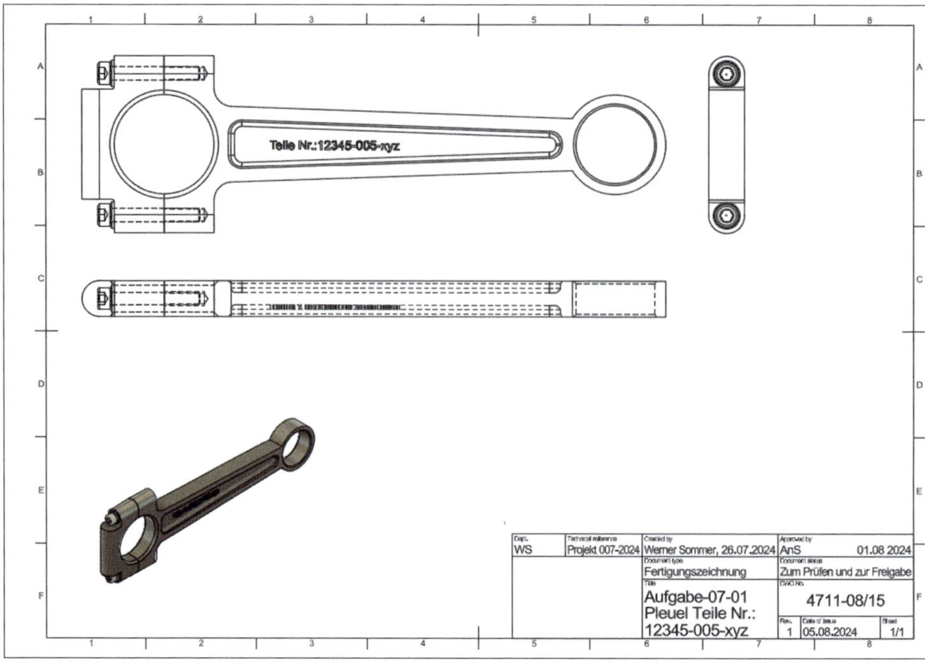

Abbildung 7.5: Ansichten geändert

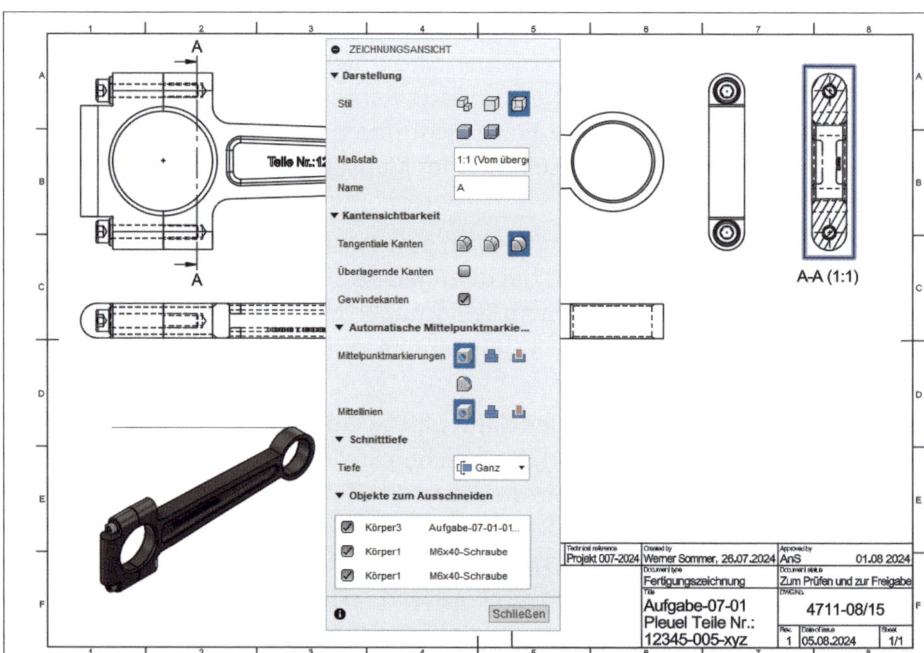

Abbildung 7.6: Einfügen einer Schnittansicht

14. Zuletzt noch ein Detail herausziehen, um diese Funktion auch noch zu zeigen. Dafür gibt es die Funktion *Detailansicht*, per Symbol an der gleichen Stelle zu finden und im Menü *Erstellen*. Wählen Sie die Funktion und klicken Sie in die Ansicht, an der das Detail herausgezogen werden soll. Ziehen Sie dann einen Kreis an der Stelle auf, die Sie als Detail haben wollen. Stellen Sie die Parameter und den Maßstab für das Detail ein und platzieren Sie es per Mausklick. Mit *Schließen* im Dialogfeld wird der Schnitt erstellt (siehe Abbildung 7.7). Auch hier gilt: Verschieben oder ändern Sie die Größe des Detailkreises, ändert sich auch die davon abgeleitete Ansicht. Damit haben Sie die Ansichten fertig.

Im Bereich *Ändern* der Multifunktionsleiste finden Sie Funktionen zum Verschieben und Drehen der bereits erstellten Ansichten. Das Verschieben geht aber auch einfacher, wie Sie oben gesehen haben.

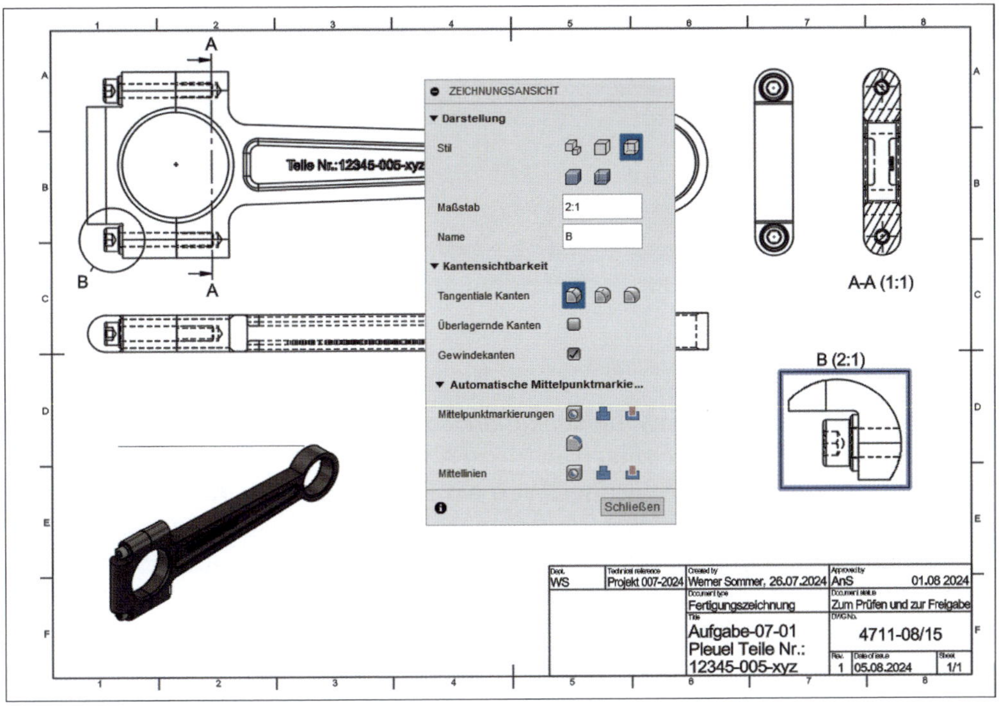

Abbildung 7.7: Einfügen einer Detailansicht

7.2 Die Zeichnung weiter vervollständigen

Was fehlt in der Zeichnung? Mittellinien, Maße, Text und Symbole sind erforderlich, um eine aussagekräftige Zeichnung zu bekommen. Beginnen wir mit den Mittellinien.

7.2.1 Mittellinien

Für die Platzierung von Mittellinien gibt es mehrere Funktionen im Bereich *Geometrie*, als Symbol oder im Menü. Auch dies soll hier gleich an Beispielen erläutert werden.

1. Platzieren Sie mit der Funktion *Mittellinie* zwischen zwei Kanten eine Mittellinie. Klicken Sie die betreffenden Kanten an den markierten Kanten nacheinander an und die Mittellinien werden platziert (siehe Abbildung 7.8, **1** bis **4**). An manchen Stellen etwas zu kurz. Aber darum werden wir uns später kümmern.

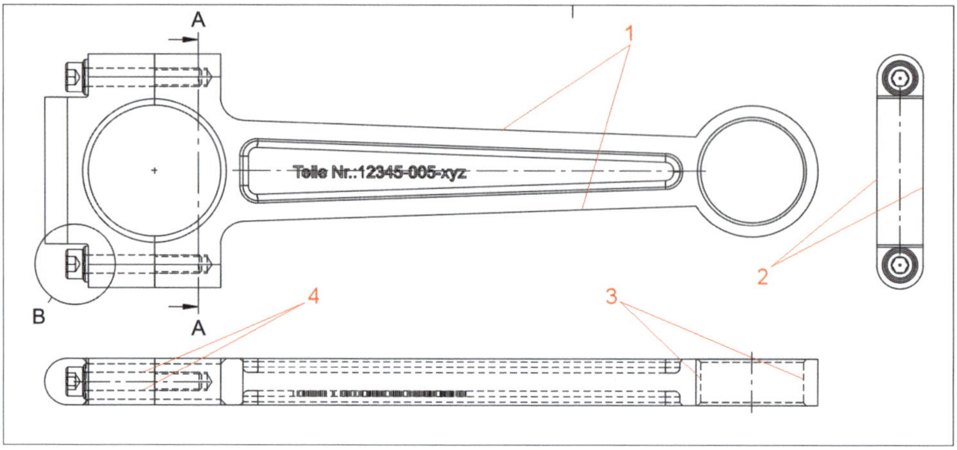

Abbildung 7.8: Die ersten Mittellinien

2. Als Nächstes die Funktion *Mittelpunktmarkierung*. Wählen Sie diese Funktion und klicken Sie die Kreislinien an (siehe Abbildung 7.9, **1** bis **3**), und ein Mittellinienkreuz wird gezeichnet. Wird ein Bogen oder eine Abrundung angeklickt, dann wird lediglich ein Kreuz als Mittelpunktmarke gezeichnet (siehe Abbildung 7.9, **4** und **5**). Bei der Bohrung links in der Draufsicht würde ebenfalls nur ein Kreuz am Mittelpunkt gezeichnet, da der Pleuel an der Stelle geteilt wurde.
3. Eine weitere Funktion ist *Muster der Mittelpunktmarkierung*. Hiermit wird bei Abrundungen und Bohrungen ein Mittellinienkreuz in wählbarer Richtung gezeichnet. Dies können Sie bei der Bohrung links in der Draufsicht anwenden. Klicken Sie die Bohrung an und platzieren Sie das Kreuz. Fahren Sie mit der Maus so weg, dass die Richtung des Kreuzes stimmt, und drücken Sie die Taste ↵ (siehe Abbildung 7.9, **6**).
4. Zu guter Letzt noch die Funktion *Kantenverlängerung*. Damit lassen sich an einer Rundung die geraden Kanten bis zum virtuellen Schnittpunkt verlängern, beispielsweise um diesen zu bemaßen. Klicken Sie die Kanten an und die Verlängerungen werden erstellt (siehe Abbildung 7.9, **7** und **8**).

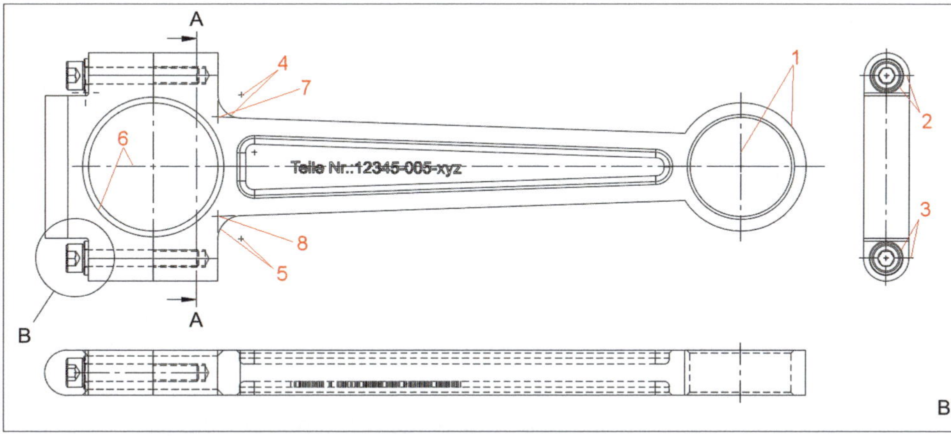

Abbildung 7.9: Mittellinienkreuze erstellen

5. Und noch ein bisschen Schönheitskorrektur: Wenn Sie eine der vorher erstellten Mittellinien anklicken, können Sie diese an einem Ende auf eine neue Länge ziehen. Machen Sie das, wenn Sie mit dem Ergebnis noch nicht zufrieden sind.

7.2.2 Wem nützt eine Zeichnung ohne Maße?

Fast das Wichtigste an der Zeichnung sind die Maße. Das Bemaßen macht wenig Schwierigkeiten, ist aber in der Praxis dann doch eine Fleißaufgabe.

1. Es gibt im Wesentlichen eine Funktion für die am meisten verwendeten Arten von Maßen, die Funktion *Bemaßung*. Sie finden diese als Symbol im Bereich *Abmessungen* der Multifunktionsleiste. Wollen Sie aber eine bestimmte Bemaßungsart haben, finden Sie diese im Menü (siehe Abbildung 7.10).

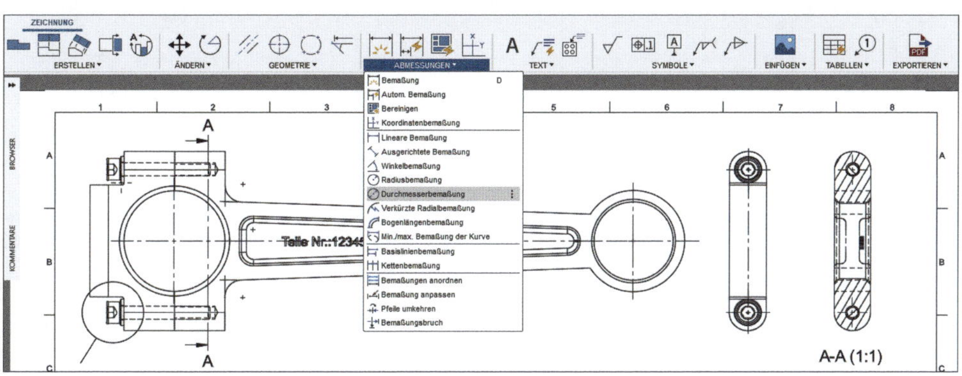

Abbildung 7.10: Menü mit den Bemaßungsfunktionen

2. Testen Sie die Funktion *Bemaßung* und erstellen Sie erst einmal Beispielmaße wie in Abbildung 7.11.
   - Position **1**: Klicken Sie die senkrechte Kante an und platzieren Sie das Maß links davon. Am Standardabstand rastet das Maß ein und Sie können die Position anklicken.
   - Position **2**: Klicken Sie die äußeren Punkte an. Hier gibt es keine durchgehende Linie, die bemaßt werden könnte. Platzieren Sie die Maßlinie links davon und klicken Sie, wenn das Maß beim Standardabstand rastet.
   - Position **3**, **4** und **5**: Machen Sie es wie bei Position **2**. Klicken Sie die Punkte an und platzieren Sie das Maß. Je nachdem, wo Sie platzieren, wird entweder horizontal oder vertikal bemaßt.
   - Position **6**: Klicken Sie die nicht waagerechte Kante an und platzieren Sie das Maß darunter. In diesem Fall wird die Länge der Kante bemaßt.
   - Position **7**: Klicken Sie die beiden Linien an, positionieren Sie den Maßbogen und der Winkel wird bemaßt.
   - Position **8**, **9** und **10**: Klicken Sie den Radius an, platzieren Sie die Maßlinie und der Radius wird bemaßt.
   - Position **11**: Klicken Sie einen Kreis an, wird der Durchmesser bemaßt.

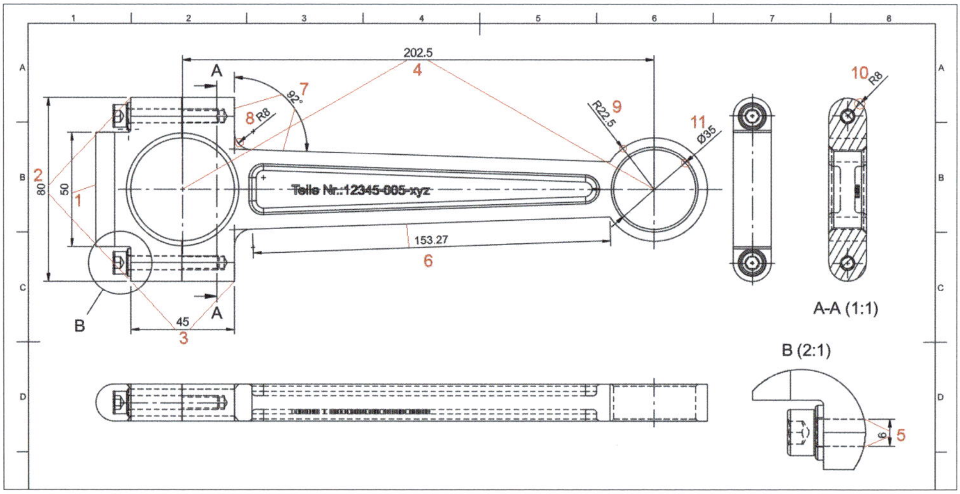

Abbildung 7.11: Beispielmaße in den Ansichten

3. Wollen Sie am Maßtext Änderungen vornehmen, dann klicken Sie die Maßzahl doppelt an. In einem umfangreichen Dialogfeld (siehe Abbildung 7.12) können Sie beispielsweise Kennzeichnungen (Referenzmaß, nicht maßstäblich usw.) oder Symbole einfügen. Im Bereich *Eigenschaften* lassen sich dem Maß Textzusätze anhängen. *Primäreinheiten* und, falls gewünscht, auch *Alternativeinheiten* lassen sich

formatieren, beispielsweise wenn Sie in Millimeter und Zoll bemaßen wollen. Häufig werden auch Toleranzangaben am Maßtext benötigt, die ebenfalls hier eingegeben werden können (siehe Abbildung 7.12). Zu guter Letzt kann das Maß auch als Prüfmaß gekennzeichnet werden. Außerdem können Sie direkt am Maß den Maßtext überschreiben, was aber meist nicht sinnvoll ist. Sie können auch einen beliebigen Text anhängen. In diesem Fall sollten Sie den gemessenen Maßtext und die Klammern <...> nicht ändern, denn dies steht für den gemessenen Wert.

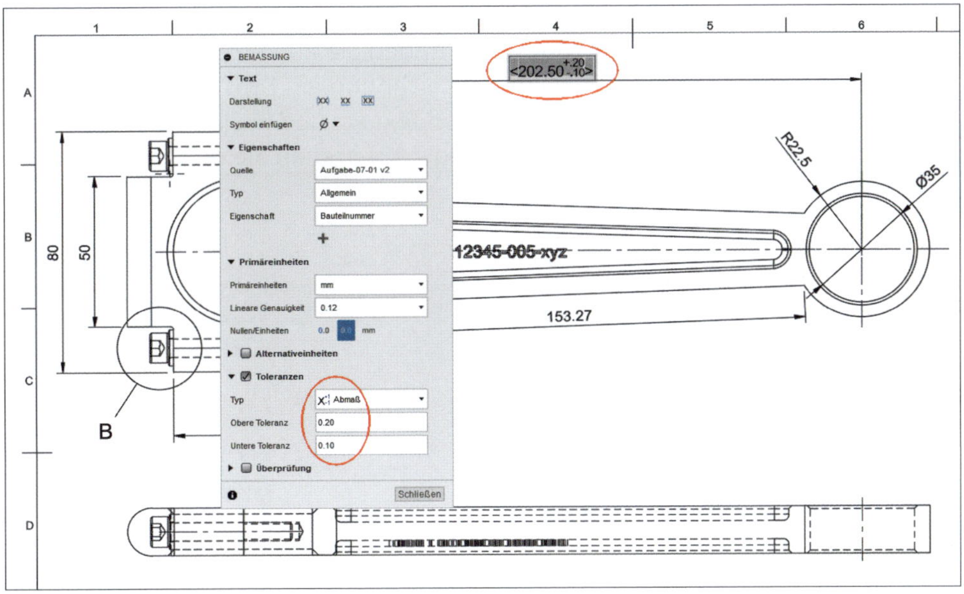

Abbildung 7.12: Formatierung des Maßtextes

4. Bemaßen Sie weiter. An dieser Stelle sollen die Anleitungen zur Bemaßung dieses Modells abgeschlossen werden. Eine Auswahl spezieller Bemaßungsfunktionen werden Sie an separaten Beispielen im Abschnitt 7.2.4 kennenlernen.

Wenn der Platz nicht reicht

Wenn der Platz eng wird, schieben Sie die Ansicht mit gedrückter Maustaste auf dem Rand so hin, dass die gewünschten Maße genug Platz haben. Wenn Sie ein Maß an einer anderen Position haben wollen, klicken Sie es an und verschieben es am Punkt an der Maßzahl.

In der Version für kommerzielle Anwender gibt es außerdem noch die Funktion *Automatische Bemaßung*. Damit werden Vorschläge für die komplette Bemaßung der Ansichten gemacht. Die Varianten werden in einem Dialogfeld angezeigt und können mit *OK* ausgeführt werden. Meist ist dabei aber die Nacharbeit größer, als damit Zeit eingespart wird. Daher soll hier auf die Beschreibung verzichtet werden.

7.2.3 Text und Symbole

Beschriftungen, Anmerkungen, Symbole aller Art gehören ebenfalls zur technischen Zeichnung. Schauen wir uns dazu noch zwei Funktionen an.

1. Im Bereich *Text* der Multifunktionsleiste finden Sie auch die Funktion *Text*. Wählen Sie diese und ziehen Sie in der Zeichnung ein Fenster für den Text auf. In einem Editor-Fenster geben Sie den Text ein und in einem Dialogfeld wird der Text formatiert (siehe Abbildung 7.13). Tragen Sie den Text an der Schraube ein wie in Abbildung 7.13.

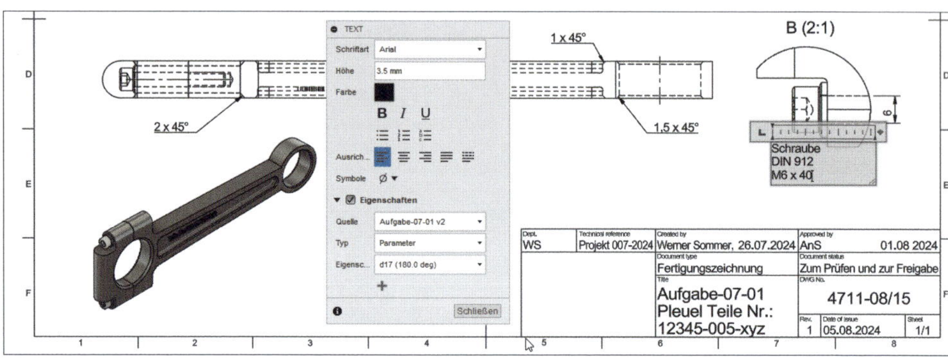

Abbildung 7.13: Text in der Zeichnung

2. Fast identisch ist die Funktion *Anmerkung*, die Sie an der gleichen Stelle finden. Hier kann aber zusätzlich eine Führungslinie an einem Objekt der Zeichnung platziert und mit einem Stützpunkt herausgezogen werden. Am Ende wird wie bei der Funktion *Text* in einem Texteditor der Text eingegeben und in einem Dialogfeld formatiert (siehe Abbildung 7.14). Setzen Sie Anmerkungen an die drei Fasen wie in Abbildung 7.14.

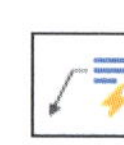

3. Weitere Funktionen, um Kommentare an Führungslinien anzubringen, finden Sie dort ebenfalls. Testen Sie auch diese.
4. Im Bereich *Symbole* der Multifunktionsleiste und in dem Menü darunter finden Sie Funktionen zum Platzieren verschiedener Symbole: Oberflächensymbole, Form- und Lagetoleranzen, Bezugssymbole, Schweißsymbole sowie Verjüngungs- und Neigungssymbole. Testen Sie auch diese Möglichkeiten.

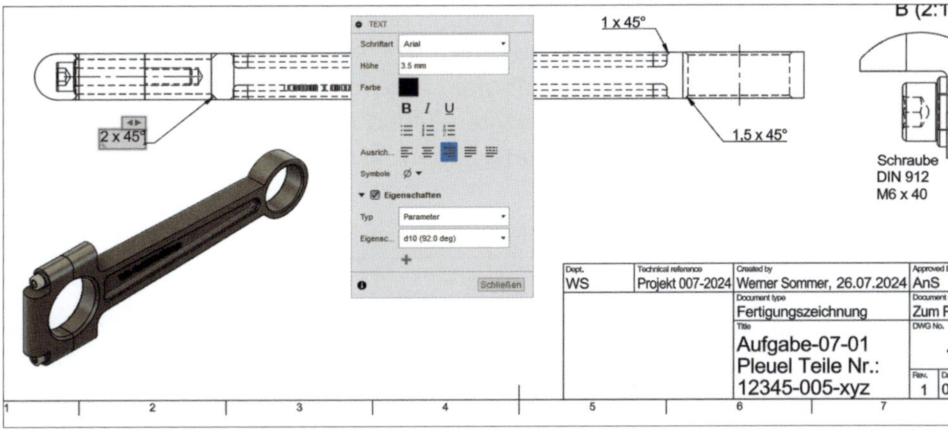

Abbildung 7.14: Anmerkungen platzieren

5. Im Bereich *Einfügen* der Multifunktionsleiste gibt es nur die Funktion *Bild einfügen*. Damit lässt sich eine Bilddatei auf dem Zeichenblatt ablegen. Wählen Sie die Funktion. Im Dateiwähler von Fusion finden Sie die Datei ***MuT-Logo.jpg***, das Logo des Verlags *Markt+Technik*. Wählen Sie diese und klicken Sie auf *Einfügen*. Platzieren Sie das Bild im freien Bereich des Schriftfelds. Stellen Sie im Dialogfeld die Parameter für den Abstand in *X*- und *Y*-Richtung ein und wählen Sie einen Maßstab (siehe Abbildung 7.15). Mit *OK* wird das Logo übernommen.

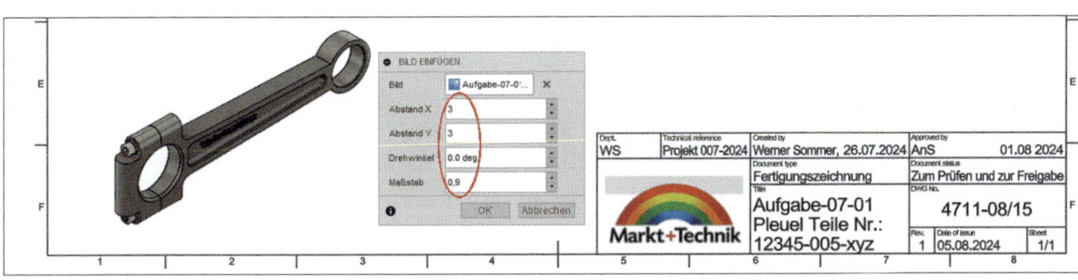

Abbildung 7.15: Eine Bilddatei platziert

6. Einen weiteren Bereich *Tabellen* der Multifunktionsleiste stellen wir zunächst noch zurück. Der wird erst dann relevant, wenn es um größere Zusammenbauten geht.
7. Speichern Sie Datei mit der normalen Speicherfunktion. Sie wird als 2D-Fusion-Datei gespeichert mit der Dateierweiterung *F2D*. Zeichnungsdateien lassen sich nicht exportieren, da sie ja immer zu einer Modelldatei gehören.
8. In der Version für kommerzielle Anwender kann die Zeichnung als PDF-Datei gespeichert und exportiert werden. Machen Sie zum Schluss noch eine PDF-Datei aus dem Zeichnungsblatt, wenn Sie mit dieser Version arbeiten. Sie finden die Funktion *PDF exportieren* im Bereich *Exportieren*

der Multifunktionsleiste. Im Menü darunter finden Sie weitere Export-Funktionen, auch wichtige 2D-Formate wie *DWG* und *DXF*. Wählen Sie aber die Funktion *PDF exportieren* und tragen Sie im Dialogfeld ein, was Sie haben wollen (siehe Abbildung 7.16). Sie können die Datei in Ihrem Cloud-Projekt oder lokal auf Ihrem Computer speichern. In Ihrem Datenpanel finden Sie die Datei ebenfalls als ***Lösung-07-01-Zeichnung.pdf***.

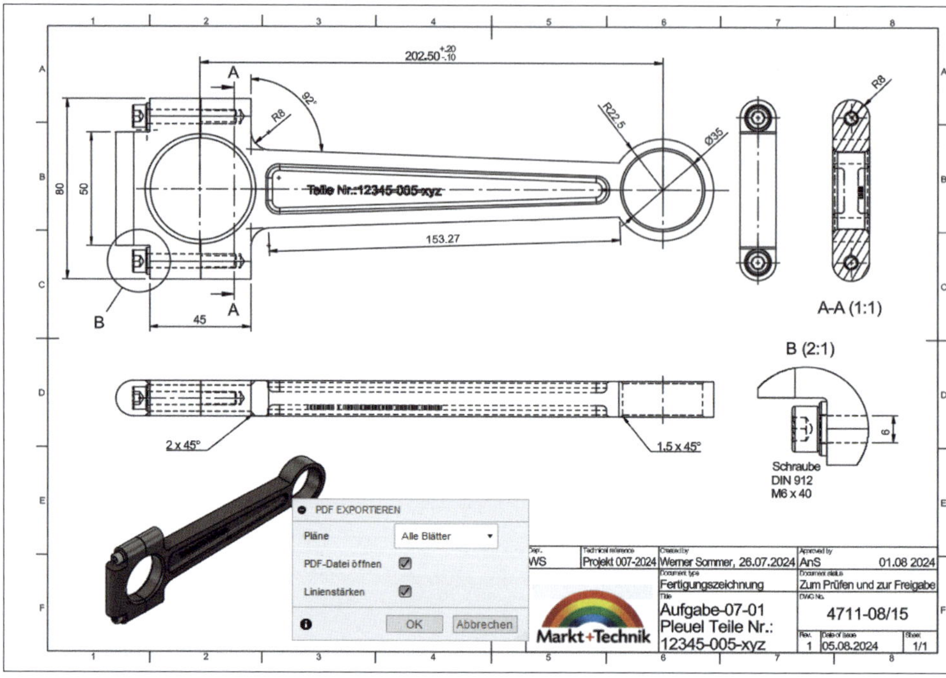

Abbildung 7.16: Export der Zeichnung als PDF-Datei

> **PDF-Dateien mit der Version für Privatanwender**
>
> Wenn Sie mit der Version für Privatanwender arbeiten, gibt es eine andere Möglichkeit, zu einer PDF-Datei zu kommen. Verwenden Sie einen Druckertreiber, der PDF-Dateien erzeugt, wie zum Beispiel *Microsoft Print to PDF* (Windows-Bordmittel), *PDFCreator* (Freeware-PDF-Konverter) oder ein ähnliches Tool und »drucken« Sie die Zeichnung in eine PDF-Datei.

7.2.4 Zeichnungsblätter drucken

Wenn wir schon beim Drucken sind: Vielleicht wollen Sie das Zeichnungsblatt auch auf Papier haben? Geht selbstverständlich auch.

Wählen Sie links oben im Menü *Datei* fürs Speichern und Öffnen die Funktion *Drucken*. In einem Dialogfeld (siehe Abbildung 7.17) können Sie alle Einstellungen für den Ausdruck vornehmen. Ist der Schalter *Druckvorschau* aktiviert, können Sie die Einstellungen in einem Vorschaufenster überprüfen. Mit der Schaltfläche *Drucken* wird der Vorgang gestartet und die Zeichnung ausgedruckt.

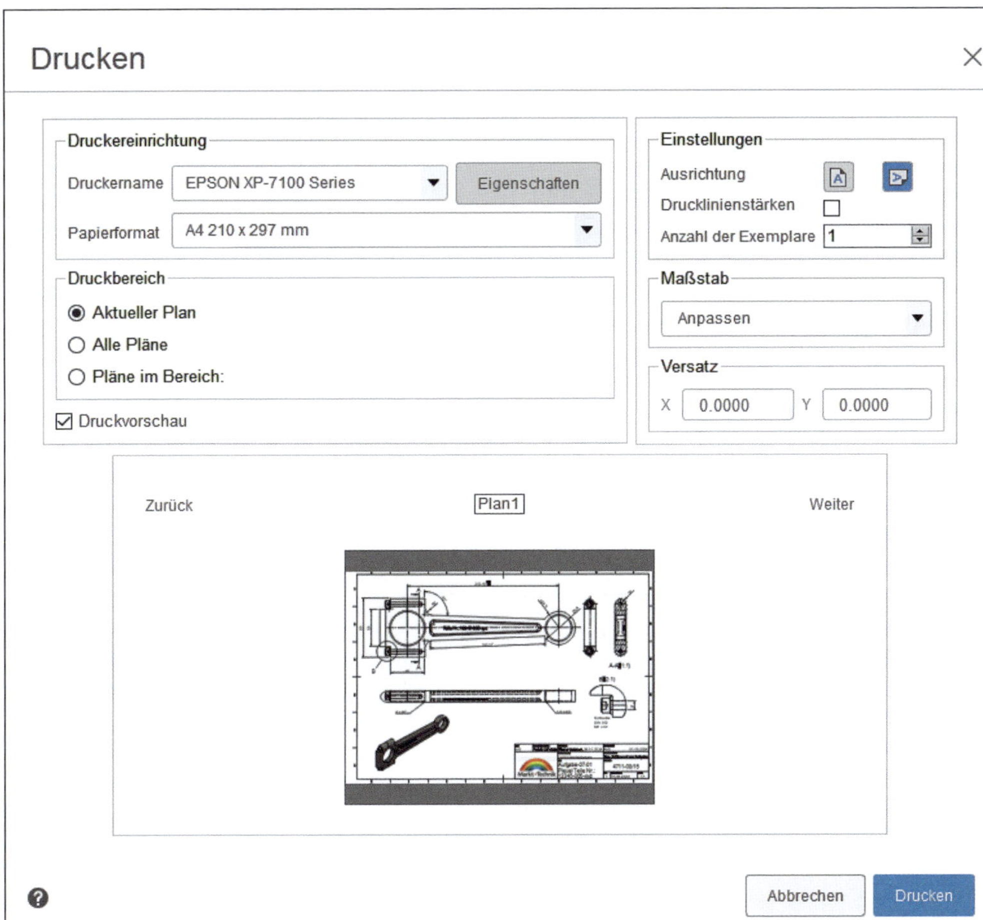

Abbildung 7.17: Dialogfeld für die Druckausgabe

7.2.5 Und noch einmal Maße

Im Abschnitt 7.2.2 haben wir uns die Universalfunktion für die Erstellung von Maßen angesehen. Zunächst sei erwähnt, dass in der Multifunktionsleiste bei der Anzeige *Zeichnung* im Menü des Bereichs *Abmessungen* alle Funktionen für das gezielte Bemaßen gewählt werden können, so zum Beispiel *Lineare Bemaßung*, *Ausgerichtete Bemaßung*, *Winkelbemaßung*, *Radiusbemaßung* usw. Falls die Universalfunktion zu falschen Ergebnissen führt, können Sie diese Optionen verwenden. Wir wollen uns jetzt aber noch einige spezielle Bemaßungsfunktionen ansehen. Die Bemaßung in den Beispielen erhebt keinen Anspruch auf normgerechtes Bemaßen.

1. Laden Sie die Datei ***Aufgabe-07-02*** per Doppelklick auf die Anzeige im Datenpanel. Nichts Besonderes, nur ein 3D-Modell mit drei einfachen Körpern.
2. Erstellen Sie aus dieser Konstruktion eine Zeichnung, wie oben beschrieben. Verwenden Sie das A3-Format und lassen Sie sich das Zeichnungsblatt erstellen.
3. Jetzt können Sie gleich eine Erstansicht erstellen. Mehr brauchen Sie für diese Übung nicht. Wählen Sie die Sicht *Oben*, als Maßstab 1:2 und eine Darstellung nur mit sichtbaren Kanten. Achten Sie darauf, dass links etwas mehr Platz zum Rand des Zeichnungsrahmens ist wie rechts (siehe Abbildung 7.18). Die Beschriftungen in Abbildung 7.18 müssen Sie nicht erstellen. Wenn Sie es perfekt machen wollen, erstellen Sie bei den Bohrungen Mittellinien.

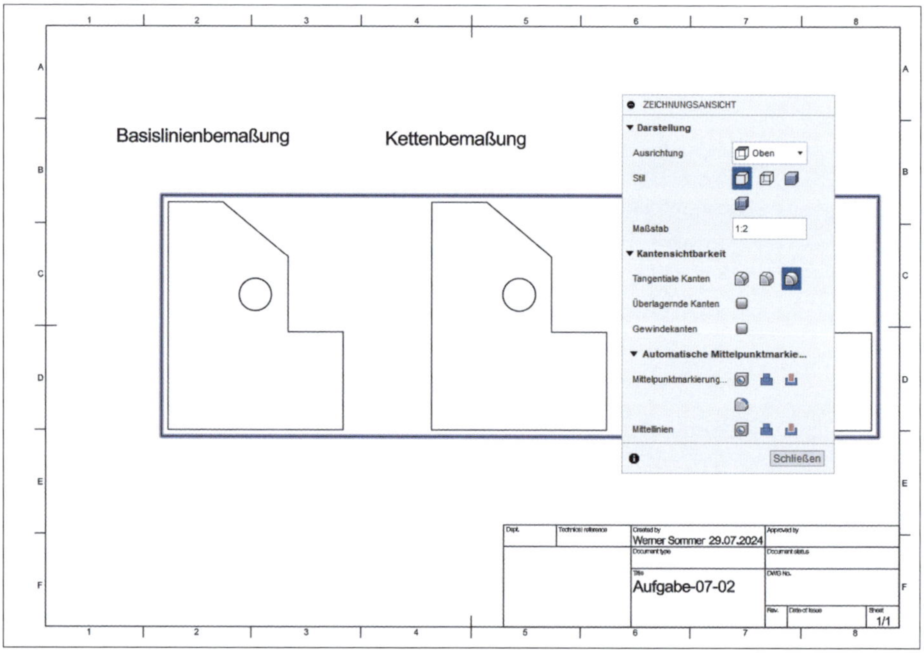

Abbildung 7.18: Zeichnung angelegt und Erstansicht erstellt

4. Verwenden Sie jetzt die Funktion *Bemaßung*, also die Universalfunktion zum Bemaßen. Bemaßen Sie damit wie in Abbildung 7.19 die beiden linken Körper. Voraussetzung für komplexere Bemaßungsfunktionen sind immer einfache Maße.

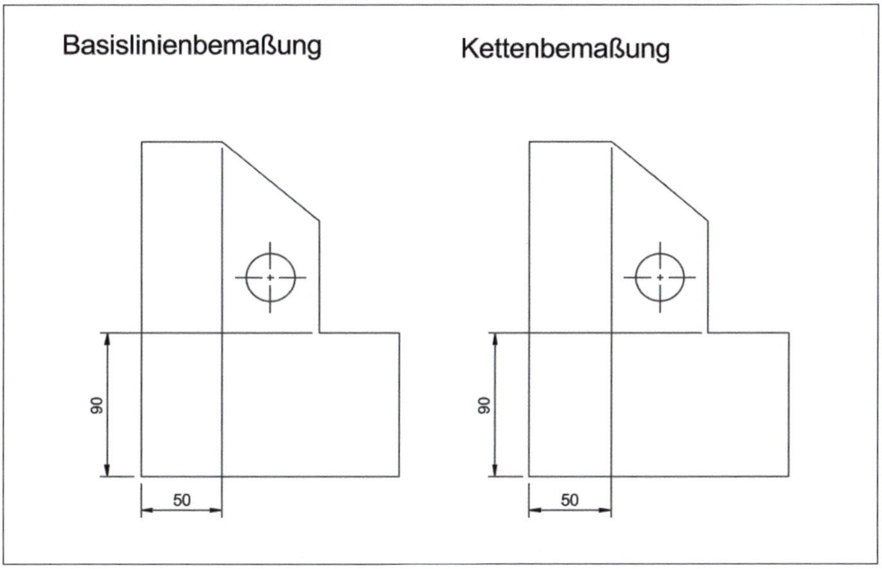

Abbildung 7.19: Zunächst einfache Maße erstellen

5. Wählen Sie jetzt die Funktion *Basislinienbemaßung* aus dem Menü *Abmessungen*. Zuerst müssen Sie das Maß anklicken, an dem die weiteren Maße angesetzt werden sollen. Dazu müssen Sie am linken Körper die untere Maßhilfslinie des vertikalen Maßes wählen. Danach können Sie alle Punkte anklicken, die auf die Bezugslinie hin bemaßt werden sollen, und schon werden die Maße erstellt. Die Bohrung vergessen wir hier absichtlich beim Bemaßen, die soll nachher hinzugefügt werden. Beenden Sie die Eingabe mit ⏎. Machen Sie das Gleiche mit den horizontalen Maßen (siehe Abbildung 7.20, links).
6. Ganz ähnlich geht es bei Kettenmaßen. Wählen Sie hierzu die Funktion *Kettenbemaßung* aus dem Menü *Abmessungen*. Auch hier müssen Sie das vertikale Maß am mittleren Körper anklicken, an dem die weiteren Maße angesetzt werden sollen. Jetzt müssen Sie aber die obere Maßhilfslinie wählen. Danach können Sie alle Punkte anklicken, die als Kette bemaßt werden sollen. Hier nehmen Sie die Bohrung mit, weil Sie beim Kettenmaß keine so eleganten Korrekturmöglichkeiten haben. Mit jedem Klick wird ein neues Maß erstellt. Beenden Sie die Eingabe mit ⏎. Auf die gleiche Art können Sie auch die horizontalen Kettenmaße erstellen (siehe Abbildung 7.20, rechts).

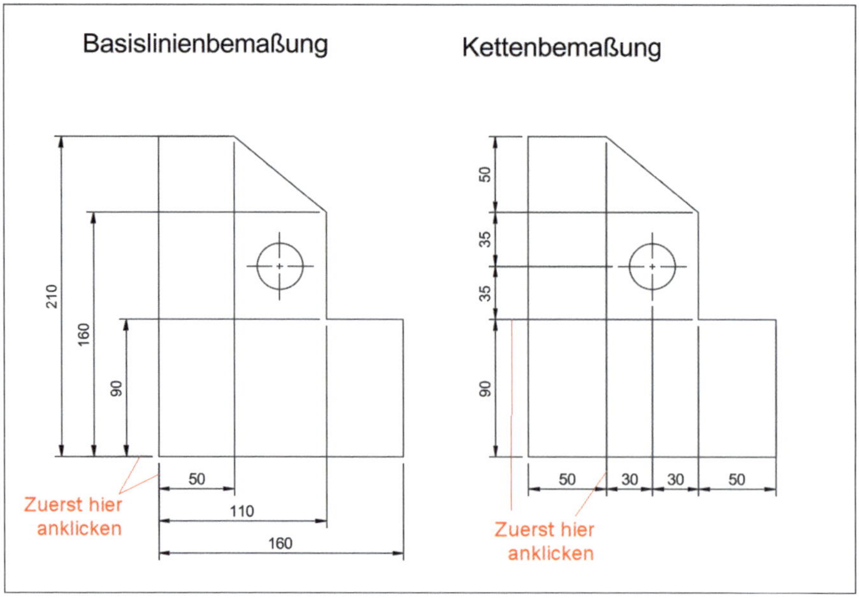

Abbildung 7.20: Auf den einfachen Maßen aufbauen

7. Oops, wir haben die Bohrung bei den Bezugsmaßen vergessen zu bemaßen. Wenn auch diesmal absichtlich, kann es doch auch so passieren. Was machen, alles noch einmal neu aufbauen? Bei den Bezugsmaßen geht es einfacher. Bemaßen Sie mit der Universalfunktion *Bemaßung* die Bohrung vertikal an dem linken Körper. Das Maß sollte an die Stelle des Maßes mit *160* kommen. Schieben Sie die Maßlinie auf das Maß mit *160* und es wird dort platziert und die anderen werden weiter hinausgeschoben. Machen Sie es auch bei den horizontalen Bezugsmaßen (siehe Abbildung 7.21).
8. Und so ganz nebenbei noch ein Hinweis: Haben Sie eine Schräge zum Bemaßen angeklickt oder zwei Punkte, deren Koordinaten sich in x- und y-Richtung unterscheiden, haben Sie drei Möglichkeiten, das Maß zu wählen:
   - Platzieren Sie die Maßlinie über oder unter der Schräge, dann wird ein horizontales Maß erstellt (siehe Abbildung 7.21, linker Körper, rechts oben).
   - Platzieren Sie die Maßlinie rechts oder links von der Schräge, dann wird ein vertikales Maß erstellt (siehe Abbildung 7.21, linker Körper, rechts oben).
   - Platzieren Sie die Maßlinie schräg weg von der Schräge, dann wird ein ausgerichtetes Maß erstellt (siehe Abbildung 7.21, rechter Körper, rechts oben).

   Für diese Bemaßungen gibt es auch spezielle Funktionen: *Ausgerichtete Bemaßung* und *Lineare Bemaßung* im Menü des Bereichs *Abmessungen*. Die *Ausgerichtete Bemaßung* ist deshalb wichtig, da es manchmal nicht möglich ist, die Maßlinien so zu platzieren, dass das gewünschte Maß entsteht.

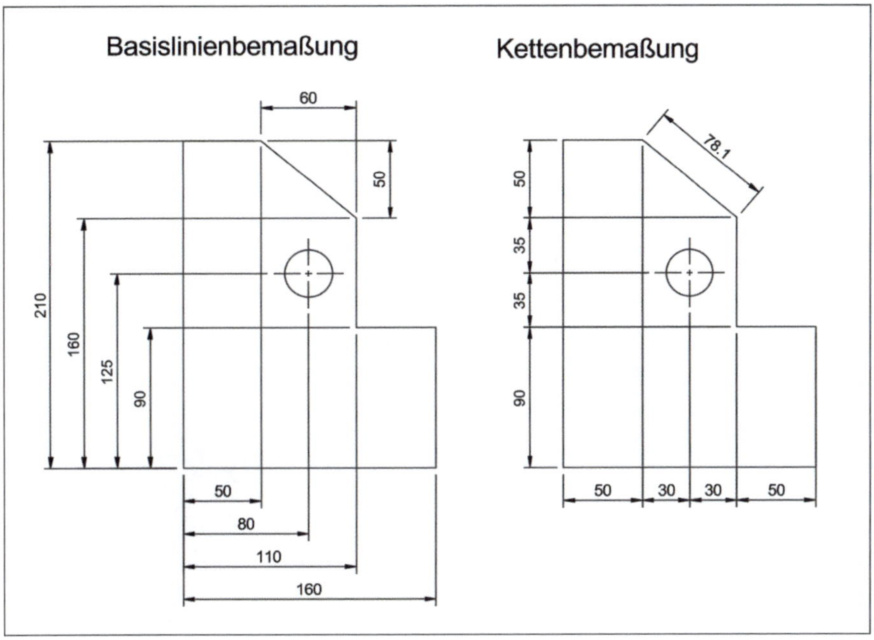

Abbildung 7.21: Maß hinzufügen und Bemaßen von Schrägen

9. Eine besonders platzsparende Bemaßungsart ist die Bemaßung mit Koordinatenmaßen. Dabei werden Punkte mit ihrer x- bzw. y-Koordinate auf einen Nullpunkt hin bemaßt. Der Nullpunkt ist der Punkt, der bei einer Serie von Koordinatenmaßen als Erster bemaßt wird. Die Funktion nennt sich *Koordinatenbemaßung* und Sie finden diese als Symbol im Bereich *Abmessungen* und im Menü darunter. Bemaßen Sie den rechten Körper mit dieser Funktion (siehe Abbildung 7.22).

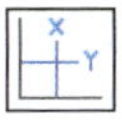

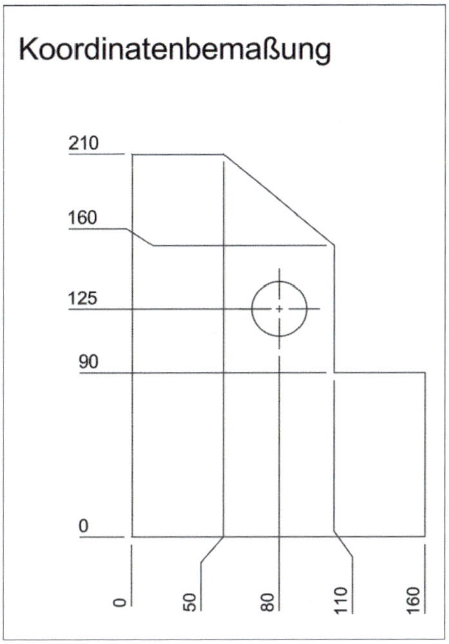

Abbildung 7.22: Koordinatenmaße in der Zeichnung

10. Das war's dann auch mit dieser Zeichnung. Machen Sie daraus auch eine PDF-Datei. Im Datenpanel finden Sie ein Beispiel dazu unter dem Namen ***Lösung-07-02-Zeichnung.pdf***.

Mit weiteren Funktionen können Sie auch noch Bogenlängen und Kurven bemaßen. Auch Funktionen zur Veränderung des Formats der Maße finden Sie noch im Menü.

Und wenn Sie das Ganze noch einmal üben wollen, holen Sie sich die Datei ***Lösung-05-02-Final*** aus dem Datenpanel, den Kranhaken aus Kapitel 5. Erstellen Sie davon ein Zeichnungsplatt, so oder so ähnlich wie in Abbildung 7.23.

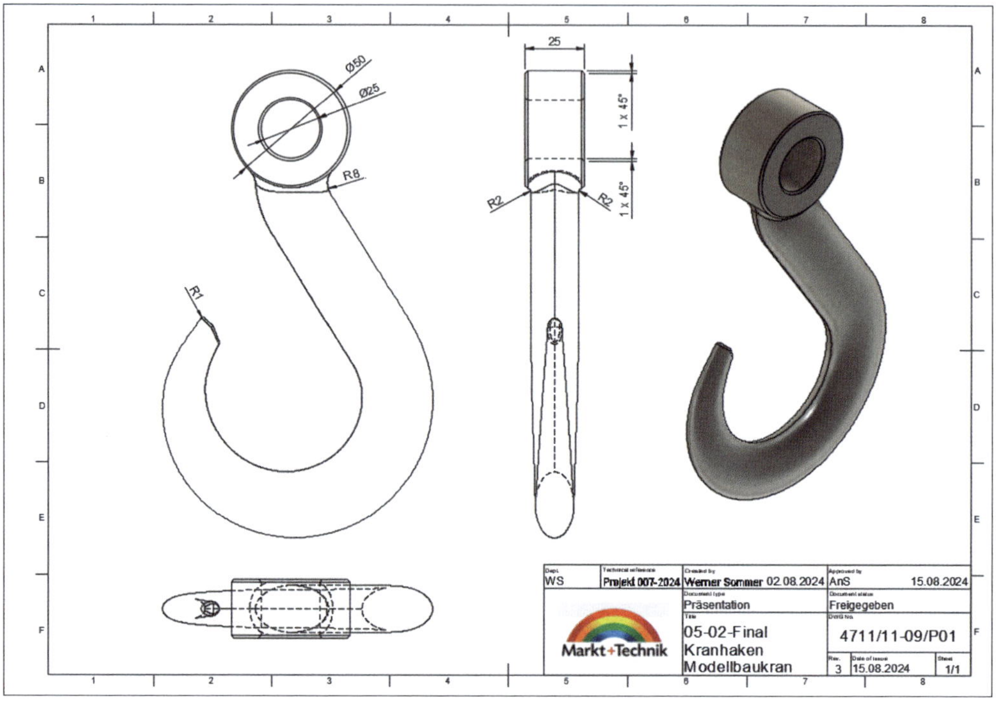

Abbildung 7.23: Zeichnung vom Kranhaken

In Ihrem Datenpanel finden Sie die Datei unter dem Namen ***Lösung-07-03-Zeichnung.pdf***. Damit haben Sie alles Wichtige kennengelernt, was für das Erstellen aussagekräftiger Zeichnungen erforderlich ist. Bei den Baugruppen kommen wir noch mal auf die Zeichnungen zurück.

8. Mehr über Parameter

Autodesk Fusion ist ein parametrisches 3D-CAD-System, das dürfte jetzt nichts Neues mehr sein. Sie haben auch gesehen, wie man im Nachhinein Änderungen an einer Konstruktion vornehmen kann. Das hat aber einen Nachteil, denn derjenige, der Änderungen vornehmen soll, muss die Konstruktion und deren Entstehung im 3D-System kennen. Fusion bietet aber dem Konstrukteur die Möglichkeit, seine Arbeit »idiotensicher« zu machen und nur gewünschte Änderungen zuzulassen.

8.1 Gehäuse mit Benutzerparametern versehen

Im Folgenden soll ein ganz normal erstelltes Steckergehäuse so geändert werden, dass es Benutzerparameter enthält und einfach zu ändern ist. Sicher hätte man gleich von Anfang an mit Benutzerparametern arbeiten können, aber oft ist es ja so, dass man eine Konstruktion fertig hat und dann erst vor die Aufgabe gestellt wird, Varianten zu erzeugen. Nehmen wir uns das Beispiel vor.

1. Laden Sie die Konstruktion ***Aufgabe-08-01*** aus dem Datenpanel per Doppelklick, ein Gehäuse für eine 25-polige D-SUB-Stecker- bzw. Buchsenleiste. Abbildung 8.1 zeigt den Stecker und das Gehäuse in Fusion. Bei dem Gehäuse sollen die äußeren Abmessungen und die Materialstärke des Gehäuses einfach änderbar sein. Der Rest soll nicht einfach änderbar sein, also die Oberseite sowie die Befestigungslaschen.

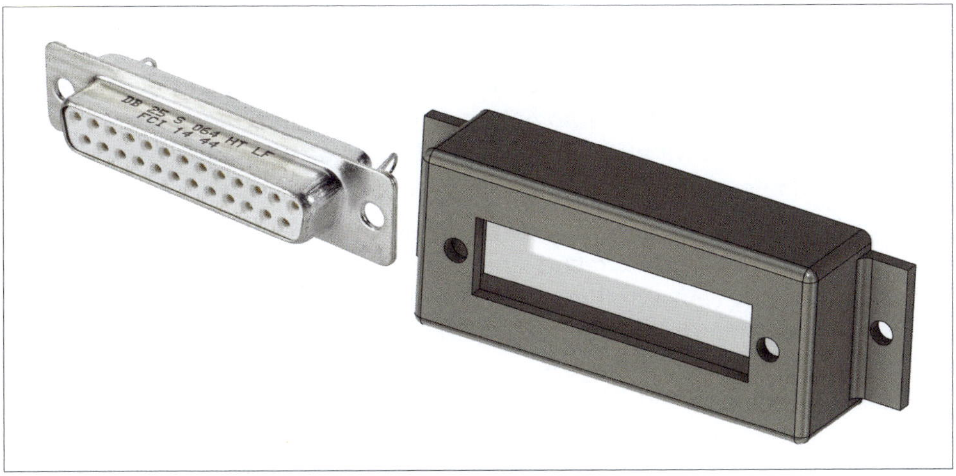

Abbildung 8.1: Stecker und Steckergehäuse

2. Sollte jetzt die Höhe des Gehäuses geändert werden, dann müsste die erste Extrusion in der Zeitleiste doppelt angeklickt und im Dialogfeld der Funktion *Extrusion* bei *Abstand* ein anderer Wert eingetragen werden (siehe Abbildung 8.2). Also für einen User ohne Fusion-Kenntnisse kaum machbar. Zumindest wären umfangreiche Erklärungen erforderlich.

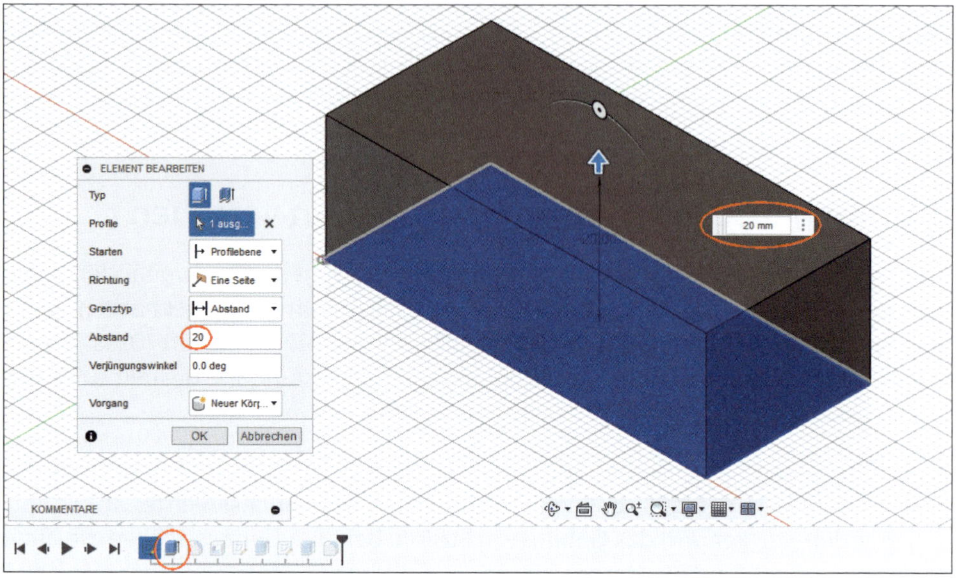

Abbildung 8.2: Änderungen an der Konstruktion klassisch

3. Machen wir es besser. Brechen Sie ohne Änderungen ab. Wählen Sie stattdessen in der Multifunktionsleiste, Bereich *Ändern* im Menü die Funktion *fx Parameter ändern*. Sie bekommen zunächst nur die *Modellparameter* aufgelistet. Diese wurden während der Konstruktion automatisch angelegt. *Benutzerparameter* gibt es noch keine, die müssen wir erst anlegen. Die *Modellparameter* können Sie aufblättern und Sie erhalten für jede Aktion die angelegten Parameter (siehe Abbildung 8.3).
4. Jetzt sollen vier *Benutzerparameter* angelegt werden für das Gehäuse. Klicken Sie auf das Plussymbol oben rechts und legen Sie zunächst den *Benutzerparameter Länge* an. Seine *Einheit* soll *mm* sein und sein *Ausdruck* den Wert *60* haben. Dort könnte auch eine Formel eingetragen werden, deshalb der Begriff *Ausdruck*. Der *Wert* wird dann darunter angezeigt. Ein Kommentar kann, muss aber nicht eingetragen werden (siehe Abbildung 8.4).

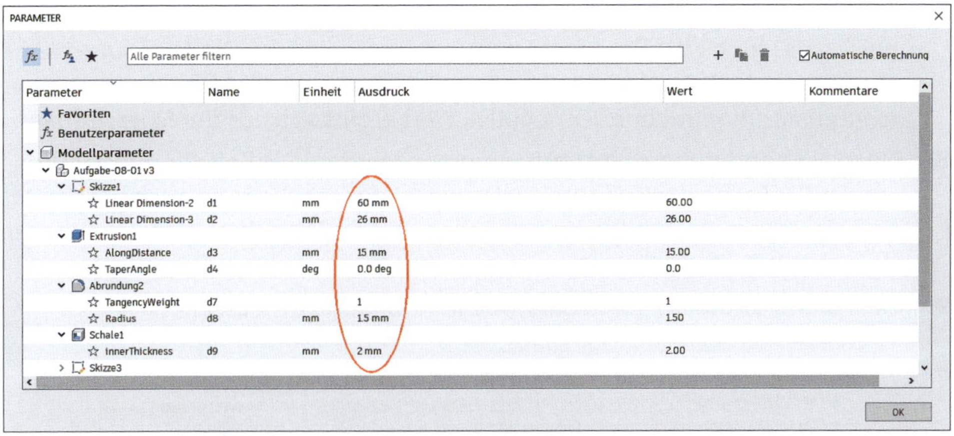

Abbildung 8.3: Modellparameter in der Parametertabelle

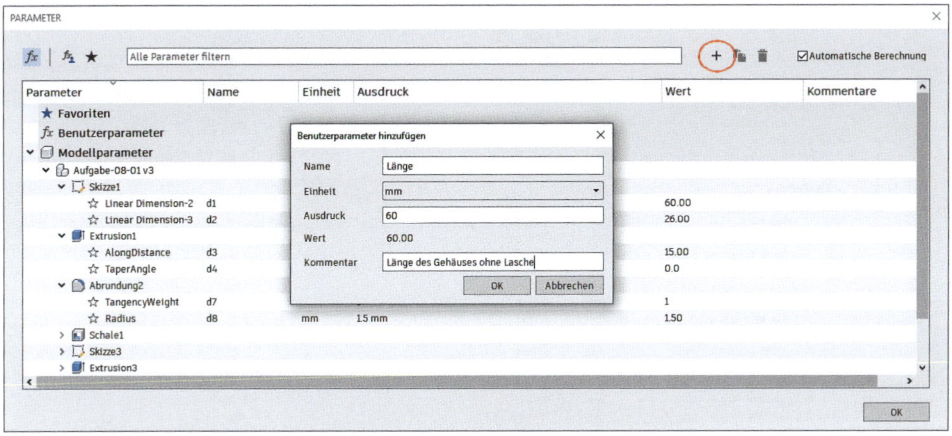

Abbildung 8.4: Der erste Benutzerparameter in der Parametertabelle

5. Legen Sie weitere Benutzerparameter an wie in Abbildung 8.5: die *Breite* mit 26 mm, die *Höhe* mit 15 mm und die Materialstärke mit *2 mm*.
6. Damit das eine Wirkung hat, müssen die Modellparameter mit den Benutzerparametern verknüpft werden. In *Skizze1* wird ein einfaches Rechteck erstellt, dessen Abmessungen danach *Länge* und *Breite* des Gehäuses ergeben. Markieren Sie den Wert von *d1* und tragen Sie statt *60 mm* den Benutzerparameter *Länge* ein. Für *d2* wird *Breite* eingegeben.

7. Bei *Extrusion1* kann für *d3* der Benutzerparameter *Höhe* eingegeben werden und bei *Schale1* für *d9* der Benutzerparameter *Materialstärke*. Die *Materialstärke* brauchen Sie noch einmal bei den Laschen. Bei *Extrusion6* wird für *d81* der Wert *–Materialstärke* eingetragen. Der negative Wert ergibt sich aus der Skizzierebene.
8. Noch eine Änderung sollte vorgenommen werden. Die Befestigungslaschen sollen das 0,8-Fache der Gehäusebreite sein. In der Tabelle kann auch bei den Materialparametern ein Ausdruck eingegeben und der Wert überschrieben werden, in diesem Fall *Breite * 0,8*.
9. Die Parametertabelle sollte dann wie in Abbildung 8.5 aussehen.

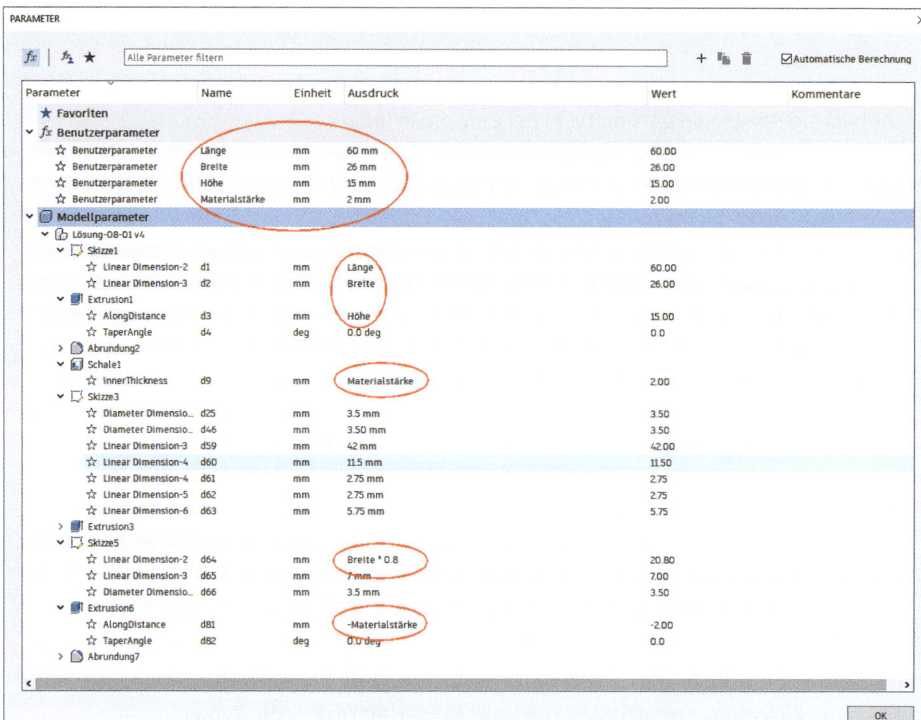

Parameter	Name	Einheit	Ausdruck	Wert	Kommentare
Favoriten					
Benutzerparameter					
Benutzerparameter	Länge	mm	60 mm	60.00	
Benutzerparameter	Breite	mm	26 mm	26.00	
Benutzerparameter	Höhe	mm	15 mm	15.00	
Benutzerparameter	Materialstärke	mm	2 mm	2.00	
Modellparameter					
Lösung-08-01 v4					
Skizze1					
Linear Dimension-2	d1	mm	Länge	60.00	
Linear Dimension-3	d2	mm	Breite	26.00	
Extrusion1					
AlongDistance	d3	mm	Höhe	15.00	
TaperAngle	d4	deg	0.0 deg	0.0	
Abrundung2					
Schale1					
innerThickness	d9	mm	Materialstärke	2.00	
Skizze3					
Diameter Dimensio...	d25	mm	3.5 mm	3.50	
Diameter Dimensio...	d46	mm	3.50 mm	3.50	
Linear Dimension-3	d59	mm	42 mm	42.00	
Linear Dimension-4	d60	mm	11.5 mm	11.50	
Linear Dimension-4	d61	mm	2.75 mm	2.75	
Linear Dimension-5	d62	mm	2.75 mm	2.75	
Linear Dimension-6	d63	mm	5.75 mm	5.75	
Extrusion3					
Skizze5					
Linear Dimension-2	d64	mm	Breite * 0.8	20.80	
Linear Dimension-3	d65	mm	7 mm	7.00	
Diameter Dimensio...	d66	mm	3.5 mm	3.50	
Extrusion6					
AlongDistance	d81	mm	-Materialstärke	-2.00	
TaperAngle	d82	deg	0.0 deg	0.0	
Abrundung7					

Abbildung 8.5: Die Änderungen in der Parametertabelle

10. Übersichtlich ist das immer noch nicht. Das wird es erst dann, wenn Sie den Filter für die Benutzerparameter links oben im Dialogfeld einschalten. Dann haben Sie nur noch die Parameter, die Sie ändern können, in der Liste (siehe Abbildung 8.6).

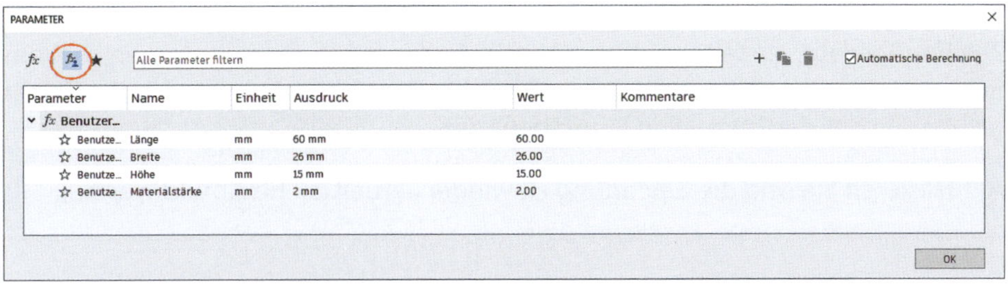

Abbildung 8.6: Filter nur für die Benutzerparameter

11. Jetzt können Sie testen. Ändern Sie den Ausdruck und bestätigen Sie mit *OK* und das Gehäuse wird mit den neuen Maßen angezeigt, in Abbildung 8.7 sehen Sie links oben das Original, rechts davon und darunter jeweils eine Variante. Eine Prüfung auf Plausibilität ist nicht möglich. Auch eine Beschränkung auf einen bestimmten Bereich oder feste Stufen ist nicht möglich. Sie sehen unten rechts ein Ergebnis, das zu einem Crash geführt hat. Diesen Stand haben Sie auch im Datenpanel, die Datei ***Lösung-08-01***.

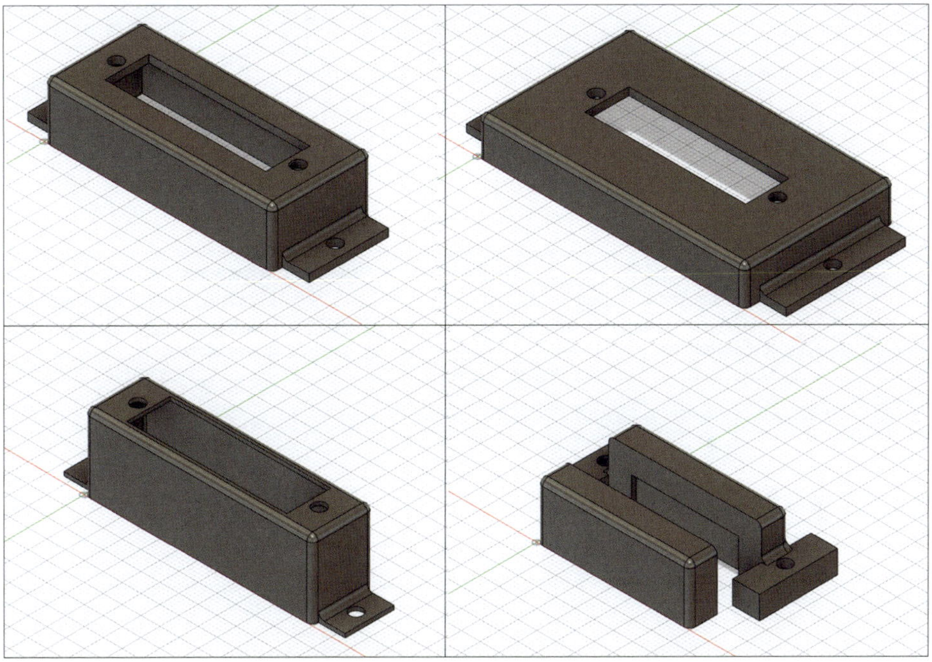

Abbildung 8.7: Verschiedene Varianten testen bis zum Crash

Änderungen wirken sich auch auf die Zeichnung aus. Wurde von dem Modell eine Zeichnungsdatei erstellt und es werden Änderungen vorgenommen, bekommen Sie beim nächsten Öffnen der Zeichnung den Warnhinweis, dass sich die Zeichnung nicht mehr auf dem aktuellen Stand befindet.

Aktualisieren Sie und die Zeichnung ist wieder aktuell (siehe Abbildung 8.8).

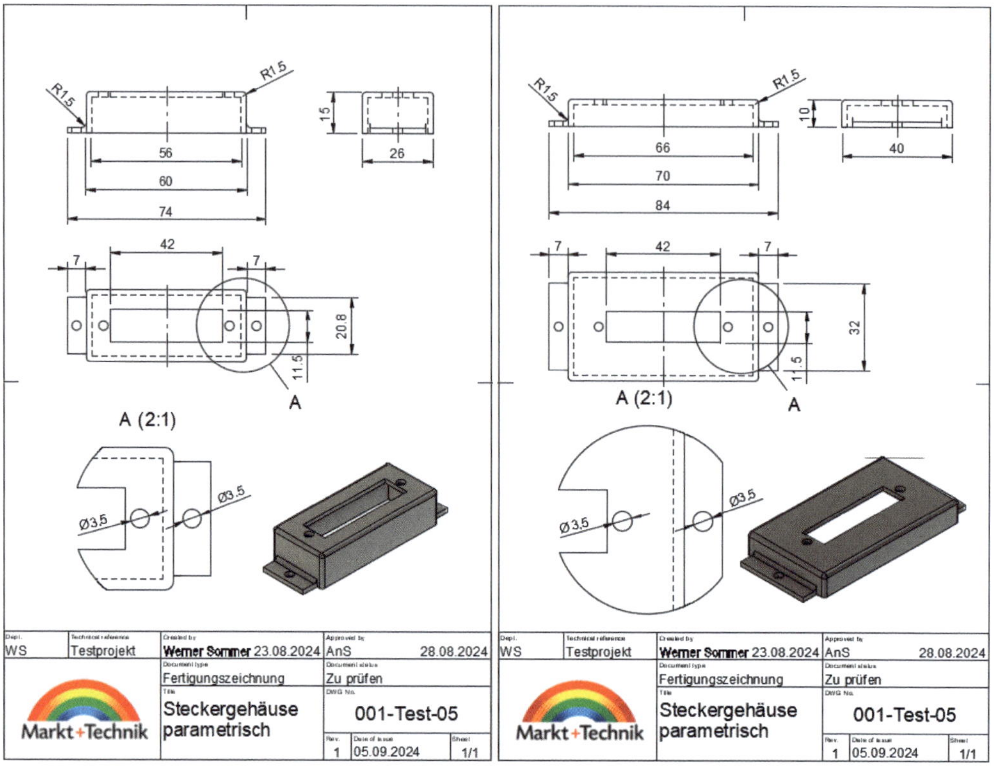

Abbildung 8.8: Zeichnung im Originalzustand und eine Variante

9. Baugruppen erstellen

Nachdem wir uns ausführlich mit dem Modellieren beschäftigt haben und auch Zeichnungen davon erstellt haben, wollen wir eine Stufe weitergehen.

Im Folgenden wollen wir mit fertigen Bauteilen eine Baugruppe montieren. Dabei werden nicht einfach die Bauteile aufeinandergesetzt, sondern es werden intelligente Methoden genutzt, um aus der Baugruppe Animationen und Explosionszeichnungen ableiten zu können. Beginnen wir also mit dem Montieren.

Damit Sie eine Vorstellung haben, was dabei herauskommen soll, in Abbildung 9.1 schon einmal das Ergebnis: ein kleiner Schraubstock, komplett funktionsfähig und auch mit seinen Komponenten druckbar.

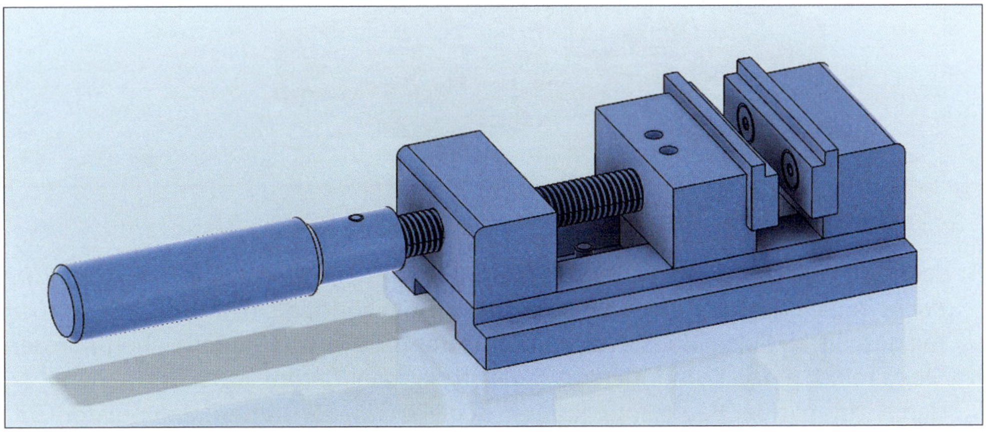

Abbildung 9.1: Die fertige Baugruppe

9.1 Die Baugruppe montieren

Um Baugruppen montieren zu können, sollte mit einer neuen Datei gestartet werden. Alle Bauteile, in Fusion als Komponenten bezeichnet, befinden sich der besseren Übersicht wegen im Datenpanel in dem eigenen Unterordner *09-Baugruppe*.

1. Starten Sie Fusion mit einer neuen Datei. Wechseln Sie per Doppelklick auf das Symbol im Datenpanel in den Ordner *09-Baugruppe*. Um Komponenten einfügen zu können, muss die leere Baugruppe zuerst gespeichert werden. Sichern Sie diese im Ordner *09-Baugruppe*.

2. Markieren Sie dort die Komponente *01-Grundplatte* und mit einem Rechtsklick bekommen Sie ein Menü. Wählen Sie den Eintrag *In aktuelle Konstruktion einfügen*. Die Grundplatte wird eingefügt und das Dialogfeld *Verschieben/Kopieren* zur Platzierung eingeblendet. Die Grundplatte soll am Nullpunkt eingefügt werden. Bestätigen Sie einfach ohne weitere Änderungen mit *OK* und die erste Komponente sitzt (siehe Abbildung 9.2). Auf dieser Grundplatte wird alles aufgebaut. Deshalb sollte sie fixiert werden, das heißt, dass sie nicht mehr verschoben werden darf. Klicken Sie im Browser auf die neu eingefügte Komponente, wählen Sie per Rechtsklick ein Menü und darin den Eintrag *Fixieren*. Die Grundplatte ist nun fest.

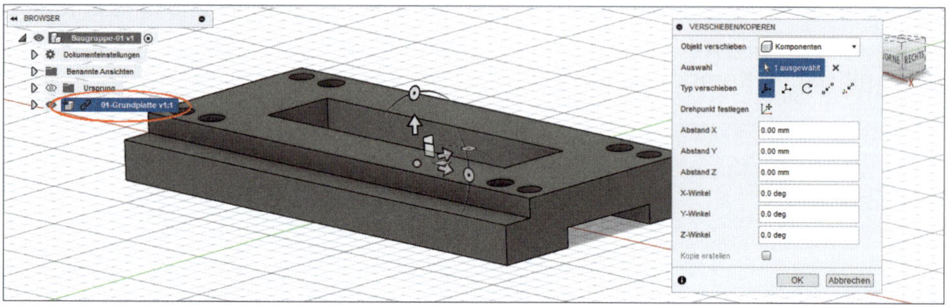

Abbildung 9.2: Die erste Komponente ist eingefügt

3. Jetzt kommen die Komponenten *02-Halter*, *03-Gegenhalter* und *04-Bewegliche Backe* in die Baugruppe, um sie zu verbauen. Sie können eine Komponente auch mit gedrückter linker Maustaste aus dem Datenpanel in das Modell ziehen. Machen Sie es mit den drei Komponenten. Sie werden so eingefügt, dass ihr Nullpunkt an den Nullpunkt der Baugruppe kommt. Schieben Sie sie an den Manipulator-Griffen aus der Grundplatte heraus. Wenn Sie schon *OK* geklickt haben, können Sie die Komponenten auch danach noch mit gedrückter Maustaste verschieben.

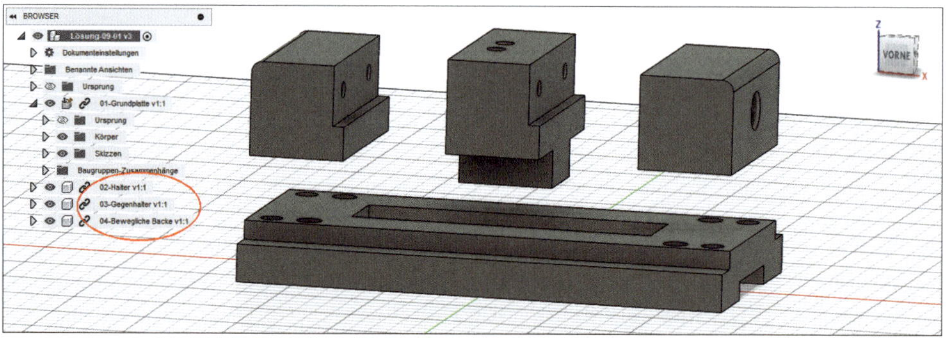

Abbildung 9.3: Drei Komponenten hinzugefügt

9.1.1 Gelenke in der Baugruppe

Die drei gerade eingefügten Komponenten sollen mit der Grundplatte verbaut werden. Diese Zusammenbau-Bedingungen werden in Fusion als **Gelenke** bezeichnet. Mit der Funktion *Gelenk* können Sie Komponenten zueinander positionieren.

> **Immer die perfekte Ansicht wählen**
>
> Und noch ein Tipp vor dem Start: Bei den folgenden Arbeitsschritten muss ständig die Ansicht gewechselt werden. Nur so können Sie präzise montieren. Drehen und zoomen Sie also die Ansicht immer so, dass Sie die zu klickenden Kanten und Flächen gut im Blick haben.

1. Wählen Sie die Funktion *Gelenk* aus dem Bereich *Zusammenführen* der Multifunktionsleiste. Die Grundplatte wird transparent dargestellt. Wählen Sie im Dialogfeld *Gelenk*, Register *Bewegung* den *Typ Starr*.

   Ein starres Gelenk? Gemeint ist, dass der Halter fest verbaut wird. Wechseln Sie zum Register *Position*. Klicken Sie an dem Gegenhalter den unteren linken Punkt an (siehe Abbildung 9.4, links). Der Gegenhalter wird transparent angezeigt. Der zweite Punkt ist links oben auf der Grundplatte, klicken Sie diesen an und der Gegenhalter wird auf die neue Position verschoben (siehe Abbildung 9.4, rechts). Jetzt könnte noch eine Verschiebung oder Drehung eingegeben werden. Sie benötigen keine, deshalb mit *OK* im Dialogfeld platzieren.

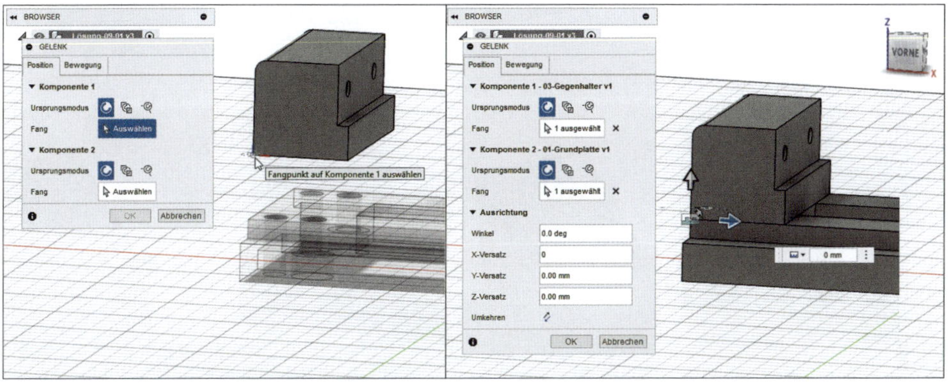

Abbildung 9.4: Eine Komponente montiert

2. Fügen Sie ein weiteres Gelenk zwischen Grundplatte und Halter am anderen Ende der Grundplatte ein, genauso wie gerade beschrieben.

3. Jetzt folgt die bewegliche Backe. Wählen Sie wieder die Funktion *Gelenk*. Klicken Sie die Mitte der Fläche an der schmalen Unterseite der beweglichen Backe an und danach die Mitte der Innenfläche an der Grundplatte (siehe Abbildung 9.5, oben links). Die Komponente bewegt sich dahin, wo die beiden Flächen aufeinandertreffen (siehe Abbildung 9.5, oben rechts). Leider ist die Komponente verkehrt herum platziert. Tragen Sie beim Winkel 180° ein und die Ausrichtung stimmt (siehe Abbildung 9.5, unten links). Schalten Sie zum Register *Bewegung* um und wählen Sie den Typ *Schieberegler*. Bei *Schieben* wird *X-Achse* gewählt (siehe Abbildung 9.5, unten rechts). Um die Bewegung zu prüfen, können Sie auf den Schalter *Bewegungsvorschau* gehen, und die Komponente bewegt sich so wie eingestellt. Mit *OK* wird die Aktion abgeschlossen und die Bewegung beendet.

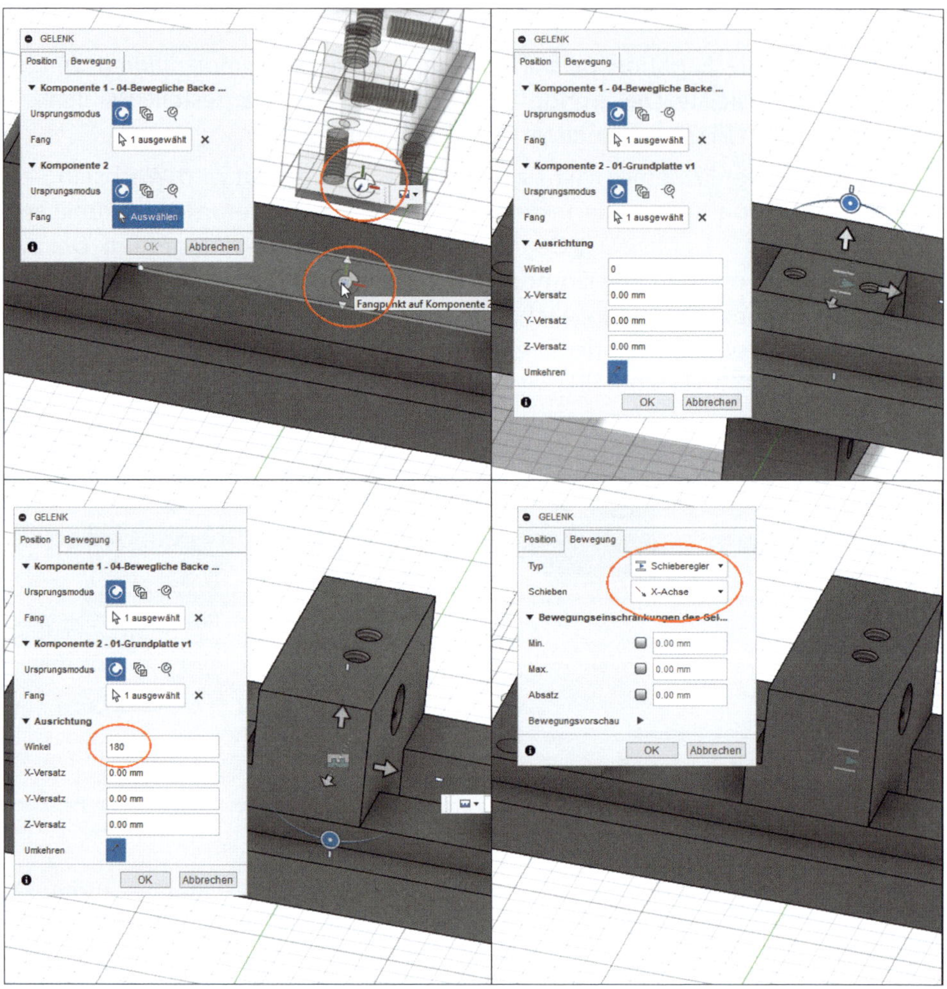

Abbildung 9.5: Eine Komponente mit Schieberegler platziert

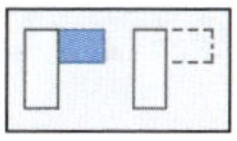

Um für eine bewegliche Komponente eine Position festzulegen, gibt es in der Multifunktionsleiste zwei Funktionen im Bereich *Position*.

Mit dem linken Symbol starten Sie die Funktion *Position erfassen*. Damit wird die momentane Position einer gerade bewegten Komponente als Standardposition gespeichert. Das rechte Symbol ist für die Funktion *Position wiederherstellen*, sie bringt die Komponente nach einer Bewegung auf ihre Standardposition zurück.

4. Schieben Sie die bewegliche Backe an eine Position rechts von der Mitte und wählen Sie dann die Funktion *Position erfassen*. Wenn Sie jetzt die bewegliche Backe verschieben, bekommen Sie sie mit der Funktion *Position wiederherstellen* leicht wieder auf ihre vorherige Position zurück.
5. Ziehen Sie jetzt die Komponente *05-Spannbacke* mit gedrückter Maustaste in die Baugruppe. Bewegen und drehen Sie das neue Teil an den Manipulator-Griffen wie in Abbildung 9.6, links, solange das Dialogfeld *Verschieben/Kopieren* aktiv ist.

6. Jetzt wählen Sie wieder die Funktion *Gelenk*. Im Dialogfeld entscheiden Sie sich im Register *Bewegung* bei *Typ* für *Starr*. Wechseln Sie wieder ins Register *Position* und klicken Sie nacheinander die Kreise der Bohrungen an, zuerst an der Spannbacke und dann am Gegenhalter (siehe Abbildung 9.6, rechts). Mit *OK* ist die Komponente verbaut.

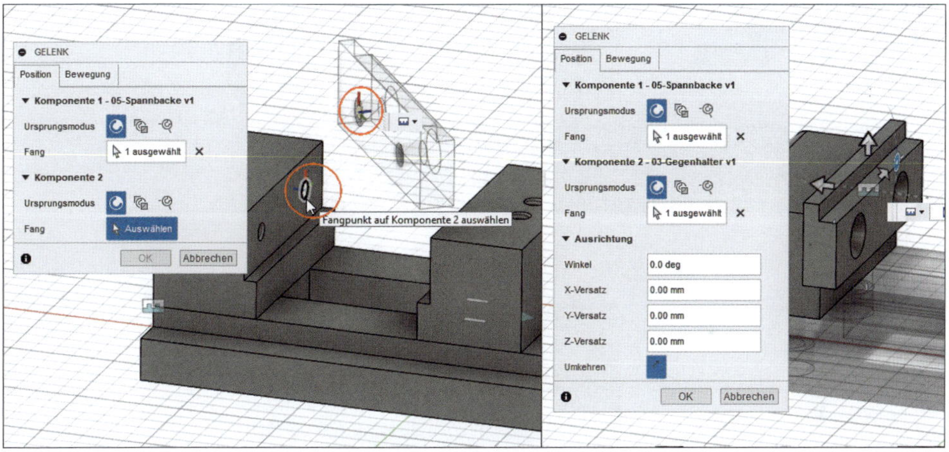

Abbildung 9.6: Eine Komponente mit Schieberegler platziert

7. Holen Sie die Spannbacke noch einmal und platzieren Sie diese auf die gleiche Art an der beweglichen Backe.

9.1.2 Unterbaugruppe in der Baugruppe

Die Komponente *08-Spindel* ist eine Baugruppe. Sie besteht aus drei Komponenten. Sie kann als Unterbaugruppe in der aktuellen Baugruppe verbaut werden. Sie unterscheidet sich in der Handhabung nicht von Komponenten.

1. Ziehen Sie die Unterbaugruppe *08-Spindel* mit gedrückter Maustaste in die Baugruppe. Schieben Sie sie auf eine freie Fläche und drehen Sie sie etwas (siehe Abbildung 9.7, oben).
2. Jetzt wieder ein Gelenk, aber diesmal ein Drehgelenk. Nutzen Sie also erneut die Funktion *Gelenk*. Wählen Sie zuerst an der Spindel die vordere Kante am Beginn des Gewindes und danach die Kante der Bohrung an der beweglichen Backe (siehe Abbildung 9.7, unten). Wechseln Sie danach zum Register *Bewegung* und wählen Sie bei *Typ* die Einstellung *Umdrehung* und bei *Drehen* die *Z-Achse*.

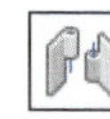

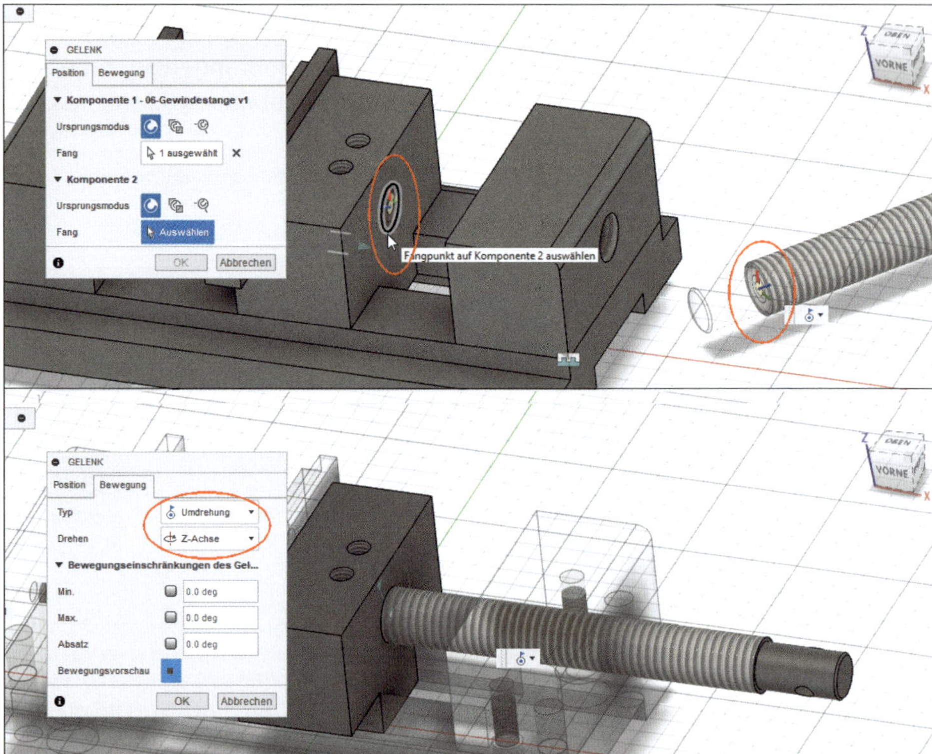

Abbildung 9.7: Eine Baugruppe mit Drehgelenk platziert

Wenn Sie auf den Schalter *Bewegungsvorschau* klicken, sehen Sie auch die Drehung in der Animation. Mit *OK* wird verbaut und die Spindel wieder komplett angezeigt.

3. Diesen Stand sehen Sie in Abbildung 9.8. Im Browser sehen Sie die Struktur der Baugruppe. Die ersten eingefügten Komponenten haben als Symbol den Würfel, die Spindel hat das Symbol mit den zwei Quadern. Wenn Sie das Dreieck davor anklicken, sehen Sie auch die Komponenten der Spindel. Soweit alles in Ordnung. Diesen Stand sollten Sie jetzt auch einmal speichern.

Der Schraubstock ist erst einmal fertig montiert. Diesen Stand haben Sie auch in der Datei ***Lösung-09-01*** als Musterlösung. Im Folgenden können Sie auch mit dieser Datei weiterarbeiten.

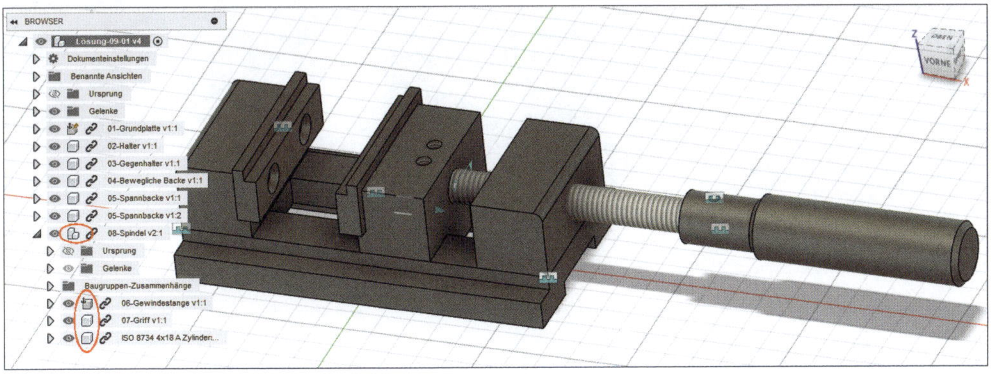

Abbildung 9.8: Der aktuelle Stand

9.1.3 Mit Befestigungselementen versehen

Der Schraubstock ist zwar montiert, aber die Befestigungselemente fehlen noch. Schrauben und Stifte müssen verbaut werden.

Es sind immer wieder ähnliche Vorgänge, deshalb werden im Folgenden die Beschreibungen kürzer ausfallen.

1. Als Erstes sollen die Spannbacken mit den Senkkopfschrauben befestigt werden. Ziehen Sie also die Komponente *Din 7991 M5x12 Senkschraube* in die Baugruppe. Drehen Sie die Schraube eventuell und legen Sie sie an eine Stelle, an der Sie gut die Kanten wählen können. Mit einem starren Gelenk platzieren Sie die Schraube in der Senkung (siehe Abbildung 9.9, links). Wählen Sie dazu die äußere Kante der Schraube und die äußere Kante der Senkung und platzieren Sie sie mit *OK*.

Machen Sie das Gleiche mit der anderen Schraube (siehe Abbildung 9.9, rechts) und auch mit den Schrauben auf der Spannbacke an der anderen Seite.

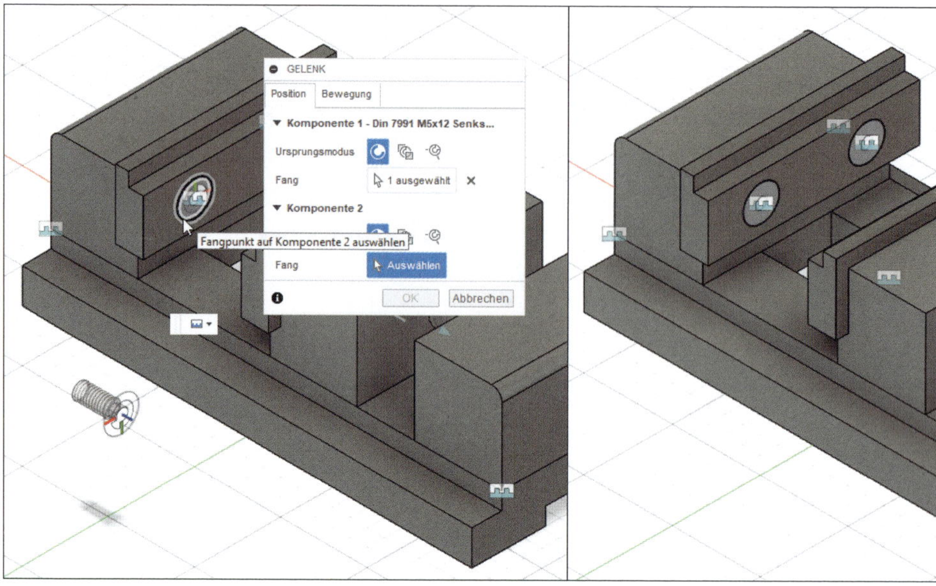

Abbildung 9.9: Die Spannbacken sind verschraubt

2. An der Unterseite sollen Halter und Gegenhalter mit Zylinderschrauben befestigt werden. Kein Problem, holen Sie die Komponente *Zylinderschraube DIN 6912 M6x16* aus dem Datenpanel, platzieren Sie sie beim Modell und verbauen Sie sie mit einem starren Gelenk (siehe Abbildung 6.10, oben).

   Platzieren Sie alle anderen Schrauben genauso. Am Drahtmodell in der Vorderansicht sehen Sie am besten, ob alles richtig ist (siehe Abbildung 6.10, unten).

3. Jetzt noch die Stifte. Bleiben wir auf der Unterseite. Neben den Schrauben sind die Halter mit Stiften gesichert. Also noch einmal das Ganze jetzt mit Stiften. Ziehen Sie die Komponente *ISO 8734 6x16 A Zylinderstift* in den Zusammenbau.

   Verbauen Sie wieder mit einem starren Gelenk. Dabei soll die obere Kante an der Wölbung des Stifts auf der Kante der Bohrung platziert werden (siehe Abbildung 9.11). Machen Sie es mit den anderen drei Stiften genauso.

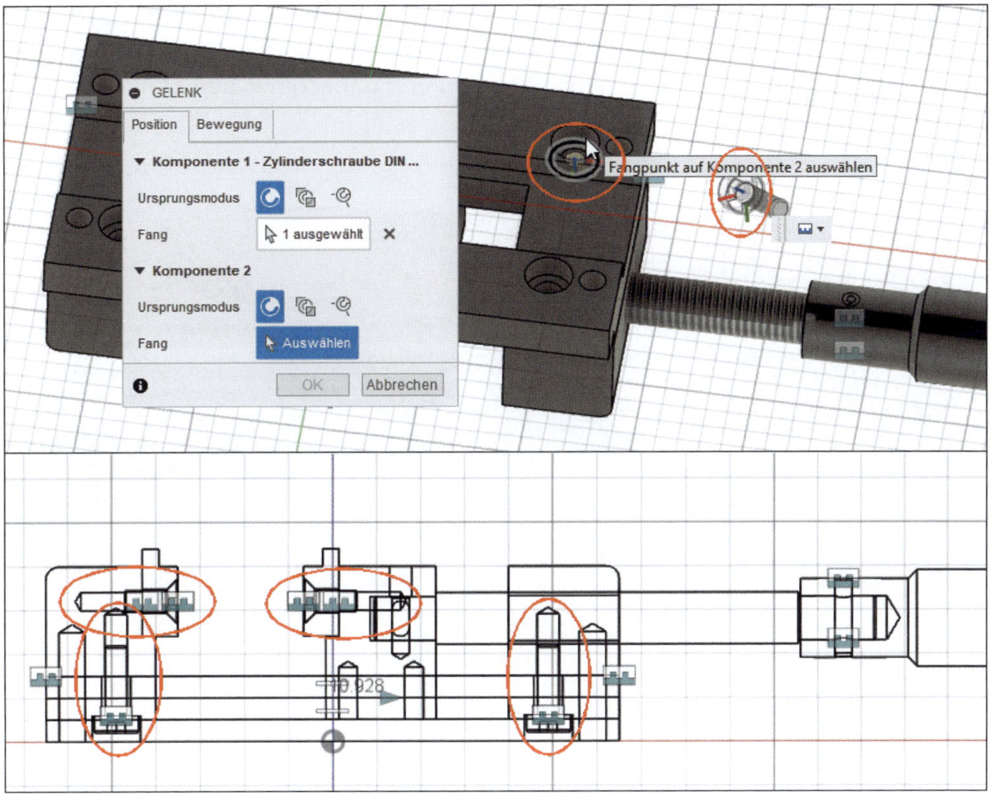

Abbildung 9.10: Die Schrauben an den Haltern

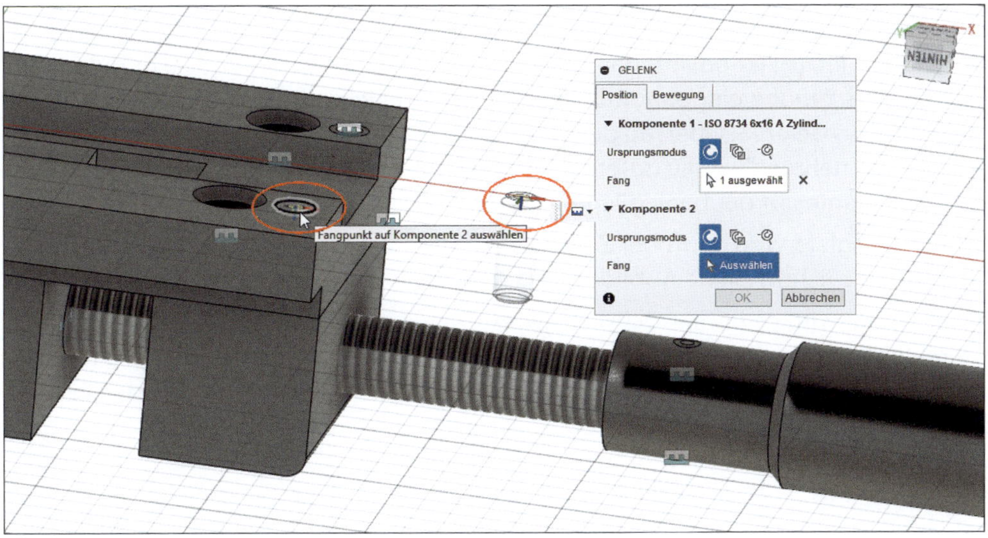

Abbildung 9.11: Die Stifte einbauen

4. An der Unterseite müssen Sie nun noch die Führungsplatte anbringen, die die bewegliche Backe festhält. Dazu jetzt keine weitere Anleitung mehr, nur so viel: Führungsplatte einfügen, mit Gelenk platzieren und danach mit den Senkschrauben befestigen (siehe Abbildung 9.12).

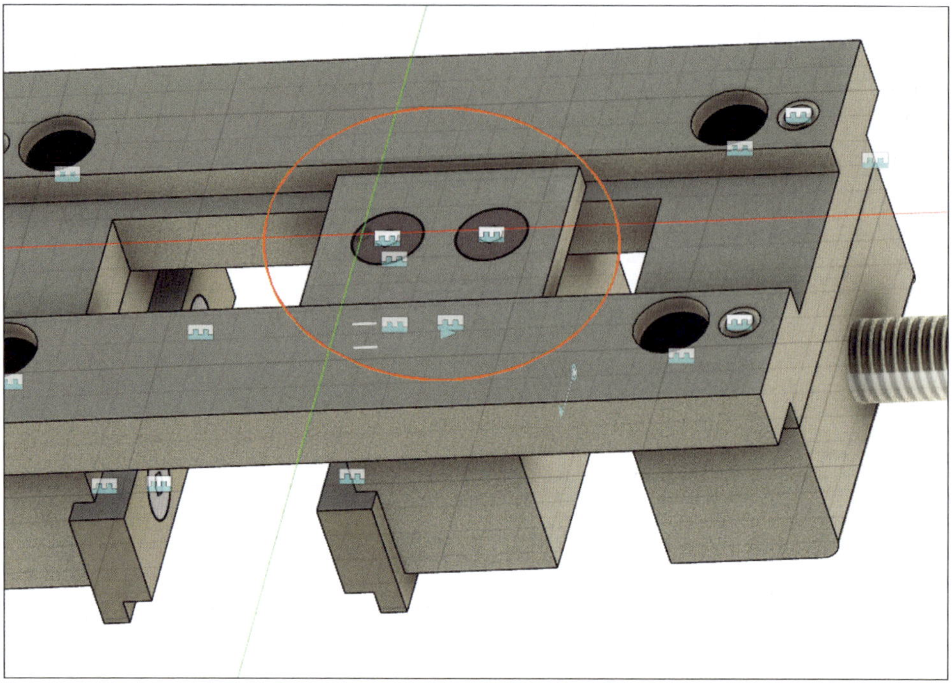

Abbildung 9.12: Die Führungsplatte eingebaut und verschraubt

5. Jetzt die letzte Aktion. Auf der beweglichen Backe wird zweimal die Komponente *09-Sperrschraube* eingebaut. Da haben wir ein kleines Problem bei der Bestimmung des Gelenks. Oben an der Schraube haben wir keine durchgehende Fläche. Deshalb nehmen wir die untere Kante (siehe Abbildung 9.13, links) und setzen sie an die Kante auf der beweglichen Backe.

   Im Dialogfeld wird dann bei *Z-Versatz* der Wert *5* eingegeben und damit sitzt die Schraube richtig (siehe Abbildung 9.13, rechts).

6. Langsam wird es unübersichtlich, jedes Gelenk wird mit Symbolen angezeigt. Im Menü *Anzeigeeinstellungen* am unteren Rand der Arbeitsfläche finden Sie den Eintrag *Objektsichtbarkeit*. Schalten Sie in diesem Untermenü die Anzeige der Gelenke aus.

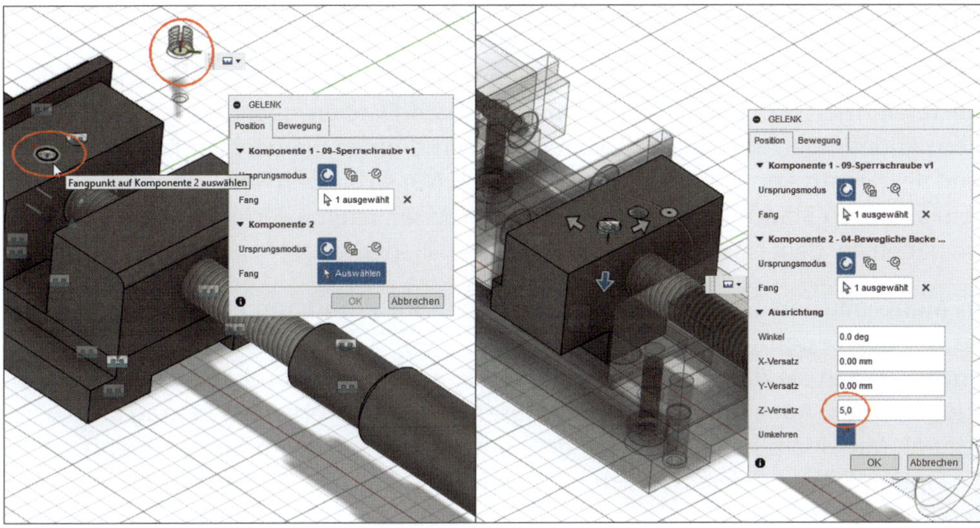

Abbildung 9.13: Die Sperrschrauben eingesetzt

Geschafft, der Schraubstock ist fertig, zusammengebaut und verschraubt (siehe Abbildung 9.14). Speichern Sie Ihr Ergebnis. Diesen Stand haben Sie auch in einer Musterlösung, und zwar in der Datei ***Lösung-09-02***. Vergleichen Sie sie mit Ihrem Ergebnis oder machen Sie damit weiter, wenn Sie nicht modelliert haben.

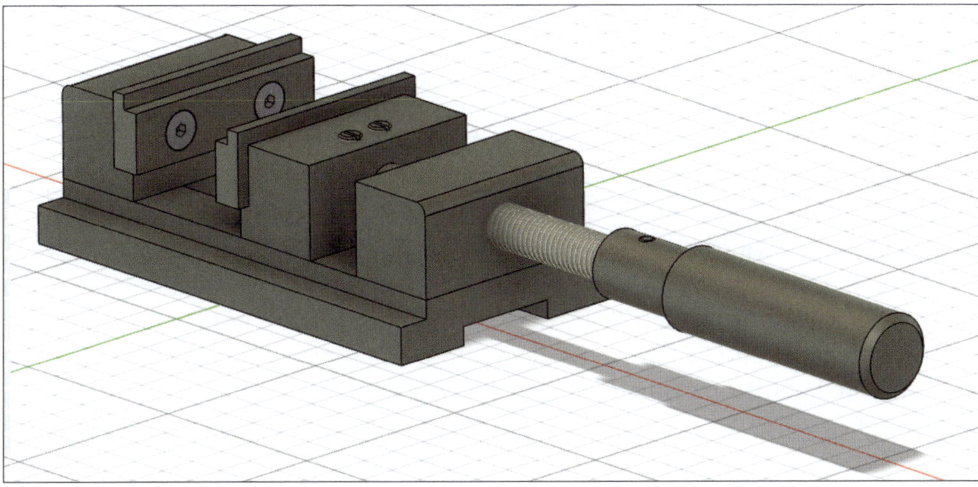

Abbildung 9.14: Der Schraubstock fertig modelliert

9.1.4 Änderungen an Bauteilen

Beachten Sie, dass die Komponenten, die in der Zeichnung platziert wurden, nur referenziert sind. Werden die Komponenten-Dateien geändert, können diese Änderungen auch in die Baugruppe übernommen werden. Das ist während des Konstruktionsprozesses auch sinnvoll. Nur so bleiben Baugruppen auf dem aktuellen Stand. Sie sehen es auch im Browser, referenzierte Komponenten haben vor dem Namen das Symbol mit der Gliederkette.

Im Menü mit den Dateifunktionen links oben im Programmfenster finden Sie bei der Baugruppe einen Warnhinweis, wenn Komponenten geändert wurden. Wenn Sie darauf klicken, werden die Änderungen in die Baugruppe übernommen. Auch im Browser wird dieses Symbol am obersten Eintrag angezeigt. Mit einem Rechtsklick auf den Eintrag können Sie im Kontextmenü die Option *Externe Referenzen aktualisieren* wählen und die Änderungen werden übernommen.

Das Gleiche gilt auch für abgeleitete Zeichnungen (siehe unten). Hier bekommen Sie auch das Symbol mit der Gliederkette, wenn sich die Zeichnung auf dem aktuellen Stand befindet, also den aktuellen Stand der Konstruktion referenziert.

Sie können Komponenten auch in der Baugruppe bearbeiten. Das ist von Vorteil, wenn es Kollisionen bei dem Bauteil gibt. Diese lassen sich dann besser innerhalb der Baugruppe beheben.

1. Markieren Sie die Komponente im Browser und klicken Sie auf das Symbol mit dem Stift hinter dem Eintrag oder wählen Sie im Kontextmenü mit der rechten Maustaste die Funktion *Direktbearbeitung*. **Achtung, diese Funktion ist in der Version für Privatanwender nicht verfügbar!**
2. Die Baugruppe wird transparent dargestellt und Sie können nur an der Komponente arbeiten, was auch oben an der Arbeitsfläche angezeigt wird (siehe Abbildung 9.15). Zudem ist die Arbeitsfläche blau umrandet. Wenn Sie Ihre Bearbeitung vorgenommen haben, klicken Sie auf das Symbol *Direktverarbeitung beenden*. Der Zustand wird beendet und zur Baugruppe gewechselt.
3. Wenn Sie jetzt die Baugruppe speichern, werden die Komponenten-Dateien ebenfalls geändert. Das kann unter Umständen fatale Folgen haben, wenn die Komponente auch noch in anderen Baugruppen enthalten ist. Sie sollten sicher sein, welche Auswirkungen das hat. Speichern Sie jetzt nicht. Beenden Sie die Direktverarbeitung ohne Änderungen.

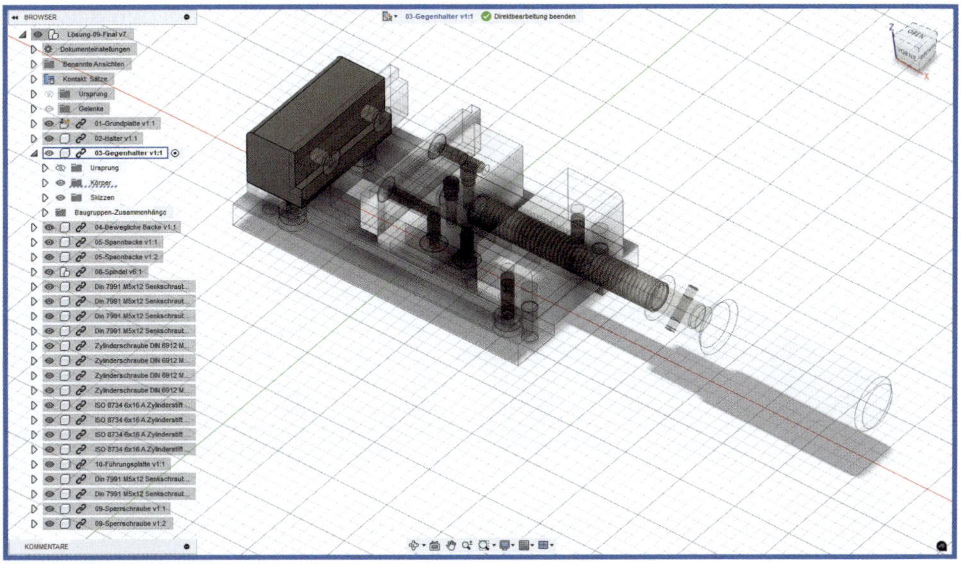

Abbildung 9.15: Direktbearbeitung einer Komponente

4. Ist der Konstruktionsprozess beendet, kann es sein, dass die Komponenten nicht mehr extern referenziert sein sollen. In diesem Fall markieren Sie die Komponente, holen das Kontextmenü mit einem Rechtsklick und wählen die Funktion *Verknüpfung lösen*. Jetzt ist die Komponente unabhängig von der ursprünglichen Datei. **Achtung, diese Aktion kann später nicht mehr rückgängig gemacht werden!** Jetzt kann die Komponente in der Baugruppe geändert werden und die Änderung gilt dann auch nur hier.
5. Wenn Sie danach feststellen, dass Sie die geänderte Komponente doch auch in anderen Baugruppen verwenden könnten, machen Sie aus dieser eine neue externe Komponente. Auch das können Sie im Kontextmenü mit der Funktion *Neue Komponente* erledigen.

9.1.5 Mehr zu Gelenken, Kontaktsätzen und Zeitleiste

Eine Sache fällt auf, und das kann so nicht sein. Wenn Sie die bewegliche Backe mit gedrückter Maustaste verschieben, gibt es keine Grenze. Sie kann sogar durch die anderen Bauteile durchgeschoben werden. Das soll mit einem weiteren Gelenk verhindert werden.

1. Erstellen Sie ein Schiebegelenk zwischen den inneren Flächen der beiden Spannbacken. Wählen Sie jeweils das Zentrum der Innenflächen. Wechseln Sie dann im Dialogfeld auf das Register *Position*. Wählen Sie bei *Typ* das

Schieberegister und bei *Schieben* die *Z-Achse*. Klicken Sie dann bei den *Bewegungseinschränkungen* die Felder *Min.* und *Max.* an. Belassen Sie es bei *Min.* auf *0* und tragen Sie bei *Max.* den Wert *45* ein. Wenn Sie jetzt auf *Bewegungsvorschau* klicken, sehen Sie, wie sich die Spannbacke in diesem Bereich bewegt. Mit *OK* wird die Einstellung übernommen. Wenn Sie nun mit gedrückter Maustaste die Einheit bewegen, sehen Sie, dass das jetzt mit den verbundenen Komponenten nur in den angegebenen Grenzen möglich ist (siehe Abbildung 9.16).

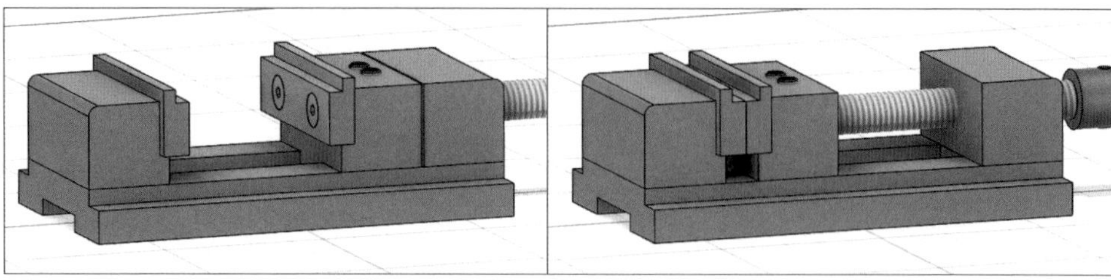

Abbildung 9.16: Bewegung auf Grenzen eingeschränkt

Jedes Gelenk wird im Browser in der Kategorie *Gelenke* gespeichert. Es kann sinnvoll sein, dass man solch wichtige Gelenke umbenennt.

2. Klappen Sie im Browser die Kategorie *Gelenke* auf. Markieren Sie den Namen des letzten Gelenks und holen Sie das Kontextmenü mit der rechten Maustaste. Wählen Sie *Umbenennen* aus dem Menü und überschreiben Sie mit *Schiebenbacke*.

   Im Kontextmenü gibt es weitere Funktionen, so zum Beispiel:

   - **Unterdrücken:** Damit wird das Gelenk wirkungslos und Sie können wieder beliebig weit verschieben.
   - **Unterdrückung aufheben:** Damit wird das Gelenk wieder aktiv.
   - **Gelenk animieren:** Bewegung wie oben bei der Erstellung. Wird mit der Taste Esc beendet.
   - **Bewegung sperren:** Bewegung ist nicht mehr möglich.
   - **Bewegung entsperren:** Bewegung ist wieder möglich.

Einfacher mit Kontaktsätzen?

Das hätten wir auch mit einem Kontaktsatz erledigen können. Damit kann eine Komponente eine andere verschieben. Wenn diese aber starr verbaut ist, wird die Verschiebung begrenzt.

1. Markieren Sie das zuletzt erstellte Gelenk *Schiebenbacke* und unterdrücken Sie es. Jetzt kann wieder ohne Begrenzung verschoben werden. Wählen Sie dann in der Multifunktionsleiste im Menü *Zusammenfügen* die Funktion *Kontaktsätze aktivie-*

ren. Jetzt sind die Kontaktsätze aktiv und die neue Kategorie *Kontakt Sätze* ist im Browser zu sehen.

2. Jetzt wählen Sie die Funktion *Neuer Kontaktsatz* ebenfalls im Menü *Zusammenfügen*. In einem Dialogfeld können Sie alle beteiligten Komponenten bestimmen (siehe Abbildung 9.17). Mit *OK* wird der Kontaktsatz erstellt und das Ergebnis ist wie vorher. Die Bewegung ist genau wie mit der anderen Methode eingeschränkt.

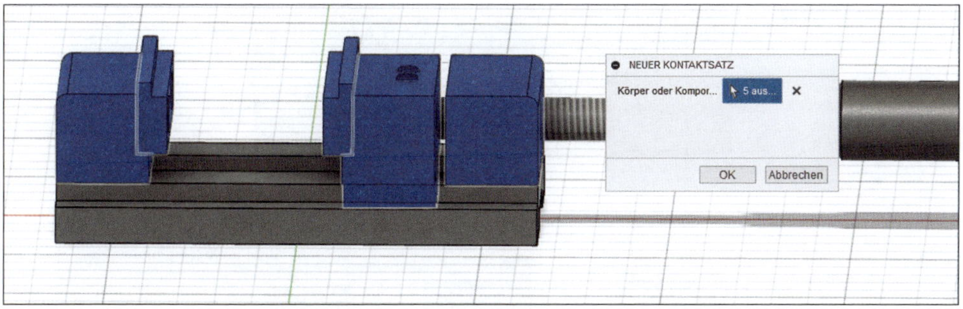

Abbildung 9.17: Kontaktsatz erstellen

Jetzt noch eine Bewegungsverknüpfung

Wenn die Backe bewegt wird, sollte sich auch die Spindel drehen, wenn es realistisch aussehen soll. Das können Sie leicht mit einer *Bewegungsverknüpfung* erreichen.

1. Die Funktion *Bewegungsverknüpfung* finden Sie in der Multifunktionsleiste im Menü *Zusammenfügen*. Wählen Sie die Funktion und Sie bekommen eventuell eine Meldung, dass die Position verändert wurde. Wählen Sie *Position wiederherstellen*. Danach folgt ein Dialogfeld, in dem Sie bestimmen können, welche Gelenke miteinander verknüpft werden sollen. Suchen Sie im Browser das Schiebegelenk, mit dem die Backe bewegt wird, und klicken Sie es an, danach noch des Gelenk, mit dem die Spindel gedreht wird. Nun erscheinen beide im Dialogfeld und Sie können angeben, welche Bewegung die Backe bei einer Spindelumdrehung machen soll. Hier ist ein Wert von *1,75 mm* bei *Abstand* und *360°* bei *Winkel* sinnvoll (siehe Abbildung 9.18, oben). Mit *Umdrehen* könnte die Drehbewegung noch in die andere Richtung umgeschaltet werden, und mit dem Schalter *Animieren* wird sie in der Voransicht ausgeführt.
2. Benennen Sie eventuell die Gelenke um in *Backe bewegen* und *Spindel drehen*, damit sie bei späteren Änderungen leichter zu finden sind. Die Bewegungsverknüpfung wird ebenfalls im Browser gelistet.
3. Verschieben Sie die Backe mit gedrückter Maustaste und Sie sehen, dass sich die Spindel mit dreht.

4. Ziehen Sie die bewegliche Backe bis etwas rechts von der Mitte und speichern Sie diese Position mit der Funktion *Position erfassen* als Standardposition ab. So soll der Schraubstock dann auf der Zeichnung abgebildet werden (siehe Abbildung 9.18, unten) 

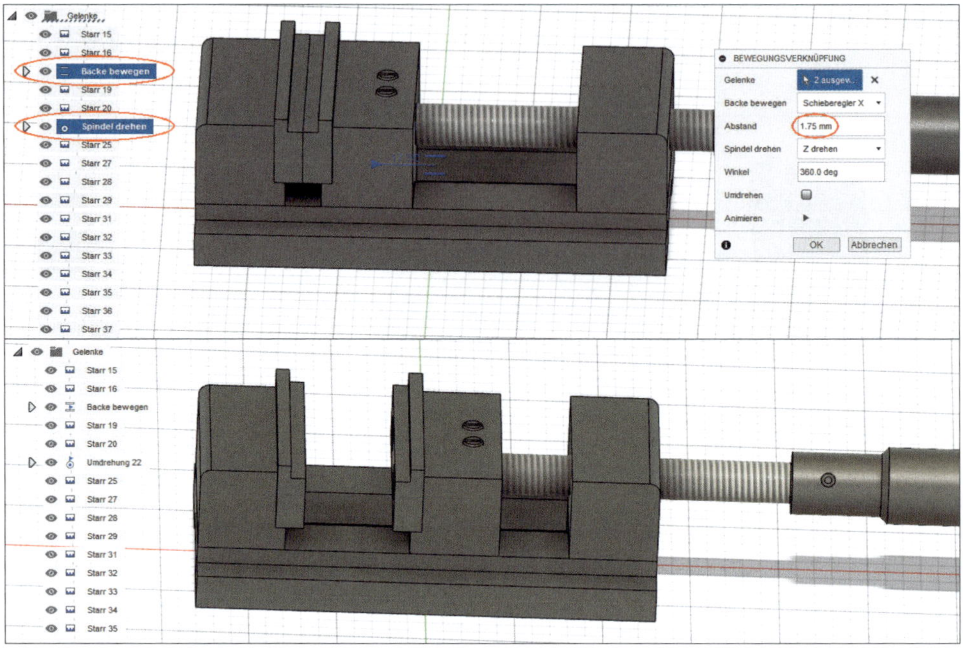

Abbildung 9.18: Bewegungen miteinander verknüpft

Funktionen der Zeitleiste

Da die Zeitleiste alle Aktionen protokolliert, um sie später ändern zu können, ist sie inzwischen ganz schön lang geworden. Es wird langsam schwierig, sich darin zurechtzufinden. Sie können sie aber strukturieren. Zunächst aber einmal ganz allgemeine Funktionen:

- **Markierung verschieben:** Wenn Sie die Markierung am Ende verschieben, wird der Stand Ihrer Arbeit zu dem Zeitpunkt angezeigt (siehe Abbildung 9.19).
- **Wiedergabe-Tasten:** Mit den Tasten am linken Rand der Zeitleiste kann die Markierung vor und zurück sowie an den Anfang und ans Ende bewegt werden. Mit der Play-Taste wird die Entstehung der Konstruktion wie von Zauberhand nachvollzogen. Erneutes Drücken der Taste pausiert an der aktuellen Stelle.
- **Elemente hervorheben:** Wird im Browser eine Komponente oder ein Gelenk usw. weiter markiert, dann wird dies in der Zeitleiste ebenfalls hervorgehoben. Umgekehrt ist das so, wenn ein Symbol in der Zeitleiste markiert wird.

- **Elemente verschieben:** Mit gedrückter Maustaste lassen sich Elemente in der Zeitleiste verschieben. Das ist in der Regel nicht ratsam, da dies zu ungewollten Ergebnissen führen kann.
- **Kontextmenü auf Element:** Mit einem Rechtsklick auf einem Element bekommen Sie ein Kontextmenü, in dem Sie wählen können, ob Sie ein Element unterdrücken, umbenennen, suchen oder löschen wollen.
- **Gruppen bilden:** Um einen besseren Überblick zu bekommen, lassen sich Elemente in der Zeitleiste zu Gruppen zusammenfassen.

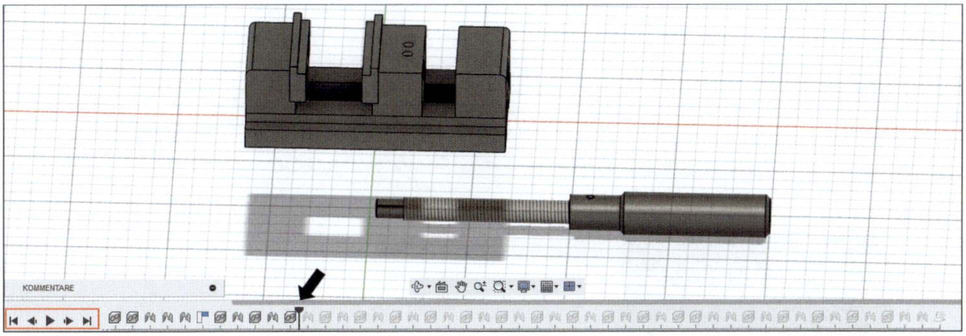

Abbildung 9.19: Verschiebung der Markierung in der Zeitleiste

Gruppen in der Zeitleiste

Gruppen vereinfachen die Zeitleiste und sorgen für eine bessere Orientierung. Schauen wir uns dies an Beispielen an.

1. Gehen Sie an den Anfang der Zeitleiste. Dort finden Sie als zweites Element die Fixierung der Grundplatte. Das soll in *Start Montage* umbenannt werden. Markieren Sie es, aktivieren Sie mit der rechten Maustaste das Kontextmenü, wählen Sie dort die Funktion *Umbenennen* und tragen Sie den neuen Namen ein. Wenn Sie jetzt darauf zeigen, wird der neue Name angezeigt (siehe Abbildung 9.20, oben).
2. Suchen Sie in der Zeitleiste die Stelle, an der die Spindel eingesetzt und mit einem Gelenk versehen wurde. Am besten markieren Sie die Komponente *Spindel* im Browser und Sie sehen die Stelle in der Zeitleiste. Gehen Sie noch einen Eintrag weiter, damit das Gelenk auch enthalten ist. Klicken Sie das so ermittelte Element an, halten Sie dabei die ⇧-Taste gedrückt und klicken Sie dann das Element an, das Sie mit *Start Montage* bezeichnet haben. Alle Elemente werden so markiert. Rechte Maustaste auf den markierten Objekten drücken und aus dem Kontextmenü die Funktion *Gruppe erstellen* wählen (siehe Abbildung 9.20, zweite von oben). Die Zeitleiste wird reduziert und Sie sehen das am Gruppensymbol in der Zeitleiste und am Pluszeichen unter den Elementen der Zeitleiste. Sie können der Gruppe auch einen Namen geben, wie üblich mit Rechtsklick und *Umbenennen*. Wenn Sie mit der Maus auf die Gruppe zeigen, wird deren Inhalt in einem Fenster angezeigt

(siehe Abbildung 9.20, dritte von oben). Mit einem Klick auf das Pluszeichen wird die Zeitleiste wieder mit allen Symbolen eingeblendet. Jetzt erscheint ein Minuszeichen (siehe Abbildung 9.20, unten). Mit einem Klick darauf wird die Gruppe wieder auf das Gruppensymbol reduziert.

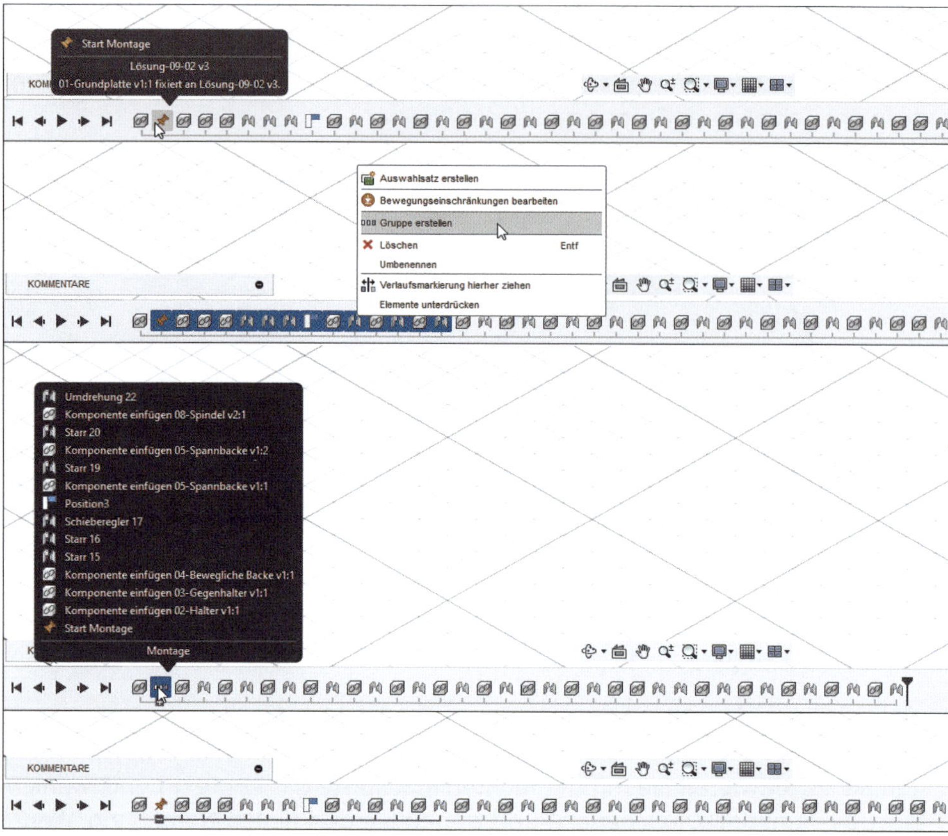

Abbildung 9.20: Gruppen in der Zeitleiste

3. Wenn Sie weiter testen wollen, erstellen Sie eine Gruppe *Normteile*, eine Gruppe *Führungsplatte* und eine Gruppe *Spannschrauben* (siehe Abbildung 9.21, oben). Die Zeitleiste ist damit sehr übersichtlich. Bei Bedarf können eine oder mehrere Gruppen eingeblendet werden (siehe Abbildung 9.21, Mitte).
4. Eine Gruppe kann auch wieder gelöscht werden – mit einem Rechtsklick auf das Gruppensymbol und die Auswahl von *Löschen* aus dem Kontextmenü. Im Dialogfeld können Sie wählen, ob nur die Gruppe oder auch die Gruppe samt Inhalt gelöscht werden soll (siehe Abbildung 9.21, unten).

Auch das Finish am Schraubstock ist erledigt. Speichern Sie Ihr Ergebnis wieder einmal. Auch diesen Stand haben Sie in der Datei ***Lösung-09-Final*** als Musterlösung.

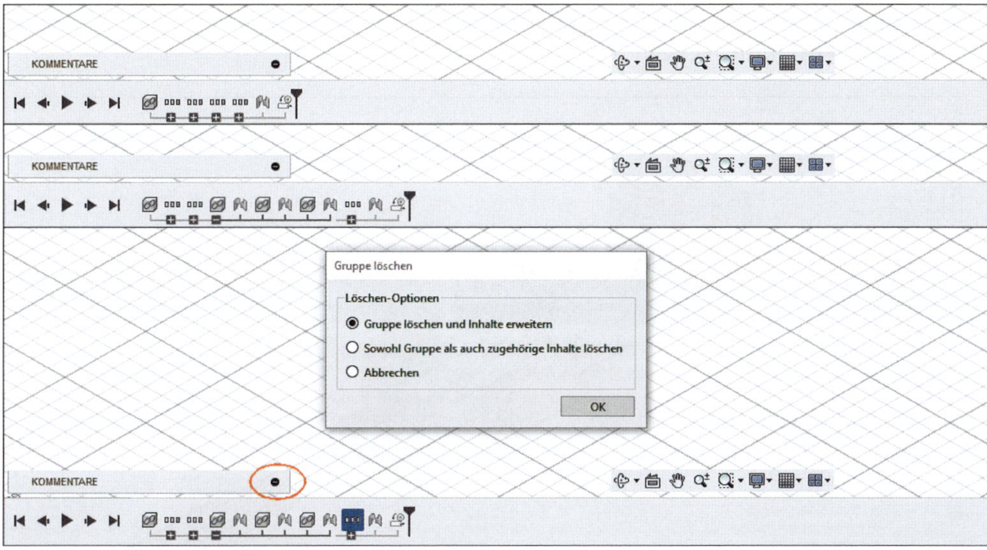

Abbildung 9.21: Weitere Gruppen in der Zeitleiste

9.1.6 Schnittanalysen

Eine nützliche Funktion, vor allem bei komplexen Komponenten und Baugruppen, ist die Funktion *Schnittanalyse*. Damit können Sie sozusagen ins Bauteil schauen und prüfen, ob alles richtig verbaut wurde und ob bei Komponenten auch die Innenräume richtig modelliert sind.

1. Wenn Sie die Baugruppe nicht mehr geöffnet haben, laden Sie die Musterlösung ***Lösung-09-Final***. Wählen Sie dann die Funktion *Schnittanalyse* aus dem Menü im Bereich *Prüfen*.
2. Im Dialogfeld *Schnittanalyse* wählen Sie zunächst die Schnittebene, eine Fläche auf der Baugruppe oder eine der Standardebenen, hier in diesem Beispiel am besten eine der Seitenflächen der Baugruppe. Die Parameter können Sie im Dialogfeld eintragen oder an den Manipulator-Griffen durch Schieben und Drehen festlegen (siehe Abbildung 9.22). Mit dem Schalter *Umkehren* lässt sich der Schnitt von der anderen Seite erstellen. Standardmäßig wird beim Schnitt jede Komponente andersfarbig dargestellt. Im Menü *Querschnittsfarbe* kann eine einheitliche Einfärbung gewählt werden, und im Feld *Schraffur anzeigen* kann die Schraffur ein- und ausgeschaltet werden.
3. Sie können auch mehrere Schnittanalysen erstellen. An dem Beispiel auch von oben oder von vorne. Die Schnittanalysen werden im Browser in der Kategorie *Analyse* gespeichert und lassen sich mit den Augensymbolen umschalten bzw. am

Eintrag der Kategorie *Analyse* mit dem Augensymbol komplett aus- und einschalten (siehe Abbildung 9.22).

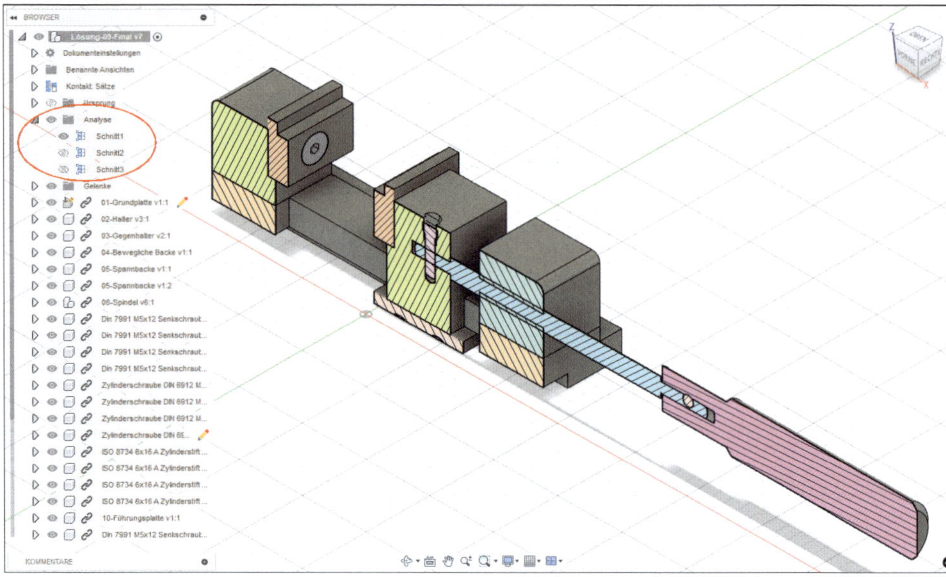

Abbildung 9.22: Schnittanalyse zur Kontrolle der Baugruppe

9.2 Zeichnungen von Baugruppen

In Kapitel 7 wurde das Erstellen von Zeichnungen schon ausführlich besprochen. In diesem Kapitel sollen deshalb nur die Besonderheiten bzw. Erweiterungen bei Zeichnungen von Baugruppen behandelt werden. Gehen Sie also ohne weitere detaillierte Anleitung so vor:

1. Laden Sie Ihr Modell oder die Datei ***Lösung-09-Final*** aus dem Datenpanel. Machen Sie einen Rechtsklick im Browser auf dem obersten Eintrag und wählen Sie aus dem Kontextmenü *Zeichnung erstellen*. Bestätigen Sie die Vorgaben im Dialogfeld mit *OK*. Ein neues Zeichnungsblatt im Format A3 wird erstellt und eine Ansicht hängt am Fadenkreuz. Brechen Sie zunächst noch mit der Taste Esc ab.
2. Erstellen Sie mit der Funktion *Erstansicht* eine Ansicht von der kompletten Baugruppe im Maßstab 1:2 und mit dem Stil *Sichtbare Kanten* und platzieren Sie diese auf dem Zeichenblatt links oben. 
3. Machen Sie davon mit der Funktion *Projektionsansicht* weitere Ansichten: nach rechts eine Seitenansicht, nach unten eine Draufsicht und schräg nach rechts unten eine perspektivische Ansicht (siehe Abbildung 9.23). Schieben Sie dann die Perspektive unter der Draufsicht ganz nach unten. 

4. Machen Sie jetzt noch eine Schnittansicht durch die Draufsicht und platzieren Sie diese unter der Draufsicht (siehe Abbildung 9.23). Um den Schnitt aus der richtigen Ansicht zu bekommen, ist es erforderlich, die Ansicht zuerst darüber zu platzieren. Schieben Sie dann, wenn der Schnitt erzeugt wurde, ihn unter die Draufsicht.
5. Korrigieren Sie die Anordnung der Ansichten, falls erforderlich. Stellen Sie die perspektivische Ansicht auf eine schattierte Darstellung ohne verdeckte Kanten um.
6. Füllen Sie noch das Schriftfeld aus, eventuell auch mit einem Logo. Soweit noch nichts Neues. Das Ganze sollte dann wie in Abbildung 9.23 aussehen.

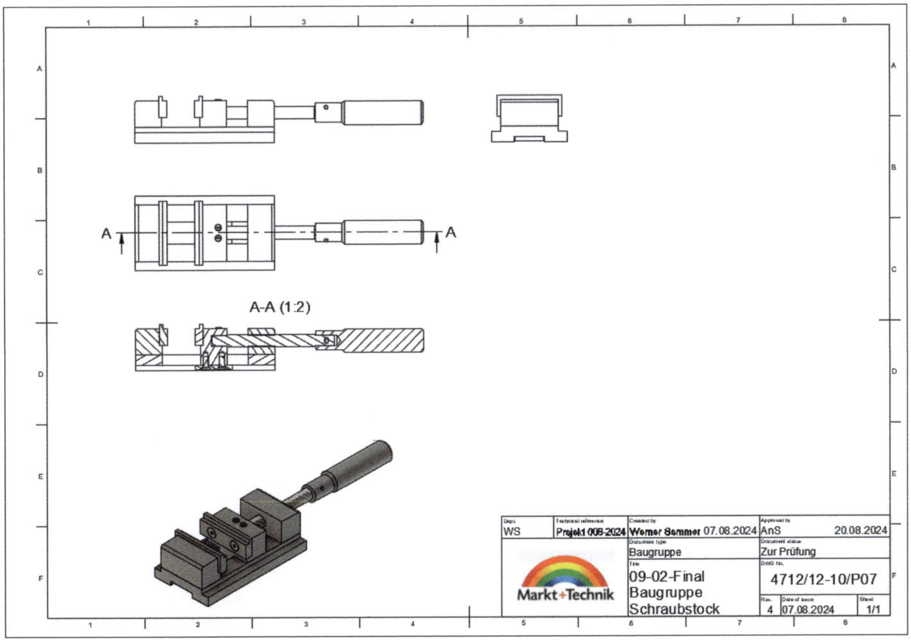

Abbildung 9.23: Ein Zeichenblatt erstellt und Ansichten eingefügt

9.2.1 Ansichten nachbearbeiten

Wollen Sie die Ansichten bearbeiten, stehen Ihnen auch zusätzliche Funktionen in einem Menü, das Sie mit einem Rechtsklick auf den Symbolnamen im Browser bzw. per Klick auf die Symbole vor dem Symbolnamen öffnen, zur Verfügung:

- **Komponenten ausblenden:** Werden Komponenten im Browser ausgeblendet, sind sie in allen Ansichten nicht sichtbar. Die Funktion wird verwendet, wenn Komponenten bei der weiteren Bearbeitung im Weg sind und nur kurzfristig ausgeblendet werden sollen.
- **Komponenten unterdrücken:** Werden Komponenten im Browser unterdrückt, sind sie ebenfalls in den Ansichten nicht sichtbar. Die Funktion sollte dann ver-

wendet werden, wenn Komponenten auf dem aktuellen Zeichnungsblatt überhaupt nicht benötigt werden. Die Systemleistung wird dann gesteigert.

- **Komponenten nicht schneiden:** Normalerweise werden Normteile wie Schrauben, Stifte usw. in Schnittansichten auch geschnitten dargestellt (siehe Abbildung 9.24, oben). Dies kann aber im Dialogfeld für die Schnittansicht geändert werden. Das ist auch nachträglich möglich. Klicken Sie doppelt in die Schnittansicht und Sie können im Dialogfeld im Bereich *Objekte zum Ausschneiden* beliebige Teile wegklicken, sie werden dann in der Schnittansicht nicht mehr geschnitten und schraffiert (siehe Abbildung 9.24, unten). Machen Sie das bei den Normteilen.

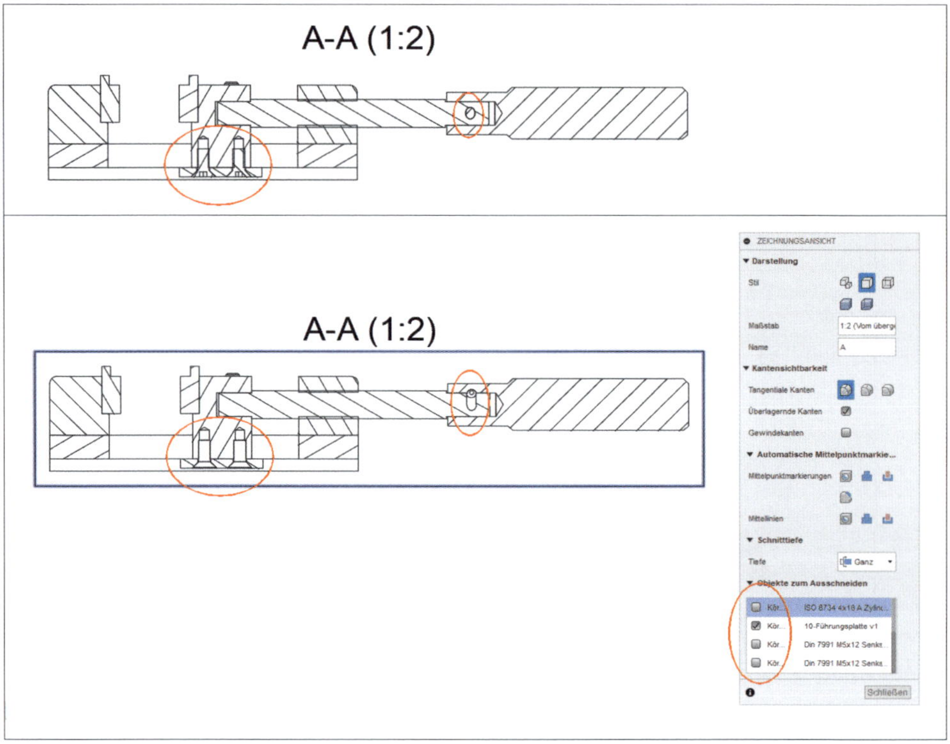

Abbildung 9.24: Die Schnittansicht bearbeitet

9.2.2 Positionsnummern und Teileliste

Jetzt sollen die Komponenten durchnummeriert, mit Positionsnummern versehen und eine Stückliste auf der Zeichnung abgelegt werden. In der Multifunktionsleiste gibt es rechts den Bereich *Tabellen*. Den werden wir uns ansehen.

1. Wählen Sie die Funktion *Positionsnummer* mit dem Symbol im Bereich *Tabellen*. Klicken Sie die Kante einer Komponente, hier der Grundplatte, an und die Positionsnummer kann platziert werden (siehe Abbildung 9.25, links

oben). Die Funktion bleibt im Wiederholmodus und Sie können das nächste Bauteil anklicken (siehe Abbildung 9.25, rechts oben).

2. Im Menü des Bereichs *Tabellen* finden Sie die Funktion *Positionsnummern ausrichten*. Starten Sie die Funktion und wählen Sie die Positionsnummern, die Sie ausrichten wollen, nacheinander aus. Beenden Sie die Auswahl mit ↵. Geben Sie dann Start- und Endpunkt der Linie an, auf denen die Positionsnummern ausgerichtet werden sollen. Richten Sie die Positionsnummern wie in Abbildung 9.25, links unten aus.
3. Im Menü des Bereichs *Tabellen* finden Sie auch die Funktion *Neu nummerieren*. Starten Sie die Funktion und klicken Sie nacheinander die Positionsnummern in der Reihenfolge an, in der sie nummeriert werden sollen. Sie werden nach dem Klicken sofort neu nummeriert (siehe Abbildung 9.25, rechts unten).

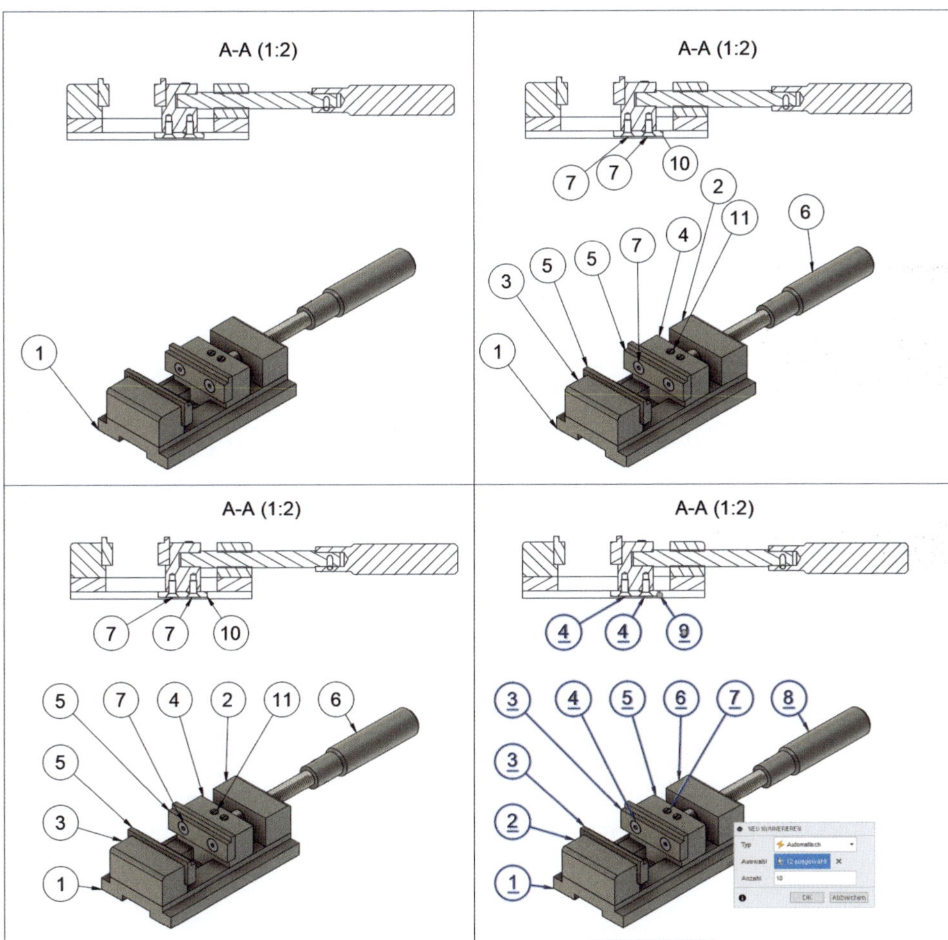

Abbildung 9.25: Positionsnummern einfügen, ausrichten und umbenennen

4. Jetzt folgt zu den Positionsnummern noch die Teileliste. Diese bekommen Sie, wenn Sie das Symbol für die Funktion *Tabelle* im Bereich *Tabellen* der Multifunktionsleiste anklicken. Damit lassen sich Teilelisten zu den Positionsnummern, aber auch Biegelisten und sogar selbst definierte Tabellen einfügen. In unserer Zeichnung gibt es nur Positionsnummern, und schon hängt die Teileliste am Mauszeiger. Gäbe es mehrere Tabellen, könnten Sie im Dialogfeld wählen, welche Sie haben wollen. Platzieren Sie also die Teileliste an der rechten oberen Ecke des Schriftfelds und sie wird erstellt (siehe Abbildung 9.26, links). Wenn Sie die Teileliste anklicken, können Sie die Spaltenbreiten an den Punkten ändern (siehe Abbildung 9.26, rechts).

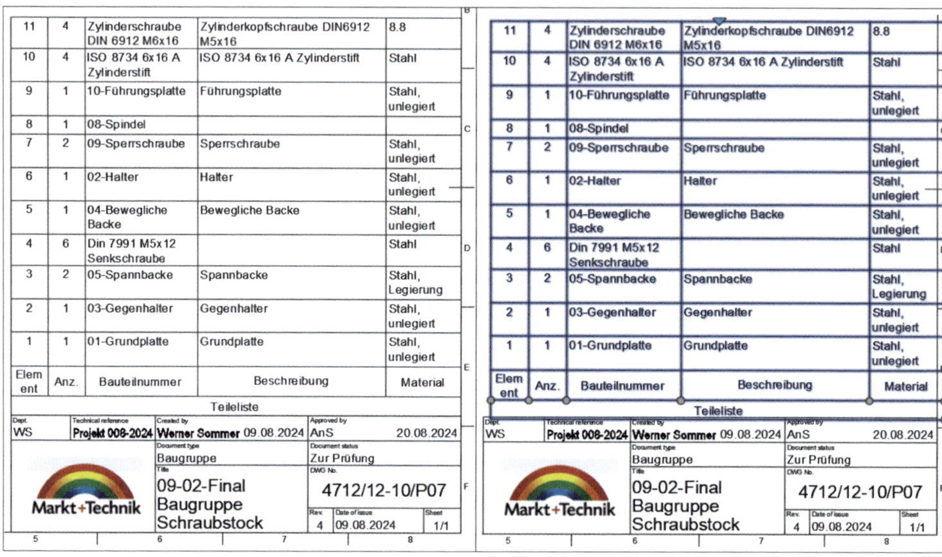

Abbildung 9.26: Teileliste in der Zeichnung

5. Wenn Sie die Teileliste doppelt anklicken, wird ein Dialogfeld eingeblendet, in dem Sie die Teileliste weiterbearbeiten, die Liste umgekehrt aufbauen, Spalten ein- und ausblenden können usw. Testen Sie die Möglichkeiten (siehe Abbildung 9.27). Machen Sie die Änderungen rückgängig und bleiben Sie bei der Darstellung wie in Abbildung 9.26.

Die Zeichnung des Schraubstocks ist fertig. Das Ergebnis sollte wie in Abbildung 9.28 aussehen. Speichern Sie Ihre Arbeit ab. Diesen Stand finden Sie auch als PDF-Datei im Datenpanel, und zwar die Datei ***Lösung-09-Final-Zeichnung.pdf***.

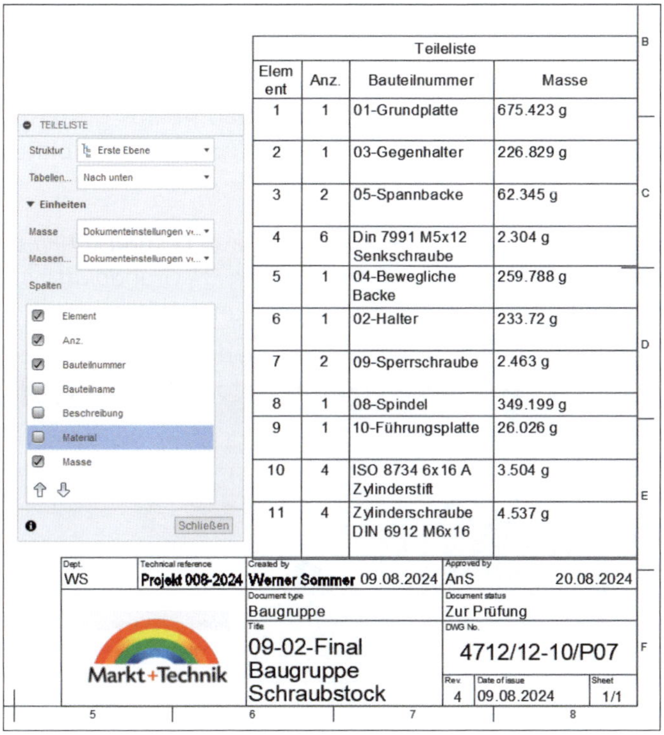

Teileliste			
Element	Anz.	Bauteilnummer	Masse
1	1	01-Grundplatte	675.423 g
2	1	03-Gegenhalter	226.829 g
3	2	05-Spannbacke	62.345 g
4	6	Din 7991 M5x12 Senkschraube	2.304 g
5	1	04-Bewegliche Backe	259.788 g
6	1	02-Halter	233.72 g
7	2	09-Sperrschraube	2.463 g
8	1	08-Spindel	349.199 g
9	1	10-Führungsplatte	26.026 g
10	4	ISO 8734 6x16 A Zylinderstift	3.504 g
11	4	Zylinderschraube DIN 6912 M6x16	4.537 g

Abbildung 9.27: Teileliste bearbeiten

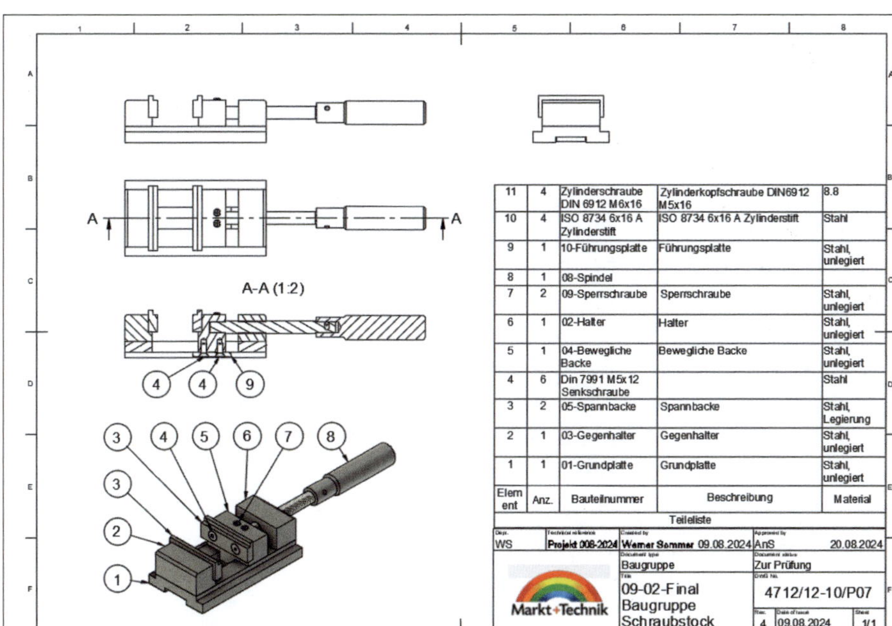

Element	Anz.	Bauteilnummer	Beschreibung	Material
11	4	Zylinderschraube DIN 6912 M6x16	Zylinderkopfschraube DIN6912 M5x16	8.8
10	4	ISO 8734 6x16 A Zylinderstift	ISO 8734 6x16 A Zylinderstift	Stahl
9	1	10-Führungsplatte	Führungsplatte	Stahl, unlegiert
8	1	08-Spindel		
7	2	09-Sperrschraube	Sperrschraube	Stahl, unlegiert
6	1	02-Halter	Halter	Stahl, unlegiert
5	1	04-Bewegliche Backe	Bewegliche Backe	Stahl, unlegiert
4	6	Din 7991 M5x12 Senkschraube		Stahl
3	2	05-Spannbacke	Spannbacke	Stahl, Legierung
2	1	03-Gegenhalter	Gegenhalter	Stahl, unlegiert
1	1	01-Grundplatte	Grundplatte	Stahl, unlegiert

Teileliste

Abbildung 9.28: Die fertige Zeichnung der Baugruppe

9.3 Bauteilzeichnungen aus der Baugruppe heraus

Da in Kapitel 7 Zeichnungen von Bauteilen schon behandelt wurden, soll hier nur kurz darauf eingegangen werden, wie solche aus dem Zusammenbau heraus gestartet werden. An der Baugruppe gibt es genug Übungsmaterial, jetzt nur die Grundplatte als Beispiel.

1. Laden Sie noch einmal die komplette Baugruppe oder die Datei ***Lösung-09-Final*** aus dem Datenpanel. Mit einem Rechtsklick auf den Eintrag *01-Grundplatte* im Browser können Sie aus dem Kontextmenü den Eintrag *Zeichnung erstellen* wählen.
2. Sie bekommen das Dialogfeld *Zeichnung erstellen*. Wählen Sie dort eine *Plangröße* im Format *A4* und bei *Ausrichtung* das Symbol für das Hochformat (siehe Abbildung 9.29).

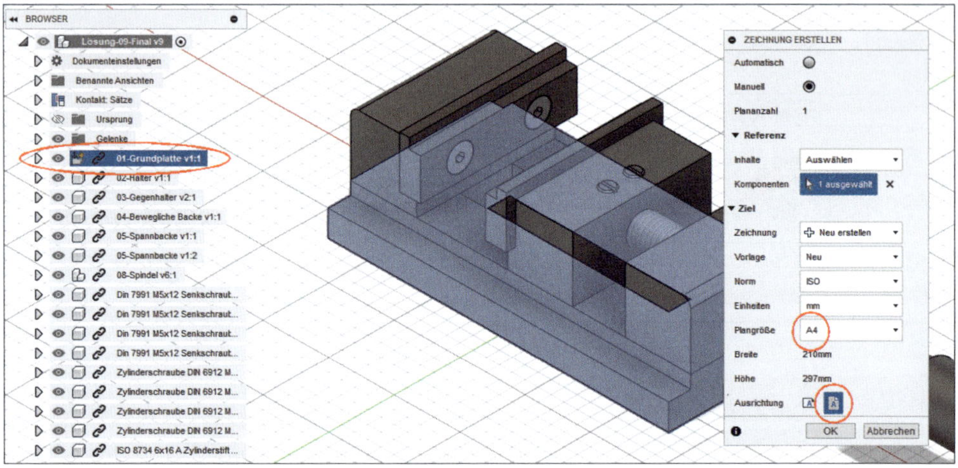

Abbildung 9.29: Start einer Bauteilzeichnung aus der Baugruppe

3. Platzieren Sie gleich die Erstansicht auf dem Plan. Egal welche, Sie können sie später ändern. Falls Sie abbrechen und die Erstansicht später erstellen, haben Sie immer die komplette Baugruppe am Mauszeiger. Platzieren Sie diese trotzdem und ändern nachher. Mit einem Rechtsklick auf die Grundplatte im Browser können Sie im Kontextmenü die Option *Alle außer der gewählten unterdrücken* wählen, und Sie haben nur noch die Grundplatte in der Ansicht. Die weiteren abgeleiteten Ansichten enthalten dann auch nur die Grundplatte.
4. Sie hätten die Zeichnung auch beginnen können, indem Sie im Datenpanel mit Rechtsklick auf den Eintrag *01-Grundplatte* aus dem Kontextmenü die Funktion *Neue Zeichnung aus Konstruktion* gewählt hätten.

5. Der Rest, aber die eigentliche Arbeit ist Wiederholung: Ansichten, Maße und Beschriftungen erstellen sowie Symbole platzieren. Zur Übung ist das Beispiel bestens geeignet. Das Ergebnis könnte wie in Abbildung 9.30 aussehen. Diesen Stand haben Sie als PDF-Datei im Datenpanel, die Datei ***Lösung-09-Grundplatte-Zeichnung.pdf***.

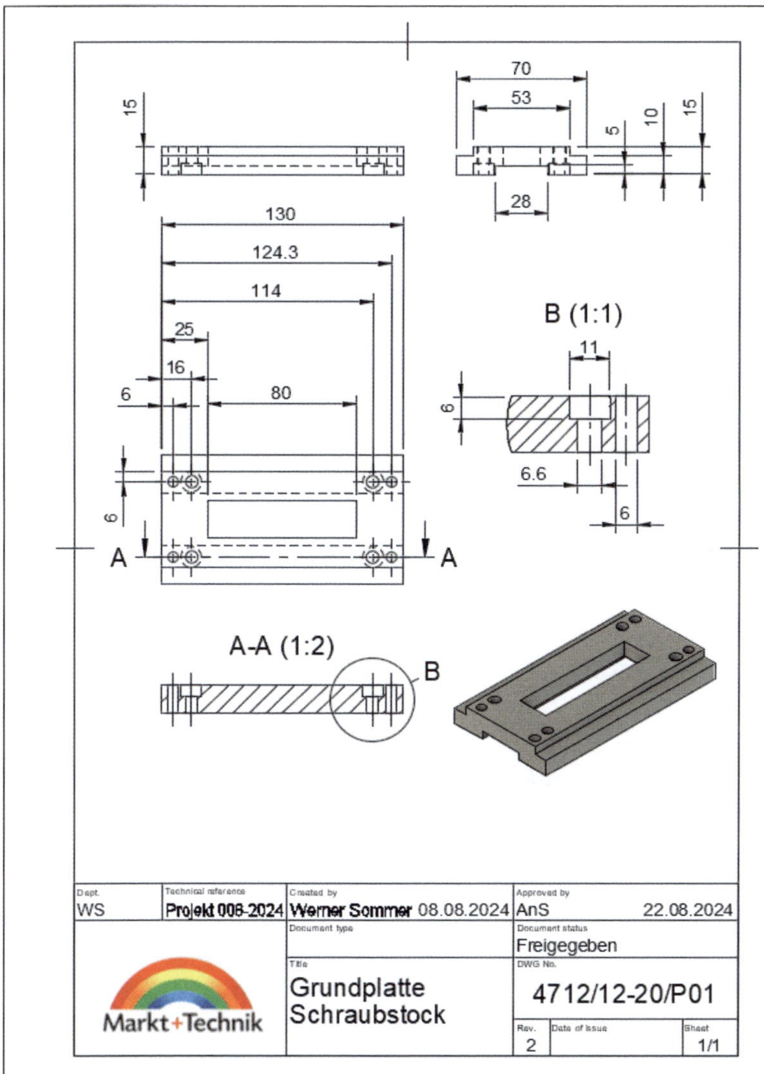

Abbildung 9.30: Zeichnung der Grundplatte

9.4 Referenzierungen

In 3D-Konstruktionen hängt alles mit allem zusammen, Bauteile, Unterbaugruppen, Baugruppen, Zeichnungen, Animationen und mehr. Und dann passiert so etwas: Unterbaugruppe versehentlich gelöscht, Baugruppe defekt, Zeichnungsableitungen funktionieren nicht mehr, Abhängigkeiten weg und vieles mehr. Nicht so in Autodesk Fusion. Eine Komponente oder Unterbaugruppe lässt sich nicht löschen, wenn sie irgendwo anders verwendet wurde. Die Referenzierungen werden gespeichert, auch wenn das manchmal wehtut, wenn Sie ein Bauteil löschen wollen, das vermeintlich nicht mehr gebraucht wird.

Die Referenzierungen können Sie im Datenpanel überprüfen. Markieren Sie dort beispielsweise die Datei ***Lösung-09-Final***.

Klicken Sie auf das Symbol, das die Variante anzeigt, und Sie bekommen folgende Informationen:

- Sie sehen im Register *Verlauf*, wie viele Varianten davon schon gespeichert wurden (siehe Abbildung 9.31, links). Das interessiert uns im Moment nicht so sehr. Aber Sie könnten bei einem groben Fehler in der Konstruktion auf eine frühere Variante zugreifen, diese mit dem Symbol ganz rechts öffnen und damit weiterarbeiten.
- Klicken Sie auf das Register *Verwendet*, sehen Sie, welche Bauteile (in Fusion Komponenten) und Unterbaugruppen in diese Konstruktion eingefügt wurden (siehe Abbildung 9.31, Mitte).

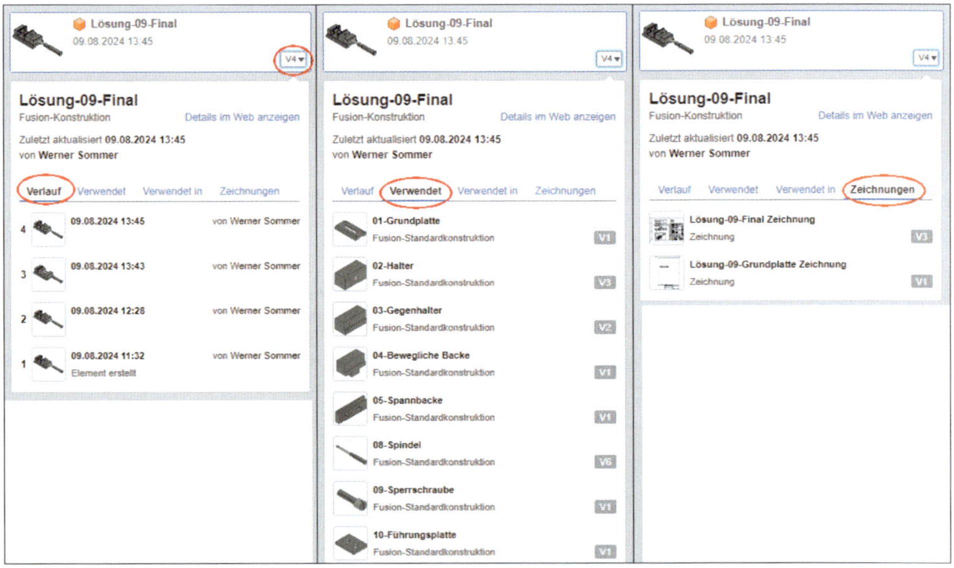

Abbildung 9.31: Informationen zur Registrierung im Datenpanel

- Klicken Sie auf *Verwendet in* und Sie sehen, ob diese Baugruppe schon in einer übergeordneten Baugruppe verwendet wurde, und wenn ja, in welcher. Das ist bei dieser Baugruppe nicht der Fall.
- Klicken Sie auf *Zeichnungen* und Sie sehen, ob für diese Baugruppe schon eine Zeichnung erstellt wurde. Das ist bei dieser Baugruppe der Fall (siehe Abbildung 9.31, rechts).
- Mit dem Symbol der Variante im Eintrag des Datenpanels können Sie die Anzeige wieder auf den Eintrag in einem Feld reduzieren.

1. Und noch ein Test, markieren Sie beispielsweise die Komponente ***10-Führungsplatte*** im Datenpanel.
2. Mit einem Rechtsklick können Sie im Kontextmenü *Löschen* wählen. Sofort erscheint die Meldung, dass das Dokument nicht gelöscht werden kann, da es verwendet wird. Sie könnten es aber umbenennen oder in einen anderen Ordner verschieben. Diese Änderungen werden in die Referenzierungen übernommen.

9.5 Animationen und Explosionszeichnungen

In Fusion lassen sich Animationen erstellen. Sie können für die Erstellung von Montageanleitungen und Explosionszeichnungen verwendet werden. Das erfolgt in einem eigenständigen Bereich in Fusion. Voraussetzung ist eine Baugruppe mit den Elementen, die für die Animation verwendet werden sollen.

1. Laden Sie wieder die Datei ***Lösung-09-Final*** aus dem Datenpanel oder verwenden Sie Ihre eigene Konstruktion. Wählen Sie dann den Arbeitsbereich *Animation* aus dem Menü mit den Arbeitsbereichen, und schon haben Sie eine neue Umgebung für die Erstellung von Animationen (siehe Abbildung 9.32).

   Speichern Sie den Stand der Baugruppe in einer neuen Datei ab, damit Ihre ursprüngliche Konstruktion erhalten bleibt.

2. Zunächst sollen noch keine Aufzeichnungen von Zoom- und Drehfunktionen gemacht werden. Schalten Sie deshalb Kamerafahrten mit der Funktion *Ansicht* zunächst aus. Sie finden sie in der Multifunktionsleiste *Animation* als einzige Funktion mit einem Symbol im Bereich *Ansicht*.

   Die Farbe des Punkts im Symbol wechselt von Gelb zu Rot, wenn Sie die Kamerafahrt einschalten. Noch mal ein Klick auf das Symbol schaltet die Aufzeichnung wieder aus. Sie können zum Aus- und Einschalten auch die Tastenkombination Strg+R nutzen. Jetzt sollte sie aus sein und der Punkt ist gelb.

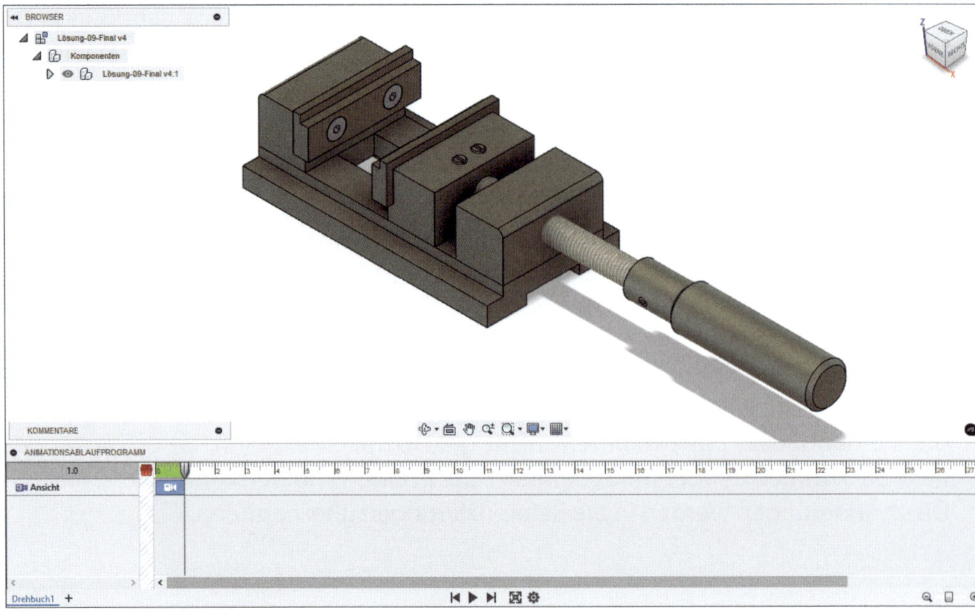

Abbildung 9.32: Die Arbeitsumgebung bei der Animation

9.5.1 Transformationen erstellen

1. Um eine Bewegung zu erstellen, in Fusion als Transformation bezeichnet, verwenden Sie das Symbol für die Funktion *Komponente transformieren* aus dem Bereich *Transformieren*. Klicken Sie den Stift im Griff an. Wenn der im Modell schlecht zu wählen ist, können Sie ihn auch im Browser anklicken. Ziehen Sie ihn an den Manipulator-Griffen aus seiner Position am Griff des Schraubstocks um ein bestimmtes Maß nach außen. Sie können dafür auch einen genauen Wert im Dialogfeld eintragen (siehe Abbildung 9.33), hier zum Beispiel um -50 mm.

2. Machen Sie mit dem Griff auch eine Bewegung mit der Funktion *Komponente transformieren*. Ziehen Sie ihn nach außen etwa um 100 mm aus der Gewindestange heraus. Sie können die 100 mm auch im Dialogfeld für den *X-Abstand* einstellen.

3. Mit den Wiedergabe-Symbolen am unteren Bildschirmrand lassen sich die beiden Bewegungen abspielen sowie vor- und zurückspulen. Mit dem Symbol rechts neben den drei Wiedergabe-Tasten können Sie zum Vollbild wechseln und mit der Taste Esc wieder zurück. Das Zahnrad-Symbol ganz rechts ist für die Einstellungen (siehe Abbildung 9.34).
4. Sicher stimmt das Timing noch nicht. Das können Sie im *Drehbuch* mit der Zeitleiste einstellen. Das befindet sich unter dem Modell. Dort sind die Komponenten aufgelistet, die nacheinander bewegt wurden.

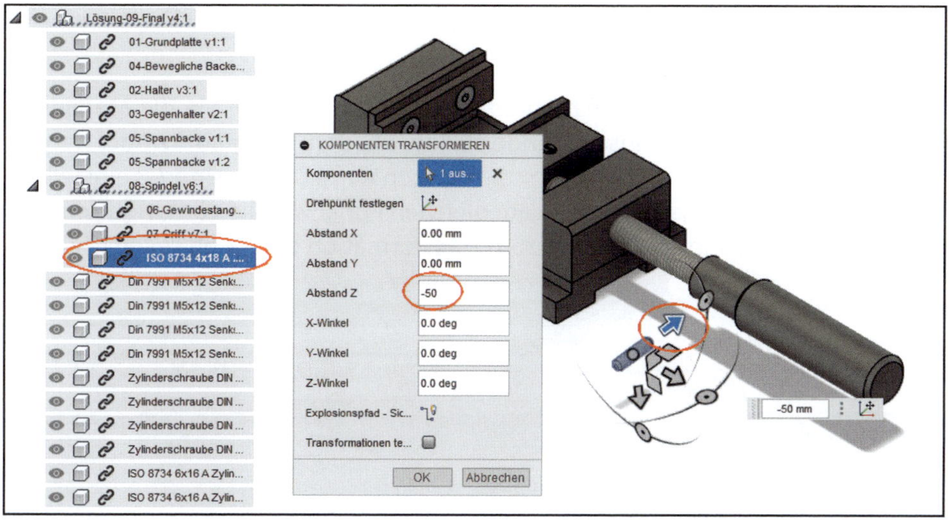

Abbildung 9.33: Eine Transformation erstellen

5. In einer Animationsdatei kann es mehrere Drehbücher geben. Mit der Funktion *Neues Drehbuch* im Bereich *Drehbuch* der Multifunktionsleiste kann ein weiteres erstellt werden, dem Sie im Dialogfeld einen Namen geben können. Auch das bestehende können Sie umbenennen, wenn Sie den Standardnamen *Drehbuch1* ganz unten links doppelt anklicken. Uns reicht eines. Mit einem Rechtsklick auf den Namen können Sie es im Menü mit dem Eintrag *Löschen* wieder entfernen.

6. In der Zeitleiste neben dem Drehbuch sind die Zeiten der einzelnen Bewegungen aufgeführt. Die lassen sich so ziehen und schieben, wie der Ablauf sein soll, in unserem Bespiel die erste Bewegung von 0 bis 2 Sekunden und die zweite von 1,5 bis 3,5 Sekunden teilweise überlappend (siehe Abbildung 3.34). Lassen Sie die Animation zur Kontrolle ablaufen.

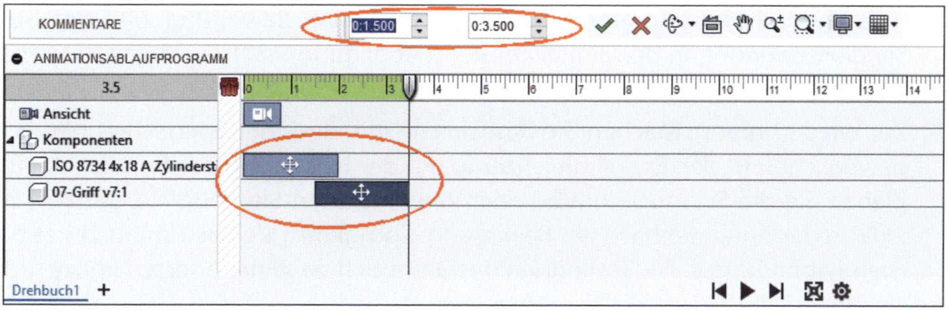

Abbildung 9.34: Das Timing bearbeiten

Bevor wir weitere Bewegungen, Transformationen in Fusion genannt, erstellen, schauen wir die Einstellungen genauer an.

Wenn Sie eine neue Transformation erstellen wollen, können Sie die Markierung in der Zeitleiste auf das gewünschte Ende stellen. Mit dem Zahnrad-Symbol neben den Wiedergabe-Tasten können Sie den sogenannten *Aufzeichnungsmodus* einstellen. Der legt fest, ob neue Transformationen am gleichen Punkt wie die vorherige Transformation, überlappend oder nach der letzten Transformation beginnen sollen (siehe Abbildung 9.35).

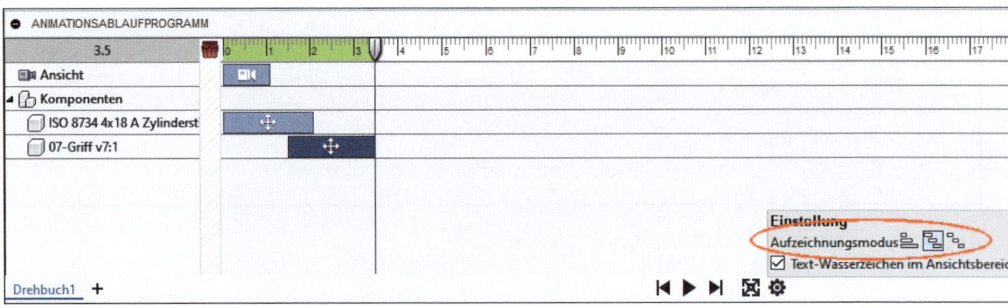

Abbildung 9.35: Einstellen des Aufzeichnungsmodus

7. Stellen Sie die Markierung in der Zeitleiste auf 5 Sekunden. Erstellen Sie eine neue Transformation mit der Spindel. Schieben Sie diese um 70 mm heraus und speichern Sie diese Position. Eigentlich sollte sich die Spindel ja herausdrehen. Auch das können Sie simulieren. Wählen Sie noch einmal die Spindel und dann die Funktion *Transformation*. Bewegen Sie den Manipulator-Griff für die Drehung, um die Achse im Dialogfeld zu identifizieren. In diesem Fall ist es der *X-Winkel*. Tragen Sie einen Winkelwert ein, der zum Herausdrehen erforderlich sein könnte, geschätzt *2500*, was etwa sieben Umdrehungen der Spindel entsprechen würde (siehe Abbildung 9.36).
8. Schon funktioniert die Drehung. Sie sollte allerding dann enden, wenn die Spindel herausgedreht ist, also etwa nach einem Drittel der Bewegung. Also bearbeiten Sie die Bewegung in der Zeitleiste (siehe Abbildung 9.37). Ganz genau lässt sich das nicht bestimmen, aber versuchen Sie es.
9. Zur Wiederholung: Machen Sie das Gleiche mit einer der Sperrschrauben in der beweglichen Backe. Es soll gleichzeitig mit der Bewegung der Spindel ablaufen. Ziehen Sie die Schraube um 50 nach oben. Drehen Sie ebenfalls um den Wert *2500* in der Anfangsphase der Bewegung. Korrigieren Sie das Timing, bis es passt (siehe Abbildung 9.37). Sie können das Drehbuch an seiner oberen Grenze größer ziehen.

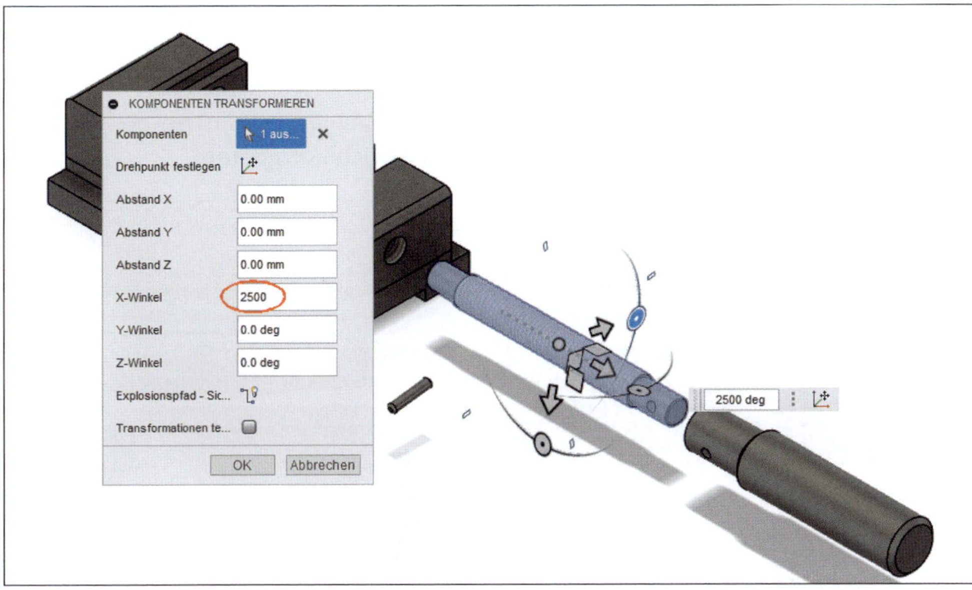

Abbildung 9.36: Eine Transformation als Drehbewegung erstellen

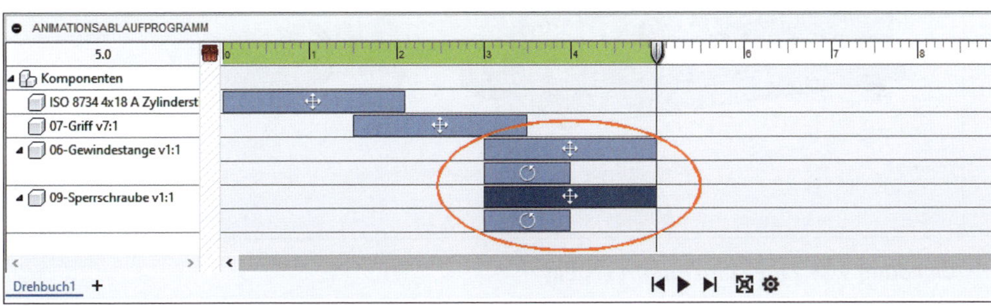

Abbildung 9.37: Das Timing korrigiert

9.5.2 Kamerafahrt erstellen

Eine Kamerafahrt wird in Fusion mit der Funktion *Ansicht* ein- und ausgeschaltet (siehe oben). Das soll jetzt gemacht werden. Wir wollen von der Draufsicht in eine Ansicht von links vorne wechseln. Dies soll etwa in der ersten Sekunde der Animation erfolgen.

1. Wechseln Sie in die Draufsicht und schieben Sie die Markierung in der Zeitleiste auf etwa eine Sekunde.

2. Schalten Sie dann mit der Funktion *Ansicht* die Aufzeichnung der Kamerafahrt ein. Das Symbol bekommt den roten Punkt: Achtung, Kamera an. Wechseln Sie in einem Zug von der Draufsicht in die gewünschte Ansicht von links vorne (siehe Abbildung 9.38), und diese Bewegung wird gespeichert. Sie können die Endposition danach auch noch korrigieren.

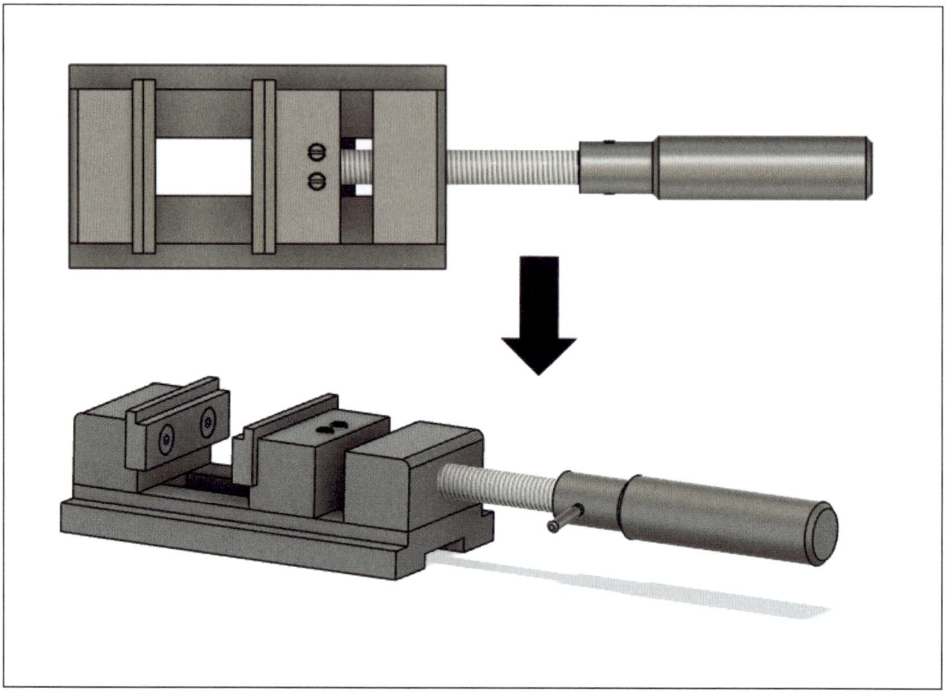

Abbildung 9.38: Eine Kamerafahrt erstellt

3. In der Zeitleiste in der Zeile *Ansicht* ist diese Kamerafahrt gespeichert (siehe Abbildung 9.39). Jetzt können Sie die Animation ablaufen lassen.

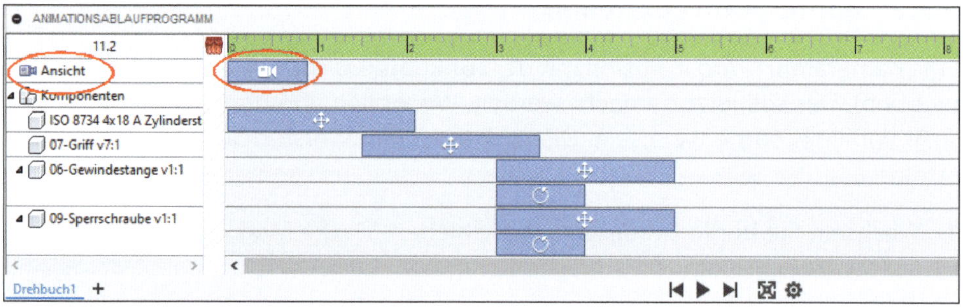

Abbildung 9.39: Kamerafahrt in der Zeitleiste

Die Kamerafahrt wird nur dann wiedergegeben, wenn das Symbol der Funktion *Ansicht* den roten Punkt zeigt. Mit dem gelben Punkt bleibt die Ansicht fest. Gefällt Ihnen die Fahrt nicht, löschen Sie diese in der Zeitleiste und versuchen Sie es erneut. Die Markierung muss aber an der Position bleiben.

9.5.3 Animation fertig stellen

Machen Sie selbstständig weiter, erstellen Sie eine neue Kamerafahrt nach den bisherigen Animationen und drehen Sie die Ansicht nach unten. Bewegen Sie Schrauben und Stifte aus der Baugruppe heraus, dann wieder eine Kamerafahrt in eine Ansicht von oben und die Bauteile oben herausbewegt.

Gelingt Ihnen eine Transformation oder eine Kamerafahrt nicht, können Sie diese markieren, mit einem Rechtsklick das Kontextmenü öffnen, dort die Funktion *Aktion bearbeiten* wählen und korrigieren oder auch löschen und neu erstellen.

In der Datei ***Lösung-09-Final-Animation.avi*** im Datenpanel ist eine Musterlösung (siehe Abbildung 9.40) vorhanden, die Sie sich anschauen und ablaufen lassen können.

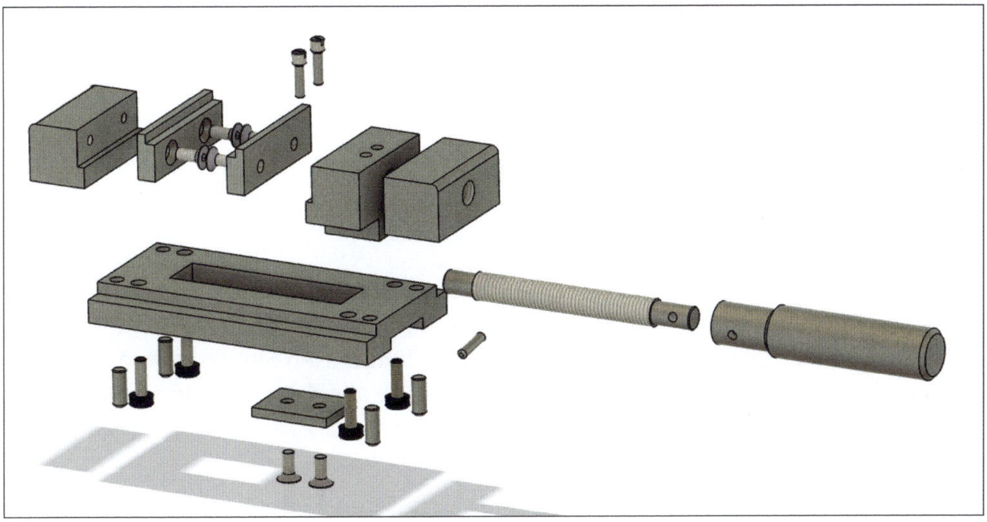

Abbildung 9.40: Der Endstand der Animation

Um Ihnen einen Eindruck von dem Aufwand zu vermitteln, ist in Abbildung 9.41 die gesamte Zeitleiste mit den Transformationen und Ansichten dargestellt. Diese kann am oberen Balken in der Größe geändert werden.

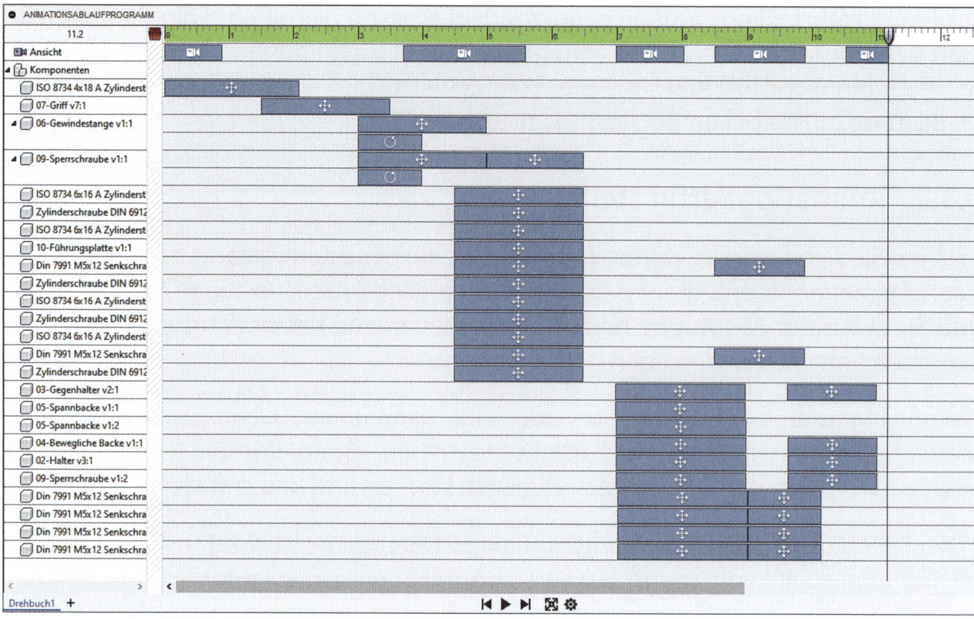

Abbildung 9.41: Das Animationsablaufprogramm in der Zeitleiste

9.5.4 Animation publizieren

Sieht schön aus, aber was nützt die Animation, wenn nur User von Fusion sie anschauen können? Aber da gibt es ja noch eine wichtige Funktion, und zwar *Video publizieren*. Machen Sie das doch gleich:

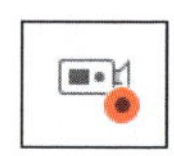

1. Stellen Sie die Ansicht auf dem Bildschirm so ein, dass das Modell in etwa in der Bildschirmmitte ist. Schalten Sie die Funktion *Ansicht* ein, damit auch die Kamerafahrten wiedergegeben werden. Lassen Sie die Animation einmal durchlaufen und kontrollieren Sie, ob alle Komponenten mit ihren Bewegungen auf dem Bildschirm zu sehen sind. Korrigieren Sie den Bildausschnitt eventuell.

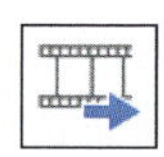

2. Stellen Sie mit den Wiedergabe-Tasten am unteren Bildschirmrand die Animation auf den Beginn. Wählen Sie dann die Funktion *Video publizieren* für die Aufzeichnung. Es wird ein Dialogfeld eingeblendet, in dem Sie die Videooptionen für die Aufzeichnung festlegen können (siehe Abbildung 9.42).
3. Wählen Sie eine Full-HD-Auflösung mit 1.920 x 1.080 Bildpunkten und *Alle Drehbücher,* aber wir haben ja nur eines. Starten Sie mit *OK* und bestimmen Sie dann noch, ob Sie die Animation in der Cloud oder lokal sichern wollen. Nach Angabe von Ordner und Dateiname wird die Videosequenz erstellt. Das kann bei großen

Animationen etwas Zeit in Anspruch nehmen. Die Datei wird im AVI-Format erstellt, andere Formate sind nicht wählbar. Im Internet finden Sie diverse Freeware-Programme zur Migration in andere Videoformate.

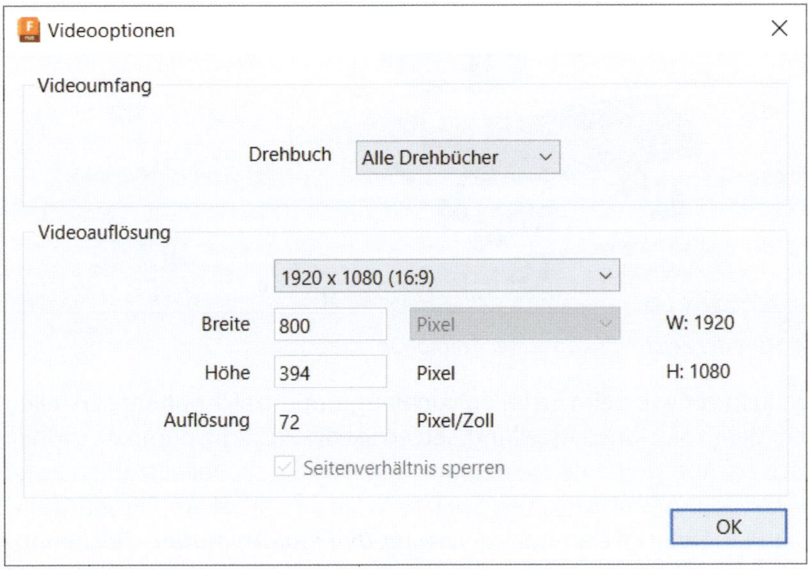

Abbildung 9.42: Die Videooptionen einstellen

4. Wenn Sie in der Cloud speichern, finden Sie die Datei danach im Datenpanel. Mit einem Doppelklick wird die Wiedergabe im Browser Ihres Autodesk-Accounts ausgeführt. Sie finden auch bei Ihnen im Datenpanel und in Ihrem lokalen Download-Ordner eine Musterlösung, die Datei ***Lösung-09-Final-Animation.avi***. Lassen Sie auch diese abspielen.

Konstruktion und Animation

Haben Sie Ihre Animation fertig und merken erst jetzt, dass Sie noch einen Fehler in der Baugruppe haben, dann können Sie im Menü mit den Arbeitsbereichen jederzeit zwischen *Konstruktion* und *Animation* hin- und herschalten

9.5.5 Explosionszeichnung der Animation

Zeichnungen lassen sich nicht nur von Baugruppen, sondern auch von Animationen – also explodierten Baugruppen – ableiten. Wenn Sie die Datei mit der Animation geöffnet haben, können Sie im Menü mit den Arbeitsbereichen den Eintrag *Zeichnung* wählen und dort den Untereintrag *Aus Animation*. Wählen Sie im Dialogfeld das Drehbuch, das Papierformat und die Ausrichtung (siehe Abbildung 9.43).

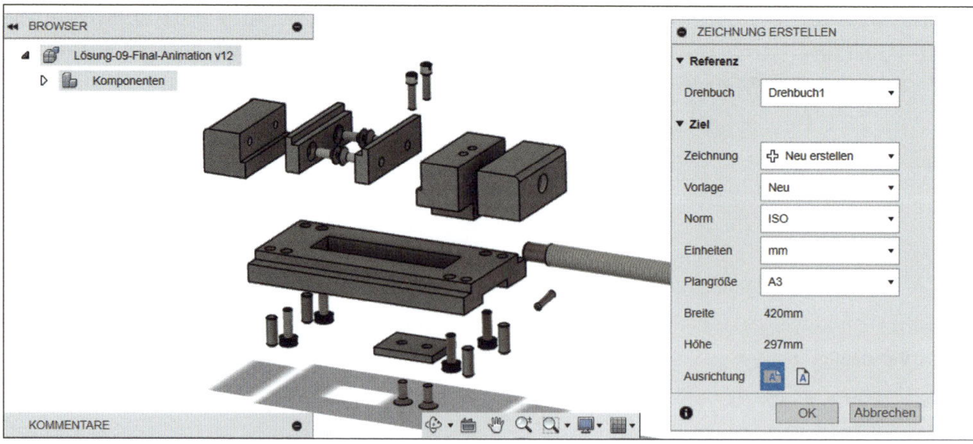

Abbildung 9.43: Start der Zeichnung aus einer Animation

Gehen Sie genauso vor wie beim Erstellen von Baugruppenzeichnungen. Erstellen Sie eine Erstansicht der Explosionsdarstellung, setzen Sie die Positionsnummer, ordnen Sie sie übersichtlich an, nummerieren Sie neu und erstellen Sie die Teileliste. Das Ergebnis könnte wie in Abbildung 9.44 aussehen. Speichern Sie Ihre Arbeit ab. Diesen Stand haben Sie auch als PDF-Datei im Datenpanel, ***Lösung-09-Final-Animation-Zeichnung.pdf***.

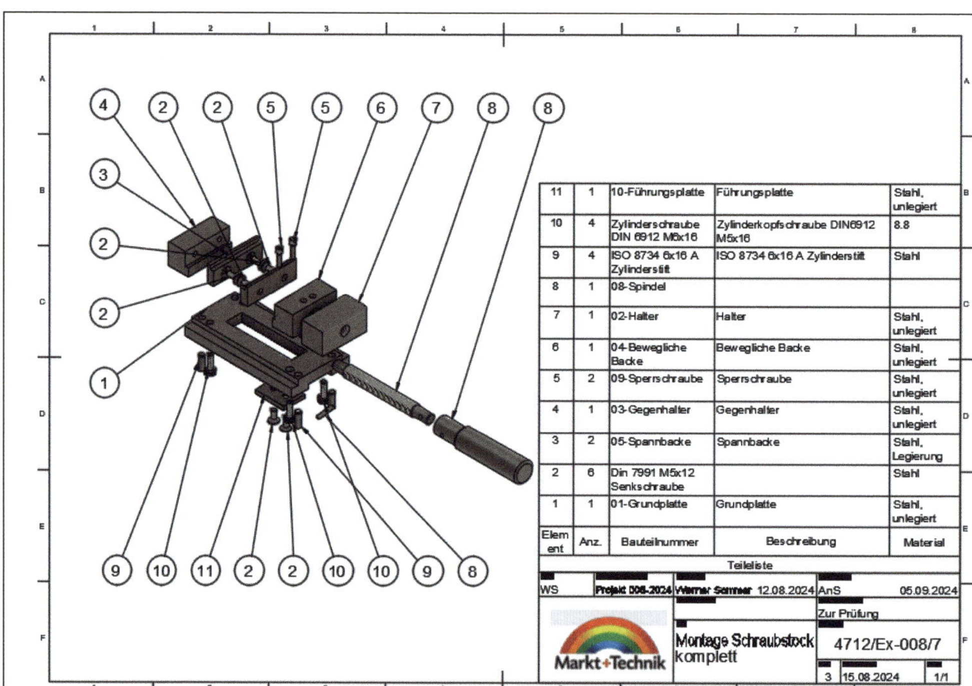

Abbildung 9.44: Die fertige Explosionszeichnung

Es gibt darüber hinaus noch eine ganze Reihe automatischer Funktionen, schon beim Anlegen eines Zeichnungsblatts und danach beim Bemaßen und auch bei den Explosionszeichnungen. Diese liefern aber oft Ergebnisse, bei denen die Nacharbeit größer ist als die Zeitersparnis beim Erstellen. Die meisten dieser Funktionen sind außerdem in der Version für Privatanwender nicht verfügbar.

9.6 Schraubverbindungen einfügen

In Fusion lassen sich Befestigungselemente automatisch modellieren und einfügen, sowohl in einzelnen Körpern als auch in Baugruppen. Verfügbar sind Normteile wie Schrauben, Muttern, Unterlegscheiben und Nieten in den unterschiedlichsten Normen bzw. Einheiten und Größen. Solche Normteile selbst zu modellieren, wäre unnötig aufwendig. Um eine Konstruktion realistisch darzustellen, sind sie aber erforderlich. Hier hilft Ihnen das Schraubenmodul. Schauen wir uns dies gleich an einem Beispiel an.

Bei Schrauben vorher bohren

Bitte beachten Sie: Wenn Sie Schrauben einfügen, muss die Bohrung schon vorhanden sein. Beim Einfügen wird die Bohrung nicht automatisch erstellt. Umgekehrt macht es Sinn. Wenn Sie beim Einfügen der Schraube die Kante einer Bohrung anklicken, wird automatisch der passende Durchmesser für die Schraube gewählt.

1. Starten Sie die Datei ***Aufgabe-09-10*** auf der obersten Ebene der Download-Dateien per Doppelklick auf die Anzeige im Datenpanel. Sie bekommen eine weitere Variante des Pleuels, diesmal ohne Verschraubungen, aber mit den erforderlichen Bohrungen. Drehen Sie den Pleuel wie in Abbildung 9.45. Die Konstrukteure werden die Hände über dem Kopf zusammenschlagen, trotzdem sollen auf beiden Seiten unterschiedliche Schraubverbindungen verwendet werden, um verschiedene Methoden zu zeigen. Rechts eine durchgehende Bohrung für eine Schraubverbindung mit Mutter, links haben wir im Pleuel eine Senkung und ein Gewindesackloch.

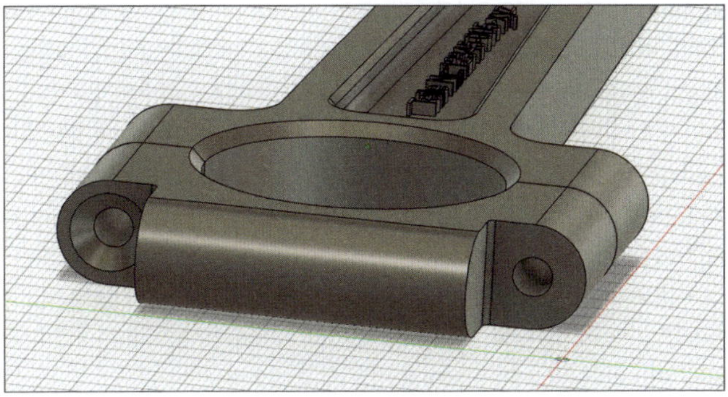

Abbildung 9.45: Der Pleuel für die Verschraubung

2. Wählen Sie jetzt in der Multifunktionsleiste im Bereich *Einfügen* das Symbol *Schraube einfügen*. Wenn Sie auf den Pfeil geklickt haben, können Sie im Untermenü auch dort die Funktion *Schraube einfügen* wählen und Sie bekommen das Dialogfeld für diese Funktion (siehe Abbildung 9.46, links).
3. Oben haben Sie ein Suchfeld, um ein bestimmtes Element zu suchen. Darunter wählen Sie die Norm aus. In unserem Fall *DIN/Metrisch*. Darunter könnten Sie in einem Untermenü oder mit den Bildern wählen, was einfügt werden soll (siehe Abbildung 9.46, links). Mit einem Doppelklick auf den Eintrag werden Ihnen die möglichen Schrauben angezeigt.
4. Wenn Ihnen die Bezeichnungen und die Normen nichts sagen, können Sie die Anzeige auch mit dem Zahnradsymbol rechts oben auf eine Anzeige von Bildern umschalten (siehe Abbildung 9.46, Mitte). Klicken Sie das Symbol an und wählen Sie aus der Liste die Option *Kacheln*, dann sehen Sie die Voransicht der Symbole (siehe Abbildung 9.46, rechts).

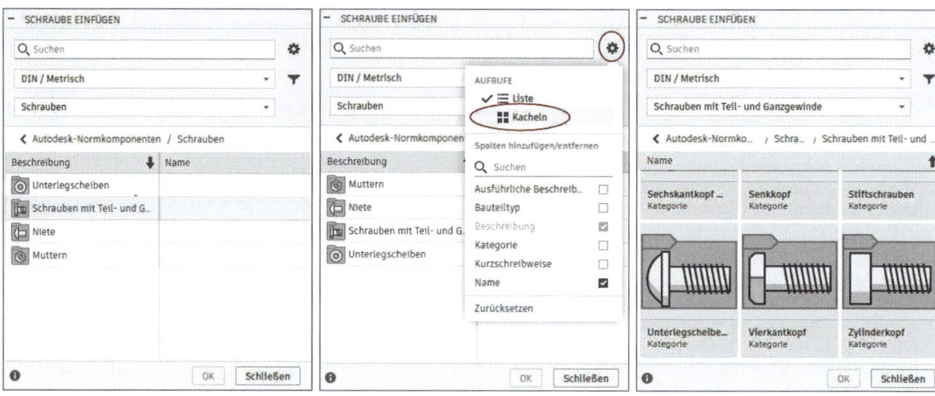

Abbildung 9.46: Auswahl der Schraube

5. Wählen Sie jetzt *Zylinderkopf* und im nächsten Menü *DIN 912*. Sofort erscheint das Dialogfeld zur Platzierung der Schraube (siehe Abbildung 9.47). Der Schalter *Ähnliche auswählen* sollte deaktiviert werden, sonst würde die Schraube auch bei anderen ähnlichen Bohrungen eingefügt, also auch an der linken Bohrung. Klicken Sie auf den Schalter *Position* und wählen Sie die obere Kante der rechten Bohrung. Die *Nenngröße* sollte auf *Autom.* belassen werden. Dann wird die Größe entsprechend dem Bohrungsdurchmesser gewählt. In der Voransicht wird die Schraube angezeigt.
6. Jetzt fehlt nur noch die Länge. Ziehen Sie die Schraube am vorderen Pfeil auf die gewünschte Länge oder wählen Sie aus dem Auswahlmenü *Nennlänge* eine Größe. Bei 60 mm ist Schluss, weil es in dieser Norm keine längeren gibt. 55 mm würden in unserem Fall reichen, wählen Sie daher diesen Wert (siehe Abbildung 9.47). Das Material und wie die Schraube gefertigt ist, interessiert uns nicht. Klicken Sie auf *OK* und die Schraube wird modelliert.

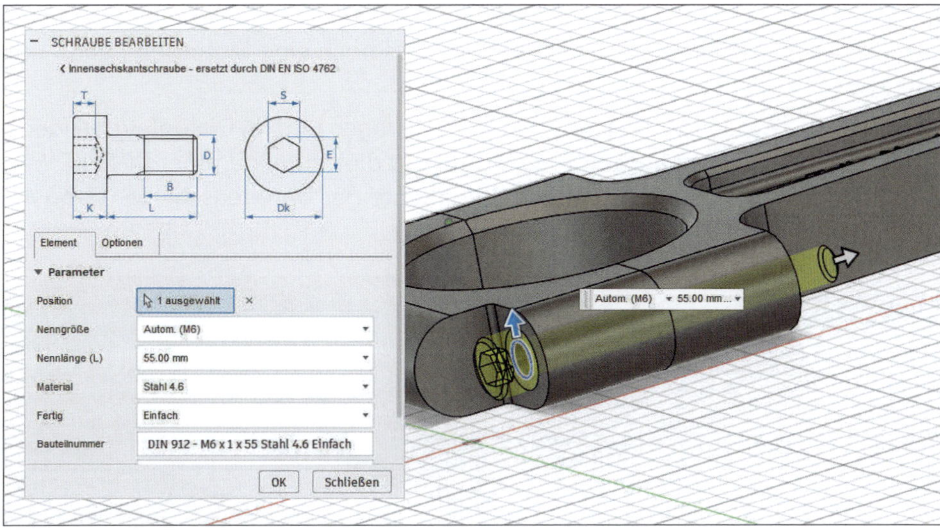

Abbildung 9.47: Einfügen der Schraube

7. Oops, eine Unterlegscheibe wäre gut gewesen. Kein Problem, machen wir nachträglich. Wählen Sie die Funktion *Schraube einfügen* noch einmal und legen Sie im Dialogfeld bei der Auswahl *Unterlegscheiben*, bei der Variante *Einfach* und dort *DIN 125-1-A* fest. Zoomen Sie hinein und wählen Sie mit dem Schalter *Position* die Unterkante der Schraube (siehe Abbildung 9.48). Mit *OK* wird die Scheibe eingefügt und die Schraube um die Dicke der Schraube nach außen versetzt.

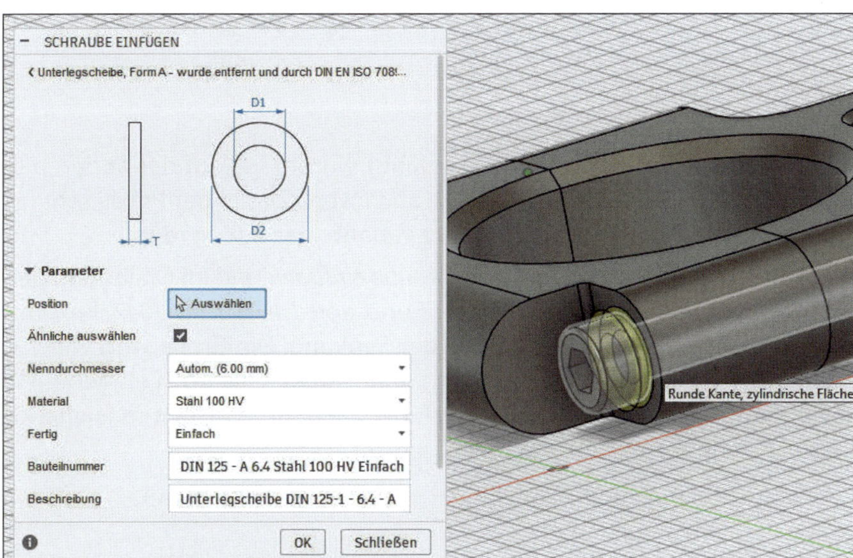

Abbildung 9.48: Einfügen der Scheibe

8. Auf die gleiche Weise kann jetzt noch eine weitere Unterlegscheibe auf der anderen Seite eingefügt werden und zum Schluss noch eine Mutter ebenfalls auf der anderen Seite.

   Wählen Sie wieder die Funktion *Schraube einfügen* und im Dialogfeld bei der Auswahl *Muttern*, die Variante *Sechskant* und dort die Bauteilnummer *DIN 555*. Wählen Sie mit dem Schalter *Position* die innere Kante der Unterlegscheibe (siehe Abbildung 9.49). Mit *OK* wird die Mutter eingefügt.

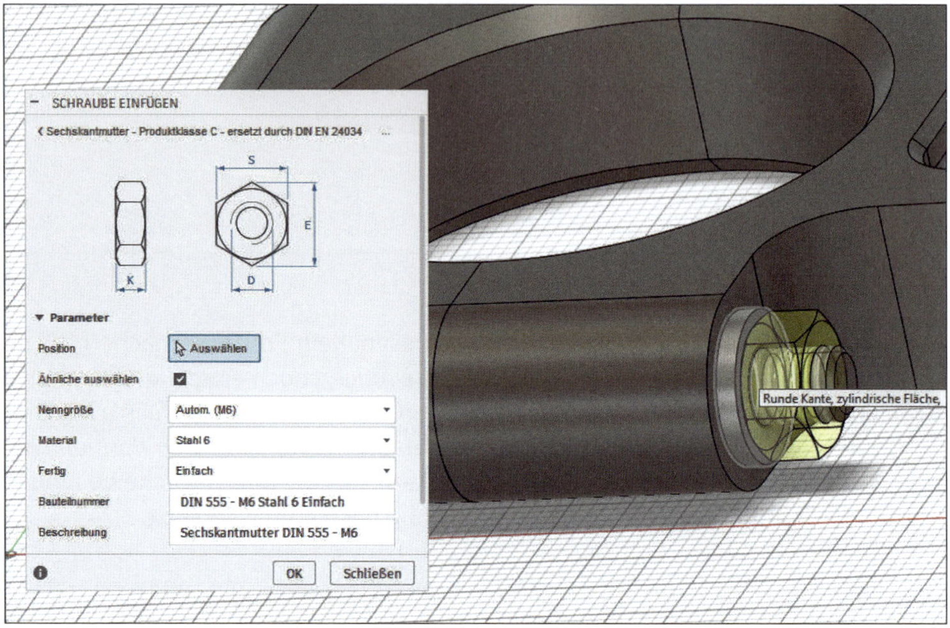

Abbildung 9.49: Einfügen der Mutter

9. Diese Seite ist fertig. Wie oben schon erwähnt wurde, soll auf der anderen Seite eine andere Verbindung gewählt werden, auch wenn das in der Praxis sehr ungewöhnlich wäre. Aber es soll ja eine weitere Variante gezeigt werden.

   Wählen Sie noch einmal die Funktion *Schraube einfügen* und im Dialogfeld bei der Auswahl *Schrauben*, die Variante *Senkkopf* und dort *DIN EN ISO 7047*. Bestimmen Sie mit dem Schalter *Position* die Fläche der Senkung. Die Größe wird wie vorher auch automatisch bestimmt. Nur die *Nennlänge* müssen Sie noch eingeben. Wählen Sie aus dem Menü *Nennlänge* die verfügbare Länge von 35 mm (siehe Abbildung 9.50). Mit *OK* wird die Schraube eingefügt.

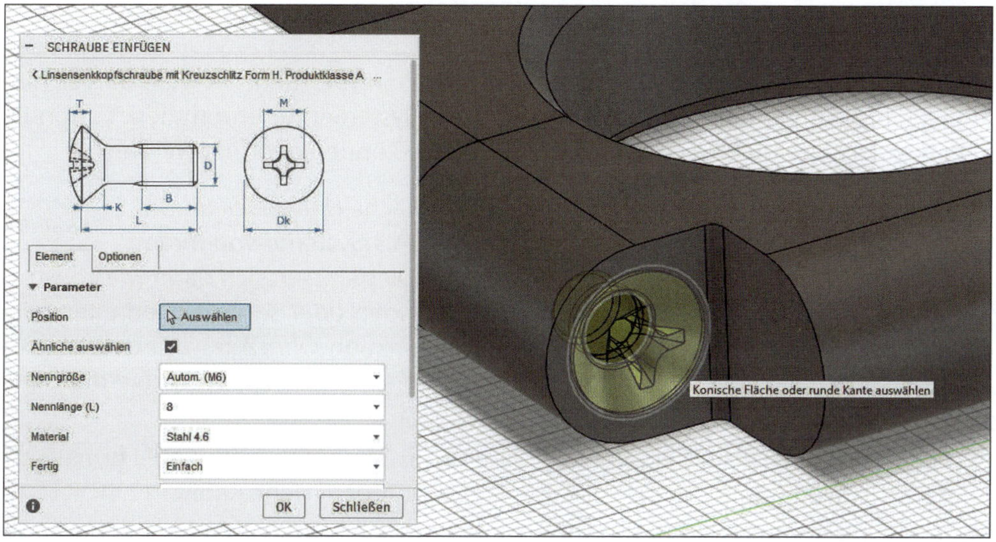

Abbildung 9.50: Einfügen einer Senkkopfschraube

Das soll es gewesen sein. Den Stand haben Sie auch in der Datei ***Lösung-09-10*** ebenfalls auf der obersten Ebene der Download-Dateien, wenn Sie noch mal nachsehen wollen (siehe Abbildung 9.51, links). Sie könnten auch in den visuellen Stil *Drahtkörper* wechseln, um die Positionen besser überprüfen zu können (siehe Abbildung 9.51, rechts). Anzumerken ist noch, dass daraus jetzt eine Baugruppe geworden ist, von der Sie auch wie oben beschrieben Explosionszeichnungen und Animationen ableiten können.

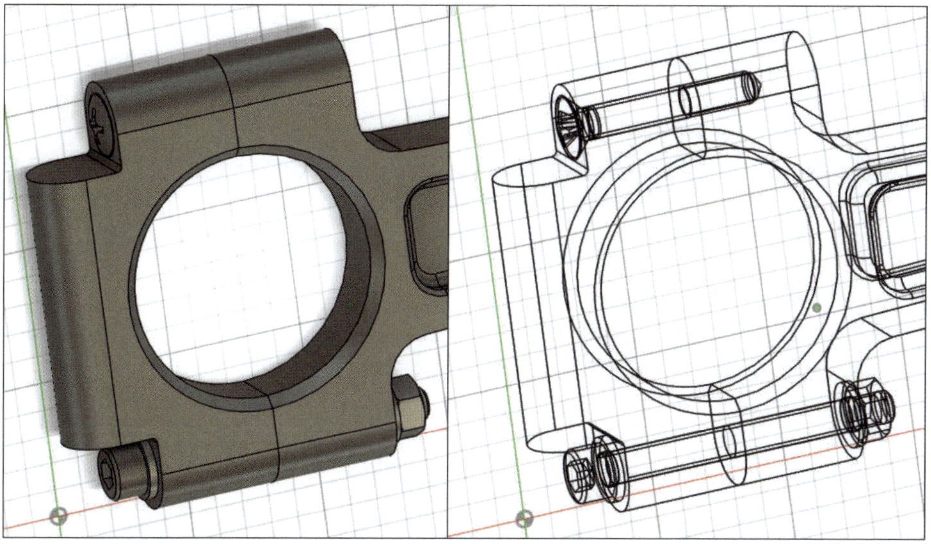

Abbildung 9.51: Der Pleuel mit den Schraubverbindungen in unterschiedlichen visuellen Stilen

9.7 Externe Teile in Baugruppen

Nicht alles in Ihren Baugruppen muss selbst konstruiert werden. Oft werden Teile hinzugekauft oder von Partnern mit anderen CAD-Systemen übernommen. Fusion ist sehr flexibel. Dateien aller gängigen CAD-Systeme können geöffnet werden.

- **Dateien von Fremdsystemen:** Mit der Schaltfläche *Hochladen* im Datenpanel können Sie Fremdformate anderer CAD-Systeme von Ihrem lokalen Computer ins Datenpanel hochladen. Diese lassen sich dann wie konstruierte Komponenten im Zusammenbau verwenden oder so weit bearbeiten, wie es das Format zulässt. Sie können auch die Funktion *Öffnen* nutzen und im Dialogfeld den Schalter *Über meinen Computer öffnen* anklicken. Wenn Sie die Datei speichern, ist sie auch im Datenpanel verfügbar.
- **Netz einfügen:** Damit können Sie Dateien im STL-, OBJ- oder 3MF-Format von Ihrem lokalen Computer oder aus der Cloud einfügen (siehe Kapitel 12.4).
- **Kaufteil auswählen und einfügen:** Im Bereich *Einfügen* der Multifunktionsleiste finden Sie im Menü diverse Einträge zum Einfügen von Kaufteilen aus Portalen mit Herstellerkatalogen:
  - **McMaster-Carr Komponente einfügen:** McMaster-Carr ist ein US-amerikanisches Unternehmen, das sich auf den Vertrieb von Industriezubehör spezialisiert hat. Es ist bekannt für seinen umfangreichen Katalog (Werkzeuge, Hardware, Rohrleitungen, elektrische Komponenten, Befestigungselemente und vieles mehr), der sowohl in gedruckter Form als auch online verfügbar ist. Über ein eigenes Dialogfeld zur Suche kann das gewünschte Objekt ausgewählt und eingefügt werden.
  - **Herstellerteil einfügen:** Start des Portals *parts4cad* im Browser mit den Katalogen von über 400 Herstellern und Lieferanten, aus denen Sie unter Millionen von Teilen Ihr Teil auswählen und direkt einfügen können.
  - **Einfügen von TraceParts Herstellerkomponenten:** Start eines Dialogfelds mit den Katalogen des Portals *TraceParts*. Auch daraus lassen sich die Komponenten wählen und direkt in die Baugruppe einfügen.

10. Illustrieren und Rendern

Bisher war alles grau in grau. Das soll sich jetzt ändern, bringen wir Farbe in die 3D-Welt. Dafür haben wir verschiedene Möglichkeiten. Ganz einfach ist es, Komponenten, Körper oder auch nur Flächen in unterschiedlichen Darstellungen anzuzeigen. Außerdem lassen sich Materialien den Körpern zuordnen. Ganz perfekt wird es, fotorealistische Bilder für das Marketing sowie für Werbung zu erstellen. Dazu gibt es den eigenen Arbeitsbereich *Rendern*.

Bei Autodesk Fusion gibt es einen wichtigen Unterschied zwischen *Material* und *Darstellung*. Beides beeinflusst das Aussehen des Objekts, aber nur eines die physikalischen Eigenschaften.

- Es ist das **Material**, das die physikalischen Eigenschaften eines Teils festlegt, wie Dichte, Festigkeit, Wärmeleitfähigkeit usw. Diese Eigenschaften werden beispielsweise für die FEM-Analyse (**F**inite-**E**lemente-**M**ethode) oder bei Simulationen benötigt. Aber schon eine einfache Massenermittlung erfordert eine Materialzuordnung.
- Die **Darstellung** bezieht sich dagegen auf das Erscheinungsbild des Modells, etwa Farbe, Textur, Glanz, Transparenz usw. Die Darstellung ist beim Rendering wichtig. Erst damit lässt sich das Modell fotorealistisch darstellen. Damit wird der Körper visuell in Holz, Stahl, Gummi usw. dargestellt.
- Beide Eigenschaften können unabhängig voneinander vergeben werden, sodass das Material einer Komponente oder eines Körpers aus Aluminium ist und in der Farbe Metallic-Grün dargestellt wird, weil es beispielsweise in dieser Farbe lackiert wird. Die Darstellung kann auch auf unterschiedlichen Flächen unterschiedlich gewählt werden, da diese auch unterschiedlich lackiert oder mit Folie überzogen sind. Das Material muss für einen Körper einheitlich sein.
- Darstellung und Material sind anfangs immer auf die Einstellungen gesetzt, die in den Voreinstellungen des Programms festgelegt wurden. In Beschreibungen werden oft *Darstellung* und *Material* durcheinandergebracht, selbst in den Bezeichnungen in den Dialogfeldern des Programms.

10.1 Die Darstellung

Die Darstellung lässt sich auf unterschiedliche Arten ändern. Die einfachste Methode ist es, dass Sie in der Multifunktionsleiste das Menü in der Gruppe *Ändern* aktivieren und dort die Funktion *Darstellung* wählen. Dafür gibt es auch ein Tastaturkürzel, die Taste [A] (A vom englischen »Appearance«).

Testen wir es gleich an einem Beispiel.

1. Laden Sie die Datei ***Aufgabe-01-01*** per Doppelklick im Datenpanel. Starten Sie die Funktion *Darstellung* wie oben beschrieben und es wird das Dialogfeld *Darstellung* eingeblendet (siehe Abbildung 10.1). Jetzt können Sie im Bereich *Anwenden auf* wählen, ob Sie die Darstellung für einen Körper bzw. eine Komponente oder nur für eine Fläche bestimmen wollen. Im Feld darunter *In dieser Konstruktion* sehen Sie, welche Darstellungen Sie schon vergeben haben.
2. Im Feld *Bibliothek* haben Sie ein Suchfeld und die Auswahl, welche Darstellungen Sie haben wollen: die aus Fusion, selbst kreierte oder als Favoriten gespeicherte Darstellungen. Haben Sie den Schalter *Herunterladbare Materialien anzeigen* aktiviert, werden auch die Darstellungen angezeigt, die erst heruntergeladen werden müssen. Darunter finden Sie in Kategorien zusammengefasst die vorhandenen Darstellungen (Glas, Metalle, Lacke usw.). Wenn Sie eine Kategorie öffnen, können Sie bei der gewünschten Darstellung auf den Pfeil nach unten klicken, um diese herunterzuladen.
3. Ordnen Sie unterschiedlichen Körpern oder unterschiedlichen Flächen zum Test die unterschiedlichsten Darstellungen zu. Ziehen Sie dazu einfach die gewünschte Darstellung mit ihrem Feld in der Bibliothek mit gedrückter Maustaste auf das gewünschte Objekt und lassen Sie es dort los. Das Objekt wird sofort in dieser Darstellung angezeigt und die Darstellung wird ins Feld *In dieser Konstruktion* übernommen (siehe Abbildung 10.1).

Speichern Sie diesen Stand nicht, Sie benötigen die Baugruppe später noch einmal möglichst unverändert. Wenn Sie speichern wollen, dann unter einem anderen Namen.

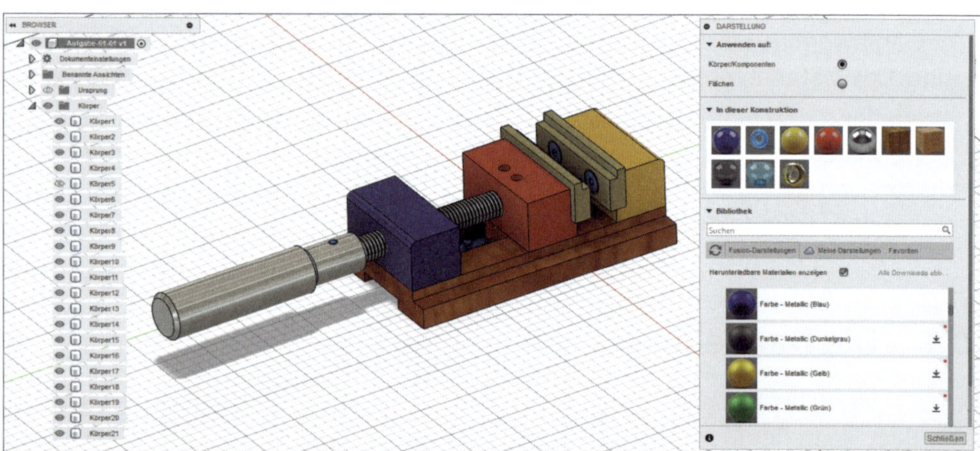

Abbildung 10.1: Baugruppe in kunterbunter Darstellung

10.2 Das Material

Fusion hat eine umfangreiche Materialbibliothek, aus der jedem Objekt mit der Funktion *Material* ein Material zugeordnet werden kann. Testen Sie es gleich.

1. Laden Sie die Datei ***Lösung-05-02-Final*** aus dem Datenpanel, der bekannte Kranhaken aus Kapitel 5. Es geht ganz einfach. Wählen Sie das Menü im Bereich *Ändern* und dort die Funktion *Material*. Im Dialogfeld *Material* sehen Sie die Kategorien der verfügbaren Materialien. Wählen Sie eine Kategorie aus und ziehen Sie daraus ein Material mit gedrückter Maustaste auf das Modell. Wenn Sie es dort loslassen, wird das Material zugeordnet und das Objekt in diesem Material dargestellt (siehe Abbildung 10.2).

Abbildung 10.2 Einem Körper Material zuordnen

2. Die Materialbibliothek umfasst eine ganze Reihe von Kategorien, die wiederum eine große Auswahl an Materialien enthalten. Dies sind ähnlich wie bei den Darstellungen unterschiedliche Metalle für mechanische Komponenten, Keramik, Holz, Gas und Flüssigkeiten, aber auch Textil, Bodenbeläge, Stein und Glas für Inneneinrichtungen. Testen Sie die Vergabe der Materialien am Kranhaken.

Was wird angezeigt, Material oder Darstellung?

Die *Darstellung* ist das optische Erscheinungsbild, das angezeigt wird. Denken Sie an das lackierte Metall. Der Lack wird angezeigt und nicht das Metall, also die *Darstellung*. Wenn Sie die Darstellung zuerst vergeben haben und die Vergabe des Materials wählen, dann wird zur visuellen Kontrolle das Material angezeigt. Wenn das Dialogfeld *Material* geschlossen wird, ist das Modell wieder mit seinen Darstellungen sichtbar. Wenn Materialien zugeordnet sind, aber keine Darstellungen, dann wird das Modell in der Optik des Materials angezeigt.

10.3 Aufkleber

Wie in den Zeichnungen, können Sie auch am Modell mit Bilddateien arbeiten. Hierfür steht Ihnen die Funktion *Aufkleber* zur Verfügung. Damit können Sie eine Bilddatei auf eine beliebige Fläche Ihres Körpers legen, auch auf nicht planare Flächen.

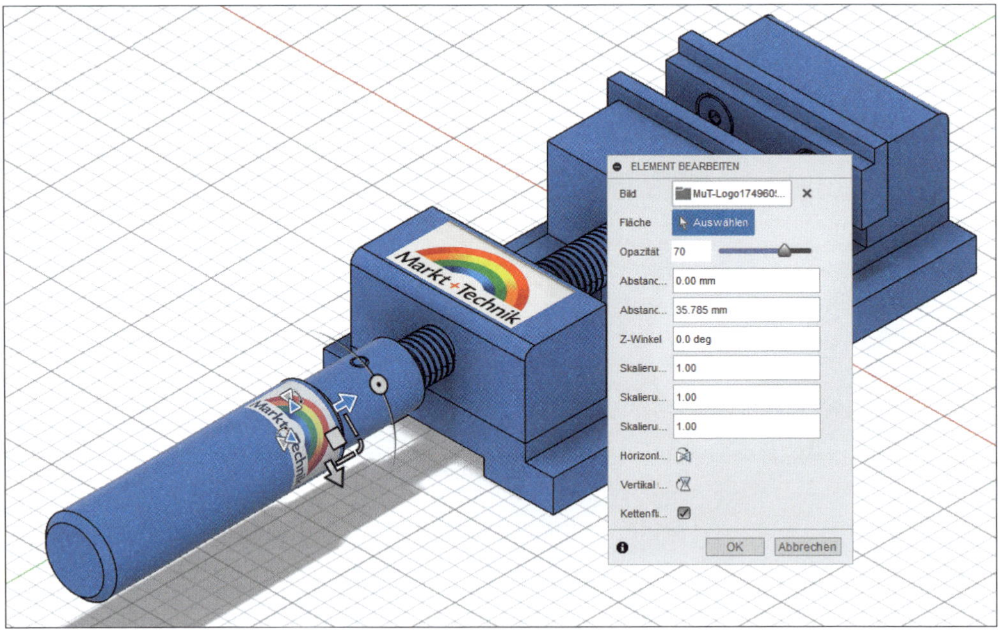

Abbildung 10.3: Die Funktion Aufkleber *auf planaren und nicht planaren Flächen*

Holen Sie zum Testen noch einmal die Datei ***Aufgabe-10-01*** aus dem Datenpanel. Wählen Sie die Funktion *Aufkleber* aus dem Menü im Bereich *Einfügen* der Multifunktionsleiste. Testen Sie mit der Datei ***MuT-Logo.jpg*** und legen Sie diese auf eine planare Fläche sowie auf den Griff. Am Dialogfeld *Aufkleber* können Sie die Parameter für die Bilddatei einstellen.

Das Meiste lässt sich aber auch an den Manipulator-Griffen interaktiv erledigen (siehe Abbildung 10.3).

10.4 Rendern von 3D-Modellen

Um perfekte und nahezu fotorealistische Bilder zu erstellen, können die Funktionen des Arbeitsbereichs Rendern genutzt werden. Auch das wollen wir gleich am Beispiel erproben.

RENDERN

Laden Sie die Datei ***Aufgabe-10-01*** aus dem Datenpanel, wieder der Kranhaken, aber diesmal sind die Darstellungen schon vergeben und ein Aufkleber ist platziert (siehe Abbildung 10.4, links).

Wir wollen an der Konstruktion nichts mehr ändern, deshalb wechseln wir vom Arbeitsbereich *Konstruktion* zum Arbeitsbereich *Rendern*. Wählen Sie aus dem Menü mit den Arbeitsbereichen *Rendern* und der Kranhaken wird in diesem Arbeitsbereich vor einem grauen Hintergrund dargestellt. Sollten doch noch Änderungen an der Konstruktion erforderlich werden, können Sie jederzeit zwischen den Bereichen wechseln.

10.4.1 Szeneneinstellungen

Bevor Sie mit dem eigentlichen Rendern beginnen, können eine ganze Reihe von Voreinstellungen gemacht werden, die sogenannten Szeneneinstellungen.

1. Mit der Funktion *Szeneneinstellungen* lassen sich die Bedingungen für das Rendern in einem umfangreichen Dialogfeld festlegen (siehe Abbildung 10.4, rechts).
2. Im Bereich *Umgebung* können Sie etwa die Helligkeit anpassen. Etwa 1.000 Lux liefert die besten Ergebnisse. Beim Hintergrund gibt es zwei Möglichkeiten: *Deckende Farbe* oder *Umgebung*. Haben Sie *Deckende Farbe* gewählt, bleibt es beim einfarbigen Hintergrund und im Farbfeld darunter können Sie die Farbe ändern. Testen Sie die Möglichkeit.

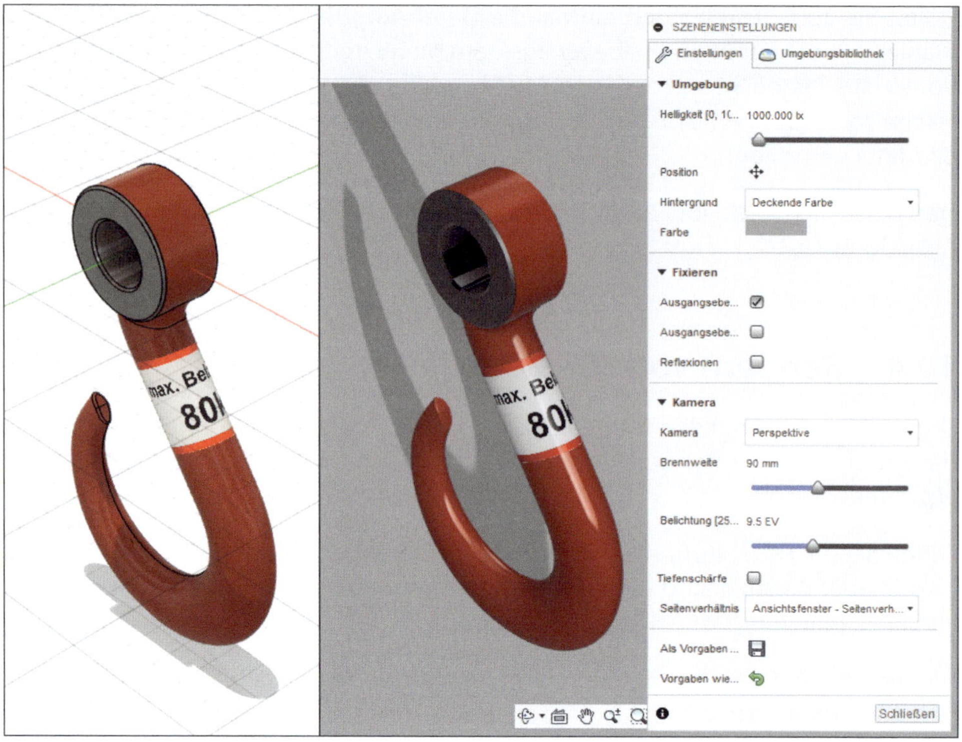

Abbildung 10.4: Der Kranhaken in den verschiedenen Arbeitsbereichen

3. Spannend wird es erst, wenn Sie bei *Hintergrund* im Menü *Umgebung* wählen. Zunächst tut sich nichts. Schalten Sie auf die Registerkarte *Umgebungsbibliothek* und wählen Sie eine Umgebung aus der Bibliothek. Zunächst müssen Sie diese mit dem Pfeil rechts herunterladen. Dann können Sie sie auf die Hintergrundfläche legen und sie wird verwendet. In Abbildung 10.5 ist es die Umgebung *Platz*.
4. Der Hintergrund ist noch unscharf und nicht angepasst. Schalten Sie wieder zurück zur Registerkarte *Einstellungen*. Wenn Sie den Schalter *Position* anklicken, können Sie den Hintergrund weiterbearbeiten durch Bewegen an den Pfeilen beim Haken und durch Drehen und Skalieren an den Schiebern. Außerdem können Sie den Ansichtspunkt ändern. Versuchen Sie es und finden Sie die gewünschte Einstellung (siehe Abbildung 10.6).
5. Im Bereich *Fixieren* sollten die Ebenen eingeschaltet sein, damit sie einen festen Bezug zur Umgebung haben. Haben Sie den Schalter *Reflexionen* aktiviert, reflektiert der Untergrund den Haken umso stärker, wenn die *Rauheit* gering eingestellt wird.

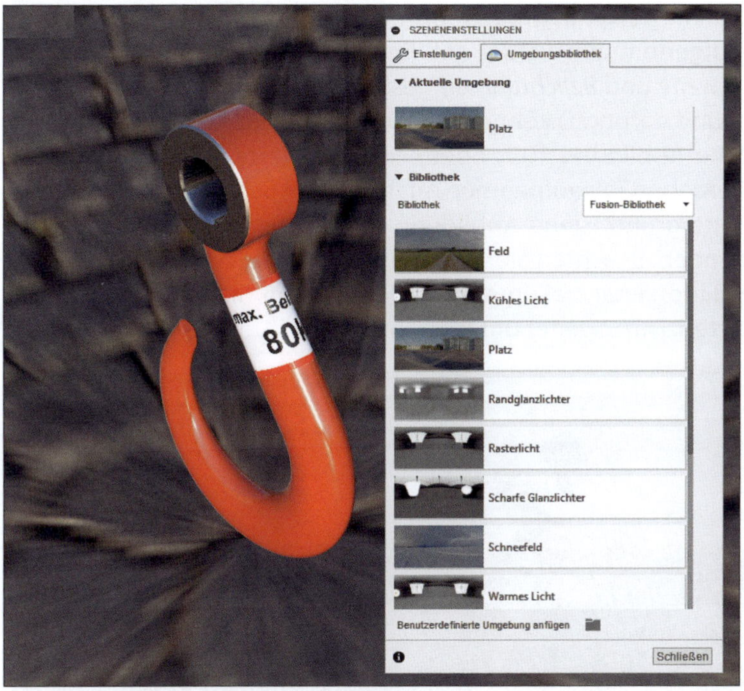

Abbildung 10.5: Der Kranhaken mit Hintergrund

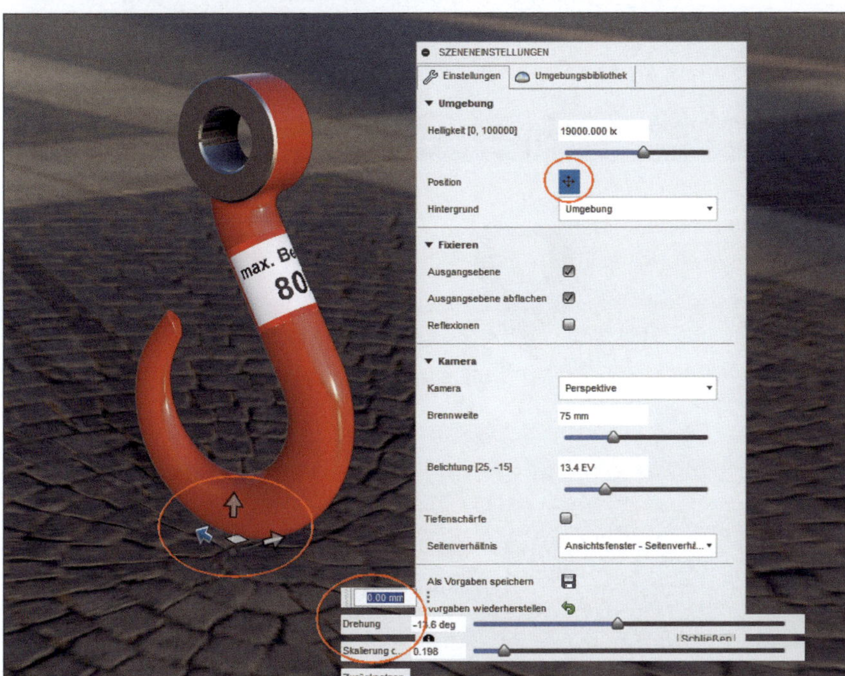

Abbildung 10.6: Den Hintergrund anpassen

6. Im Bereich *Kamera* kann gewählt werden, ob eine orthogonale oder perspektivische Darstellung aufgenommen werden soll. Realistischer ist die Perspektive. Darunter können *Brennweite* und *Belichtung* eingestellt werden. Kleine Werte für die Brennweite (20 mm und darunter) können das Objekt wie bei einem Fischaugeneffekt verzerren (siehe Abbildung 10.7, oben). Höhere Werte für die Brennweite (70 mm und höher) ergeben Teleaufnahmen mit selektiver Schärfe auf dem Objekt und unscharfem Hintergrund (siehe Abbildung 10.7, unten). Testen Sie die verschiedenen Einstellungen. Beachten Sie, dass dies momentan noch die Voransicht ist. Die endgültige Bildqualität bekommen Sie erst, wenn Sie den eigentlichen Render-Vorgang starten. Dazu weiter unten mehr.

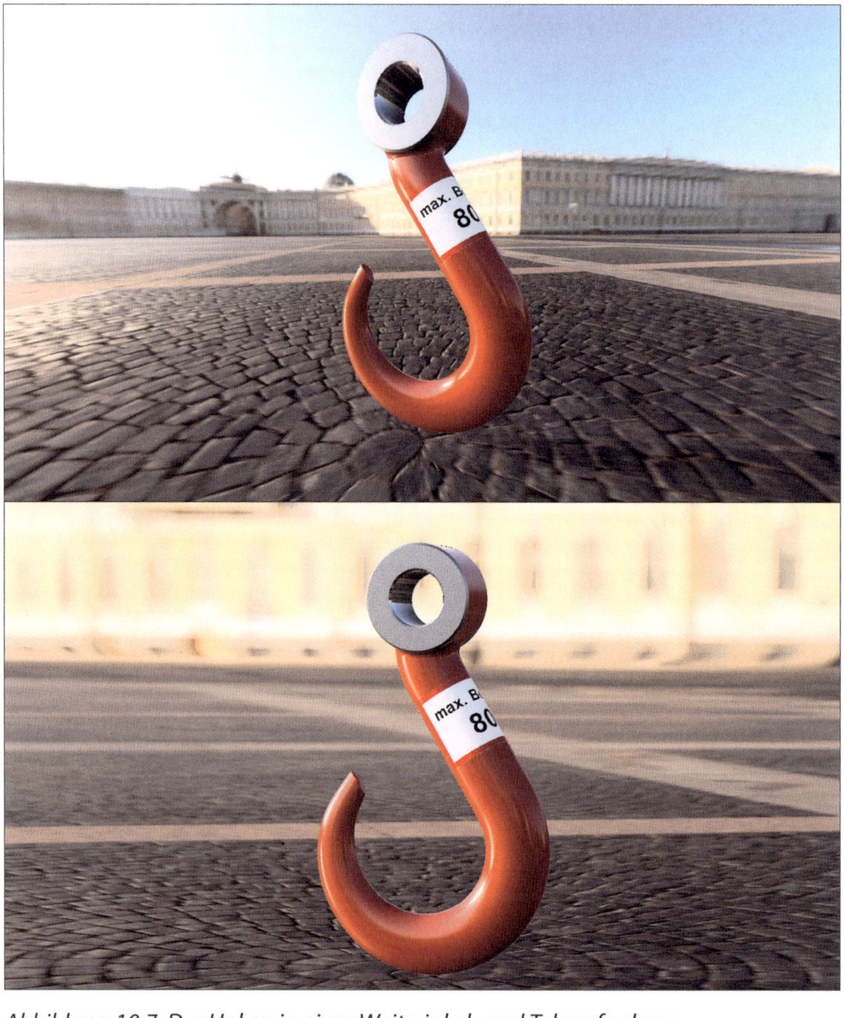

Abbildung 10.7: Der Haken in einer Weitwinkel- und Teleaufnahme

7. Mit dem Schalter *Tiefenschärfe* können Sie dem Bild eine selektive Schärfe geben und den Rest in Unschärfe verschwinden lassen. Mit dem Schalter *Brennpunkt* können Sie einen Punkt am Modell anklicken, der scharf abgebildet werden soll. Am Schieber *Unschärfe* stellen Sie ein, wie stark sich die Unschärfe auswirken soll.
8. Eine Einstellung ist noch wichtig. Sie müssen das *Seitenverhältnis* des gerenderten Bildes bestimmen. Sie können das des aktuellen Ausschnitts verwenden oder Standardeinstellungen wie 16:9, 4:3 usw.

In der Multifunktionsleiste im Bereich *Setup* ist ebenfalls die Funktion *Darstellung* mit einem Symbol vorhanden. Sie ist identisch mit der gleichnamigen Funktion im Arbeitsbereich *Konstruktion*. Änderungen wirken sich auch dort aus.

Auch die Funktion *Aufkleber* finden Sie hier noch einmal. Auch diese ist identisch mit der Funktion im Arbeitsbereich *Konstruktion*. Nehmen Sie hier Änderungen vor, werden diese auch in die Konstruktion übernommen.

10.4.2 Das Rendern im Ansichtsfenster

Jetzt also rendern, bis jetzt hatten wir nur die Voransicht. Zwei Möglichkeiten gibt es, Sie können das Ansichtsfenster lokal auf Ihrem Computer in Echtzeit rendern oder das Rendern in die Cloud auslagern. Für das lokale Rendern stehen Ihnen drei Funktionen zur Verfügung:

- **Im Ansichtsbereich rendern:** Der Inhalt des aktuellen Ansichtsfensters wird gerendert. Damit bekommen Sie schnelle erste Ergebnisse. Allerdings bewirkt jede Änderung der Ansicht oder der Einstellungen, sei es auch nur versehentlich, dass das Rendern neu gestartet wird. Den Verlauf und die damit erreichte Qualität des Renderings sehen Sie am rechten unteren Bildrand auf einer Anzeige mitlaufen. Sie finden die Funktion *Im Ansichtsbereich rendern* mit einem Symbol im gleichnamigen Bereich der Multifunktionsleiste. Damit schalten Sie die Funktion ein und sie bleibt aktiv, bis Sie das Symbol wieder anklicken.

- **Einstellungen:** Im Dialogfeld *Einstellungen für Rendern im Ansichtsbereich* können Sie die Einstellungen festlegen (siehe Abbildung 10.8). Zur Beschleunigung verwenden Sie die Einstellung *Schnell*, allerdings auf Kosten der Qualität. Mit einem Schieber können Sie zudem die Auflösung beschränken. *Ansicht sperren* bewirkt, dass während des Renderns die Ansicht nicht mehr verändert werden kann.

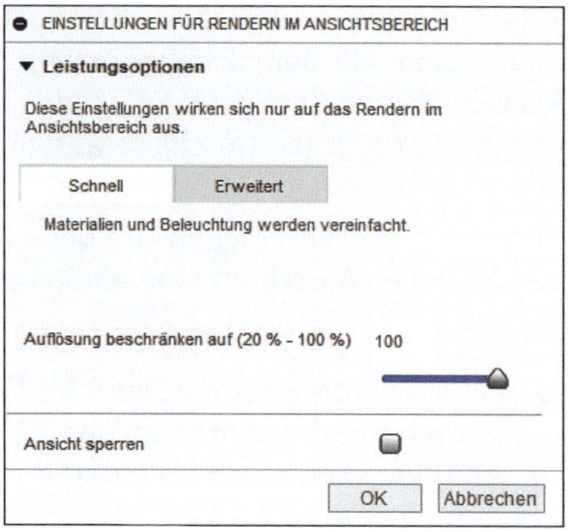

Abbildung 10.8: Einstellungen für das Rendern im Ansichtsbereich

- **Bild erfassen:** Ist das Ergebnis zufriedenstellend, können Sie es mit der Funktion *Bild erfassen* in einer Bilddatei speichern. Dazu stellen Sie die Parameter im Dialogfeld ein (siehe Abbildung 10.9) und wählen danach, ob die Bilddatei auf Ihrem lokalen Computer oder in der Cloud gespeichert werden soll. In diesem Fall ist sie im Datenpanel erreichbar.

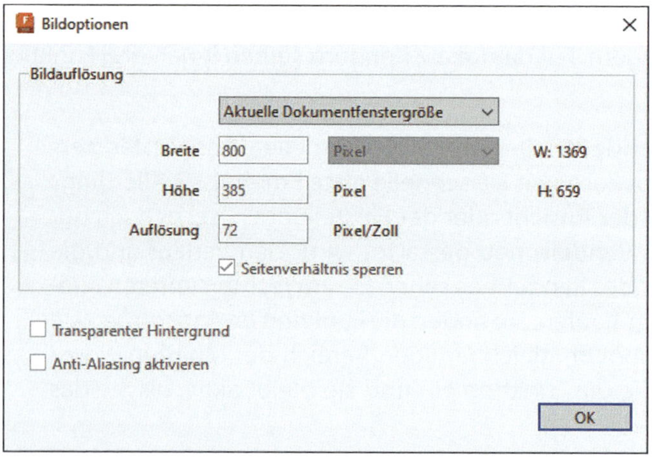

Abbildung 10.9: Einstellungen für Speichern der Bilddatei

In Abbildung 10.10 sehen Sie zwei in Endqualität gerenderte Bilder. Einmal mit dem Haken auf dem freien Feld und einmal in einem Ausschnitt mit selektiver Schärfe auf der Spitze des Hakens in einer neutralen Umgebung mit gedimmter Beleuchtung. Experimentieren Sie weiter mit verschiedenen Umgebungen, unterschiedlichen Materialien und Kameraeinstellungen. Es macht richtig Spaß.

Abbildung 10.10: Rendern mit verschiedenen Einstellungen

10.4.3 Das Rendern in höchster Qualität

Um in höchster Qualität zu rendern, verwenden Sie die Funktion *Rendern*, die Sie ebenfalls in der Multifunktionsleiste als einzige Funktion im Bereich *Rendern* finden. Die *Rendereinstellungen* legen Sie auch hier in einem Dialogfeld fest (siehe Abbildung 10.11).

- **Eigenschaften Bild:** Zunächst werden die üblichen Einstellungen zur Bilddatei vorgenommen wie *Bildgröße*, *Seitenverhältnis*, *Belichtung* und *Dateiformat*.
- **Transparenter Hintergrund:** Wollen Sie den Hintergrund ausblenden, dann können Sie diesen Schalter aktivieren. Sie bekommen Ihr Modell ohne Hintergrund gerendert, falls Sie es in eine Bildverarbeitung einfügen wollen.

Abbildung 10.11: Einstellungen für die Rendern-Funktion

- **Rendern mit:** Wählen Sie, ob auf dem lokalen Rechner oder in der Cloud gerendert werden soll. Mit der Einstellung *Cloud-Renderer* wird die zeitaufwendige Berechnung in die Cloud ausgelagert. **Diese Funktion ist in der Version für Privatanwender nicht freigeschaltet.**
- **Renderqualität:** Hier können Sie zwischen *Standard* und *Freigegeben* wählen. Mit dem Schalter *Erweiterte Einstellungen* können Sie die Qualität genauer bestimmen.

Mit dem Schalter *Rendern* wird das Rendering gestartet. Wenn der Vorgang abgeschlossen ist, sehen Sie ein Voransichtsbild im *Render-Katalog*, egal, ob lokal oder in der Cloud gerendert. Schon während des Renderns sehen Sie den Verlauf an einem durchlaufenden Balken über dem Voransichtsbild.

Klicken Sie ein Voransichtsbild im *Render-Katalog* an, wird es in einem größeren Fenster angezeigt und Sie können das Bild im PNG-Format herunterladen, erneut rendern, nachbearbeiten, falls es in der Cloud gerendert wurde, oder auch löschen (siehe Abbildung 10.12).

Wenn Sie die Datei speichern, werden die Render-Ergebnisse im *Render-Katalog* mit gespeichert.

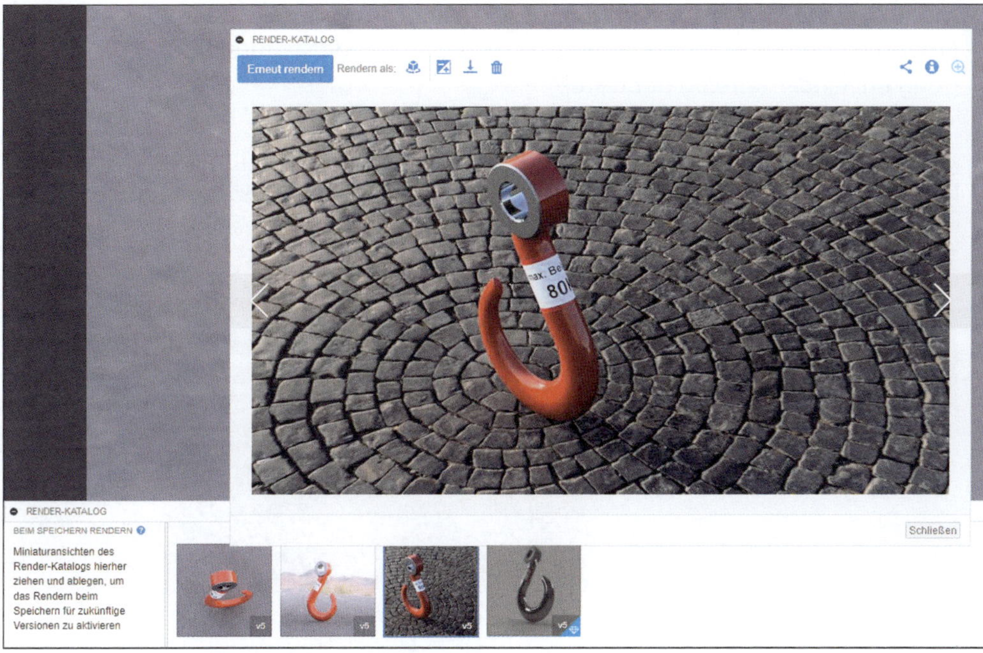

Abbildung 10.12: Ergebnisse im Render-Katalog

10.4.4 Noch ein Beispiel

Im folgenden Beispiel wurde der Kranhaken in eine Baugruppe eingebaut. Diese enthält zudem noch eine Aufhängung und das Seil. Die vordere Fläche der Aufhängung wurde unterteilt, sodass sie mit verschiedenen Farben versehen werden konnte. Laden Sie die Datei ***Aufgabe-10-02*** per Doppelklick aus dem Datenpanel (siehe Abbildung 10.13).

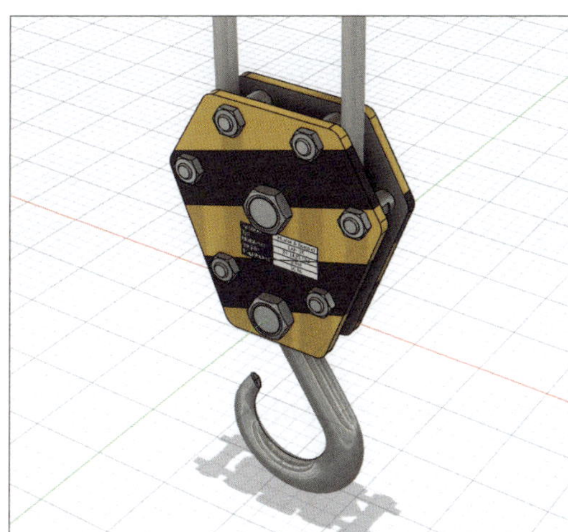

Abbildung 10.13: Der Kranhaken in einer Baugruppe

1. Wechseln Sie in den Arbeitsbereich *Rendern* und erstellen Sie interessante Szeneneinstellungen. Materialien sind schon vergeben. Sie können diese aber auch nach Wunsch ändern.

2. Lassen Sie die Ergebnisse rendern, am besten mit hoher Qualität. Vier mögliche Ergebnisse sehen Sie in Abbildung 10.14. Sie finden diese unter anderen als Anregung im *Render-Katalog* der Datei.

Abbildung 10.14: Mögliche Renderings der Baugruppe

10.4.5 Muster skalieren

Eine spezielle Funktion bei Darstellungen, die Muster enthalten, soll hier noch beschrieben werden. Dies sind vor allem Holzmaserungen, die in einer bestimmten Richtung verlaufen.

1. Laden Sie dazu die Datei ***Aufgabe-10-03*** aus dem Datenpanel. Wechseln Sie in den Arbeitsbereich *Rendern* (siehe Abbildung 10.15, links).

2. Sie wollen die Maserung des Holzes der Kiste aber horizontal haben. Wählen Sie dazu die Funktion *Texture-Map-Steuerelemente* in der Multifunktionsleiste, im Bereich *Setup*. Klicken Sie die Fläche an, auf der Sie das Muster bearbeiten wollen. Drehen und schieben Sie es so, wie Sie es haben wollen (siehe Abbildung 10.15, rechts). Sie können die Werte auch im Dialogfeld eintragen. Hätten Sie dasselbe mit einer Kugel oder einem Zylinder machen müssen, hätten Sie im Menü *Projektionstyp* weitere Möglichkeiten, das Muster anzupassen.

Abbildung 10.15: Bearbeitung der Textur der Oberfläche

3. Machen Sie das Gleiche mit den anderen Seiten der Kiste. Die könnte dann wie in Abbildung 10.16 aussehen.

Abbildung 10.16: Kiste mit gewünschtem Verlauf der Maserung

Damit haben Sie die Werkzeuge, um interessante und aussagekräftige Präsentationen Ihrer Konstruktionen zu erstellen. Setzen Sie diese kreativ ein.

11. Konstruktion von Blechteilen

Bei der Konstruktion von Blechteilen sind besondere Faktoren zu berücksichtigen wie Material, Blechstärke, Biegeradien usw. Außerdem benötigt man Abwicklungen, um die Bauteile zu fertigen. Alle diese Besonderheiten bei der Konstruktion sind in Fusion im Arbeitsbereich *Konstruktion* unter dem Reiter *Blech* der Multifunktionsleiste verfügbar. Um diese Besonderheiten vorzustellen, sollen wieder zwei Beispiele dienen. Im ersten Beispiel wird ein kleines Blechteil als Zusatz zu dem schon mehrfach verwendeten Kranhaken konstruiert und im zweiten Beispiel eine Wanne mit verschiedenen Anbauten.

11.1 Blechteil für den Kranhaken

Im Folgenden soll für einen etwas geänderten Kranhaken eine Sperre konstruiert werden, die einen Verlust der Ladung verhindern soll (siehe Abbildung 11.1). Links ist das Bauteil am Haken montiert und rechts eine Skizze mit den Maßen.

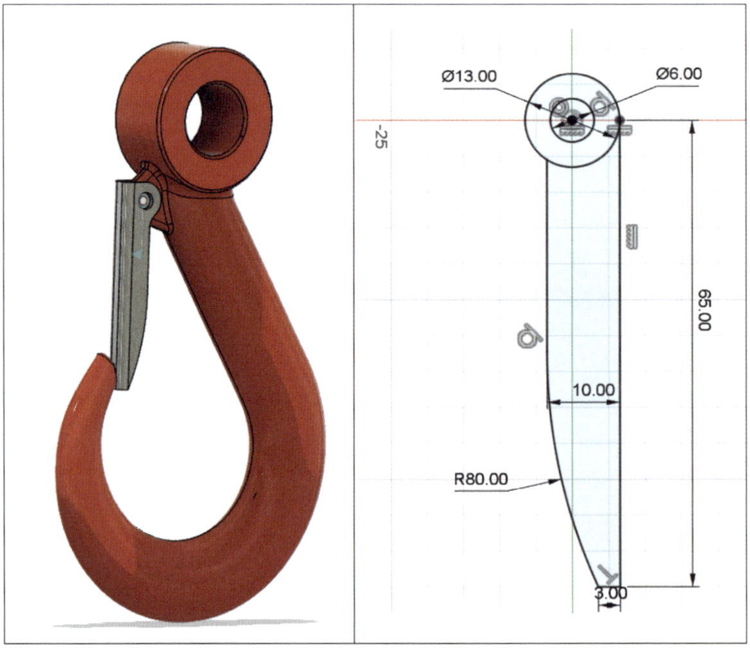

Abbildung 11.1: Blechteil zur Sicherung der Ladung

Die Datei ***Aufgabe-11-01*** mit der fertigen Konstruktion finden Sie im Datenpanel. Diese benötigen Sie für die Konstruktion des Blechteils nicht.

11.1.1 Der erste Flansch

Der Begriff Flansch bezeichnet im Blech-Modul die Bauteile, die Abkantungen oder Kanten besitzen. Der Flansch selbst ist im Grunde die abgefaltete Kante, die in einem Winkel umgebogen wird.

1. Fangen Sie ganz von vorne an mit einer neuen Konstruktion und beginnen Sie mit dem Erstellen einer neuen Skizze auf der *YZ-Ebene*. Zeichnen Sie eine Figur mit den Maßen wie in Abbildung 11.2, links. Vergeben Sie die Abhängigkeit *Mittelpunkt* und legen Sie den Mittelpunkt der oberen Linie auf den Nullpunkt des Koordinatensystems (siehe Abbildung 11.2, rechts). Beenden Sie die Skizze.

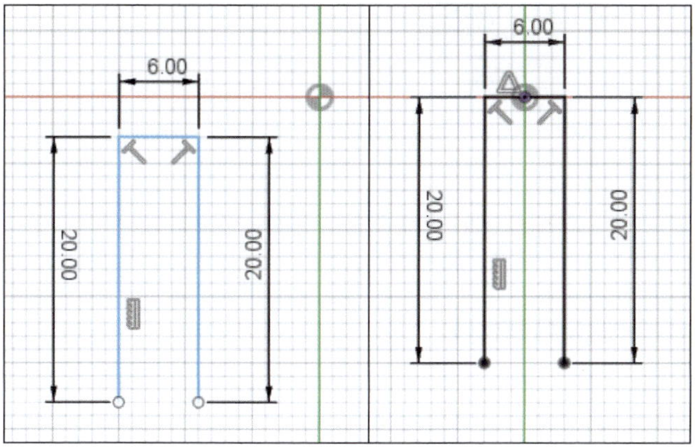

Abbildung 11.2: Die erste Skizze

2. Daraus soll ein Flansch erstellt werden. Wechseln Sie in den Reiter *Blech* der Multifunktionsleiste und entscheiden Sie sich im Bereich *Erstellen* für die Funktion *Flansch*. Wählen Sie die Skizze und geben Sie einen *Abstand* von *-71,5 mm* ein. Stellen Sie die Ausrichtung so ein, dass das Teil nach außen zeigt (siehe Abbildung 11.3).

3. Um weitere Einstellungen haben wir uns jetzt nicht gekümmert. Es wurden einfach die Grundeinstellungen übernommen. Die wollen wir aber jetzt mit der Funktion *Blechregeln* überprüfen und eventuell anpassen. Wählen Sie also die Funktion *Blechregeln* im Bereich *Ändern*. Die Grundeinstellung war *Stahl* mit der *Dicke* von 2 mm. Dies wird im Dialogfeld *Blechregeln* angezeigt. Klicken Sie auf das Symbol mit dem Bleistift hinter dem Eintrag *Stahl* und ändern Sie im folgenden Dialogfeld die *Dicke* auf 1,5 mm (siehe Abbildung 11.4). Klicken Sie auf *Speichern*, und die Änderung ist ins erste Dialogfeld übernommen und das Blechteil wird angepasst. Klicken Sie nun auf *Schließen*.

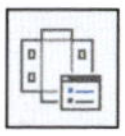

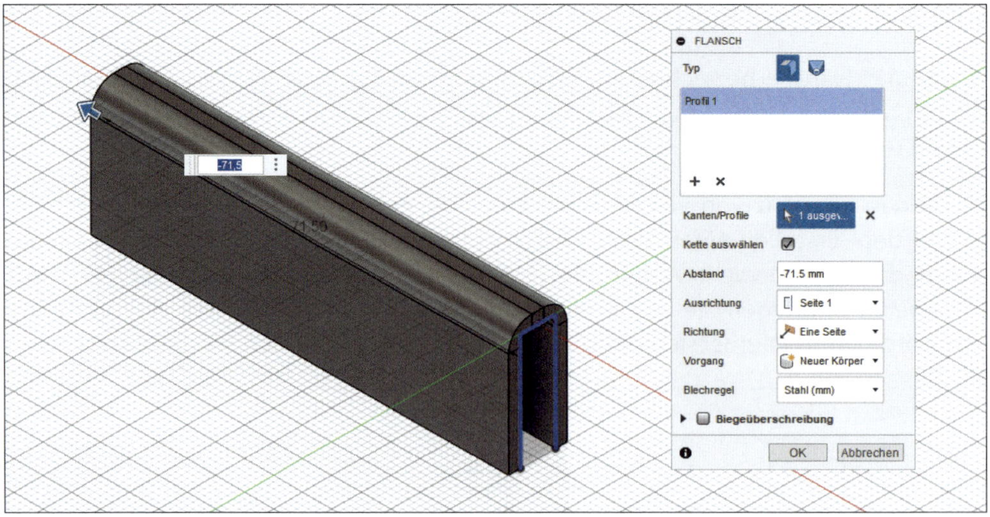

Abbildung 11.3: Der erste Flansch

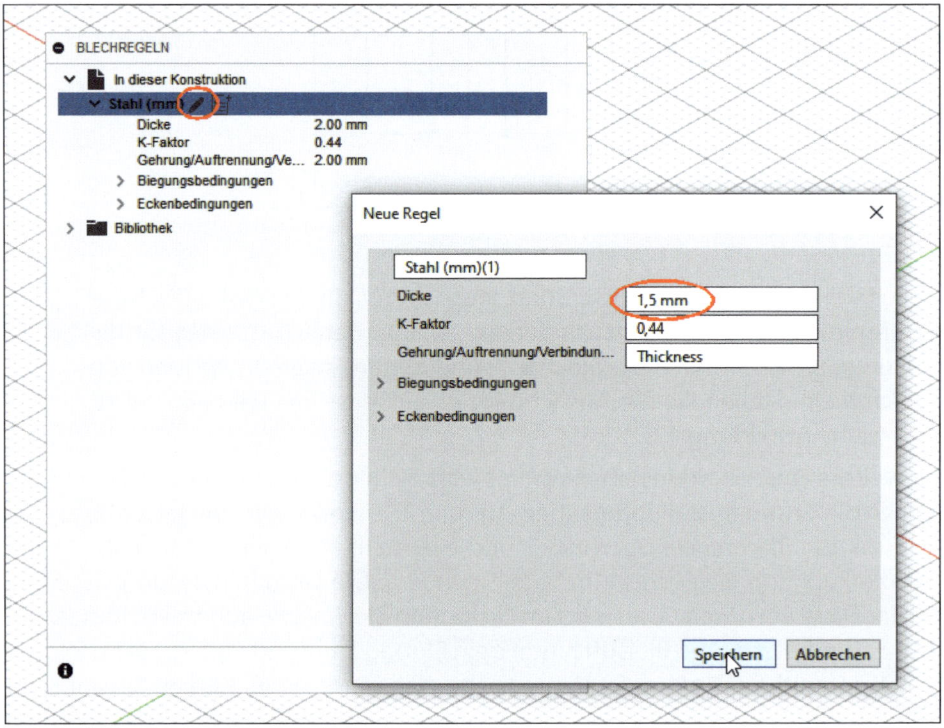

Abbildung 11.4: Ändern der Blechregel

11.1.2 Modellieren wie Volumenkörper

Wir können auch im Reiter *Blech* der Multifunktionsleiste modellieren wie bei Volumenkörpern. Wir wollen eine Kontur ausstanzen.

Gehen Sie so vor:

1. Legen Sie eine Skizze auf die Fläche des Flanschs. Projizieren Sie die Oberkante in die Skizzierebene. Zur Erinnerung: Sie finden die Funktion im Skizzenmodus im Menü *Erstellen*, Eintrag *Projizieren/Einschließen*, Funktion *Projizieren*. Zeichnen Sie dann einen Kreis mit der Funktion *Kreis mit zwei Tangenten* in die rechte obere Ecke mit dem Durchmesser 13 und dazu einen weiteren konzentrischen Kreis mit dem Durchmesser 6 (siehe Abbildung 11.5, rechts oben).
2. Zeichnen Sie eine Linie vom äußeren Kreis nach links weg bis etwa ins linke Drittel des Flanschs, fahren Sie dann mit gedrückter Maustaste weg und zeichnen Sie den Bogen bis zum linken Rand. Bemaßen Sie die Skizze wie in Abbildung 11.5. Beginnen Sie mit dem Abstand von 10 mm, dann wählen Sie den Radius von 80 mm und den Abstand von 3 mm. Stellen Sie die Skizze danach fertig.

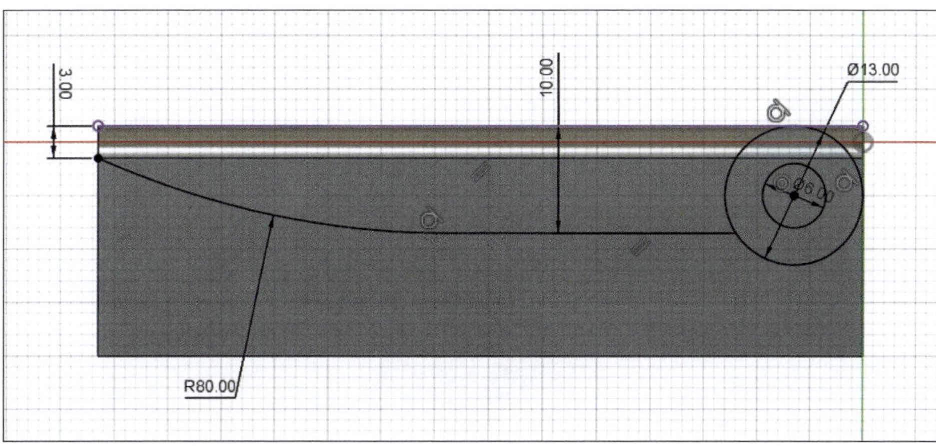

Abbildung 11.5: Die Skizze für die Extrusion

3. Jetzt können die untere Fläche und der Kreis mit 6 mm mit der Funktion *Extrusion* ausgeschnitten werden. Wählen Sie die Funktion *Extrusion* aus dem Bereich *Erstellen*. Klicken Sie die Flächen an, wählen Sie bei *Grenztyp* die Möglichkeit *Alle* und bei *Vorgang* die Option *Ausschneiden* (siehe Abbildung 11.6).

4. Runden Sie noch den Übergang vom Teilkreis zur Geraden mit dem Radius 10 mm. Das erste Blechteil ist fertig und sollte wie in Abbildung 11.7 aussehen.

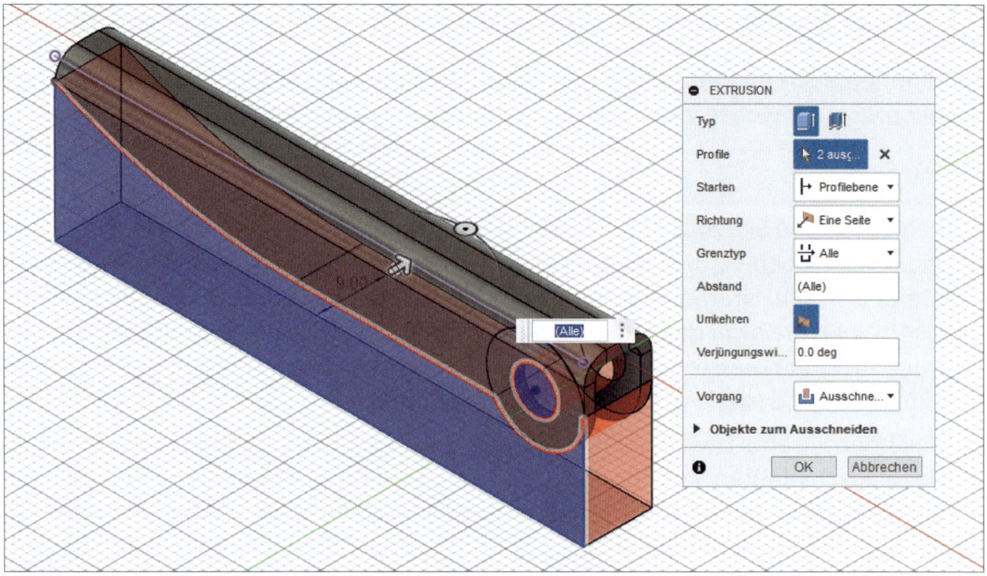

Abbildung 11.6: Überflüssiges weg extrudieren

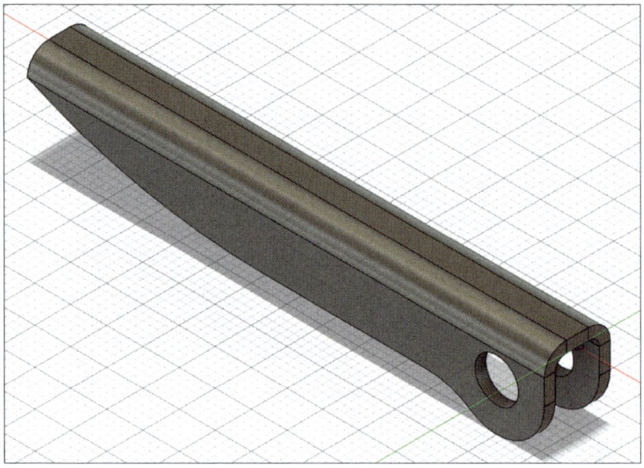

Abbildung 11.7: Das fertige Blechteil

11.1.3 Abwicklung erstellen

Sollte das Teil gefertigt werden, ist eine Abwicklung erforderlich. Die gibt es per Knopfdruck. Dafür haben Sie die Funktion *Abwicklung erstellen* als Symbol im Bereich *Erstellen* oder im Menü darunter.

1. Wählen Sie die Funktion, dann werden Sie im Dialogfeld nach der *Stationären Fläche* gefragt. Das ist die Fläche, die zuerst auf der *XY-Ebene* abgelegt werden soll. Wählen Sie die obere Fläche und die Abwicklung mit den Biegelinien wird erstellt (siehe Abbildung 11.8).

2. Klicken Sie dann auf den Schalter *Abwicklung fertig stellen*, die Abwicklung wird gespeichert und es wird zurück zum 3D-Modell gewechselt. Im Browser haben Sie dann den Eintrag *Abwicklung*, mit dem Sie die Abwicklung wieder per Rechtsklick aktivieren können. Mehr zu Abwicklung und Zeichnungen erfahren Sie im Abschnitt 11.2.2.

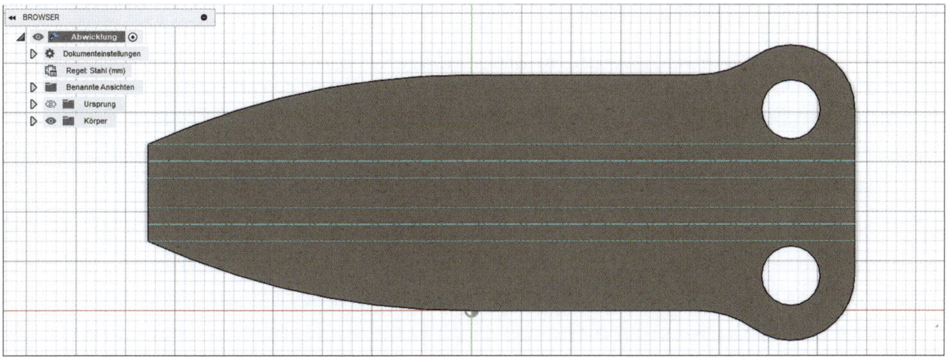

Abbildung 11.8: Abwicklung des Blechteils

Diesen Stand finden Sie auch in der Datei ***Lösung-11-01*** im Datenpanel. Es ist das Bauteil, das in der Datei ***Aufgabe-11-01*** verbaut wurde. Schauen Sie sich die Datei mit den Gelenken und den Sperren an und montieren Sie das Teil eventuell neu an dem Haken.

Material umschalten

Noch eine Anmerkung zum Material und den Blechregeln. Sollte das Teil in einem anderen Material gefertigt werden, kann im Browser das Symbol hinter dem Material angeklickt werden und das Dialogfeld *Blechregel umschalten* wird eingeblendet. Dort können Sie ein anderes Material wählen, beispielsweise Aluminium (siehe Abbildung 11.9).

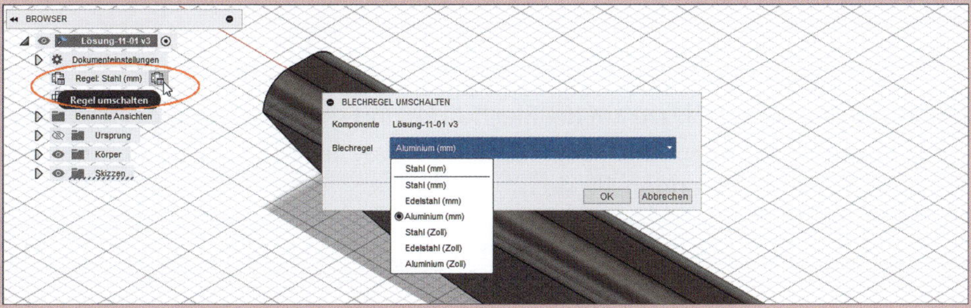

Abbildung 11.9: Material umschalten

11.2 Das Beispiel Wanne

In dem ersten Beispiel sind nur ein paar spezifische Blechfunktionen vorgestellt worden. Mehr gibt es in dem Beispiel, das als Nächstes vorgestellt wird.

11.2.1 Modellieren von Blechteilen

Starten Sie eine neue Datei im Arbeitsbereich *Konstruktion* wieder ohne eine Aufgabendatei. Es soll erneut von Anfang an begonnen werden.

1. Beginnen Sie wieder mit einer Skizze, wiederum auf der *YZ-Ebene*. Zeichnen Sie eine Linie 200 mm lang und vergeben Sie die Abhängigkeit *Mittelpunkt* zum Koordinatenursprung.
2. Beenden Sie die Skizze und schalten Sie auf den Reiter *Blech* der Multifunktionsleiste. Machen Sie daraus einen Flansch mit der gleichnamigen Funktion. Die *Richtung* stellen Sie auf *Symmetrisch* und den *Abstand* auf *80 mm*. Etwas seltsam, aber auch aus einer Linie kann ein Flansch erstellt werden. Die Blechregel belassen wir auf *Stahl*.

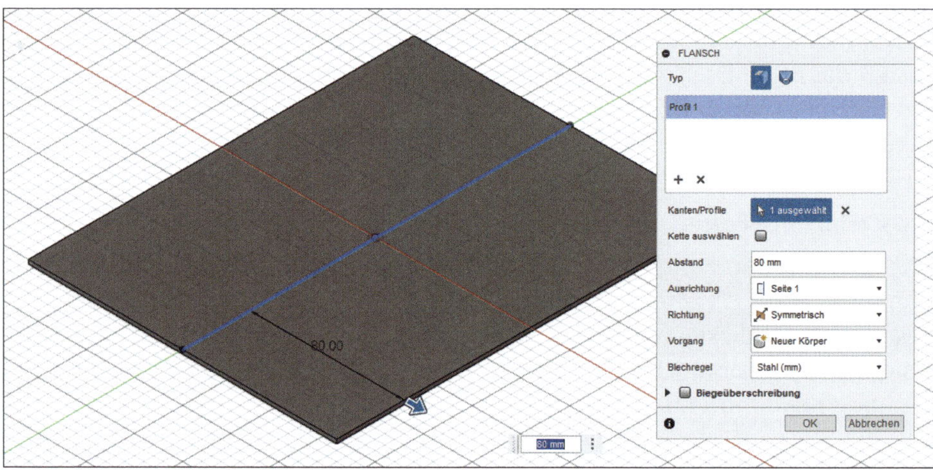

Abbildung 11.10: Die Grundplatte als Flansch

3. Legen Sie eine neue Skizze auf die Blechdicke und skizzieren Sie die Struktur einer Seitenwand mit einem Knick zur Verstärkung wie in Abbildung 11.11. Bemaßen Sie die Skizze und beenden Sie sie.

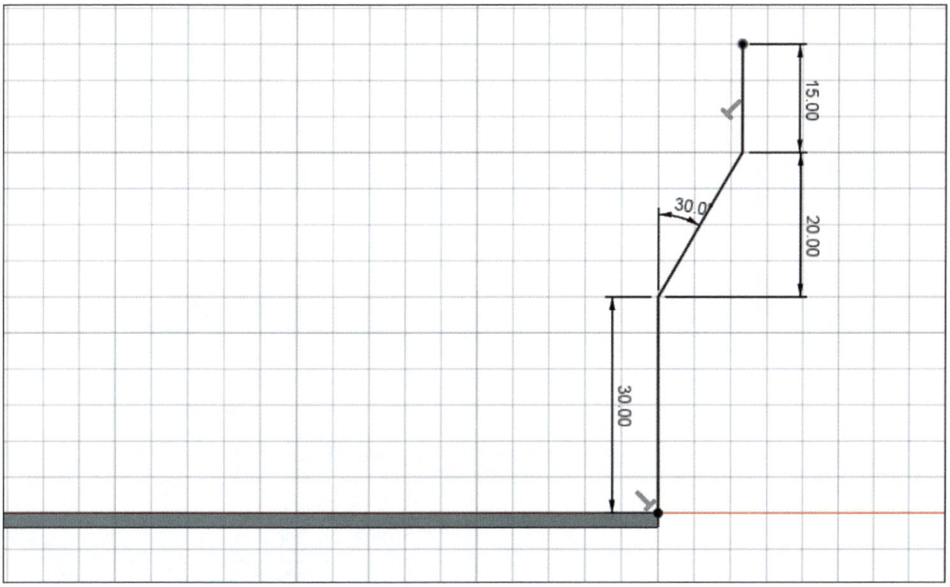

Abbildung 11.11: Skizze für die Seitenwand

4. Wieder kommt die Funktion *Flansch* zum Einsatz. Wählen Sie diese, klicken Sie zuerst als *Profil* die gerade erstellte Skizze an und danach die innere Kante, an der die Skizze begonnen wurde. Schon wird die Voransicht angezeigt (siehe Abbildung 11.12).

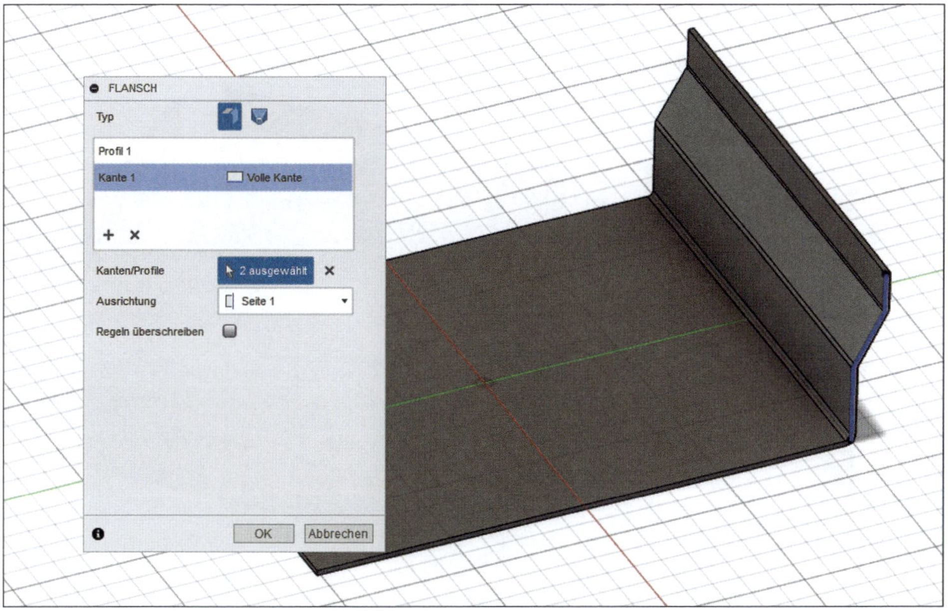

Abbildung 11.12: Eine Seitenwand in der Voransicht

5. Die Wand soll an allen Kanten angebracht werden. Klicken Sie für jede Seite auf das Pluszeichen und danach an die entsprechende Kante, und nacheinander werden alle vier Wände in der Voransicht angezeigt (siehe Abbildung 11.13). Beachten Sie, dass der Schalter *Gehrungsecken* aktiviert ist. Wenn er ausgeschaltet ist, sieht die Voransicht wie in Abbildung 11.14 aus. Die Ecken sind nicht verlängert. Schalten Sie den Schalter wieder ein und führen Sie die Aktion mit *OK* aus.

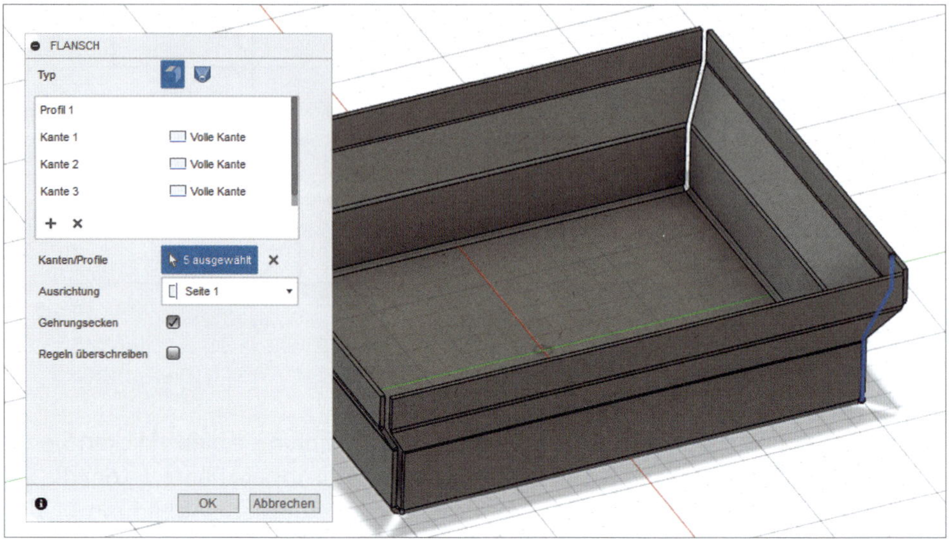

Abbildung 11.13: Alle Seitenwände in der Voransicht

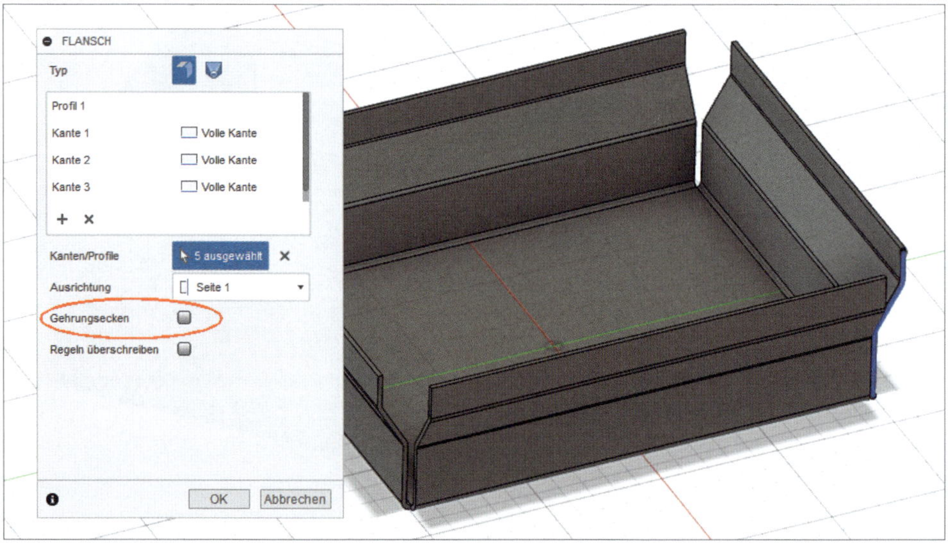

Abbildung 11.14: Ein Versuch ohne Gehrungsecken

Danach sollen noch vier Laschen zum Verschrauben angebracht werden. Auch hier kommt wieder das Werkzeug *Flansch* zum Einsatz. Erstellen Sie eine Lasche und die restlichen spiegeln Sie.

1. Wählen Sie ein weiteres Mal die Funktion *Flansch*. Klicken Sie eine der oberen Kanten einer Seitenwand an. Im Dialogfeld wählen Sie hinter dem Eintrag *Kante 1* die Einstellung *Zwei Seiten*. Die Lasche wird zunächst in der Mitte angebracht und kann mit den beiden Pfeilen an die Position gebracht und die richtige Größe eingestellt werden. Sie können auch Werte ins Dialogfeld eintragen. Die *Biegungsposition* sollte auf *Innen* stehen, damit das Gehäuse mit der Innenseite der Lasche abschließt (siehe Abbildung 11.15). Wenn alles wie gewünscht aussieht, klicken Sie auf *OK*.

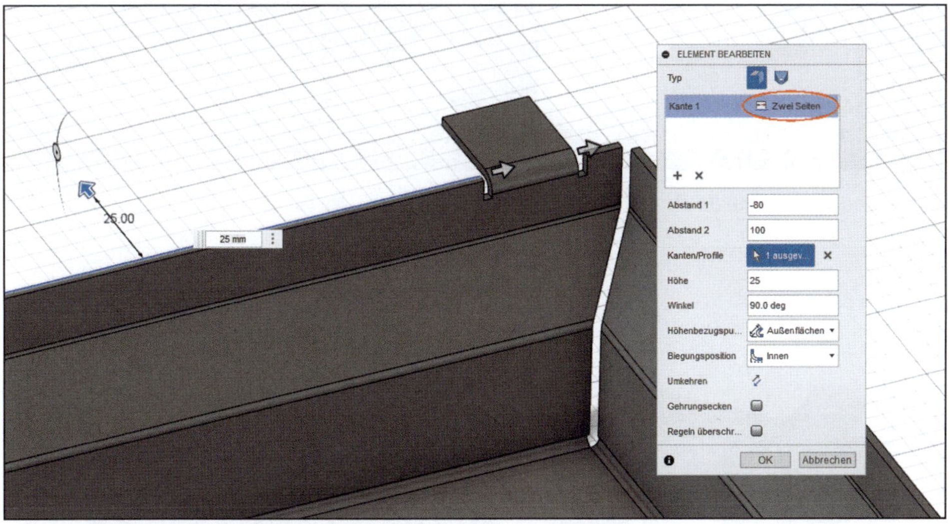

Abbildung 11.15: Eine Lasche erstellen

2. Es folgt noch eine Bohrung von 8 mm in der Mitte der Lasche. Verwenden Sie die Funktion *Bohrung*, die Sie auch bei der Blechbearbeitung im Menü des Bereichs *Erstellen* finden. Wählen Sie für *Fläche* die Lasche. Referenzen sind die beiden Kanten und die Abstände jeweils 10 mm. Es soll eine Durchgangsbohrung werden. Stellen Sie das im Dialogfeld ein (siehe Abbildung 11.16) und führen Sie sie mit *OK* aus.
3. Jetzt die Funktion *Spiegeln* verwenden, ebenfalls aus dem Menü des Bereichs *Erstellen*. Als *Objekttyp* sollen *Elemente* gespiegelt werden. Stellen Sie das im Dialogfeld ein. Als *Objekte* werden die Lasche und die Bohrung gewählt. Die Bohrung lässt sich schwer wählen. Sie können die beiden Elemente auch in der Zeitleiste bestimmen. Es sind die beiden letzten. Jetzt noch die *Spiegelebene* (siehe Abbildung 11.17) und mit *OK* ausführen.

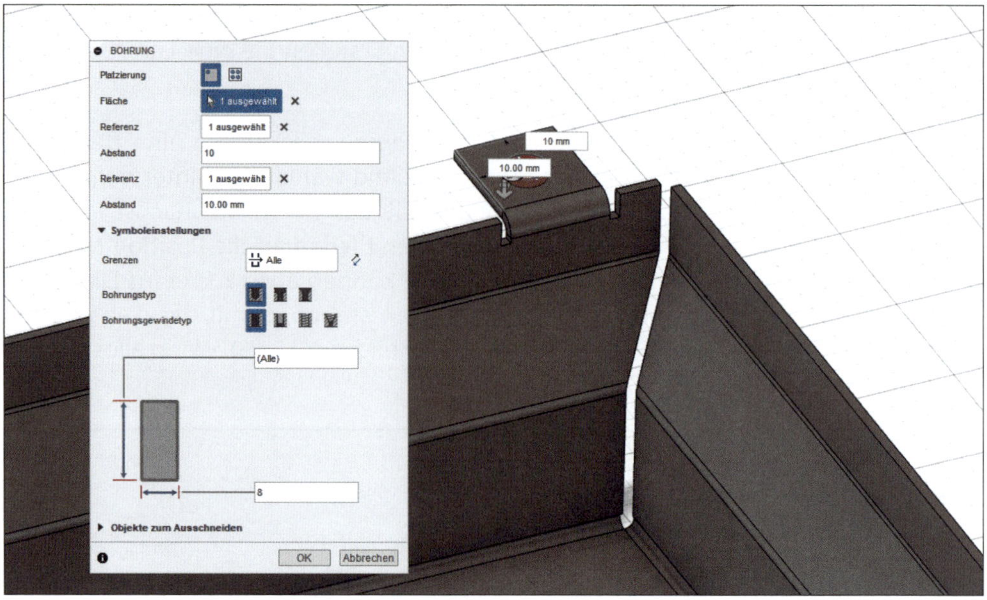

Abbildung 11.16: Eine Bohrung in der Lasche

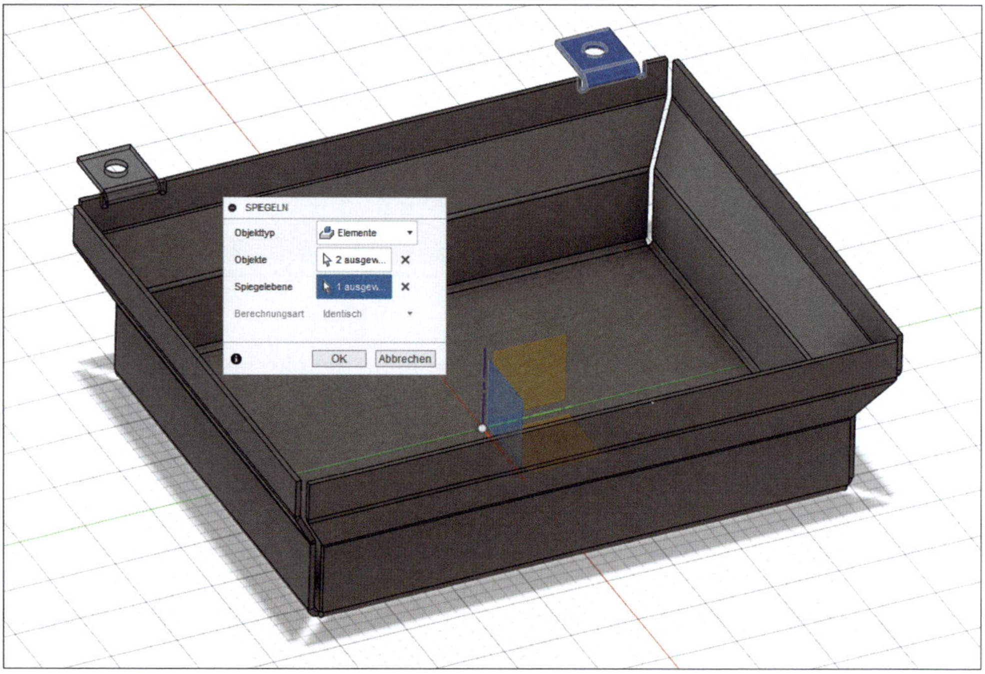

Abbildung 11.17: Lasche mit Bohrung gespiegelt

4. Jetzt noch die erste Lasche mit Bohrung und die gespiegelte Lasche um die andere Ebene spiegeln und fertig ist die Wanne (siehe Abbildung 11.18).

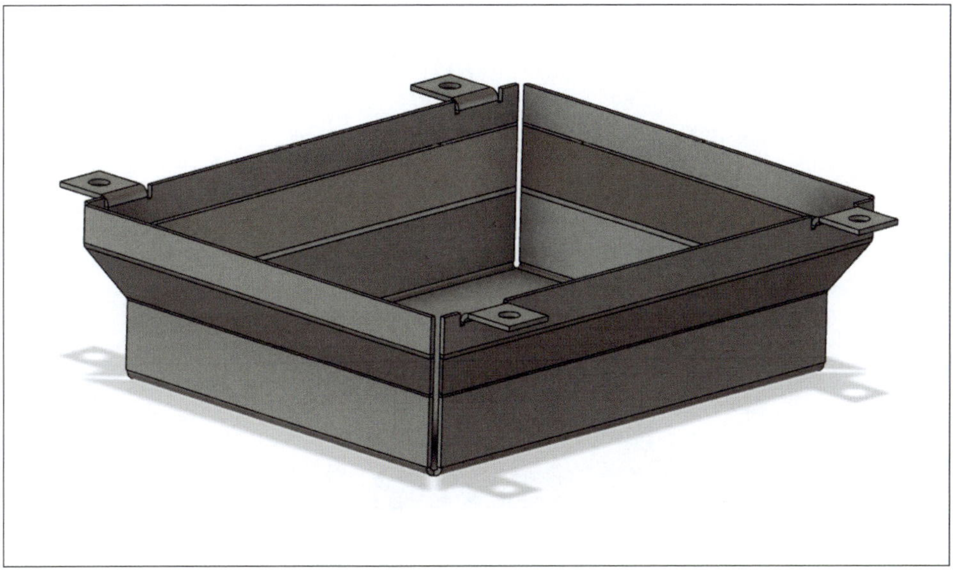

Abbildung 11.18: Die fertige Wanne

11.2.2 Abwicklung und Zeichnung

Wie schon im letzten Beispiel gesehen, kann die Abwicklung per Knopfdruck erstellt werden.

1. Nutzen Sie die Funktion *Abwicklung erstellen* im Bereich *Erstellen*, klicken Sie auf die Innenfläche der Wanne und auf *OK* und Sie haben die Abwicklung mit den Biegelinien (siehe Abbildung 11.19). Diesen Stand haben Sie auch in der Datei ***Lösung-11-02*** im Datenpanel.

Jetzt soll auch noch eine Zeichnung erstellt werden. Gehen Sie wie schon mehrfach beschrieben vor.

2. Wählen Sie die Funktion *Zeichnung erstellen* per Rechtsklick auf das oberste Element im Browser. Erstellen Sie ein A3-Blatt im Querformat. Bei der automatisch aktivierten Funktion *Erstansicht* kann keine Abwicklung erstellt werden. Wenn Sie also nur eine Ansicht mit der Abwicklung haben wollen, brechen Sie ab und wählen die Funktion *Erstansicht* neu. Machen Sie es so und wählen Sie im Dialogfeld bei *Darstellung* die Option *Abwicklung*. Beim *Maßstab* wird 1:2 gut passen (siehe Abbildung 11.20).

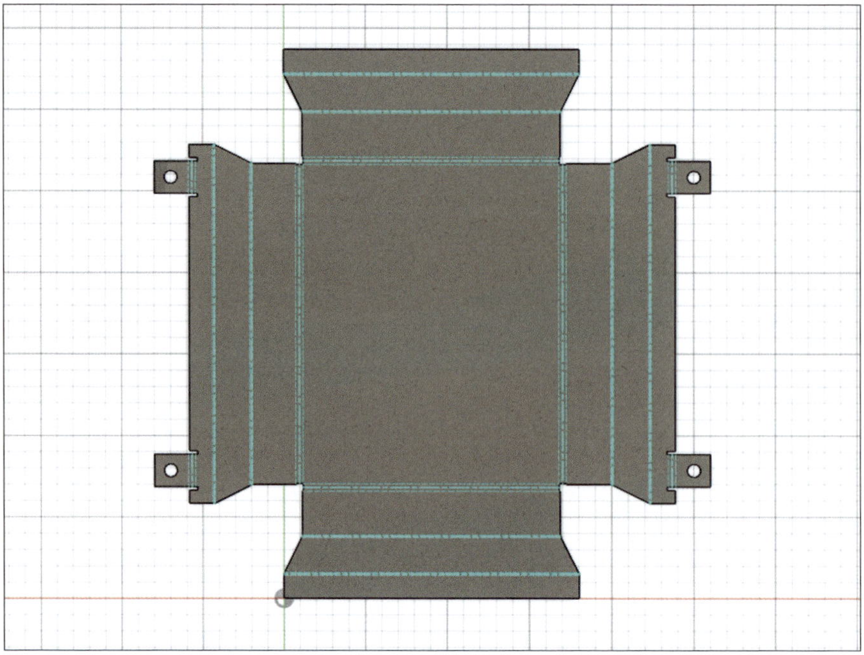

Abbildung 11.19: Die Abwicklung der Wanne

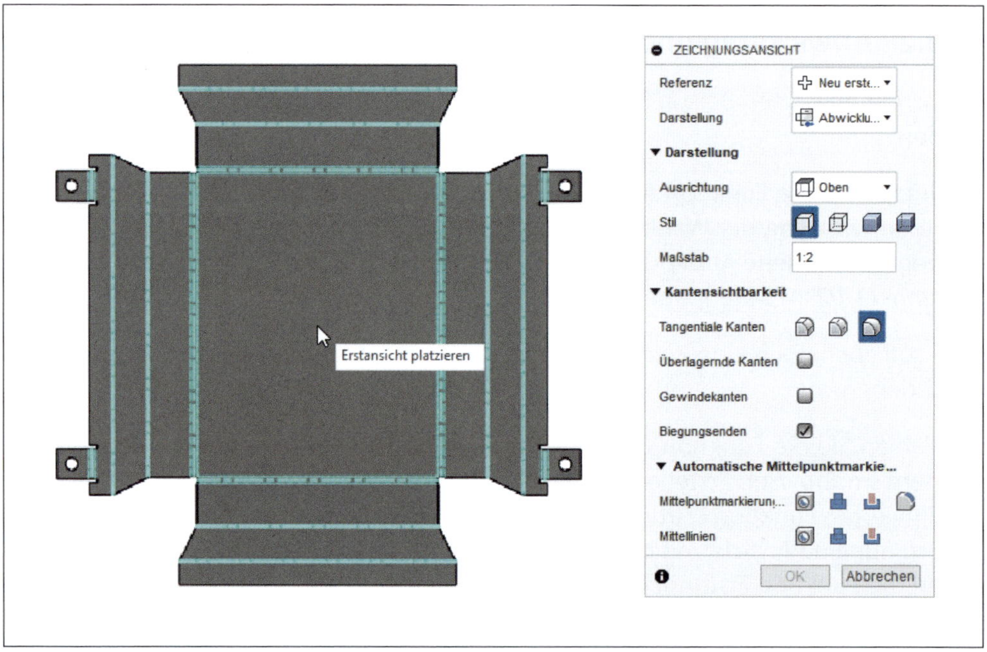

Abbildung 11.20: Erstansicht mit Abwicklung

3. Fügen Sie in die Zeichnung noch eine Biegungstabelle ein. Wählen Sie die Funktion *Biegungstabelle* im Menü *Tabellen* der Multifunktionsleiste. Platzieren Sie diese über dem Schriftfeld. Das Ergebnis sollte wie in Abbildung 11.21 aussehen. Eine PDF-Datei damit finden Sie in Ihrem Datenpanel.

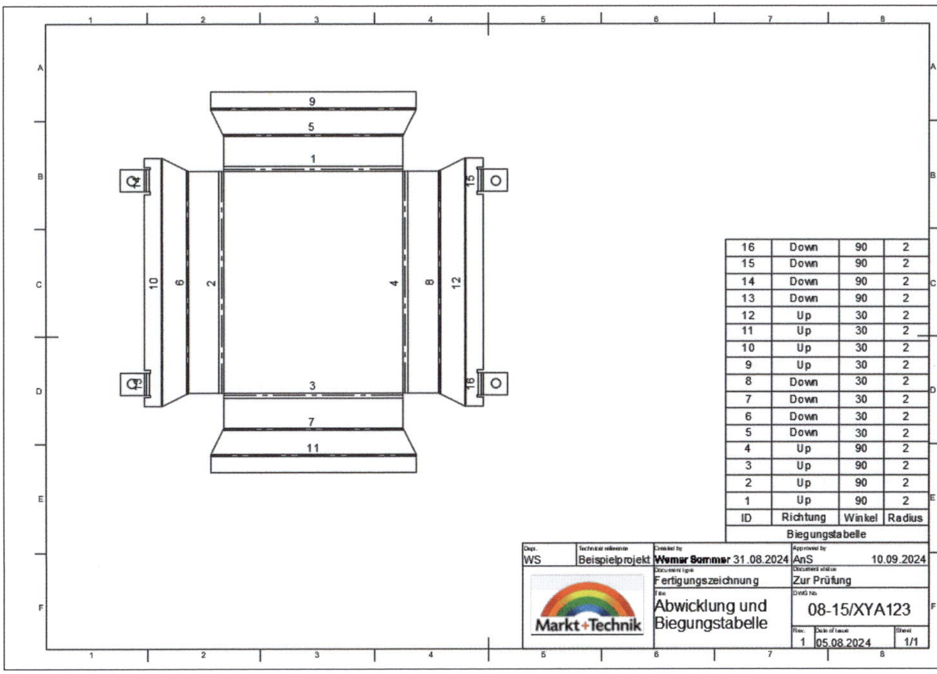

ID	Richtung	Winkel	Radius
16	Down	90	2
15	Down	90	2
14	Down	90	2
13	Down	90	2
12	Up	30	2
11	Up	30	2
10	Up	30	2
9	Up	30	2
8	Down	30	2
7	Down	30	2
6	Down	30	2
5	Down	30	2
4	Up	90	2
3	Up	90	2
2	Up	90	2
1	Up	90	2

Biegungstabelle

Abbildung 11.21: Zeichnung mit Abwicklung und Biegungstabelle

12. Modellierung mit Flächen

Vieles, was zur Volumenmodellierung behandelt wurde, gilt auch für das Arbeiten mit Flächen. Funktionen wie *Extrusion*, *Drehen*, *Sweeping*, die Grundkörper usw. gibt es auch bei der Modellierung mit Flächen. Es kann auch kombiniert mit Flächen und Volumen gearbeitet werden. Noch weiter geht es mit freieren Formen mit dem Bereich *Form*.

Auch in diesem Kapitel wird wieder an Beispielen gearbeitet. Auch hier kennen Sie schon viele Funktionen aus der Arbeit mit Volumen. Der Schwerpunkt liegt auf dem Modellieren, deshalb wird weitgehend auf das Erstellen der Skizzen verzichtet. Diese werden schon in den Aufgabendateien mitgeliefert.

12.1 Kombiniertes Modellieren mit Volumen und Flächen

Wie oben bereits erwähnt, kann kombiniert mit Volumen und Flächen modelliert werden. In dem kleinen Beispiel einer Fernbedienung soll das gezeigt werden.

Das Ergebnis der Übung sehen Sie in Abbildung 12.7 und Sie finden es in der Datei ***Lösung-12-01*** im Datenpanel. Begonnen wird mit der Datei ***Aufgabe-12-01***, in der schon einiges an Vorarbeit gemacht wurde.

1. Laden Sie die Datei ***Aufgabe-12-01*** aus dem Datenpanel. Sie sehen einen Quader mit diversen Skizzen. Aus den vier Skizzen (*Skizze2* bis *Skizze5*) auf den Seitenflächen des Quaders soll eine Fläche erstellt werden. Die andere Skizze brauchen Sie jetzt noch nicht, blenden Sie sie im Browser aus.

   Schalten Sie für die kommende Aktion den Körper etwas transparent. Markieren Sie in der Kategorie *Körper* im Browser den Körper *Gesamt* mit einem Rechtsklick und wählen Sie im Menü den Eintrag *Opazitätssteuerung* und im Untermenü etwa 40 %. Jetzt können Sie sehen, was sich im Innern abspielt.
2. Wechseln Sie dann in der Multifunktionsleiste auf den Reiter *Fläche* und wählen Sie dort im Bereich *Erstellen* die Funktion *Erhebung*. Das Dialogfeld ist das gleiche wie in der Funktion bei den Volumen. Wählen Sie die beiden Profile und die Verlaufsführungen wie in Abbildung 12.01, klicken Sie auf *OK* und Sie haben eine Trennfläche für das Volumen erstellt.

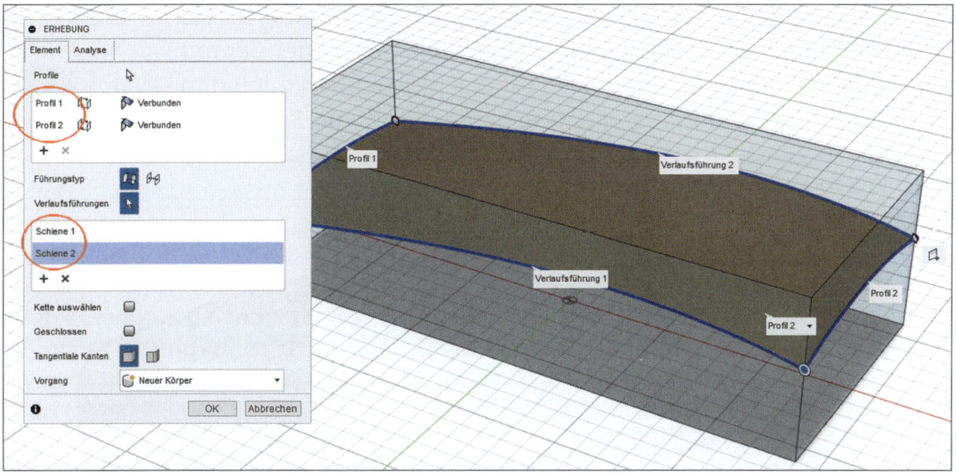

Abbildung 12.1: Erstellung einer Fläche

3. Wechseln Sie wieder zum Reiter *Volumenkörper* und wählen Sie die Funktion *Fläche ersetzen* im Menü *Ändern*. Die obere Fläche des Quaders soll durch die neu erstellte Fläche ersetzt und dabei der Quader auf die neue Form gebracht werden. Wählen Sie deshalb im Dialogfeld bei *Quellflächen* die obere Fläche und bei *Zielflächen* die neu erstellte Fläche. Das kann aber schwierig werden, weil es da mehrere Flächen gibt. Bleiben Sie beim Klicken auf der Maustaste und warten Sie, bis ein Auswahlfeld erscheint. Darin können Sie die richtige Fläche suchen und anklicken (siehe Abbildung 12.2), mit *OK* wird die Form dann wie gewünscht geändert.

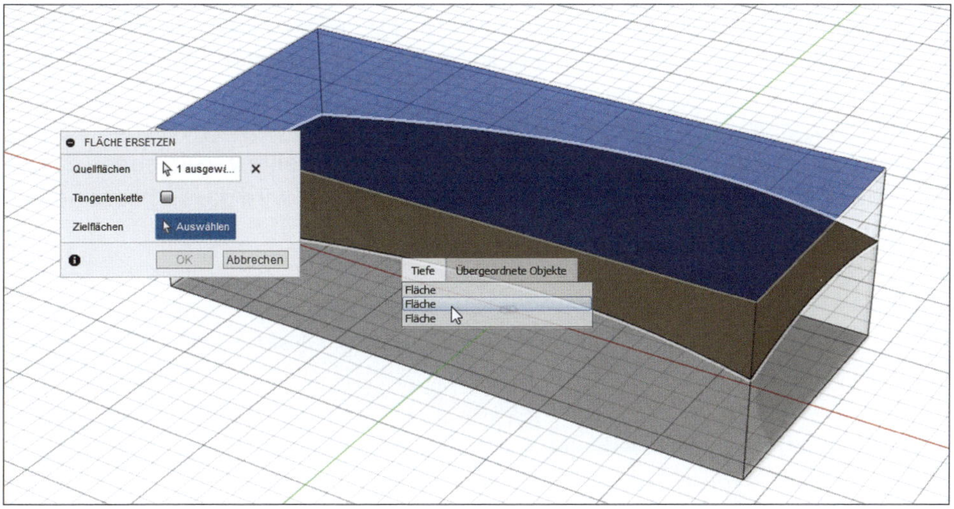

Abbildung 12.2: Obere Fläche des Quaders ersetzen

4. Die Fläche, die Sie zum Schneiden verwendet haben, können Sie jetzt im Browser ausblenden, die Opazität beim Körper *Gesamt* wieder auf 100 % einstellen, die senkrechten Kanten mit 8 mm runden und die obere und untere Kante jeweils mit 3 mm runden. Das Gehäuse sollte dann wie in Abbildung 12.3 aussehen.

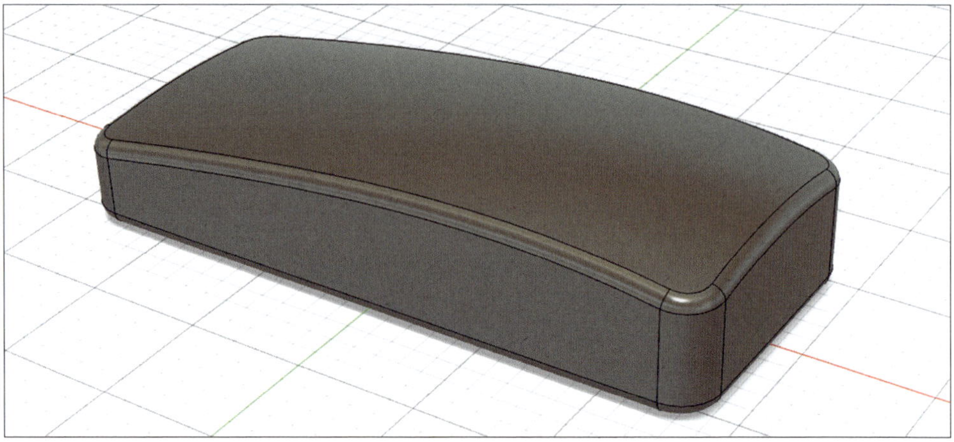

Abbildung 12.3: Das Gehäuse der Fernbedienung

5. Das Gehäuse soll ausgehöhlt werden. Wählen Sie die Funktion *Schale* im Bereich *Ändern*. Klicken Sie den Körper an und legen Sie eine Wandstärke von 2 mm nach innen fest. Sie sehen noch nichts, da keine Öffnung gewählt wurde.

6. Wir teilen den Körper in ein Ober- und Unterteil. Dazu legen Sie eine Ebene mit der Funktion *Versatzebene* parallel zur *XY-Ebene* im Abstand von 14 mm an. Die Funktion finden Sie im Bereich *Konstruieren*. Wählen Sie dann die Funktion *Körper teilen* aus dem Menü *Ändern*. Im Dialogfeld wählen Sie bei *Zu teilender Körper* das Gehäuse und bei *Teilungswerkzeug(e)* die gerade erstellte Versatzebene (siehe Abbildung 12.4), am besten geht das im Browser. Mit *OK* wird das Gehäuse geteilt, Sie sehen es an der Schnittlinie.

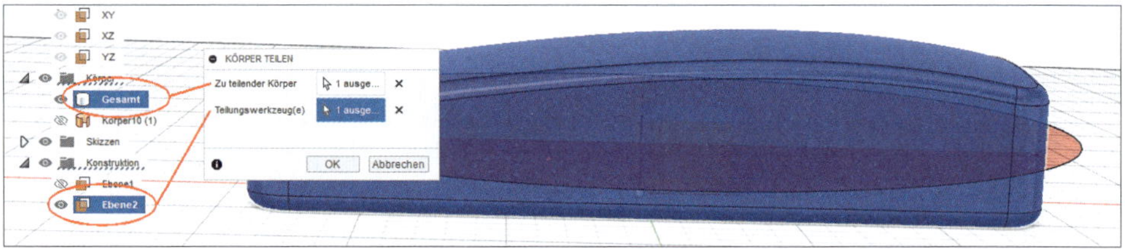

Abbildung 12.4: Teilung des Gehäuses

7. Jetzt gibt es einen neuen Körper im Browser, das Oberteil. Blenden Sie den ursprünglichen Körper, das Unterteil, aus. Die Durchbrüche für die Tasten sind schon skizziert. Blenden Sie diese mit *Skizze6* ein.

8. 

   Extrudieren Sie die Tastenkonturen mit der Option *Ausschneiden* auf die Oberkante des Oberteils. Verwenden Sie den Befehl *Extrusion* im Bereich *Erstellen*. Bei *Profile* wählen Sie die inneren Flächen und den Streifen dazwischen bei allen fünf Flächen. Um besser wählen zu können, drehen Sie das Gehäuse so, dass Sie von unten draufschauen.

   Stellen Sie für den *Grenztyp* die Option *Alle* und für den *Vorgang* die Option *Ausschneiden* ein. Mit *OK* wird die Aktion ausgeführt (siehe Abbildung 12.5, von oben betrachtet).

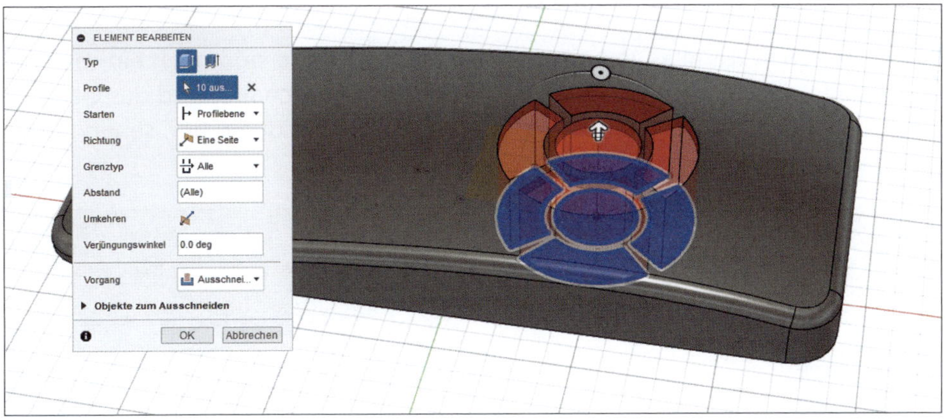

Abbildung 12.5: Ausschnitte für die Tasten

9. Die Skizze benötigen Sie noch einmal für die Tasten. Blenden Sie diese wieder ein, das Gehäuse aus und die Fläche vom Anfang wieder ein. Da die Tasten aus dem Gehäuse herausragen sollen, versetzen Sie die Fläche nach oben.

   Dazu wechseln Sie wieder in den Reiter *Fläche* der Multifunktionsleiste. Im Bereich *Erstellen* wählen Sie im Menü die Funktion *Versatz* und versetzen die Fläche um 1 mm nach oben. Blenden Sie dann die untere Fläche aus.

10. Wechseln Sie wieder zurück zum Reiter *Volumenkörper*. Extrudieren Sie die Tasten, diesmal die innere Kontur. Der *Grenztyp* ist diesmal *Auf Objekt* und das Objekt ist die Fläche. Der *Vorgang* ist diesmal *Neuer Körper* (siehe Abbildung 12.6). Mit *OK* wird die Aktion ausgeführt.

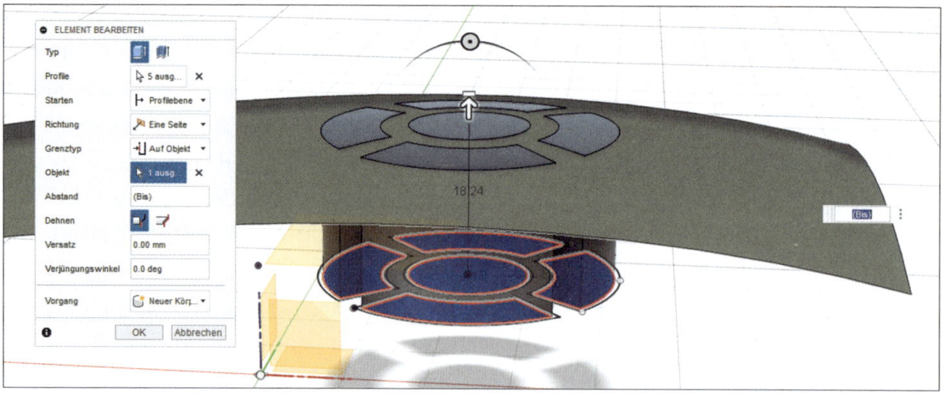

Abbildung 12.6: Modellierung der Tasten

11. Jetzt haben wir alles, lediglich die richtigen Objekte sind noch ein- bzw. auszuschalten. Die Fläche und die Skizze müssen ausgeschaltet und das Gehäuse mit Ober- und Unterteil eingeschaltet werden. In Abbildung 12.7 sehen Sie das Ergebnis, zugegeben etwas aufpoliert.

Abbildung 12.7: Die fertige Fernbedienung

Damit haben wir unser erstes Teil, bei dem Flächen zwar eine Rolle gespielt haben, aber doch noch das Meiste als Volumen modelliert wurde. Das soll sich im nächsten Abschnitt ändern.

12.2 Modellieren mit Flächen

In diesem Kapitel spielen die Flächenfunktionen die Hauptrolle. Auch hier soll auf langwieriges Erstellen von Skizzen verzichtet werden. Die sind schon in der Aufgabendatei enthalten. Jetzt soll eine Kunststoffflasche für Motoröl modelliert werden.

Die Lösung sehen Sie in Abbildung 12.28 und in der Datei ***Lösung-12-02-Final***. Los geht's.

1. Laden Sie die Datei ***Aufgabe-12-02*** aus dem Datenpanel, die Datei mit den Skizzen für unser Modell. Zugegeben etwas verwirrend, aber schaffen wir etwas Ordnung. Blenden Sie die Skizzen *Skizze4* und *Skizze5* aus (siehe Abbildung 12.8, links). Die brauchen wir erst später.
2. Schalten Sie in der Multifunktionsleiste auf den Reiter *Flächen* um. Wählen Sie die Funktion *Sweeping* im Bereich *Erstellen*. Wie bei der Volumenfunktion benötigt die Funktion ein *Profil* und einen *Pfad*, an dem entlang gesweept wird.

   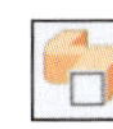

   Für das Profil wählen Sie den Bogen auf der *XY-Ebene* und als Pfad die Skizze, die senkrecht dazu steht (siehe Abbildung 12.8, rechts). *Ausrichtung* sollte *Parallel* sein und *Abstand* 1. Mit *OK* wird die erste Wand erstellt.

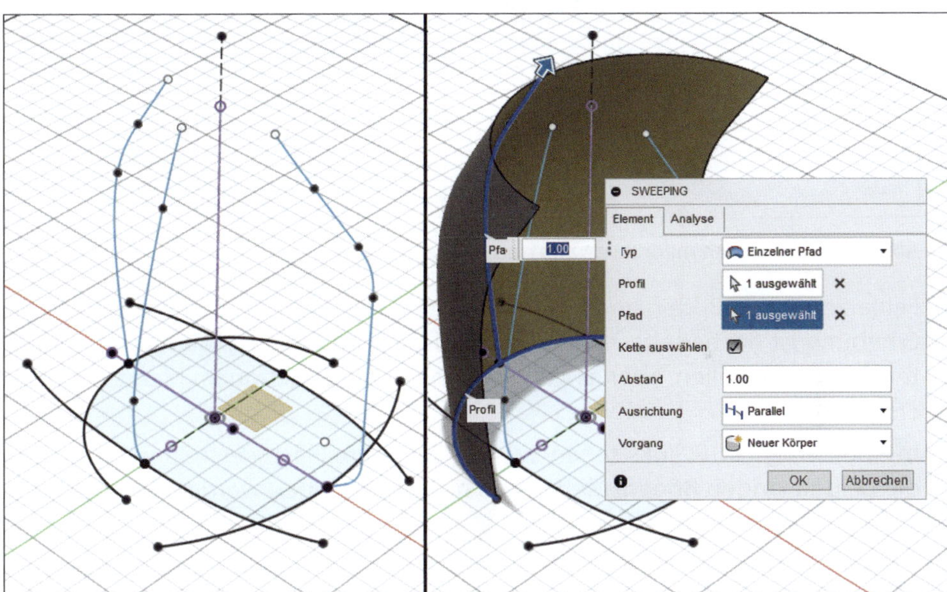

Abbildung 12.8: Die Skizzen und erstes Sweeping

3. Machen Sie es auf der gegenüberliegenden Seite genauso sowie an der Vorderseite. Blenden Sie die benötigten Skizzen dazu wieder ein. Profile sind in beiden Fällen die Bögen auf der *XY-Ebene* und die Pfade die senkrecht dazu stehenden Skizzen (siehe Abbildung 12.9, links).
4. Die vordere Fläche soll auf der anderen Seite gespiegelt werden. Die Funktion *Spiegeln* finden Sie im Menü des Bereichs *Erstellen*. Wählen Sie bei *Objekte* die zu spiegelnde Fläche und als *Spiegelachse* die *XZ-Ebene*, am besten im Browser. Mit *OK* wird die Aktion ausgeführt.

   Jetzt haben wir einen umschlossenen Bereich (siehe Abbildung 12.9, rechts). Das ist die Bedingung für unsere nächste Aktion.

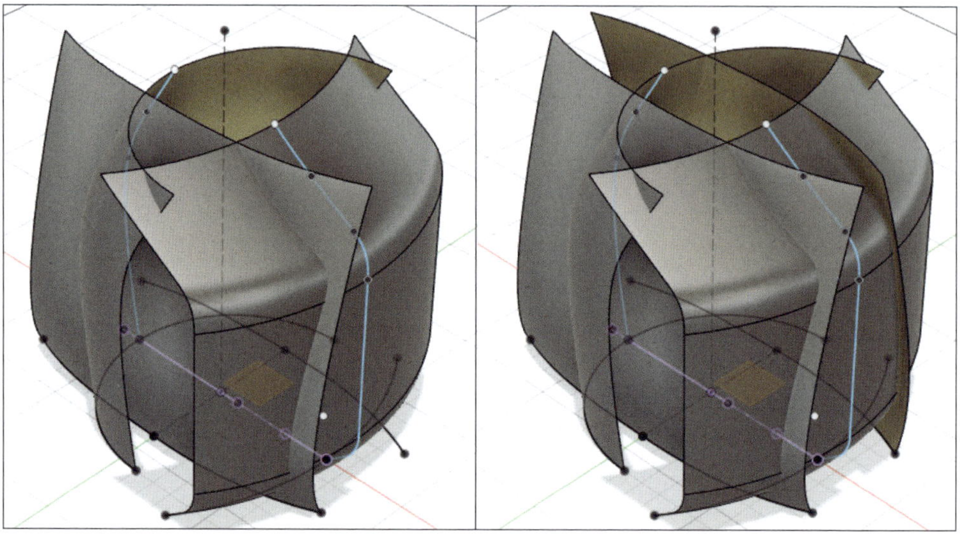

Abbildung 12.9: Noch mehr Sweeping und Spiegeln

5. Fehlen nur noch Boden und Deckel. Hierzu verwenden Sie die Funktion *Erhebung*. Erhebung ist etwas seltsam in diesem Zusammenhang, da wir nur oben und unten Flächen erstellen, aber es geht. Sie finden die Funktion im Menü des Bereichs *Erstellen*.

   In Abbildung 12.10, links sehen Sie, wie die obere Fläche erstellt wird. *Profile* sind die beiden langen Bögen. Mehr muss nicht angegeben werden. Nur noch *OK* anklicken, um die Fläche zu erstellen.
6. Drehen Sie das Objekt um und schließen Sie auch die untere Öffnung ebenfalls mit der Funktion *Erhebung* (siehe Abbildung 2.10, rechts). Jetzt ist der Bereich komplett umschlossen.

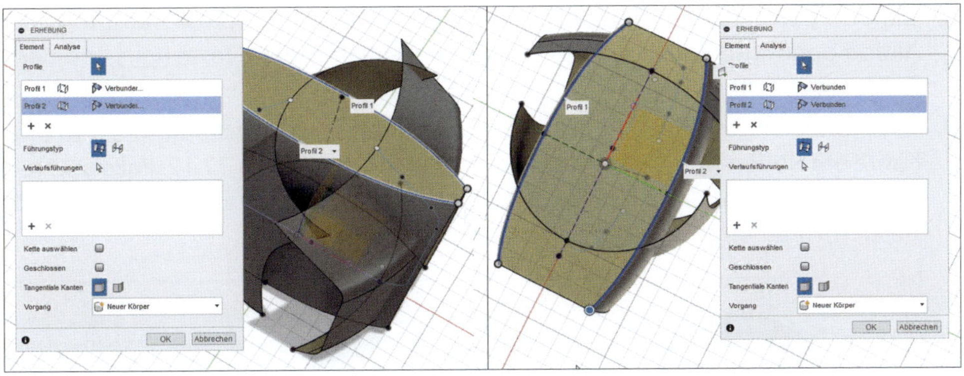

Abbildung 12.10: Flächen oben und unten aufsetzen

7. Jetzt wird es spannend. Blenden Sie die Skizzen aus. Mit der Funktion *Begrenzungsfüllung* bekommen Sie den Raum mit Flächen umschlossen und die Überstände der Flächen werden gekappt. Auch diese Funktion ist im Menü *Erstellen* zu finden. Sie bekommen das Dialogfeld *Element bearbeiten* und dort bei *Werkzeuge auswählen* wählen Sie alle Flächen, am besten mit einem Fenster. Im Feld *Zeilen auswählen* klicken Sie in dem grünen Körper auf alle Markierungen, die Sie im neuen Objekt haben wollen (siehe Abbildung 12.11, links).

   Den Schalter *Werkzeuge entfernen* aktivieren Sie, damit die ursprünglichen Flächen entfernt werden. Mit *OK* wird der neue Flächenkörper erzeugt.

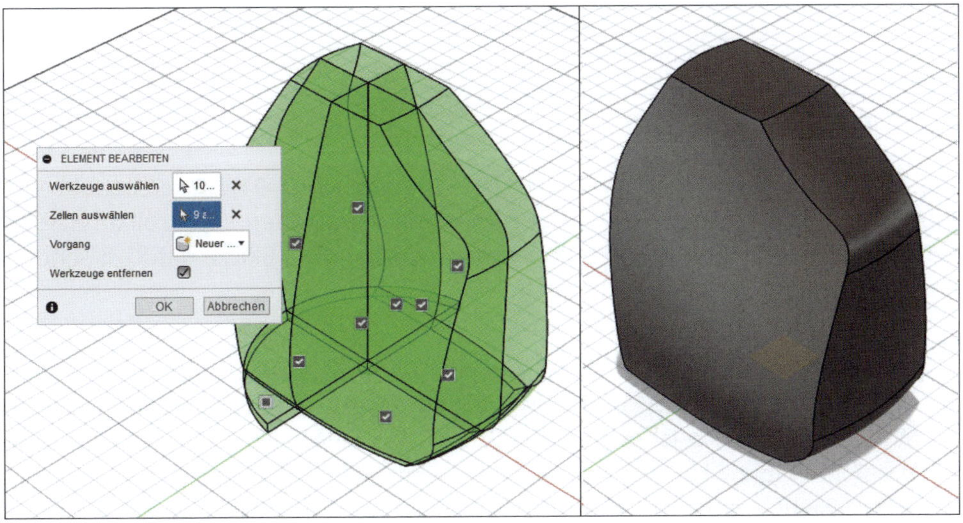

Abbildung 12.11: Umgrenzungskörper erstellt

8. Die obere Deckfläche kann jetzt entfernt werden. Wir haben sie nur für die letzte Aktion benötigt. Markieren Sie die Fläche, drücken Sie die Taste Entf und das Modell ist oben offen.
9. Jetzt runden Sie die seitlichen Kanten des Modells mit dem Radius 20 mm und die Kante am Boden mit dem Radius 10 mm (siehe Abbildung 12.12, links und rechts) mit der Funktion *Abrunden* aus dem Menü *Ändern*. Sie funktioniert genauso wie bei den Volumenkörpern.

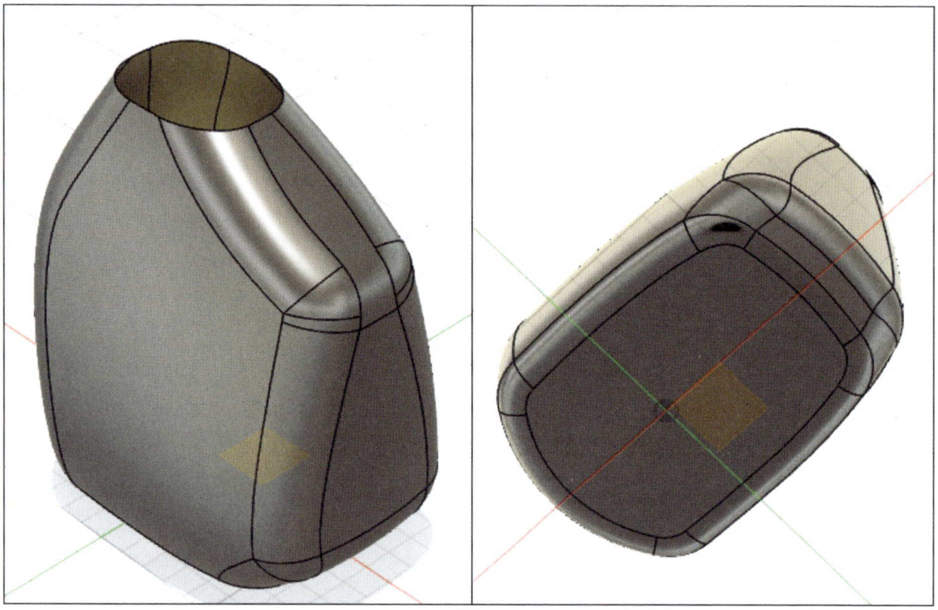

Abbildung 12.12: Modellkanten gerundet

Diesen Stand haben Sie auch in der Datei ***Lösung 12-02-01*** gespeichert. Wenn Sie nicht sicher sind, können Sie Ihr Ergebnis damit vergleichen. Jetzt soll an der Unterseite eine Vertiefung von 5 mm angebracht werden. Die Skizze dafür ist schon vorhanden, aber die Fläche noch nicht.

Machen wir weiter.

1. Drehen Sie die Flasche, sodass Sie auf den Boden sehen. Das Register *Fläche* der Multifunktionsleiste ist noch aktiv. Verwenden Sie die Funktion *Versatz* im Menü *Erstellen*. Wählen Sie den Boden und stellen Sie im Dialogfeld den *Abstand* auf -5 mm (siehe Abbildung 12.13, links). Bestätigen Sie mit *OK*. Blenden Sie im Browser *Skizze4* ein (siehe Abbildung 12.13, rechts). Daraus soll jetzt der vertiefte Boden erstellt werden.

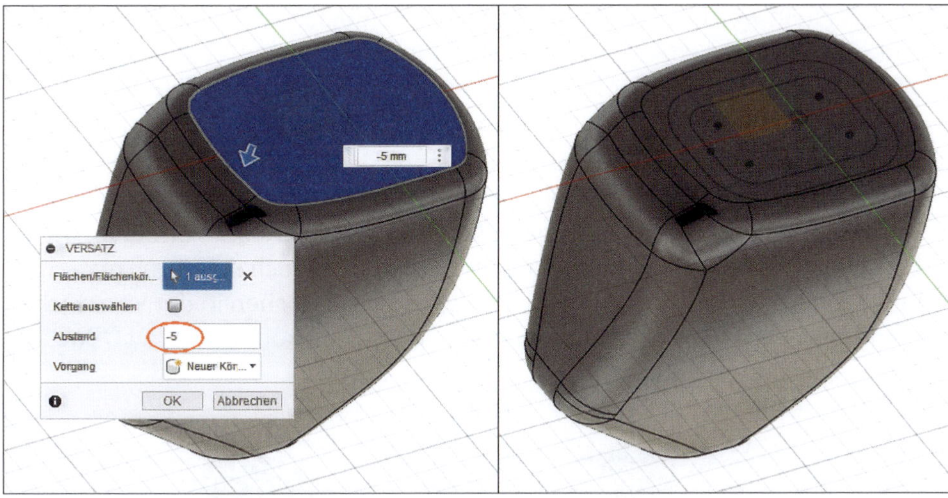

Abbildung 12.13: Neue Fläche für den Boden erstellen

2. Danach nutzen Sie die Funktion *Stutzen* im Bereich *Ändern*. Die Funktion benötigt ein Werkzeug und die zu stutzende Fläche. Wählen Sie im Dialogfeld bei *Werkzeug Stutzen* zuerst die äußere Kontur der Skizze und danach den bisherigen Boden der Flasche. Es ist etwas verwirrend, da im Dialogfeld kein zweites Feld dafür vorhanden ist. In der Voransicht sehen Sie das Schnittwerkzeug grün und die zu stutzende Fläche hervorgehoben (siehe Abbildung 12.14, links). Führen Sie die Aktion mit *OK* aus.

3. Wählen Sie die Funktion *Stutzen* noch einmal. Diesmal ist das Schnittwerkzeug die innere Kontur der Skizze und die zu stutzende Fläche der äußere Rand der Fläche (siehe Abbildung 12.14, rechts). Führen Sie auch diese Aktion aus.

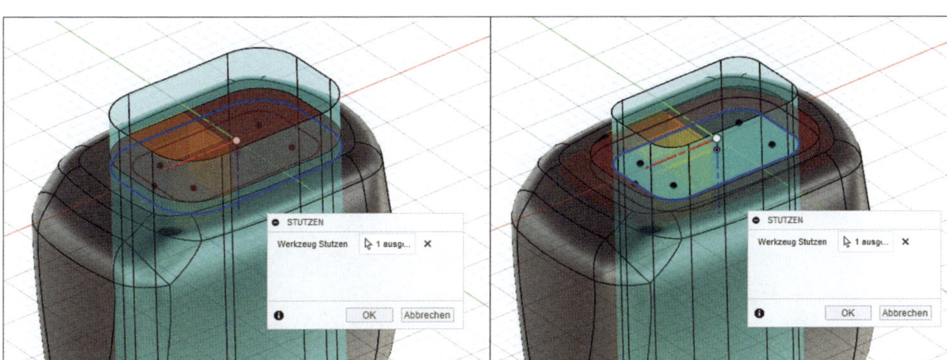

Abbildung 12.14: Neue Fläche für den Boden bearbeiten

4. Jetzt kann die Skizze ausgeblendet werden, wenn dies nicht schon erfolgt ist. Mit der Funktion *Erhebung* soll eine Fläche vom Rand der inneren Kante zur oberen

Kante erstellt werden, sodass der Bereich geschlossen ist. Schalten Sie im Dialogfeld die Funktion *Kette auswählen* ein, dann reicht jeweils ein Klick zur Auswahl. Wählen Sie als Profile die obere und untere Kante und Sie sehen das Ergebnis in der Voransicht (siehe Abbildung 12.15, links), das Sie mit *OK* bestätigen können.

5. Um an der Flasche weiterarbeiten zu können, ist es erforderlich, dass die verschiedenen neu entstandenen Flächen zu einer Fläche zusammengefasst werden. Das kann mit der Funktion *Heften* im Bereich *Ändern* erfolgen. Im Dialogfeld wählen Sie nacheinander die Flasche, den nach innen versetzten Boden und die neu erstellte Verbindungsfläche. Wenn alle Flächen in der Voransicht blau dargestellt werden oder im Browser alle markiert sind, können Sie mit *OK* ausführen (siehe Abbildung 12.15, rechts).

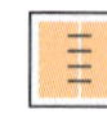

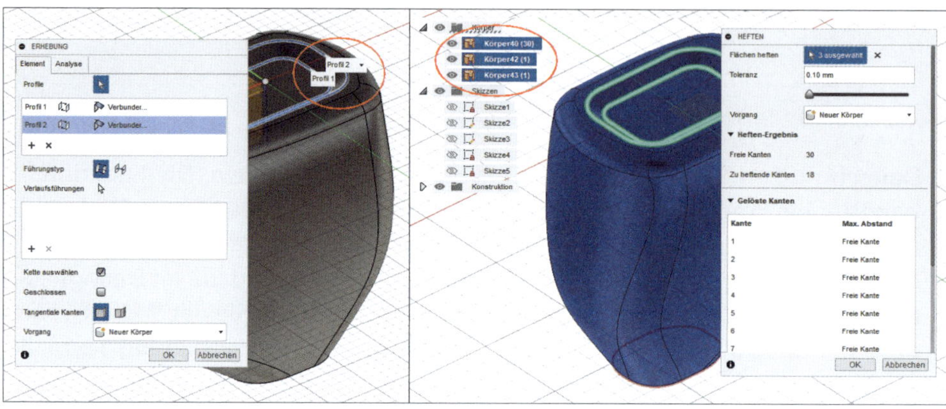

Abbildung 12.15: Fläche am Rand erstellt und alle zusammengeheftet

6. Jetzt können Sie die Kanten abrunden. Es ist nun eine Fläche. Verwenden Sie die Funktion *Abrunden* aus dem Menü *Ändern* und runden Sie die äußere Kante mit 5 mm und die innere Kante mit 10 mm (siehe Abbildung 12.16).

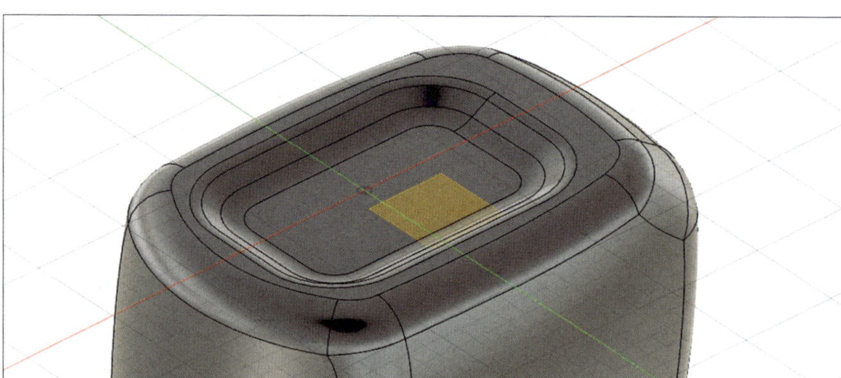

Abbildung 12.16: Der fertige Boden

7. Jetzt soll die Flasche auch noch einen Hals bekommen. Drehen Sie die Flasche, sodass Sie den oberen Bereich im Blick haben. Blenden Sie *Skizze5* ein. Wieder einmal kommt die Funktion *Erhebung* aus dem Menü *Erstellen* zum Zug. Wählen Sie hier für die Profile zuerst den oberen Flaschenrand und dann den Kreis der Skizze an. Dabei sollte die Funktion *Kette* im Dialogfeld eingeschaltet sein und bei *Profil 1* auf *Tangential* und bei *Profil 2* auf *Richtung* stehen. So bekommen Sie einen flüssigen Übergang (siehe Abbildung 12.17, links).
8. Noch eine gerade Verlängerung draufsetzen, am besten mit der Funktion *Extrusion* aus dem Bereich *Erstellen*. Wählen Sie die Funktion, die obere Kante und bei *Abstand* -10 mm (siehe Abbildung 12.17, rechts). Mit *OK* wird die Aktion ausgeführt.

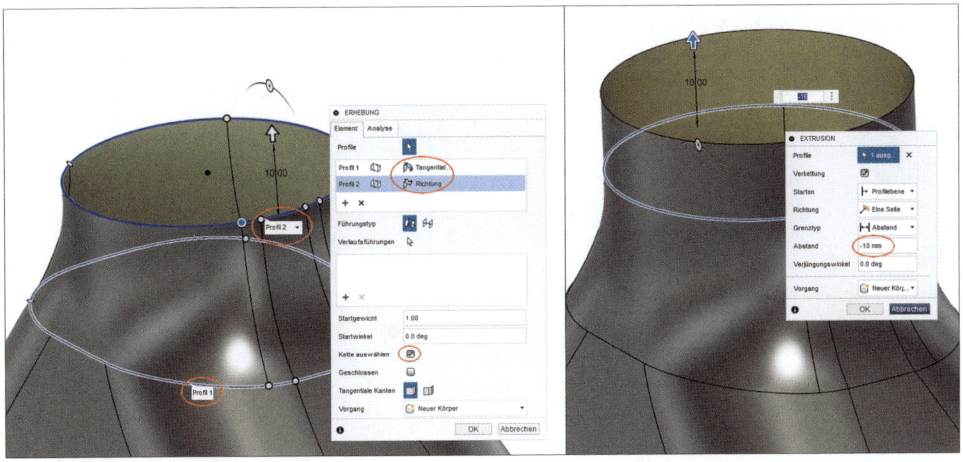

Abbildung 12.17: Den Flaschenhals modellieren

9. Jetzt noch einmal die neuen Flächen zu der Flasche hinzufügen. Dazu benötigen Sie noch einmal die Funktion *Heften* im Bereich *Ändern*. Wählen Sie, wie oben schon einmal beschrieben, die Flasche mit den neuen Flächen an und bestätigen Sie mit *OK*. Jetzt haben Sie die Flasche als eine Fläche (siehe Abbildung 12.18).

Abbildung 12.18: Der Stand der Arbeit

So weit, so gut. Diesen Stand haben Sie auch in der Datei **Lösung-12-02-02** im Datenpanel, aber nur zum Vergleichen. Wir arbeiten an der Flasche weiter. Es soll jetzt eine vertiefte Grifffläche an der hinteren Seite angebracht werden. Diese müssen Sie zunächst skizzieren.

1. Wählen Sie die Ansicht *Vorne* im Ansichtswürfel. Mit der Funktion *Skizze erstellen* wechseln Sie in den Skizzenmodus. Die Skizzierebene soll die *XZ-Ebene* sein. Erstellen Sie eine Skizze wie in Abbildung 12.19, links mit den Ihnen bekannten Skizzenfunktionen. Die versetzte innere Kontur benötigen wir später.

2. Beenden Sie die Skizze mit der Funktion *Skizze fertig stellen* und wählen Sie im Reiter *Fläche* der Multifunktionsleiste, Bereich *Ändern* die Funktion *Stutzen*. *Werkzeug Stutzen* ist die gerade erstellte Skizze und der Teil der Flasche innerhalb der Skizze soll gestutzt werden (siehe Abbildung 12.19, rechts).

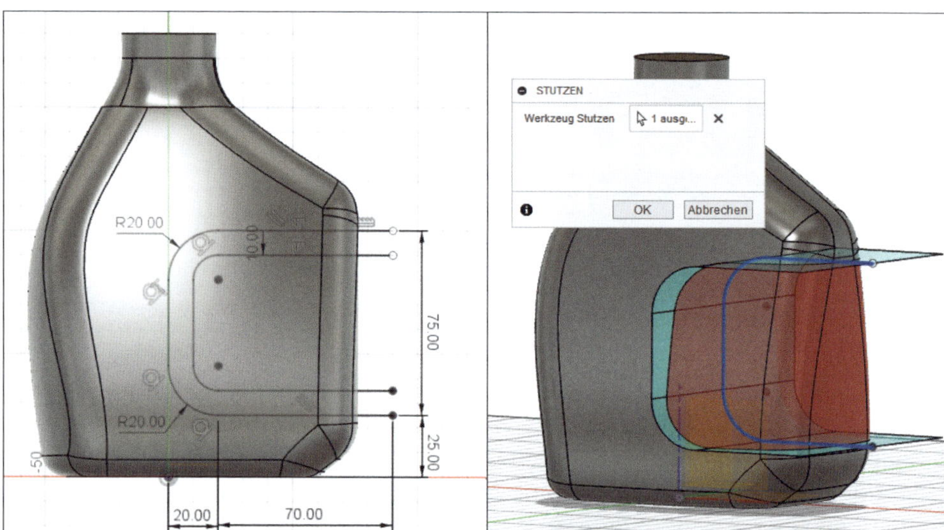

Abbildung 12.19: Den Platz für die Griffmulde ausschneiden

3. Jetzt ist die Flasche aufgeschnitten. An dieser Stelle soll ein nach innen versetztes Gehäuseteil erstellt und mit der Flasche verbunden werden. Legen Sie zunächst eine Ebene in die Form. Wählen Sie im Menü *Konstruieren* die Funktion *Ebene entlang Pfad*. Machen Sie die letzte Skizze im Browser wieder sichtbar und wählen Sie eine der beiden senkrechten Linien. Im Dialogfeld stellen Sie bei *Abstand* den Wert *0.5* ein, damit die Ebene in die Mitte kommt (siehe Abbildung 12.20, links).
4. Legen Sie die Skizze auf die neue Ebene. Jetzt wird in die Draufsicht der Skizze gewechselt. Das ist für die nächste Aktion ungünstig. Wechseln Sie in die Schrägansicht. Wählen Sie im Menü *Erstellen* den Eintrag *Projizieren/Einschließen* und dort

die Funktion *Projizieren* und projizieren Sie die vorderen Kanten der bestehenden Geometrie auf die Skizze (siehe Abbildung 12.20, rechts).

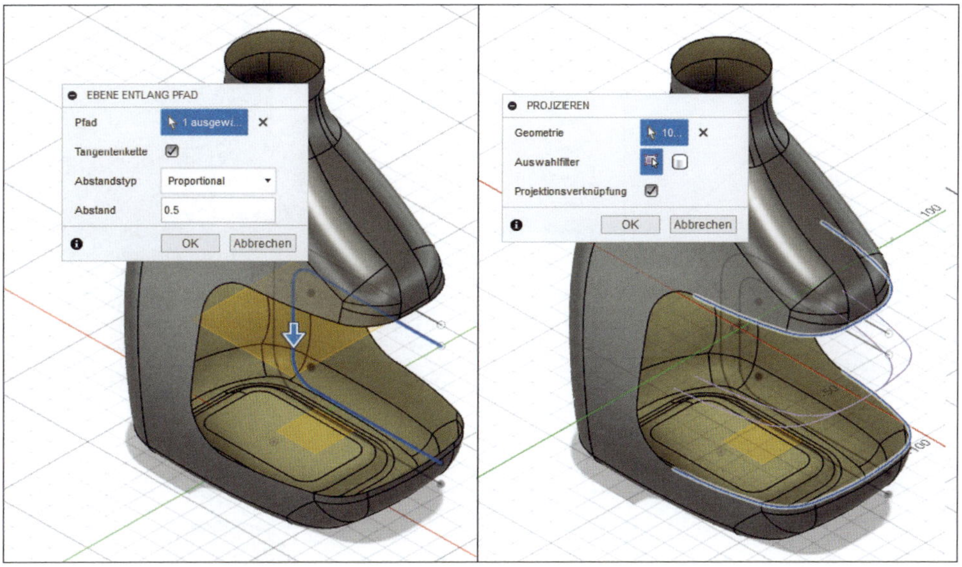

Abbildung 12.20: Skizze für den inneren Gehäuseteil

5. Gehen Sie jetzt in die Draufsicht und schalten Sie den Körper der Flasche im Browser aus, sodass man nur noch die Skizze sieht. Zeichnen Sie die Skizzenelemente wie in Abbildung 12.21, links. Zeichnen Sie zuerst einen Kreis auf der x-Achse mit dem Radius 25. Mit der Abhängigkeit *Tangente* schieben Sie ihn auf die vordere Kontur. Stutzen Sie ihn zum Halbkreis und setzen Sie die Linien tangential an. Die Linien sollten etwa 50 mm lang sein.

6. Beenden Sie die Skizze, gehen Sie wieder in die Schrägansicht. Verwenden Sie jetzt im Reiter *Fläche* die Funktion *Extrusion* im Bereich *Erstellen*. Bei *Profile* wählen Sie die gerade erstellte Kontur. Die *Richtung* soll *Symmetrisch* sein und der *Abstand* 60 mm insgesamt. Bei *Messung* entscheiden Sie sich deshalb für das rechte Symbol. Die Voransicht bestätigen Sie mit *OK* (siehe Abbildung 12.21, rechts).

7. Das Teil ist etwas großzügig bemessen und die hinteren Ecken sollten abgerundet sein. Es ist noch Nacharbeit erforderlich. Blenden Sie die Skizze mit den senkrechten Konturen ein und wählen Sie die Funktion *Stutzen* im Bereich *Ändern*. *Werkzeug Stutzen* ist die innere Kontur auf der Skizze und die zu stutzende Fläche ist diejenige, die darüber hinausragt (siehe Abbildung 12.22, links). Führen Sie die Aktion durch und machen Sie die Flasche wieder sichtbar, haben Sie den Stand wie in Abbildung 12.22, rechts.

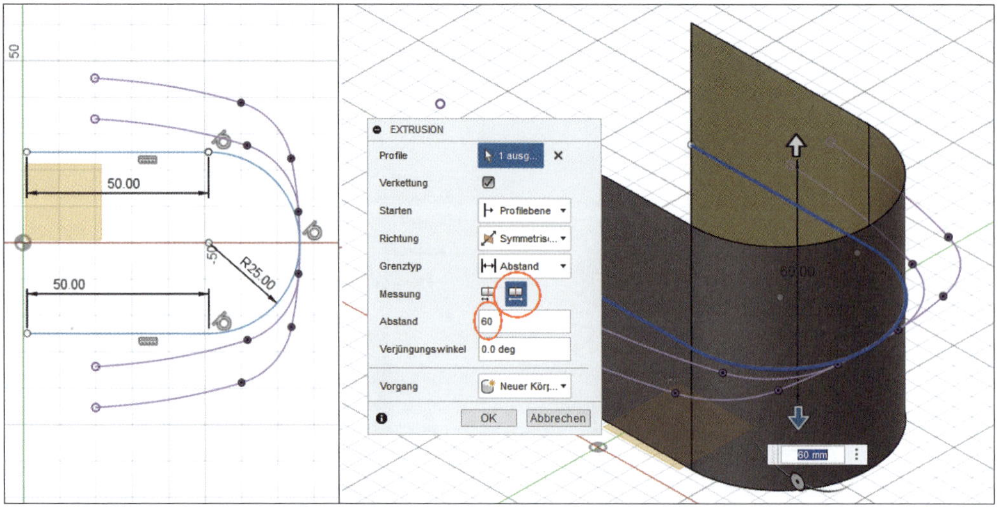

Abbildung 12.21: Wand der Griffmulde erstellen

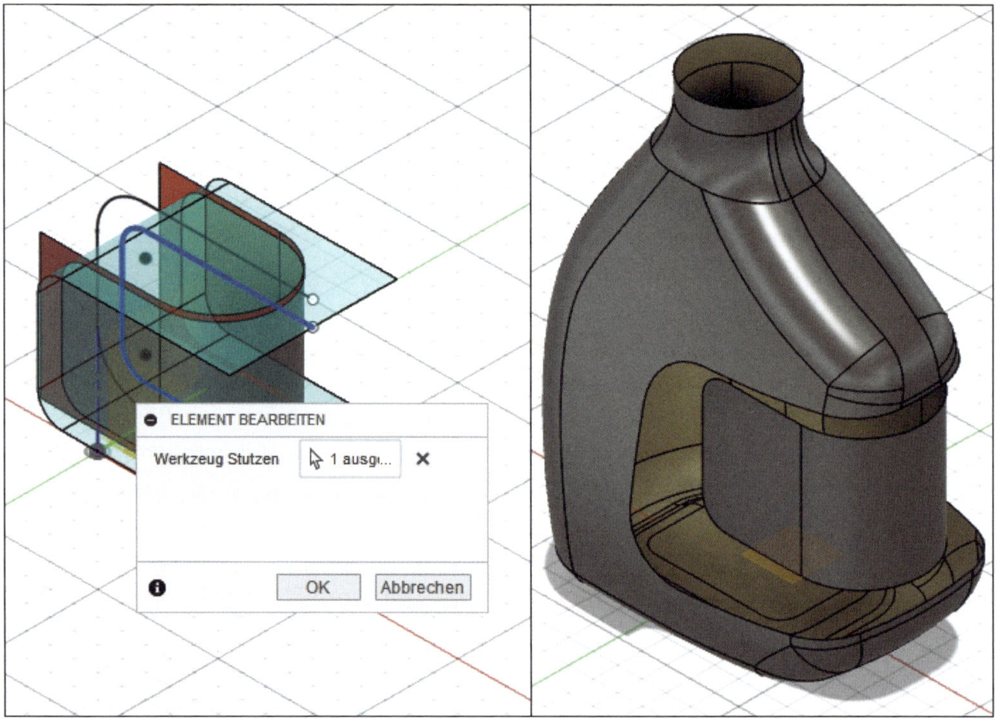

Abbildung 12.22: Griffmulde weiterbearbeitet

Jetzt wird es kniffelig. Mit der Funktion *Erhebung* verbinden Sie die Kanten der Flasche mit den Kanten der Griffmulde. Das geht leider nicht in einem Schritt. Dazu benötigen Sie vier Schritte. Am ersten Teilbereich wollen wir es uns genauer ansehen.

1. Wählen Sie die Funktion *Erhebung* im Bereich *Erstellen*. Deaktivieren Sie den Schalter *Kette auswählen*, denn wir wollen in mehreren Schritten arbeiten. Wählen Sie im Dialogfeld bei *Profil 1* die äußeren Kanten wie in Abbildung 12.23, links, und erstellen Sie das *Profil 2* mit dem Pluszeichen. Bei diesem *Profil 2* wählen Sie die inneren Kanten. Sobald Sie eine Kante des zweiten Profils gewählt haben, wird schon eine Fläche in der Voransicht erstellt. Danach müssen Sie die weiteren Kanten suchen und klicken. Stellen Sie den Verbindungstyp beide Male auf *Krümmung*. Mit dem Feld *Tangentialität Gewicht* können Sie etwas experimentieren. Damit bestimmen Sie, wie die neuen Flächen mit den vorhandenen verbunden werden sollen. Hier wurde der Wert auf 1,5 eingestellt. Mit *OK* bekommen Sie das Ergebnis wie in Abbildung 12.23, rechts.

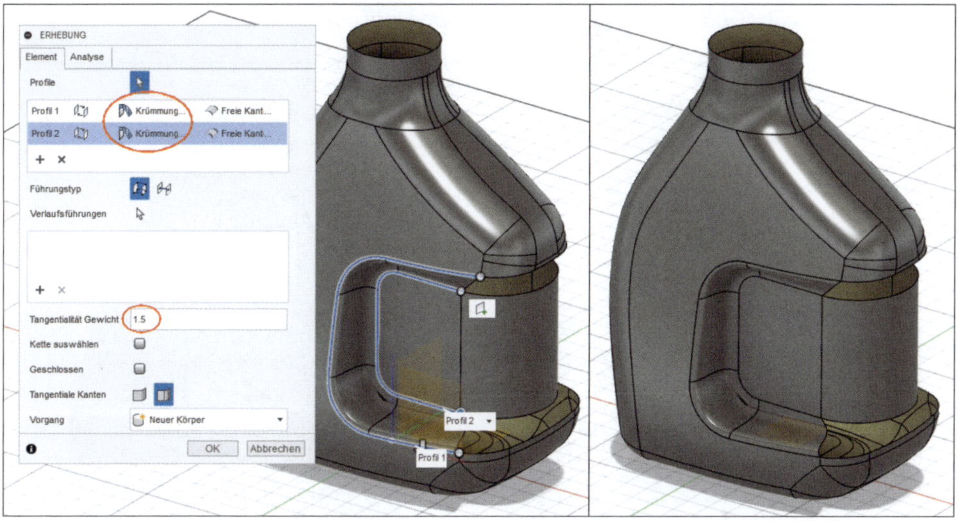

Abbildung 12.23: Griffmulde mit Flasche verbinden, der erste Bereich

2. Machen Sie das Gleiche auf der anderen Seite (siehe Abbildung 12.24). Auch wieder mit der Funktion *Extrusion*.
3. Jetzt noch vorne oben und unten (siehe Abbildung 12.25). Auch hier gehen Sie wieder auf die gleiche Weise vor, zweimal noch mit der Funktion *Extrusion*. Den oberen Bereich sehen Sie in Abbildung 12.25, links und den unteren in Abbildung 12.25, rechts. Verwenden Sie im Dialogfeld die gleichen Einstellungen wie bei den vorherigen Aktionen.

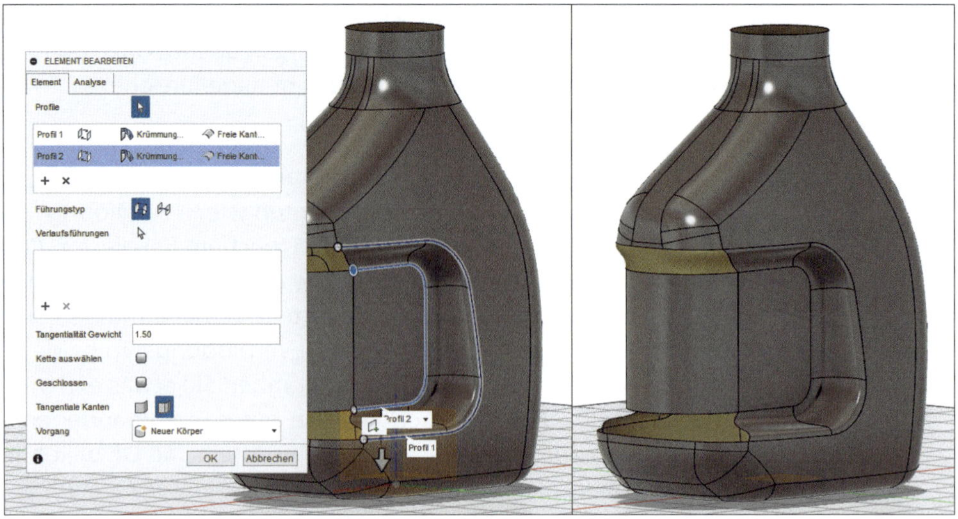

Abbildung 12.24: Griffmulde mit Flasche verbinden, auf der anderen Seite

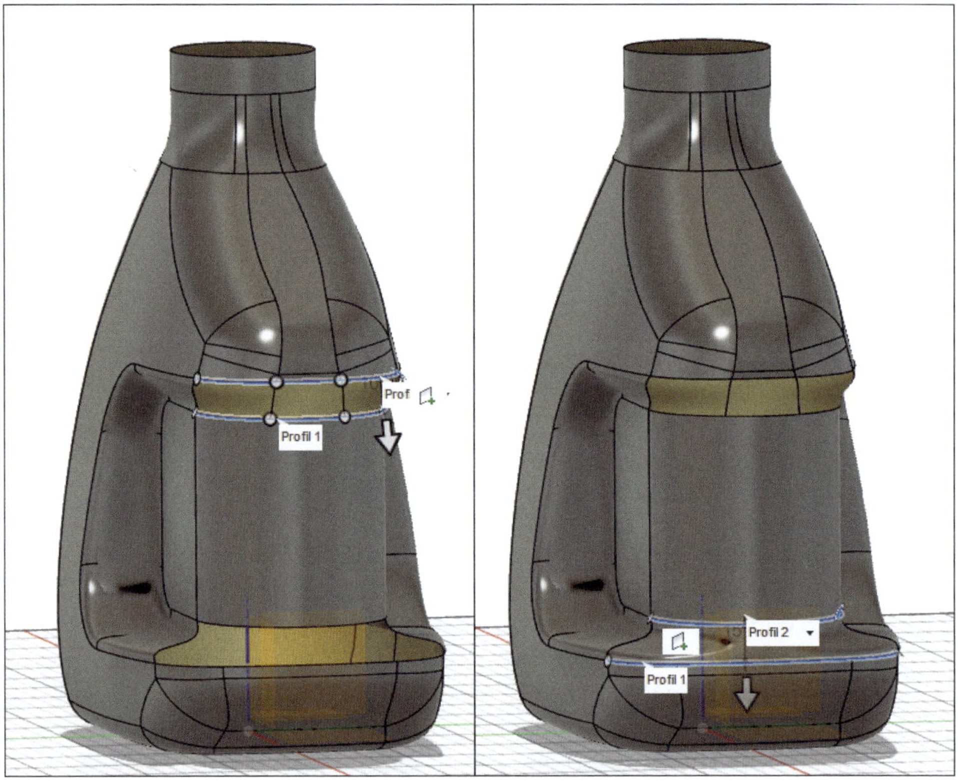

Abbildung 12.25: Die restlichen Lücken geschlossen

4. Bleibt nur noch, alle neu erstellten Flächen zu heften. Wählen Sie die Funktion *Heften* im Bereich *Ändern* und wählen Sie nacheinander alle Flächen. Um sicherzugehen, klicken Sie diese im Browser an und anschließend auf *OK* im Dialogfeld (siehe Abbildung 12.26). Jetzt haben Sie die Flasche als ein eigenständiges Modell.

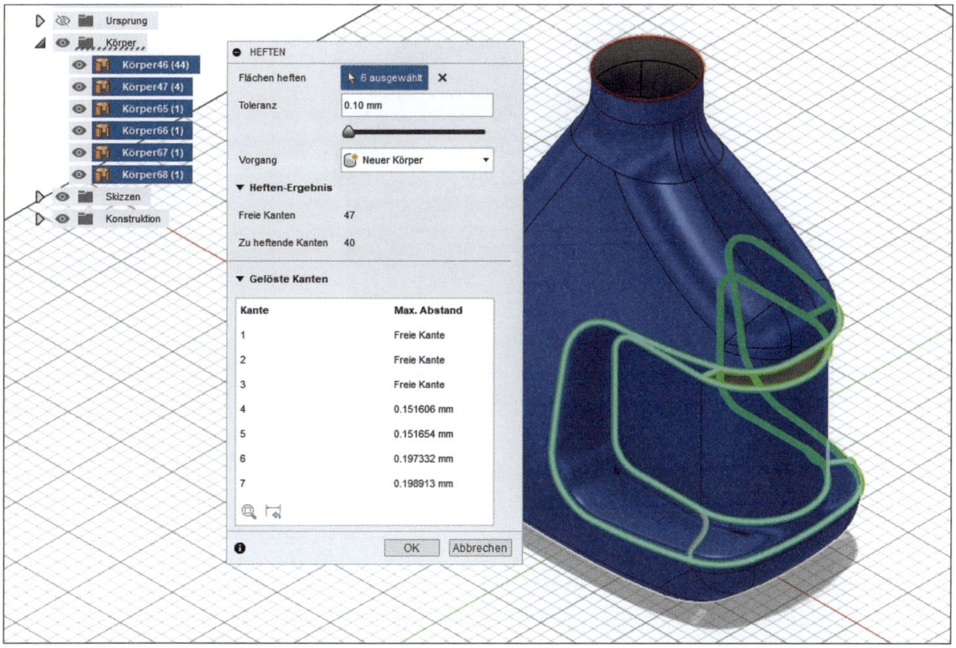

Abbildung 12.26: Alle Flächen heften

5. Die Flasche ist als Flächenmodell fertig. Unter Umständen ist es zum weiteren Bearbeiten oder zur Verwendung in einer Baugruppe besser, ein Volumenmodell der Flasche zu verwenden. Kein Problem, Fusion macht's möglich mit der Funktion *Verdicken*. Damit verdicken Sie die Flächen zu einem Volumenmodell. Sie finden die Funktion im Reiter *Fläche* der Multifunktionsleiste, im Menü des Bereichs *Erstellen*.

   Im Dialogfeld der Funktion *Verdicken* wählen Sie bei *Flächen* die Flasche und aktivieren den Schalter *Kette auswählen*. Da Sie die Außenkontur erstellt haben, versetzen Sie sie nach innen mit -1,5 mm (siehe Abbildung 12.27). Mit *OK* wird ausgeführt. Wundern Sie sich nicht, Ihr Computer hat sich nicht aufgehängt. Diese Aktion kann etwas länger dauern.

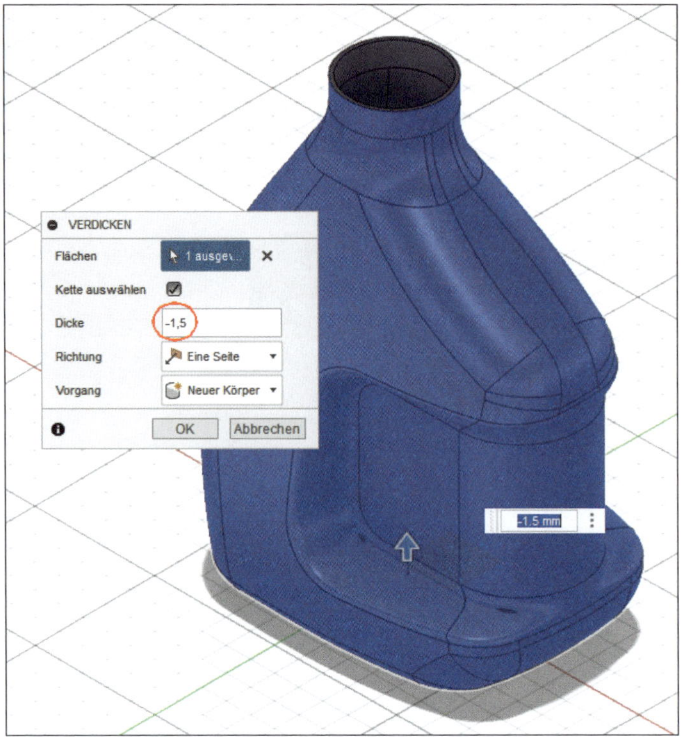

Abbildung 12.27: Die Flächen zum Volumen verdicken

Damit haben wir das Volumenmodell der Flasche mit einer Wandstärke von 1,5 mm. Da es sich um eine Kunststoffflasche handelt, ist die Dicke richtig gewählt. Im Browser haben Sie in der Kategorie *Körper* das Volumen- und Flächenmodell. Sie können das Flächenmodell ausblenden und sehen dann nur das Volumenmodell. Etwas aufgepeppt sehen Sie es in Abbildung 12.28. Die fertige Ölflasche finden Sie auch im Datenpanel, und zwar die Datei ***Lösung-12-02-Final***. Nun dürften Flächen auch für Sie kein Buch mit sieben Siegeln mehr sein. Aber so richtig freies Modellieren war das auch noch nicht.

Abbildung 12.28: Die fertige Ölflasche

12.3 Modellieren mit T-Splines

Mit den T-Splines in Autodesk Fusion haben Sie die Möglichkeit, komplexe organische 3D-Formen zu erstellen. Die bisherigen Flächen wurden über die Kanten definiert. T-Spline-Körper dagegen werden über die Flächen gesteuert. Dabei werden Kontrollpunkte verwendet, um die Form der Oberfläche zu bestimmen. Durch Verschieben der Kontrollpunkte kann die Oberfläche verformt werden, um damit glatte Oberflächen zu erzeugen. Dadurch entstehen Oberflächen ohne sichtbare Nähte. T-Spline-Körper können direkt bearbeitet werden, zum Beispiel durch Ziehen, Skalieren oder Rotieren. Dies ermöglicht schnelle Änderungen und ein interaktives Design.

12.3.1 Übernahme von Entwurfsansichten

Auch hier sollen gleich an einem Beispiel die Möglichkeiten dieser Arbeitsweise vorgestellt werden. Etwas ungewöhnlich für den Design-Prozess, es soll ein Gehäuse anhand von Fotos eines fertigen Handrührgeräts als 3D-Modell nachmodelliert werden (siehe Abbildung 12.60). Aber doch nicht ganz so ungewöhnlich, wenn man bedenkt, dass in der Praxis ein Modell ebenfalls mithilfe von Handskizzen oder Fotos von Einbausituationen erstellt wird. Insofern ist die Arbeitsweise doch ähnlich.

Starten wir also.

1. Beginnen Sie eine neue Datei. Mit der Funktion *Ansichtsbereich* können Sie eine Bilddatei auf einer Ebene platzieren und ausrichten. Sie finden die Funktion im Menü *Einfügen* in verschiedenen Reitern der Multifunktionsleiste. Wählen Sie die Funktion und nehmen Sie die Bilddatei ***Aufgabe-12-03-Seite*** aus dem Datenpanel. Wählen Sie die *XZ-Ebene*, auf der platziert werden soll. Die Einstellungen im daraufhin erweiterten Dialogfeld übernehmen Sie zunächst bis auf *Horizontal umkehren*. Diesen Schalter klicken Sie an, sodass das Bild wie in Abbildung 12.29, links aussieht.
2. Schalten Sie auf die Ansicht *Vorne* um und auf die Darstellung *Orthogonal*. Das Bild sollte jetzt noch skaliert werden. Wählen Sie im Browser in der Kategorie *Ansichtsbereiche* den neuen Ansichtsbereich ***Aufgabe-12-03-Seite*** mit einem Rechtsklick und im Kontextmenü dann den Eintrag *Kalibrieren*. Setzen Sie ein Maß auf die Abmessungen der Ansicht und geben Sie als neues Maß 170 mm vor (siehe Abbildung 12.29, rechts). Das Bild wird auf dieses Maß skaliert.
3. Aktivieren Sie noch einmal mit einem Rechtsklick im Browser, Kategorie *Ansichtsbereiche* auf den Arbeitsbereich ***Aufgabe-12-03-Seite*** das Kontextmenü und klicken Sie dort auf den Eintrag *Ansichtsbereich bearbeiten*. Sie bekommen das gleiche Dialogfeld wie in Abbildung 12.29, links. Schieben Sie an den Manipulator-Griffen das Bild so zum Nullpunkt, dass die vordere senkrechte Kante und die Mitte der Rundung in etwa durch den Nullpunkt verlaufen (siehe Abbildung 12.30).

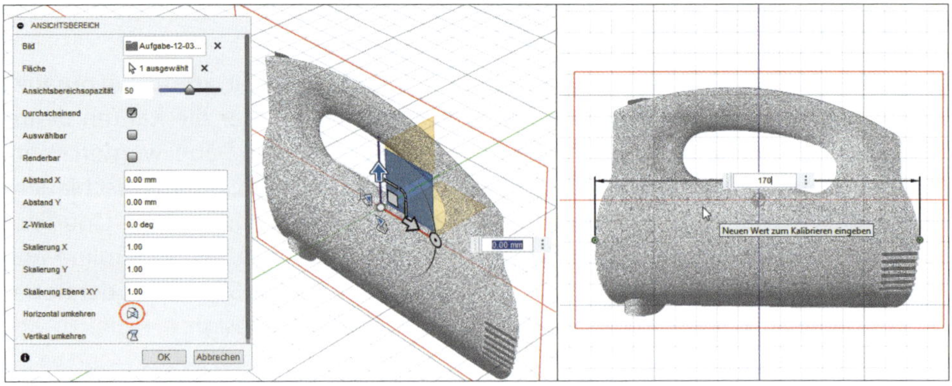

Abbildung 12.29: Erster Ansichtsbereich platziert und skaliert

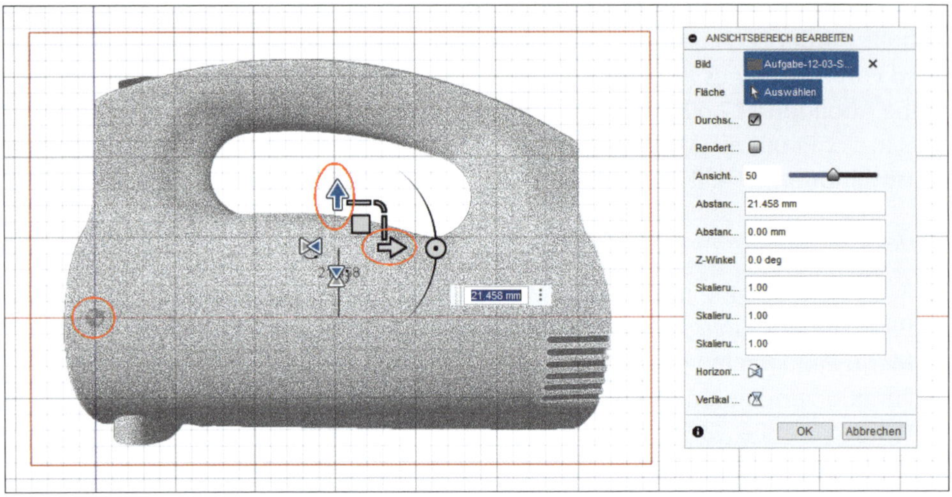

Abbildung 12.30: Erster Ansichtsbereich ausgerichtet

4. Platzieren Sie mit einem neuen Ansichtsbereich die Bilddatei ***Aufgabe-12-03-Vorne*** auf der *YZ-Ebene*. Kalibrieren Sie dieses Bild auf eine Höhe von 120 mm und verschieben Sie das Bild so, dass der Nullpunkt auf die Mitte des Kreises kommt (siehe Abbildung 12.31, links). Zur Kontrolle: Die Unterkante der Ansicht von vorne sollte mit der Unterkante der Aufnahme der Rührer übereinstimmen.
5. Noch ein neuer Ansichtsbereich, die Bilddatei ***Aufgabe-12-03-Oben*** soll auf der *XY-Ebene* platziert und auf eine Abmessung von 170 mm kalibriert werden. Danach verschieben Sie das Bild wie in Abbildung 12.31, rechts.

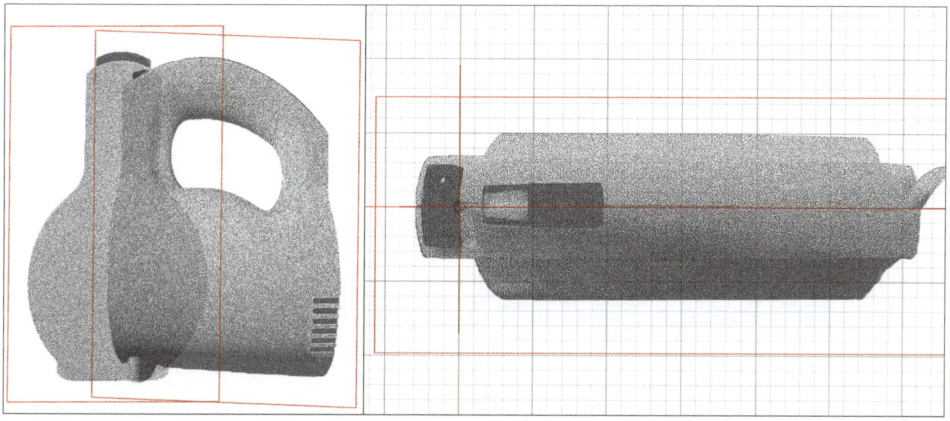

Abbildung 12.31: Weitere Ansichtsbereiche platziert, skaliert und ausgerichtet

6. Das Ergebnis sollte wie in Abbildung 12.32 aussehen, etwas verwirrend, aber wir benötigen immer nur einzelne Ansichten zum Modellieren. Diesen Stand haben Sie auch in der Datei ***Lösung-12-03-01*** im Datenpanel.

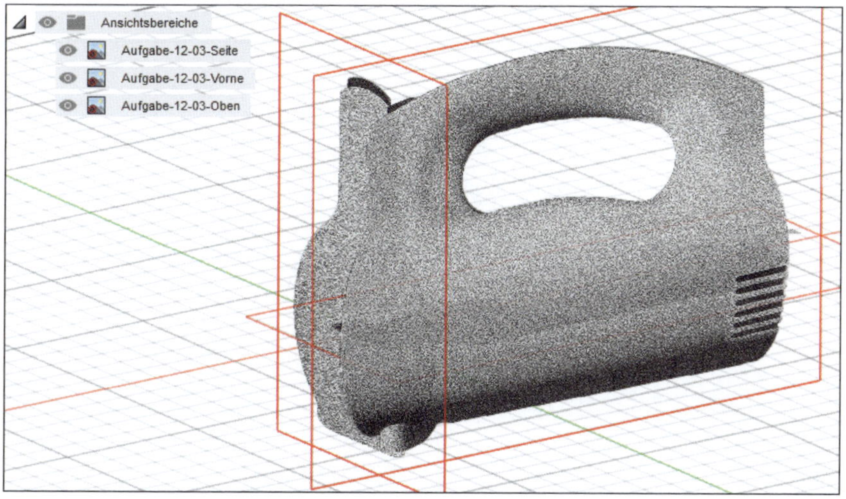

Abbildung 12.32: Die Ansichtsbereiche fertig eingefügt

12.3.2 Modellieren nach den Ansichtsbereichen

Zunächst gehen Sie wie üblich vor. Am Anfang ist auch hier die Skizze.

1. Erstellen Sie eine Skizze auf der *YZ-Ebene*. Zeichnen Sie einen Kreis auf der Ansicht der Vorderseite am Nullpunkt etwa so groß wie die Rundung der Ansicht. Für spätere Änderungen sollten Sie den Kreis mit etwa 74 mm bemaßen. Beenden Sie danach die Skizze.

2. Noch ist der Reiter *Volumenkörper* der Multifunktionsleiste aktiv. Wählen Sie jetzt die Funktion *Form erstellen* im Bereich *Erstellen* und wechseln Sie zu den Funktionen der T-Spline-Modellierung. Noch tut sich nichts. Nur der Reiter in der Multifunktionsleiste hat gewechselt. Der Reiter *Form* ist jetzt aktiv und er bleibt es so lange, bis Sie das Symbol *Form fertig stellen* anklicken.

Keine Zeitleiste im Bereich »Form«

Beachten Sie auch, dass die Aktionen innerhalb der *Form* nicht in der Zeitleiste protokolliert werden und damit auch nicht parametrisch änderbar sind. Modellierungsfehler sollten gleich mit der Funktion *Rückgängig* gelöscht und neu modelliert werden. Spätere Änderungen sind oft schwierig.

3. Wählen Sie im Menü *Erstellen* die Funktion *Extrusion*. Im Dialogfeld wählen Sie bei *Profil* den gerade gezeichneten Kreis, bei *Abstand* den Wert 160 mm. Nun noch *Flächen* auf den Wert 8 und *Vorderflächen* auf den Wert 7 einstellen. Damit legen Sie die Teilung der Fläche fest. Wenn Sie eine zu hohe Teilung wählen, haben Sie Schwierigkeiten bei der späteren Bearbeitung.

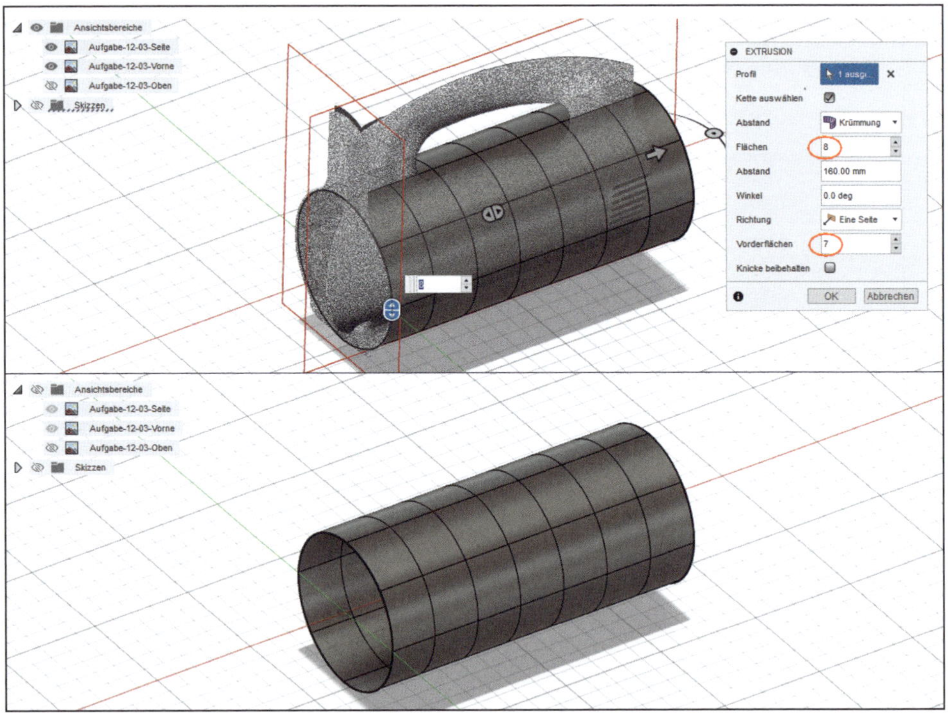

Abbildung 12.33: Der erste Körper

Bei den sieben gewählten Vorderflächen haben wir etwa drei Flächen in der Griffmulde, was für die spätere Bearbeitung der Griffmulde sinnvoll ist (siehe Abbildung 12.33, oben). Klicken Sie auf *OK* und der erste Körper entsteht. Jetzt können die Ansichtsbereiche ausgeblendet werden (siehe Abbildung 12.33, unten).

4. Die Vorderseite soll geschlossen werden. Klicken Sie die vordere Kante doppelt an und es wird die ganze umlaufende Kante gewählt. Nutzen Sie dafür die Funktion *Bohrung füllen* aus dem Menü *Ändern*. Im Dialogfeld sollte der *Bohrungs-Füllmodus* auf *Ausblenden* eingestellt werden und der Schalter *Knicke beibehalten* sollte angehakt sein. So ist gewährleistet, dass die Flächen die gleichen Stützpunkte wie die Mantelflächen haben. Das sollte wo auch immer möglich eingehalten werden. Mit dem Schalter *Knicke beibehalten* wird verhindert, dass die Flächen an der Kante verrundet werden (siehe Abbildung 12.34, links).

5. 
Um die Arbeit zu erleichtern, erstellen Sie eine Symmetrie-Ebene durch den Körper. Wählen Sie die Funktion *Symmetrie intern* mit ihrem Symbol im Bereich *Symmetrie*. Beim Feld *Fläche auswählen* im Dialogfeld wählen Sie zwei benachbarte Flächen zu der gewünschten Symmetrie-Ebene aus, diese wird durch grüne Linien angezeigt (siehe Abbildung 12.34, rechts).

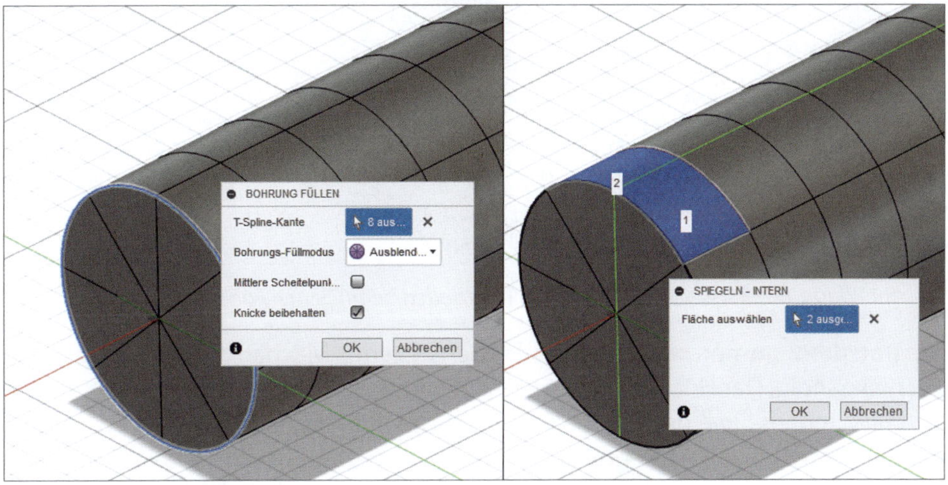

Abbildung 12.34: Bohrung schließen und Symmetrie-Ebene erstellen

6. 
Blenden Sie jetzt den Ansichtsbereich von der Seite ein und lassen Sie das Modell in dieser Ansicht. Klicken Sie zwei Flächen mit gedrückter ⇧-Taste an und wählen Sie die Funktion *Form bearbeiten* im Bereich *Ändern* an. Ziehen Sie am entsprechenden Manipulator-Griff die Flächen nach oben. Das Dialogfeld beachten wir erst einmal nicht. Da wir die Symmetrie-Ebene eingerichtet haben, werden die gegenüberliegenden Flächen mit verschoben. Was aber auffällt, ist, dass die angrenzenden Flächen mit verzogen werden (siehe Abbildung 12.35, links).

7. Brechen Sie den Vorgang ab oder, wenn Sie schon übernommen haben, machen Sie die Aktion rückgängig. Wählen Sie wieder die Funktion *Form bearbeiten*. Wenn Sie jetzt an dem Manipulator-Griff die Flächen mit gedrückter Alt-Taste nach oben ziehen, ändern sich die angrenzenden Flächen nur soweit nötig, um die Höcker auszubilden, und es werden neue Flächen eingefügt. Jetzt werden die gewählten Flächen aber separat auseinandergezogen, was auch nicht gewünscht ist (siehe Abbildung 12.35, Mitte). Brechen Sie auch diesen Vorgang ab.

8. Wählen Sie jetzt alle vier Flächen trotz der Symmetrie-Ebene. Nur so werden alle gleichmäßig hochgezogen. Wählen Sie noch einmal die Funktion *Form bearbeiten*. Auch diesmal die Alt-Taste beim Ziehen drücken. Jetzt wird es besser (siehe Abbildung 12.35, rechts).

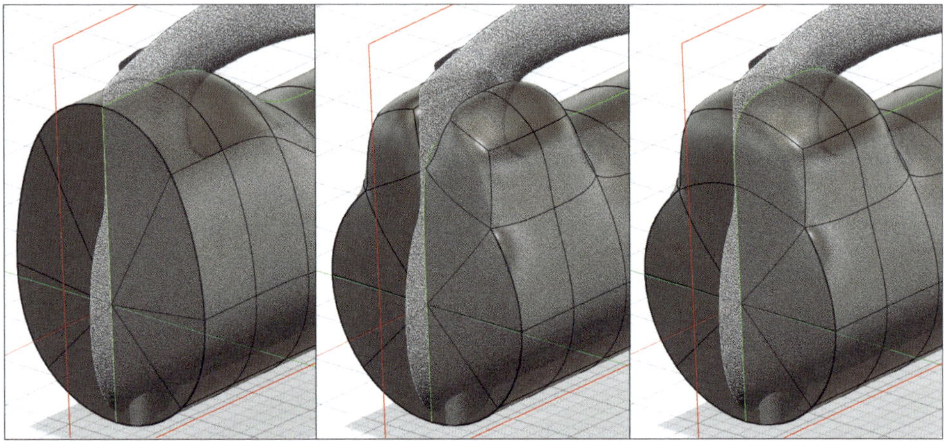

Abbildung 12.35: Verschiedene Auswahlmethoden beim Ziehen von Flächen

9. Trotzdem, immer noch nicht zufriedenstellend. Machen Sie auch diese Aktion rückgängig. Der Höcker ist zu breit. Geht aber nicht anders, außer Sie teilen die Flächen, indem Sie eine weitere Kante einfügen. Wählen Sie dazu die Funktion *Kante einfügen* aus dem Menü *Ändern*. Per Doppelklick können Sie die *T-Spline-Kante* durchgängig wählen (blaue Kante in Abbildung 12.36). Im Dialogfeld könnten Sie bei *Einfügeseite* wählen, dass die Kante auf beiden Seiten eingefügt werden soll. Sie benötigen allerdings nur eine und nehmen die Einstellung *Einzeln*. Die *Einfügeposition* wird relativ zwischen 0 und 1 angegeben. Je kleiner der Wert, desto näher bei der ursprünglichen Kante. In unserem Fall wäre *0.2* passend. Mit *OK* werden die Flächen geteilt (siehe Abbildung 12.36).

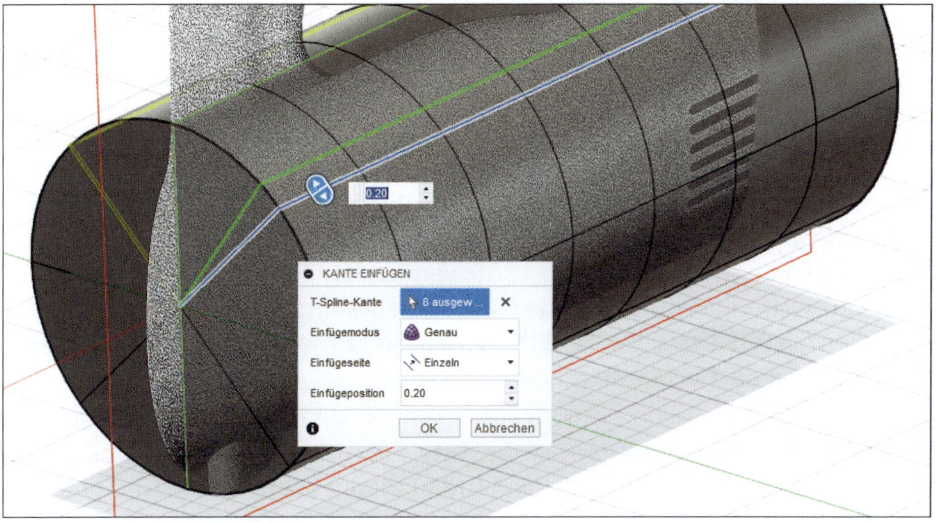

Abbildung 12.36: Flächen geteilt

10. Es ist nicht ungewöhnlich beim Modellieren mit T-Splines, dass man sich schrittweise an das optimale Ergebnis herantastet. Wählen Sie jetzt wieder die vier Flächen mit gedrückter ⇧-Taste und stellen Sie danach die Ansicht so ein, dass Sie von der Seite auf das Rührgerät sehen. In unserem Fall ist das die Ansicht *Vorne*. Wählen Sie die Funktion *Form bearbeiten* und ziehen Sie die Flächen mit gedrückter Alt-Taste nach oben. Ziehen Sie sie etwa auf halbe Höhe und stellen Sie die Fläche mit dem Drehmanipulator schräg und dann weiter nach oben, bis die Optik stimmt. Das Dialogfeld hilft Ihnen hierbei nicht (siehe Abbildung 12.37, links).

11. Machen Sie am hinteren Ende des Rührgeräts das Gleiche. Das Ergebnis dieser Aktion kann dann wie in Abbildung 12.37, rechts aussehen.

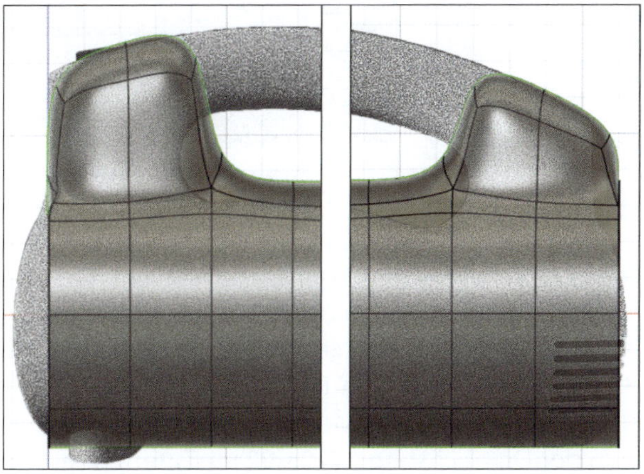

Abbildung 12.37: Auf beiden Seiten geändert

12.3.3 Den Griff am Rührgerät modellieren

Als Nächstes soll der Griff modelliert werden. Auch dazu müssen Sie auf jeder Seite eine Fläche teilen, denn der Griff soll weiter oben angesetzt werden. Es muss eine zusätzliche Kante auf jeder Seite eingefügt werden.

1. Stellen Sie eine Ansicht wie in Abbildung 12.38 ein. Danach wählen Sie die Funktion *Kante einfügen* aus dem Menü *Ändern*. Wählen Sie im Feld *T-Spline-Kante* die untere Kante wie in Abbildung 12.38. Verwenden Sie diesmal beim *Einfügemodus* die Auswahl *Einfach*, da nur eine Fläche geteilt werden soll. Für die *Einfügeposition* stellen Sie *0.45* ein (siehe Abbildung 12.38, links). Mit *OK* wird nur eine Kante eingefügt und die Flächen werden geteilt.
2. Ändern Sie die Ansicht wie in Abbildung 12.38, rechts und machen Sie auch hier an der senkrechten Fläche das Gleiche. Hier sollte die *Einfügeposition* bei *0,2* liegen. Eventuell auch *-0,2* je nach Auswahl. Mit *OK* wird auch diese Fläche geteilt (siehe Abbildung 12.38, rechts).

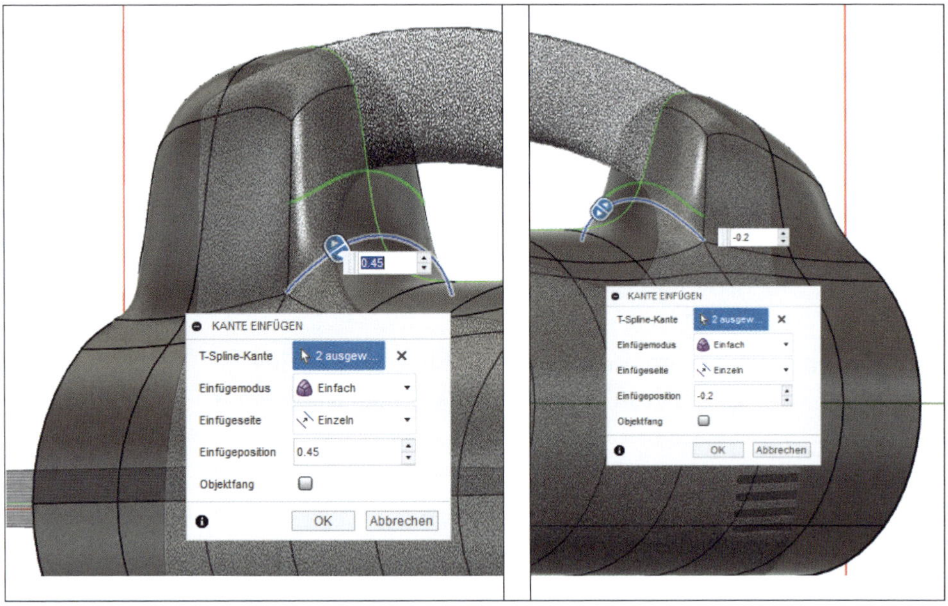

Abbildung 12.38: Und wieder Flächen teilen

Die Vorarbeit ist gemacht, jetzt kommen wir zum eigentlichen Modellieren des Griffs. Es gibt verschiedene Möglichkeiten, den Griff zu modellieren. Sicher würden Sie in der Praxis die in diesem Fall einfachste Variante verwenden. Es soll aber eine weitere Möglichkeit gezeigt werden, die in anderen Fällen nützlich sein kann. Speichern Sie deshalb diesen Zwischenstand ab, sodass Sie später wieder darauf zurückgreifen können. Den Stand haben Sie auch in der Datei ***Lösung-12-03-02*** im Datenpanel.

Variante 1: Schweiß-Scheitelpunkte

1. Klicken Sie die Flächen an, an denen der Griff angesetzt werden soll, und drücken Sie die Entf-Taste und die Flächen werden gelöscht. Die linke Fläche sollte etwas herausgezogen werden. Klicken Sie deren Kante doppelt an und sie wird komplett markiert. Wählen Sie die Funktion *Form bearbeiten* und ziehen Sie die Kante dann mit gedrückter Alt-Taste ein Stück heraus (siehe Abbildung 12.39, links).

2. Ziehen Sie auch die Fläche auf der anderen Seite mit der Funktion *Form bearbeiten* an der umlaufenden Kante mit gedrückter Alt-Taste etwas heraus (siehe Abbildung 12.39, rechts).

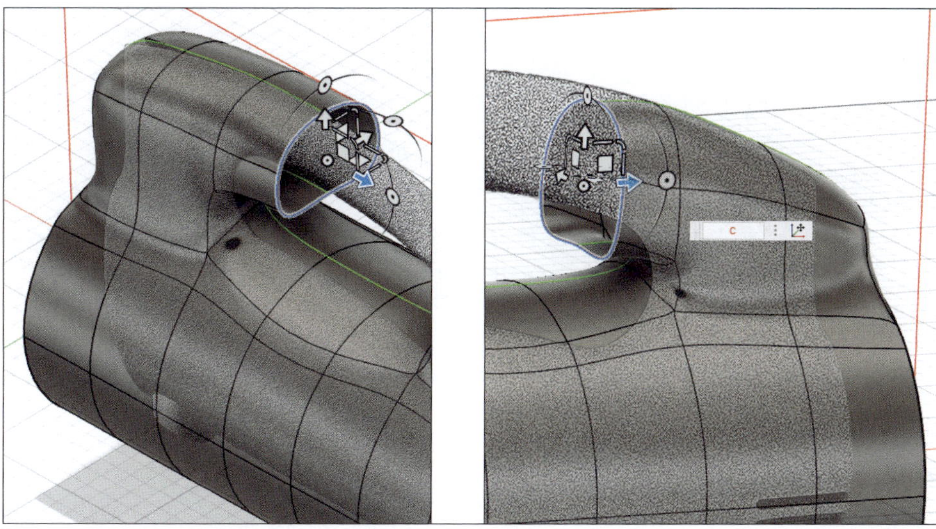

Abbildung 12.39: Auf beiden Seiten Flächen verlängern

3. Die hintere Fläche sieht noch nicht gut aus. Wenn Sie von vorne draufsehen, fällt auf, dass sie nach unten zeigt und auch zu groß ist (siehe Abbildung 12.40, links). Wählen Sie wieder die komplette Kante und die Funktion *Form bearbeiten*. Ziehen Sie in dieser Ansicht die Fläche etwas nach oben, aber diesmal ohne die Alt-Taste, wie in Abbildung 12.40, rechts. Es sollen ja keine neuen Flächen erzeugt, sondern nur die vorhandenen korrigiert werden.

4. Jetzt stimmt zwar die Richtung, aber die Öffnung ist noch zu groß (siehe Abbildung 12.41, links). Also die Kante per Doppelklick wählen und die Funktion *Form bearbeiten* aktivieren. Bei den Manipulator-Griffen am liegenden Quadrat mit gedrückter Maustaste ziehen. Die Öffnung kann vergrößert (siehe Abbildung 12.41, Mitte) und verkleinert werden. Wählen Sie die Linie, um nur in eine Richtung zu ziehen. Bringen Sie diese in etwa auf die Größe der gegenüberliegenden Öffnung (siehe Abbildung 12.41, rechts).

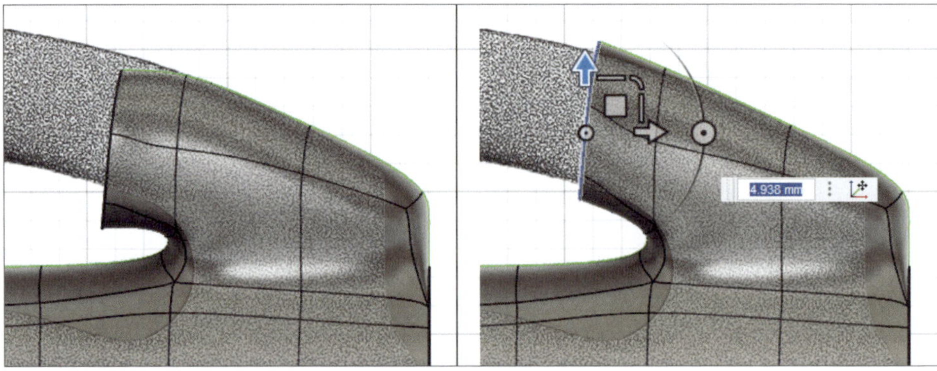

Abbildung 12.40: Öffnung in der Höhe korrigiert

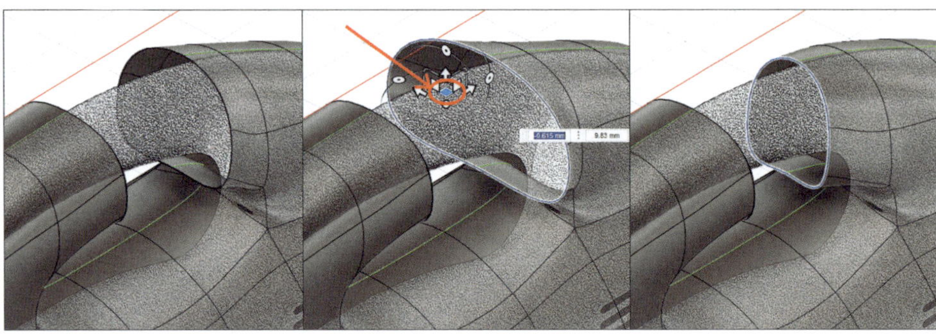

Abbildung 12.41: Öffnung in der Größe korrigiert

5. Die beiden Öffnungen können mit der Funktion *Schweiß-Scheitelpunkte* verbunden werden. Sie finden die Funktion im Menü *Ändern*. Klicken Sie zwei Punktepaare an, die verbunden werden sollen. Beim ersten Mal wird die Abbildung kantig angezeigt, um die richtigen Punkte zu finden (siehe Abbildung 12.42, links).

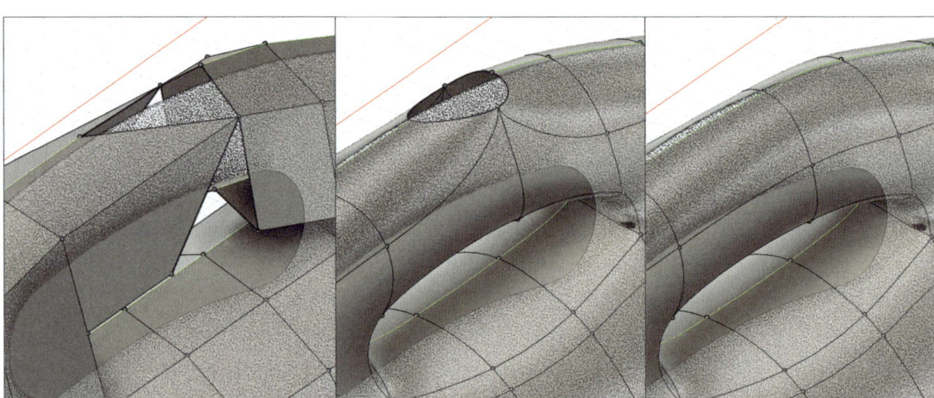

Abbildung 12.42: Formung des Griffs

Bei den weiteren Punktepaaren ist es klar, welche zusammenfinden müssen, daher wird wieder die geglättete Darstellung angezeigt (siehe Abbildung 12.42, Mitte). Verbinden Sie alle Punktepaare und vergewissern Sie sich, dass Sie auch die unten liegenden Punkt verbunden haben. Mit *OK* wird übernommen und der Griff ist fertig (siehe Abbildung 12.42, rechts).

Variante 2: Die Brücke

Die schnellere Lösung aber ist die mit der Funktion *Brücke*. Eventuell muss noch etwas korrigiert werden, aber das Ergebnis kann sich sehen lassen. Gehen Sie mit der Funktion *Rückgängig* so weit zurück, bis Sie wieder den Stand wie in Abbildung 12.43 haben, oder arbeiten Sie an der Datei weiter, die Sie zwischengespeichert haben. Sie können aber auch an der Datei ***Lösung-12-03-02*** weiterarbeiten.

1. Wählen Sie die Funktion *Brücke* im Menü *Ändern*. In dem dann erscheinenden Dialogfeld klicken Sie den Schalter *Seite 1* an, wenn er nicht schon aktiv ist, und wählen die beiden Flächen auf einer Seite mit gedrückter ⇧-Taste an. Dann klicken Sie den Schalter *Seite 2* an und wählen die beiden Flächen auf der anderen Seite ebenfalls mit gedrückter ⇧-Taste (siehe Abbildung 12.43, links). Eine Kurve, die den Verlauf festlegt, gibt es nicht, deshalb muss der Schalter *Kurve folgen* nicht aktiviert werden.
2. Ist der Schalter *Vorschau* aktiviert, wird der Verlauf der neuen Flächen nur stilisiert dargestellt. Sie sehen nur, ob Flächen verdreht wurden, was sich mit den Schaltern *Seite 1 umkehren* bzw. *Seite 2 umkehren* beheben lassen würde. Beim Eingabefeld *Flächen* können Sie bestimmen, wie viele Flächen auf der Brücke eingefügt werden sollen. Die Auswahl *3* dürfte zum besten Ergebnis führen. Ist der Schalter *Knicke beibehalten* aus, entstehen keine Knicke an den neuen Flächen. Lassen Sie ihn deshalb deaktiviert. Mit *OK* wird die Aktion ausgeführt und der Griff modelliert (siehe Abbildung 12.43, rechts).

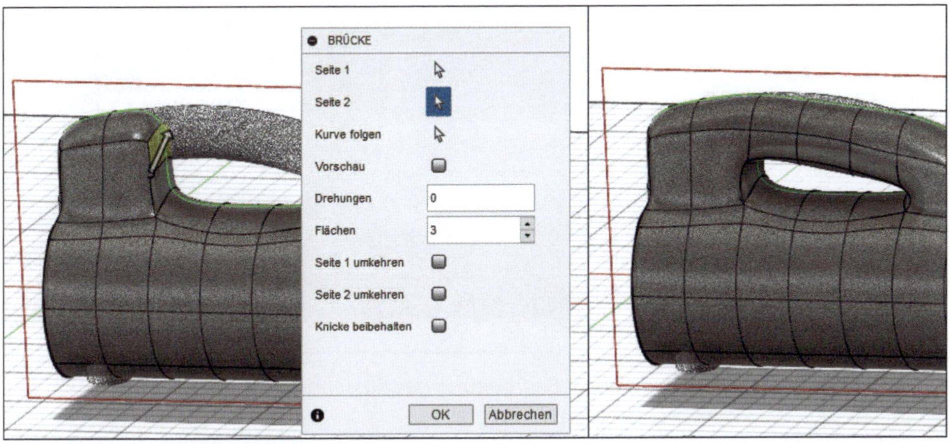

Abbildung 12.43: Die Funktion Brücke für den Griff

12.3.4 Korrekturen anbringen

Die grobe Form ist fertig. Wo gibt es noch Korrekturen? Schauen Sie sich das Modell in der Ansicht *Vorne* an. Der Griff hängt noch etwas durch (siehe Abbildung 12.44, links, rot eingerahmter Bereich). Klicken Sie die entsprechende Kontur doppelt an und wählen Sie die Funktion *Form bearbeiten*. Ziehen Sie die Kontur etwas nach oben, sodass sie mit dem Foto besser übereinstimmt. Eventuell ist das an mehreren Konturen erforderlich (siehe Abbildung 12.44, rechts).

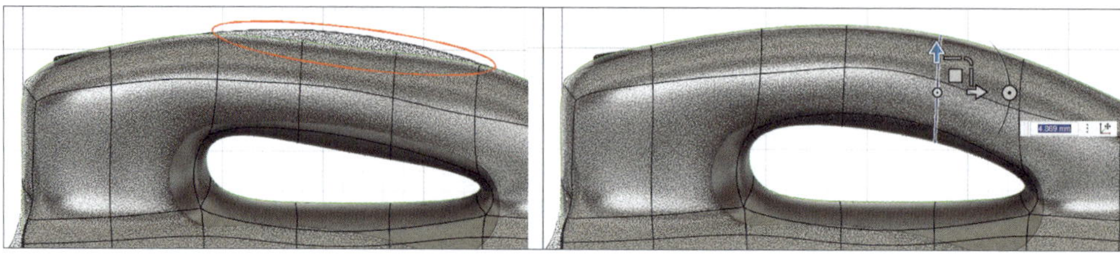

Abbildung 12.44: Korrekturen am Griff

Aber auch der Ausschnitt am Griff stimmt nicht gut mit der Vorgabe überein.

1. Um das Original besser beurteilen zu können, ist es möglich, den entsprechenden Ansichtsbereich im Browser mit einem Rechtsklick zu markieren und aus dem Kontextmenü die Funktion *Ansichtsbereich bearbeiten* zu wählen.

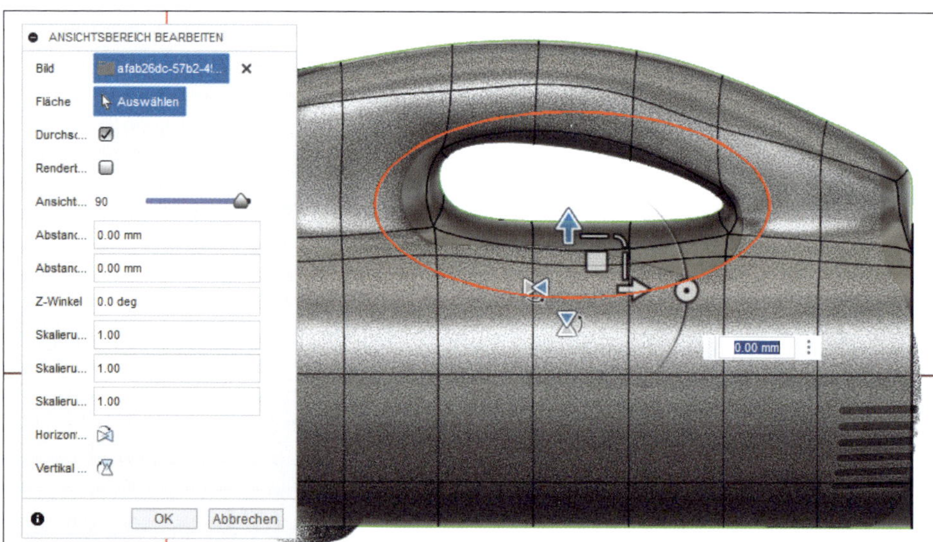

Abbildung 12.45: Einstellungen zur Bearbeitung des Ausschnitts

2. Wichtig ist dabei im Dialogfeld der Schieberegler *Ansicht*. Je weiter der nach rechts bewegt wird, desto stärker wird die Fotovorlage angezeigt. Der Schalter *Durch-*

scheinend muss aktiv sein. Nur so werden die Flächen ebenfalls transparent. Stellen Sie es so ein, dass Sie beides gut sehen, die Flächen und die Vorlage (siehe Abbildung 12.45, rot eingerahmter Bereich).

3. Ändern Sie auch hier mit der Funktion *Form bearbeiten*. Zupfen, ziehen oder drehen Sie so lange an den Flächen, Kanten oder Punkten, bis es etwa mit der Vorgabe übereinstimmt (siehe Abbildung 12.46). Sie sehen, dass Sie hier einen weiten Spielraum haben und gezielt auf die Form Einfluss nehmen können.

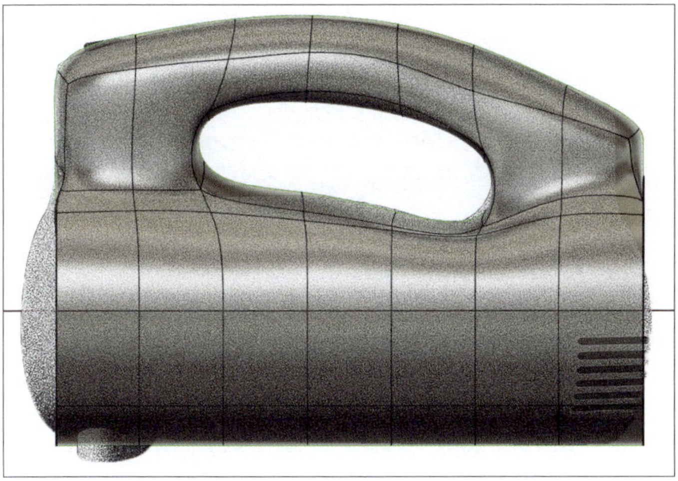

Abbildung 12.46: Korrektur der Griffmulde

4. An der Unterseite des Griffs sind etwas zu starke Dellen entstanden, die noch etwas geglättet werden sollen. Mit der Funktion *Glatt* im Menü *Ändern* lässt sich das ausgleichen. Aktivieren Sie die Funktion und wählen Sie die betreffenden Flächen nacheinander mit gedrückter [⇧]-Taste an. Bewegen Sie den Schieber *Glättungsfilter* so weit nach rechts, bis Ihnen die Form gefällt (siehe Abbildung 12.47), und bestätigen Sie mit *OK*.

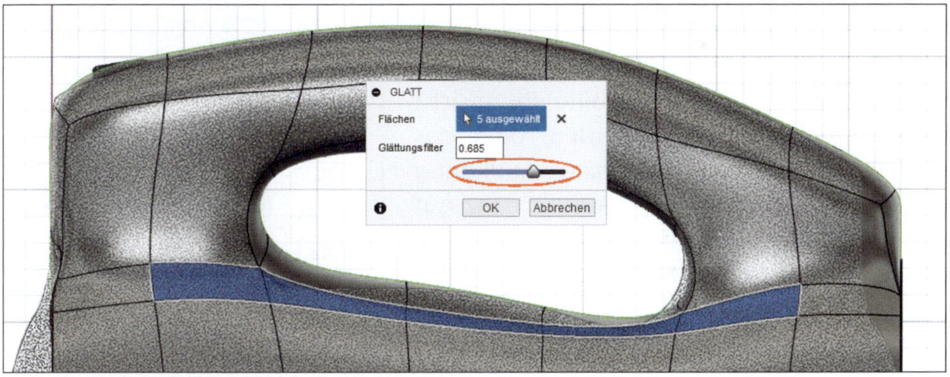

Abbildung 12.47: Glättung der Griffmulde

Die Oberseite des Griffs sollte aber nicht geschwungen sein. Dort sollten Knicke entstehen, sodass das Rührgerät abgestellt werden kann.

Wählen Sie dazu die Funktion *Knicken* aus dem Menü *Ändern*. Klicken Sie die seitliche Kante doppelt und mit gedrückter ⇧-Taste die Kanten an der Vorder- und Rückseite an. Sie sehen schon in der Voransicht, wie das Ergebnis aussehen würde (siehe Abbildung 12.48). Klicken Sie auf *OK* und die Kanten bekommen den Knick, den Sie später noch etwas runden können.

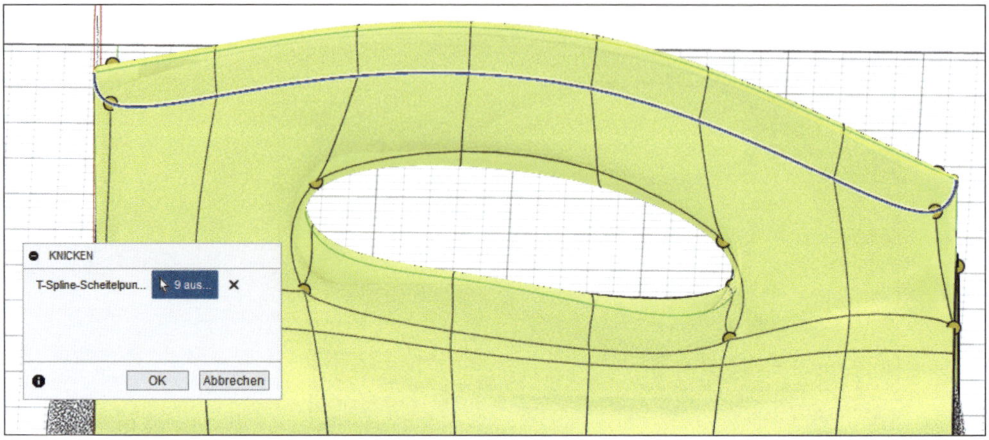

Abbildung 12.48: Knick an der Oberseite des Griffs erstellt

Vielleicht ist Ihnen aufgefallen, dass wir immer nur eine Seite bearbeitet haben. Die andere ist immer mit geändert worden, der Symmetrie sei Dank. Diese haben wir ganz am Anfang eingestellt.

Kontrollieren Sie die Vorderseite des Rührgeräts. Hier liegt die Fotovorlage vor dem Modell, deshalb muss wie oben der Ansichtsbereich bearbeitet werden. Diesmal sollte die Ansicht mehr zurückgenommen werden, dass das Modell besser sichtbar wird (siehe Abbildung 12.49). In unserem Beispiel sieht es ganz gut aus. Falls es bei Ihnen nicht so ist, korrigieren Sie wie am Griff auf der Seite des Rührgeräts.

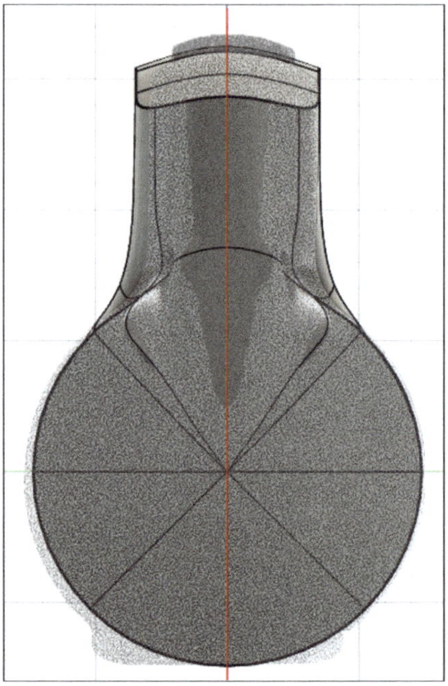

Abbildung 12.49: Überprüfung der Vorderseite

Allerdings wurden die Flächen an der Vorderseite durch verschiedene Bearbeitungen etwas zerknittert. Die sollen gelöscht und später durch neue glatte Flächen ersetzt werden.

Klicken Sie die Flächen auf der Vorderseite nacheinander an und drücken Sie die [Entf]-Taste. Die Flächen werden gelöscht.

Einen Stand wie in den letzten Abbildungen haben Sie auch in der Datei ***Lösung-12-03-03*** im Datenpanel zum Vergleich oder um damit weiterzuarbeiten.

12.3.5 Zurück zum Volumen

Bisher haben wir die ganze Zeit im Reiter *Form* der Multifunktionsleiste gearbeitet. Diesen Modus wollen wir jetzt beenden und zum Volumen zurückkehren.

1. Klicken Sie auf das Symbol für die Funktion *Form fertig stellen* ganz rechts in der Multifunktionsleiste, so kommen Sie zurück zum Reiter *Volumenkörper*. Die Darstellung ändert sich, die Unterteilung der Flächen wird teilweise entfernt.
2. In der Zeitleiste am unteren Bildschirmrand hatten Sie schon während der Arbeit das Symbol für die Erstellung einer Form. Die Aktionen während der Bearbeitung der Form sind nicht parametrisch, da sie durch freies Modellieren erstellt wurden. Sie haben aber durch einen Doppelklick auf das Symbol die Möglichkeit, die Form weiterzubearbeiten.
3. Klicken Sie dagegen auf das Werkzeug *Form erstellen* im Bereich *Erstellen* der Multifunktionsleiste, wird eine neue Form erstellt, die nichts mit der vorherigen zu tun hat. Wir wollen aber keine neue Form erstellen, sondern an der vorhandenen weiterarbeiten.

4. Wir bleiben allerdings nicht bei den Volumenkörpern, sondern wechseln gleich zum Reiter *Fläche* der Multifunktionsleiste und wählen dort die Funktion *Fläche* im Bereich *Erstellen*. Im Dialogfeld können die Kanten gewählt werden und die Fläche wird erzeugt (siehe Abbildung 12.50, links). Die Form der Kanten der neu entstehenden Fläche kann geändert werden. In Abbildung 12.50, links wurde *Verbunden* gewählt. Das ist auch für unser Beispiel richtig.

   In Abbildung 12.50, rechts wurde dagegen *Tangential* gewählt. An den Kanten werden so tangentiale Übergänge erstellt und somit wird die Fläche gewölbt. In unserem Beispiel soll die Einstellung *Verbunden* gewählt werden. Erstellen Sie diese Fläche mit Klick auf *OK*. Machen Sie das Gleiche auf der Rückseite.

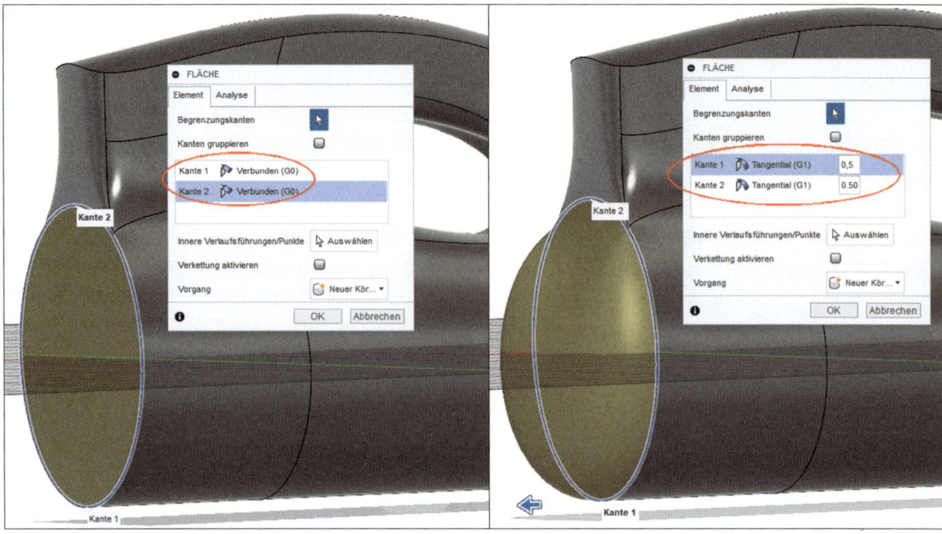

Abbildung 12.50: Neue glatte oder gewölbte Fläche an der Vorderseite

5. Jetzt haben Sie einen geschlossenen Körper, aber noch kein Volumen. Das können Sie mit der Funktion *Schnittanalyse* im Menü *Prüfen* feststellen (siehe Kapitel 9.1.6). Dort sehen Sie nur Flächen (siehe Abbildung 12.51, links).
6. Mit der Funktion *Heften* im Bereich *Ändern* fassen Sie die Flächen zusammen und erhalten ein geschlossenes Volumenmodell. Wählen Sie das komplette Modell am besten mit einem Fenster und klicken Sie im Dialogfeld auf *OK*. Überprüfen Sie das Ergebnis wieder in der *Schnittanalyse* und Sie haben ein massives Volumenmodell (siehe Abbildung 12.51, rechts).

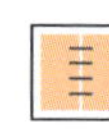

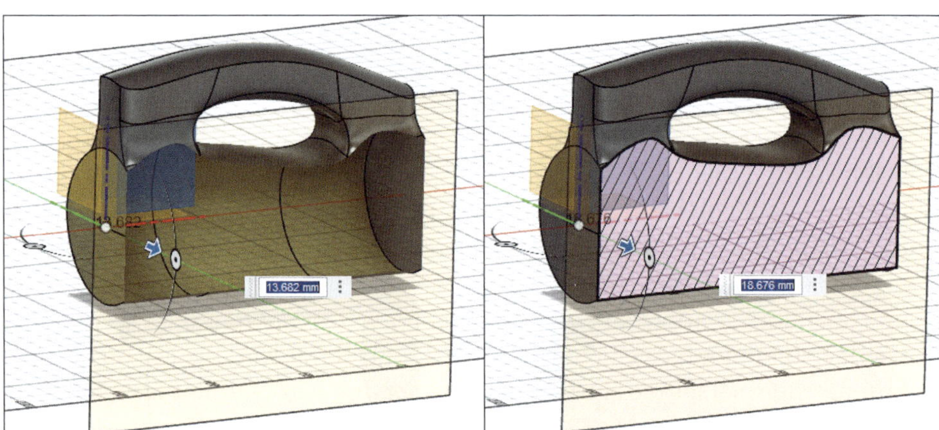

Abbildung 12.51: Durch Heften Umwandlung in Volumen

12.3.6 Weiter am Volumen modellieren

Soweit zu den T-Splines. Über den Umweg über die Flächenmodellierung kommen wir wieder zur Volumenmodellierung, mit der das Rührgerät fertiggestellt werden soll. Stellen Sie die Ansicht von unten wie in Abbildung 12.52 ein. Hier soll zunächst die Aufnahme für die Rührwerkzeuge erstellt werden.

1. Erstellen Sie eine Versatzebene mit der gleichnamigen Funktion. Wählen Sie die *XY-Ebene* und einen Versatz von -38 mm. Legen Sie eine Skizze auf die Ebene (siehe Abbildung 12.52, links).
2. Um auf der Skizze besser arbeiten zu können, dimmen Sie den Volumenkörper. Markieren Sie den Körper im Browser mit der rechten Maustaste und wählen Sie im Menü *Opazitätssteuerung* und im Untermenü etwa 40 %. Jetzt sehen Sie die Kontur, können aber trotzdem auf der Skizze gut zeichnen. Erstellen Sie die Skizze wie in Abbildung 12.52, rechts).

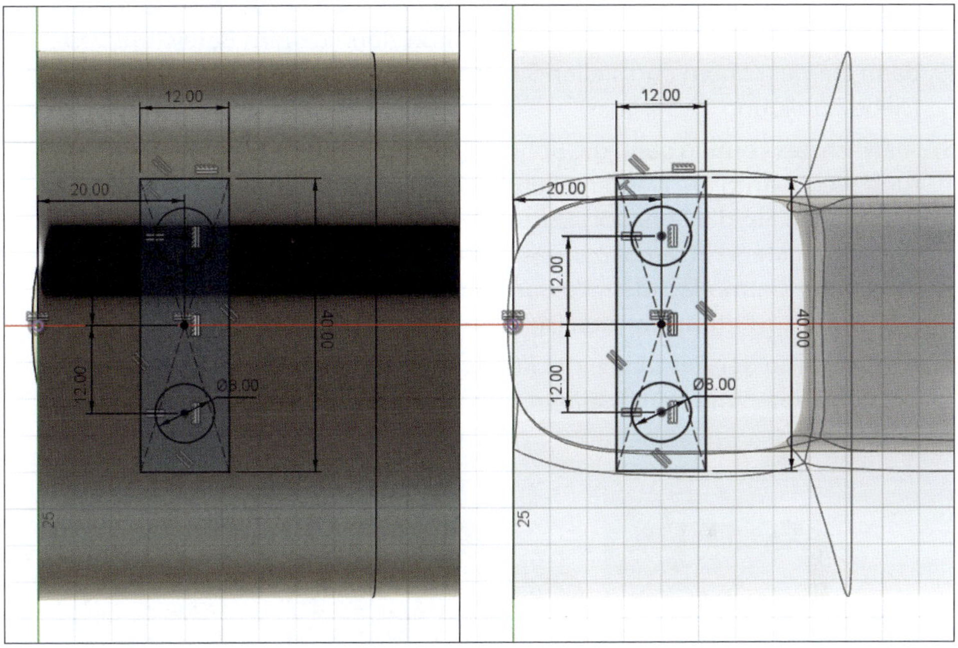

Abbildung 12.52: Skizzieren der Aufnahme für die Rührwerkzeuge

3. Stellen Sie die *Opazität* wieder auf 100 % und beenden Sie die Skizze. Wählen Sie den Reiter *Volumenkörper* in der Multifunktionsleiste und dort die Funktion *Extrusion* im Bereich *Erstellen*. Wählen Sie das komplette Rechteck als Profil inklusive der Bohrungen. Bei *Grenztyp* wählen Sie *Auf Objekt* und das Objekt ist der Körper des Rührgeräts. Der *Vorgang* ist *Verbinden*. Mit *OK* wird die Extrusion ausgeführt.

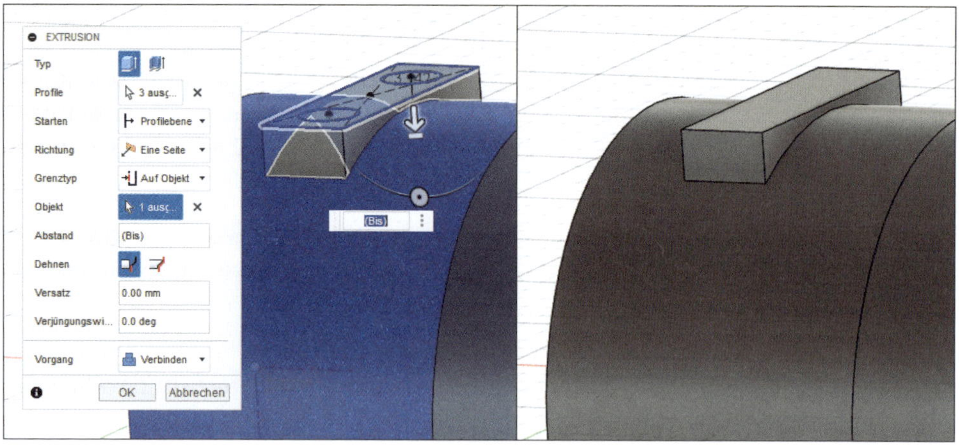

Abbildung 12.53: Extrudieren der Aufnahme für die Rührwerkzeuge

4. Jetzt soll die Kante am Übergang der Aufnahme zum Körper des Rührgeräts gerundet werden. Wählen Sie die Funktion *Abrunden* im Bereich *Ändern*, dann die vier Kanten und stellen Sie den Radius 1 ein. Mit *OK* wird gerundet (siehe Abbildung 12.54, links). 
5. Als Nächstes können dann die Bohrungen in der Skizze von oben als Bohrung weg extrudiert werden. Blenden Sie die Skizze im Browser wieder ein, wählen Sie die Funktion *Extrusion* im Bereich *Erstellen* und als Profil die beiden Kreise in der Skizze. Der *Grenztyp* ist diesmal *Abstand* und der Wert dafür 4 mm. Nachdem *Vorgang* auf *Ausschneiden* steht, kann mit *OK* die Aktion ausgeführt werden (siehe Abbildung 12.54, Mitte). 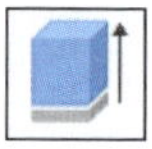
6. Als Letztes an der Aufnahme der Rührwerkzeuge sollen noch die vier senkrechten Kanten mit dem Radius 4 mm gerundet werden (siehe Abbildung 12.54, rechts). 

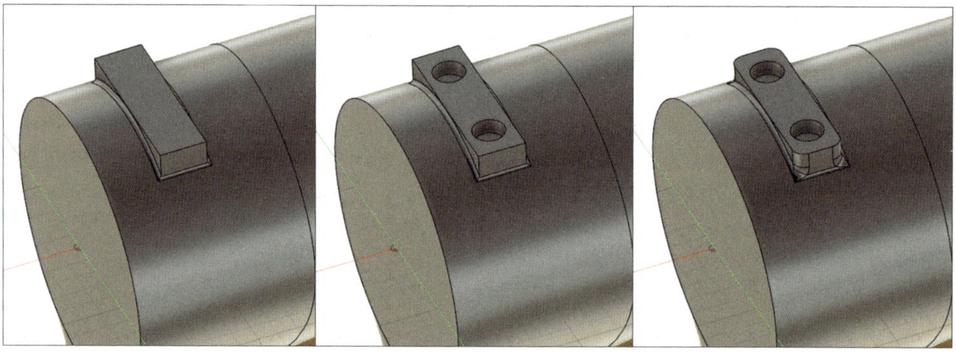

Abbildung 12.54: Bearbeiten der Aufnahme für die Rührwerkzeuge

7. Am oberen Rand des Griffs soll eine Fase von 1 mm angebracht werden. Wählen Sie die Funktion *Fase* aus dem Menü *Ändern*. Wenn im Menü der Schalter *Tangentenkette* aktiviert ist, müssen Sie die Kante nur an einer Stelle anklicken und sie wird komplett gewählt. Tragen Sie 1 mm für die Fase vom Typ *Gleicher Abstand* ein (siehe Abbildung 12.55) und führen Sie mit *OK* aus.

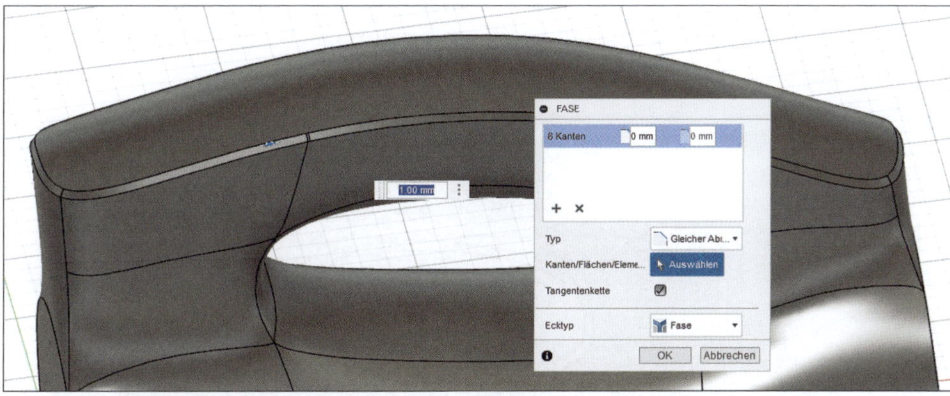

Abbildung 12.55: Eine Fase am Griff

8. Die Außenkontur des Gehäuses ist fertig und kann mit der Funktion *Schale* im Bereich *Ändern* als Hohlkörper ausgebildet werden. Wählen Sie die Funktion und tragen Sie im Dialogfeld zunächst für die *Innere Dicke* einen Wert von 2 mm ein. Die *Richtung* soll *Innen* sein. Bei *Wandungstyp* muss eine *Abgerundete Schale* gewählt werden, da bei einem Versatz nach innen nur so eine Innenkontur entstehen kann.

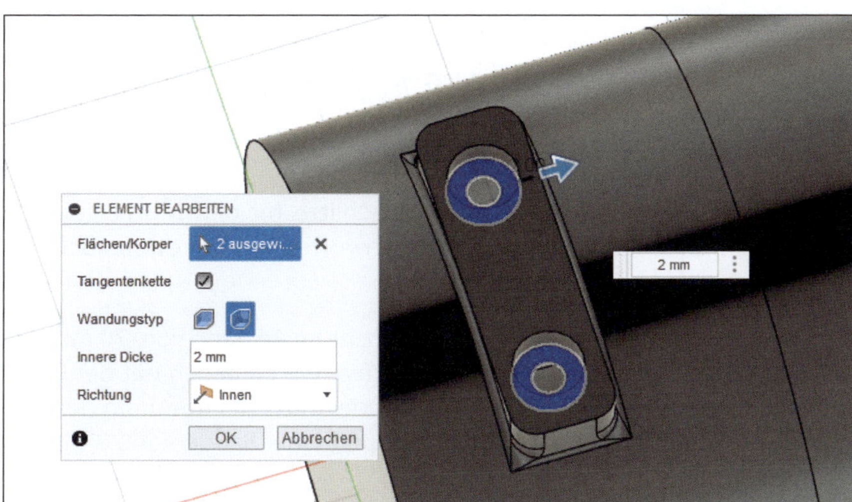

Abbildung 12.56: Das Gehäuse als Schale ausgeformt

Bei einer *Scharfkantigen Schale* würde es innen zu Überschneidungen kommen. Als *Flächen/Körper* klicken Sie die inneren Flächen der beiden Bohrungen (siehe Abbildung 12.56) an, denn diese sollen die Öffnungen der Schale werden. Danach auf *OK* klicken. Keine Angst, Ihr PC ist nicht abgestürzt, es kann eine Weile dauern.

9. Überprüfen Sie das Ergebnis wie schon vorher mit der Funktion *Schnittanalyse* und Sie haben jetzt das Gehäuse als Volumenmodell mit einer Wandstärke von 2 mm (siehe Abbildung 12.57).

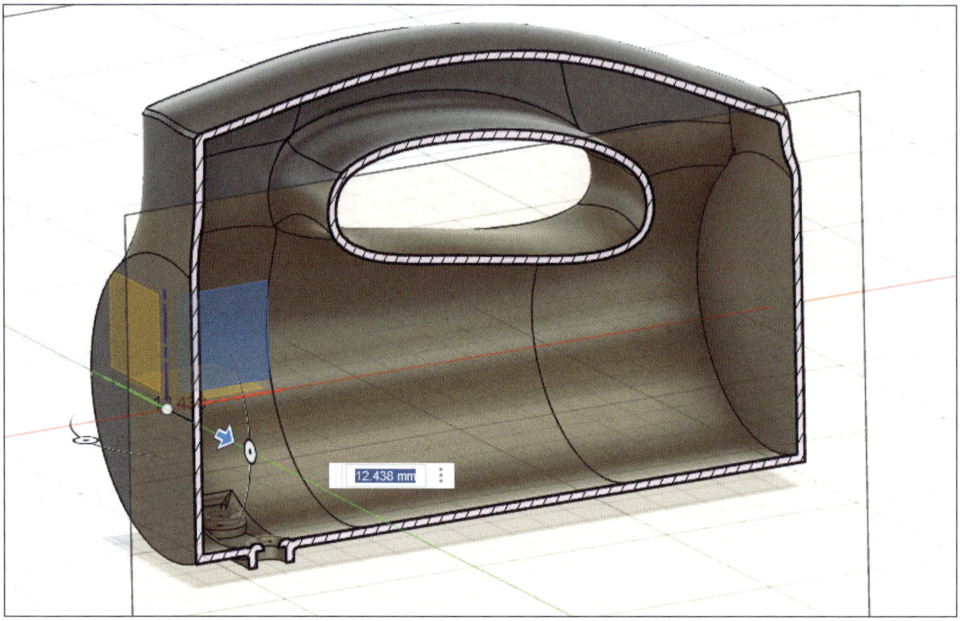

Abbildung 12.57: Das Gehäuse in der Schnittanalyse

12.3.7 Die Lüftungsschlitze modellieren

Am hinteren Teil des Gehäuses sollen Lüftungsschlitze für den Motor angebracht werden. Also mit kompakter Beschreibung in Stichworten werden diese noch schnell modelliert.

1. Erstellen Sie eine *Versatzebene* parallel zur *XZ-Ebene* im Abstand von -70 mm. Legen Sie darauf eine Skizze. Zeichnen Sie auf der Skizze ein Langloch mit der Funktion *Nut*, Unterfunktion *Mitte-zu-Mitte-Langloch* auf der Mitte der Rundung des Gehäuses am hinteren Teil mit der Breite von 3 mm und einer Länge von 20 mm (siehe Abbildung 12.58, links).

2. Beenden Sie die Skizze und extrudieren Sie das Langloch mit einem Abstand von ca. 50 mm und dem *Vorgang Ausschneiden* und ein Lüftungsschlitz wird erstellt (siehe Abbildung 12.58, rechts).

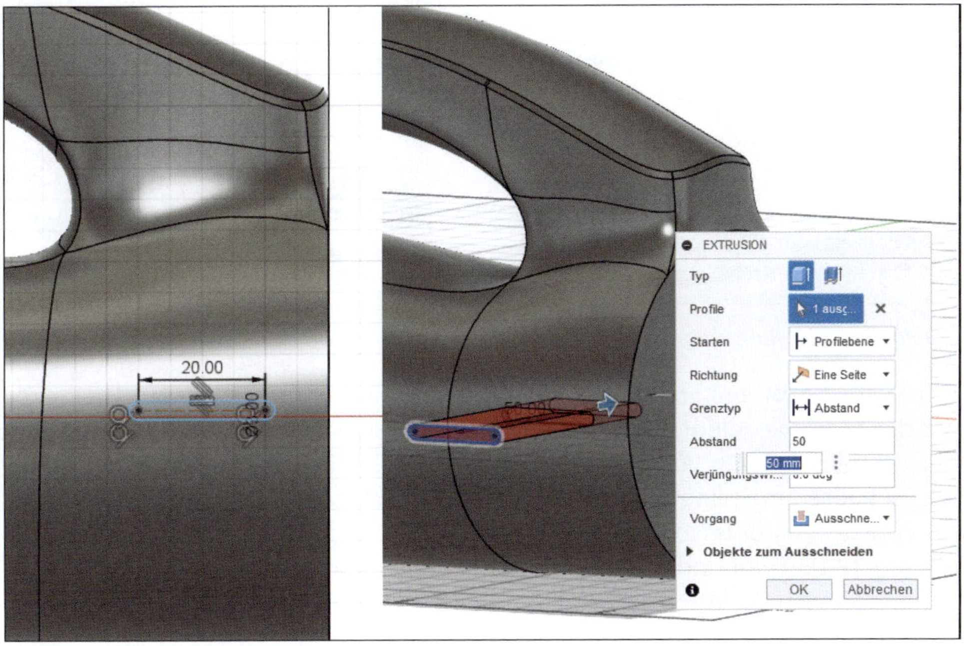

Abbildung 12.58: Ein Lüftungsschlitz erstellt

3. Aus einem Lüftungsschlitz sollen fünf werden. Wählen Sie im Menü *Ändern* die Funktion *Anordnung* und dort die Unterfunktion *Runde Anordnung*. Im Dialogfeld wählen Sie bei *Objekte* den ersten Lüftungsschlitz. Am einfachsten klicken Sie dazu das Symbol für die Extrusion seiner Entstehung in der Zeitleiste an. Auch bei der Eingabe in einem Dialogfeld kann ein Objekt in der Zeitleiste angeklickt werden. Als *Achse* ist es am einfachsten, im Bereich *Ursprung* des Browsers den Eintrag *X-Achse* anzuklicken. Bei *Verteilung* wählen Sie *Teilweise* über den *Winkel* von 35° mit einer *Menge* von 5. Sie sehen es in der Voransicht (siehe Abbildung 12.59, links) und können es mit *OK* ausführen.
4. Die Lüftungsschlitze können mit der Funktion *Spiegeln* im Menü *Erstellen* auch auf der anderen Seite des Gehäuses angebracht werden. Im Dialogfeld wählen Sie bei *Objekte* wieder in der Zeitleiste das Symbol für die Extrusion des ersten Lüftungsschlitzes und der runden Anordnung an. *Spiegelebene* soll die *XZ-Ebene* werden. Auch hier ist die Wahl im Browser am sichersten. Dann wird die Voransicht angezeigt (siehe Abbildung 12.59, rechts), die mit *OK* übernommen werden kann.

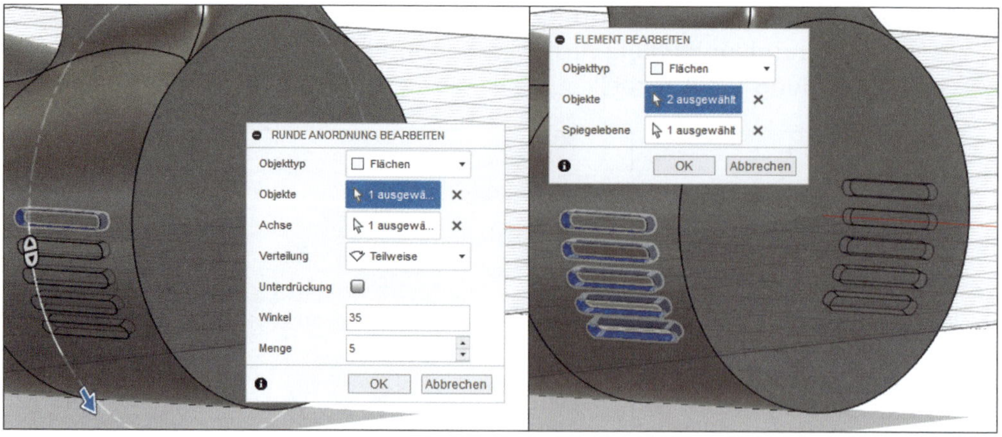

Abbildung 12.59: Rund anordnen und spiegeln

Der Rest ist Kosmetik, die nichts mehr zur Konstruktion beiträgt. Noch eine Skizze auf die *XZ-Ebene* gelegt. Einen *Spline* in regelmäßigem Abstand um die Grifföffnung gezeichnet. Im Reiter *Volumenkörper* mit der Funktion *Körper teilen* im Menü *Ändern* das Gehäuse am Spline teilen. Jetzt sind es verschiedene Körper, die mit der Funktion *Darstellung* unterschiedlich gefärbt werden. Die Lösung haben Sie in der Datei ***Lösung-12-03-Final*** und in der Abbildung 12.60 in etwas anderer Umgebung. Darin können Sie sich die letzten Schritte anschauen.

Abbildung 12.60: Das fertige Gehäuse des Rührgeräts

12.4 Netzdateien nacharbeiten

Zum Schluss noch ein kurzer Exkurs in die Bearbeitung von Netzen. Es wird zwar immer gesagt, dass sich *STL-Dateien* nicht bearbeiten lassen, das stimmt bei Fusion aber nicht generell. *STL-* oder *OBJ-Dateien* lassen sich als Netze importieren und in Volumen konvertieren. Danach können sie bedingt bearbeitet oder nachmodelliert werden. Das ist vor allem dann interessant, wenn Daten eines Teils von einem Scanner übernommen werden. Auch für das *Reverse Engineering* ist diese Arbeitsweise interessant. Scans von gefertigten Teilen lassen sich dann mit den ursprünglichen CAD-Daten vergleichen. Auch hierzu ein kleines Beispiel: eine Rohrschelle, die Sie in den Dateien ***Aufgabe-12-04*** (das ursprüngliche Volumenmodell) und ***Aufgabe-12-04-Netz*** (das Netzmodell) finden (siehe Abbildung 12.61).

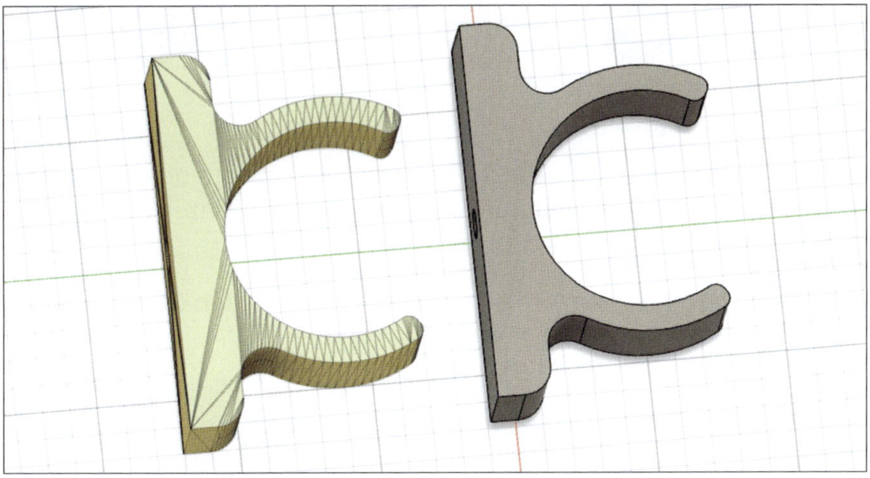

Abbildung 12.61: Netz- und Volumenmodell der Rohrschelle

1. Öffnen Sie die Datei ***Aufgabe-12-04-Netz***. Dort ist die Netzdatei schon eingefügt. Falls dies später nicht der Fall ist, können Sie auch mit einer neuen Datei starten und im Menü des Bereichs *Einfügen* der Multifunktionsleiste die Funktion *Netz einfügen* wählen.
2. Schalten Sie zum Reiter *Netz* der Multifunktionsleiste um. Entscheiden Sie sich im Bereich *Ändern* aus dem Menü für die Funktion *Netz konvertieren*. Wählen Sie den Körper und beim *Vorgang* die Einstellung *Parametrisch* und die *Methode* soll *Facettiert* sein. Mit *OK* wird die Aktion ausgeführt und das Netz wird zum Volumenmodell, was Sie leicht in der *Schnittanalyse* überprüfen können.
3. Jetzt ist wieder einmal eine Fleißaufgabe angesagt. Das Modell wird durch Dreiecke angenähert. An den ebenen Flächen können Sie eine Fläche anklicken und mit der [Entf]-Taste löschen, am besten wählen Sie die größte Fläche (siehe Abbildung 12.62, links). Fusion heilt die Lücke dann mit einer zusammenhängenden

Fläche (siehe Abbildung 12.62, rechts). Bei komplizierteren Objekten kann es erforderlich sein, dass die Aktion mehrfach ausgeführt werden muss. Gehen Sie so alle ebenen Flächen durch.

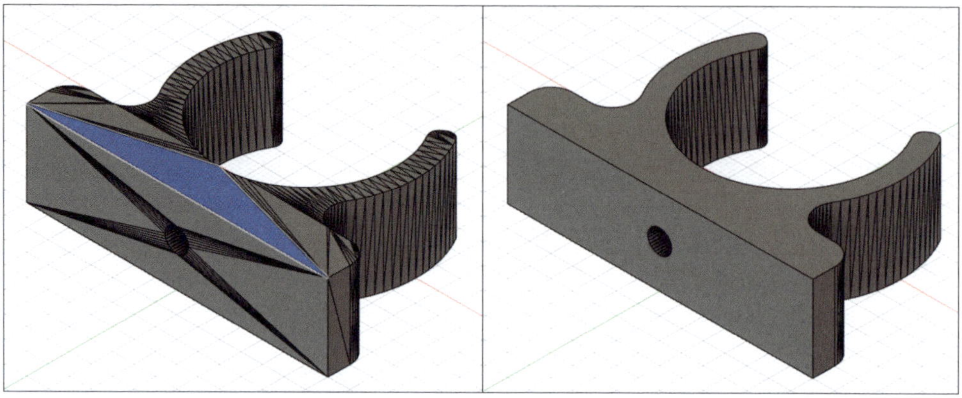

Abbildung 12.62: Flächen bereinigt

4. An den gerundeten Bereichen, die durch Dreiecke angenähert sind, funktioniert diese Methode leider nicht. Trotzdem kann jetzt in gewissen Grenzen auch modelliert werden. Im Folgenden einige Beispiele dazu.

Flächen verschieben: In Abbildung 12.63 wurden mit der Funktion *Drücken/Ziehen* die Flächen auf beiden Seiten um 8 mm nach außen gezogen.

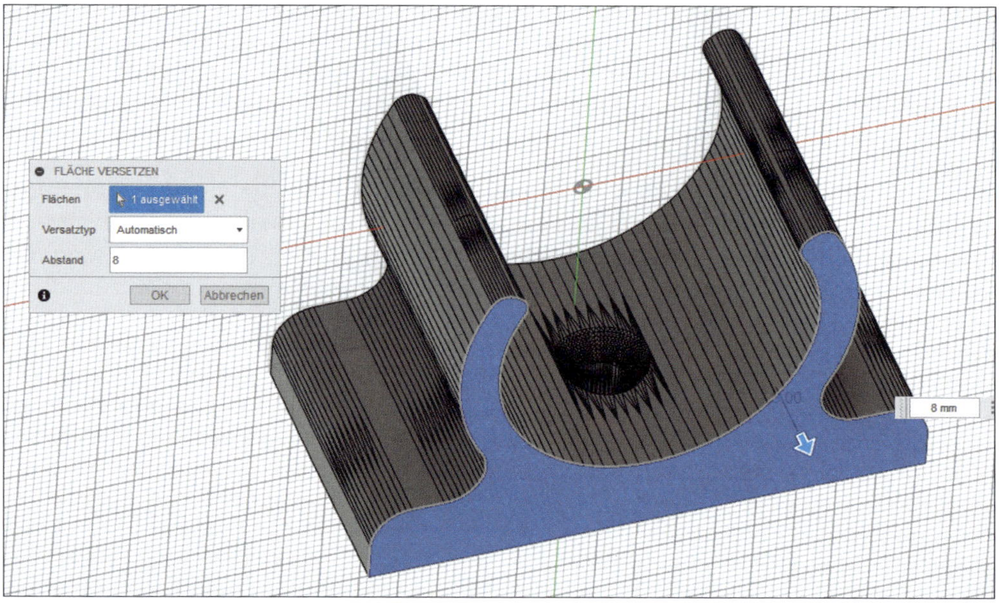

Abbildung 12.63: Flächen nach außen gezogen

Bereiche verbreitern: Etwas trickreicher und auch nicht immer anwendbar ist eine weitere Aktion: Die Grundfläche soll um 10 mm breiter werden.

In Abbildung 12.64, links wurden die beiden Flächen per *Extrusion* nach unten weg extrudiert. Dann mit der Funktion *Verschieben/Kopieren* auf beiden Seiten nach außen gezogen und auf beiden Seiten mit der Extrusion wieder zusammengefügt (siehe Abbildung 12.64, rechts).

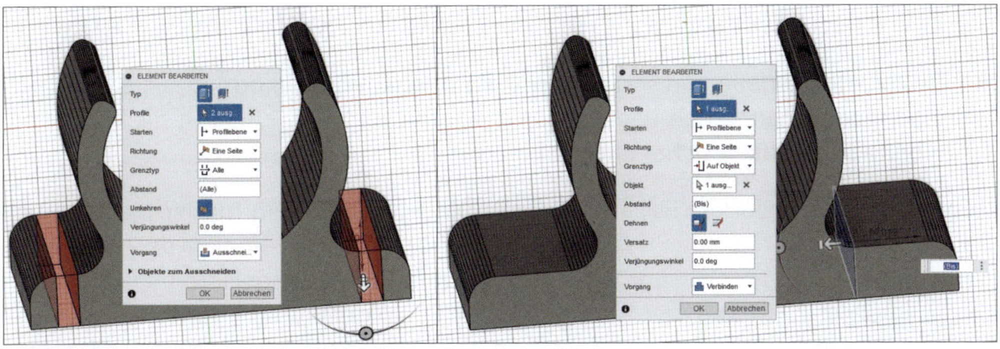

Abbildung 12.64: Grundfläche verbreitert

Bohrung vergrößern: Bei der nächsten Aktion soll der Durchmesser der Bohrung vergrößert werden. Dazu wurde eine Skizze auf die Unterseite gelegt und darauf ein Kreis mit dem Durchmesser 9 mm erstellt. Dann wurde der Kreis mit *Ausschneiden* durch die bisherige Bohrung extrudiert (siehe Abbildung 12.65).

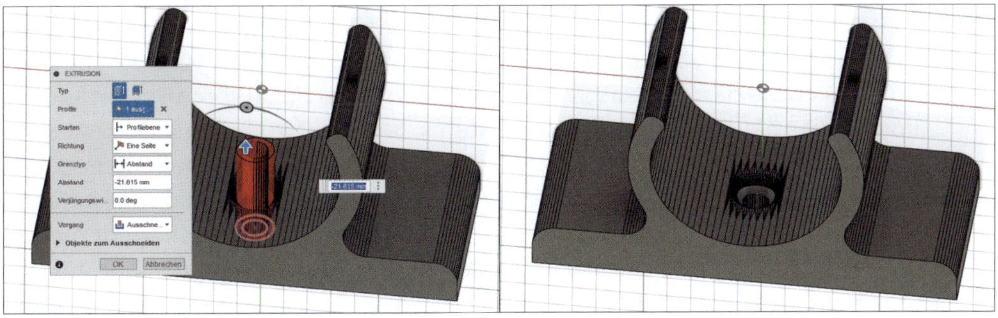

Abbildung 12.65: Bohrung vergrößert

Experimentieren Sie weiter, eine Musterlösung gibt es dazu in der Datei ***Lösung-12-04***.

Sie sehen, es geht manches, auch noch einiges mehr als gezeigt, aber eben nicht alles. An Rundungen werden Änderungen schwierig oder gar nicht machbar. Oft sind auch Klimmzüge erforderlich, um Änderungen an komplexeren Modellen auszuführen. Trotzdem ist es von Vorteil, wenn man wegen kleiner Änderungen nicht alles komplett neu modellieren muss.

12.5 Heruntergeladene STL-Dateien nachbearbeiten

Für Maker, die Modelle von *Thingiverse* oder ähnlichen Plattformen für Bastler herunterladen, diese anpassen und im 3D-Drucker ausgeben wollen, ist die vorher beschriebene Möglichkeit sicher interessant.

Gehen wir von folgendem Fall aus: Ihr Golfclub veranstaltet ein Turnier. Sie haben einen 3D-Drucker und werden beauftragt, einen Pokal für den Sieger zu drucken. Ihnen fehlt aber die Zeit oder der Ehrgeiz, einen Pokal selbst zu modellieren. Also schauen Sie im Internet nach und werden fündig. Der Pokal gefällt Ihnen und Sie laden ihn herunter. Sie müssen auch nicht viel daran ändern. Lediglich eine Gravur sollte noch drauf. Ein Fall für Autodesk Fusion.

Gehen Sie wie folgt vor:

1. Beginnen Sie eine neue Datei und wählen Sie in der Multifunktionsleiste aus dem Untermenü im Bereich *Einfügen* die Funktion *Netz einfügen*. Im Dialogfeld wählen Sie dann *Auf Computer auswählen* und aus Ihrem Ordner mit den heruntergeladenen Dateien die Datei ***Pokal.stl*** und der Pokal wird in die neue Datei eingefügt. Im Dialogfeld können Sie zunächst noch Parameter einstellen (siehe Abbildung 12.66). Klicken Sie dazu auf das Symbol *Mittelpunkt*, der Pokal kommt dann auf den Nullpunkt des aktuellen Koordinatensystems. Mit den Symbolen am Pokal kann er verschoben oder gedreht werden. Das können Sie auch mit Maßen erledigen. Wenn Sie auf die Option *Numerische Eingaben* klicken, wird das Dialogfeld entsprechend erweitert. Mit *Zurücksetzen* werden die ursprünglichen Werte wiederhergestellt. Danach sollten Sie den Pokal wieder auf den Nullpunkt setzen. Bestätigen Sie dann mit *OK*.

Aus dem Datenpanel laden

Da Sie zu Beginn unserer Reise durch Autodesk Fusion alle Dateien aus dem Ordner mit den heruntergeladenen Dateien ins Datenpanel hochgeladen haben, finden Sie den Pokal auch dort. Per Doppelklick können Sie ihn auch von dort öffnen. Allerdings haben Sie dann keine Möglichkeit, Einfügeparameter zu ändern. Das ginge aber auch danach noch.

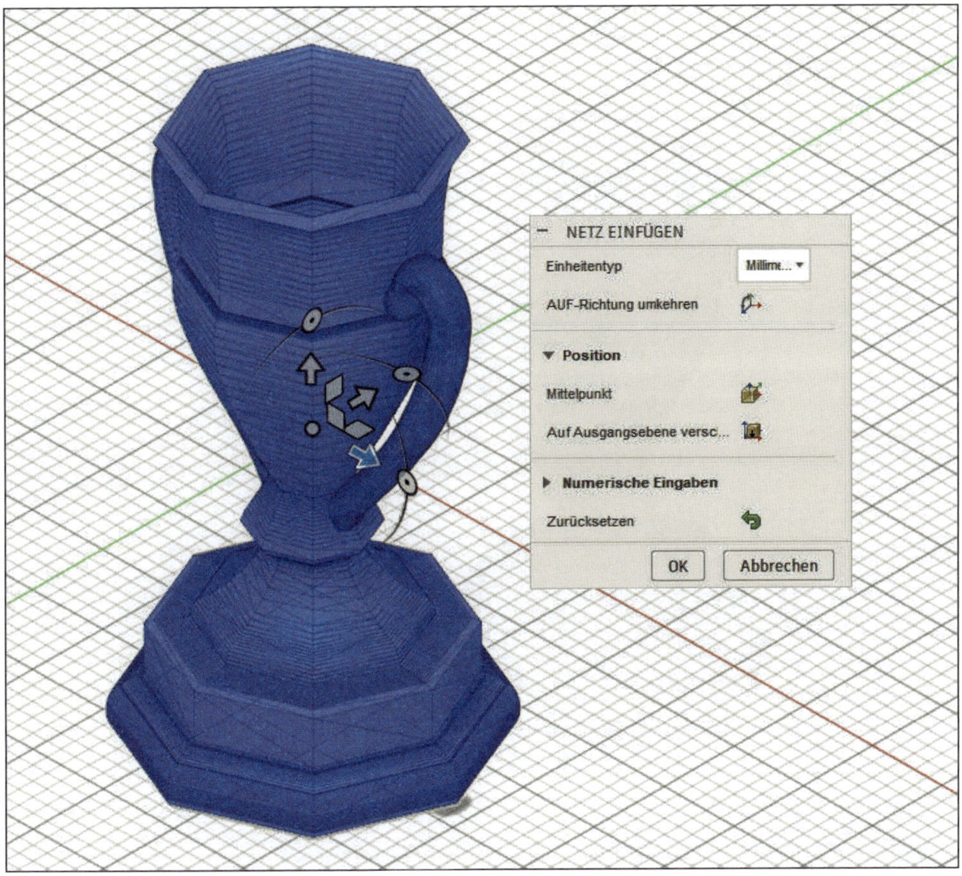

Abbildung 12.66: Den Pokal als Netz einfügen

2. Nun kennen Sie aber die Abmessungen des Pokals nicht, und Sie wollen ihn auf das Maß skalieren, das Ihr Drucker ausdrucken kann. Messen Sie die Größe des Pokals mit den Funktionen im Bereich *Prüfen* und Sie stellen fest, dass er knapp 40 mm hoch ist. Das macht natürlich nichts her. Er sollte etwa 200 mm hoch werden, denn Ihr Drucker kann bis 20 cm hohe Objekte drucken. Der Pokal sollte um den Faktor 5 vergrößert werden. Wechseln Sie dazu auf den Reiter *Netz* in der Multifunktionsleiste und wählen Sie aus dem Menü im Bereich *Ändern* die Funktion *Netz skalieren*.
3. Es wird ein Begrenzungsrahmen um den Pokal angezeigt, und im Dialogfeld können Sie den Pokal mit dem Schalter *Objekte* auswählen (siehe Abbildung 12.67). Mit dem Schalter *Punkt* könnten Sie jetzt noch einen Bezugspunkt für die Skalierung auswählen. Sobald Sie einen Wert für die Skalierung im Feld *Skalierungsfaktor* eingeben, wird der skalierte Pokal in einer Vorschau angezeigt. Tragen Sie den Wert 5 ein und klicken Sie auf *OK*. Lassen Sie sich den Pokal mit der Zoomfunktion wieder formatfüllend anzeigen.

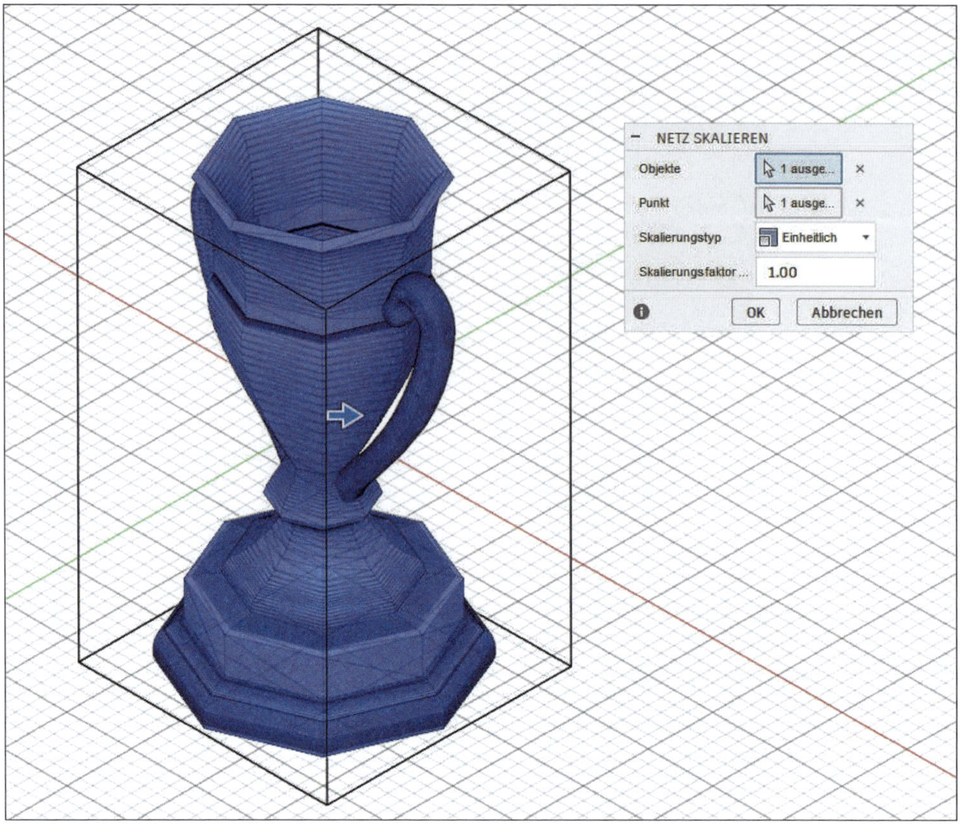

Abbildung 12.67: Den Pokal auf die gewünschte Größe skalieren

4. Jetzt könnten Sie daraus einen Volumenkörper erstellen, wenn da nicht noch ein Hindernis wäre. Je mehr Dreiecke Sie im Netzmodell haben, desto länger dauert die Konvertierung oder sie bricht ab. Mehr als 10.000 Dreiecke sollten Sie nicht haben. Also muss das Netz reduziert werden. Wählen Sie aus dem Menü im Bereich *Ändern* die Funktion *Reduzieren*. Wählen Sie im Dialogfeld (siehe Abbildung 12.68) zuerst den Pokal. Beim Punkt *Typ* stellen Sie um auf *Flächenanzahl*. Der *Neuvernetzungstyp* soll auf *Einheitlich* eingestellt werden. Klicken Sie auf den Schalter *Vorschau*, tragen Sie die gewünschte *Flächenanzahl* ein und Sie können das Ergebnis sofort sehen (siehe Abbildung 12.68). Unter 3.000 Flächen wird der Pokal sehr ungenau, ab 6.000 wird das Ergebnis jedoch brauchbar. Aber siehe oben, nicht in die Nähe von 10.000 oder darüber.
5. Jetzt können Sie einen Volumenkörper erstellen, der Ihren Vorstellungen entspricht. Wählen Sie auch wieder aus dem Menü den Bereich *Ändern*, aber diesmal die Funktion *Netz konvertieren*. Im Dialogfeld wählen Sie im Feld *Körper* den Pokal und beim *Vorgang Parametrisch* (siehe Abbildung 12.69). Mit *OK* wird ein Volumenkörper daraus.

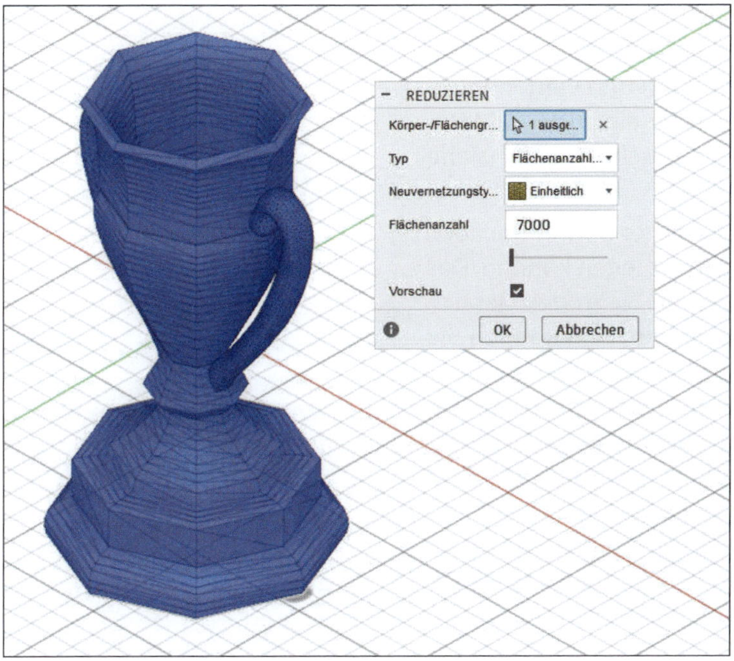

Abbildung 12.68: Die Anzahl der Dreiecke reduzieren

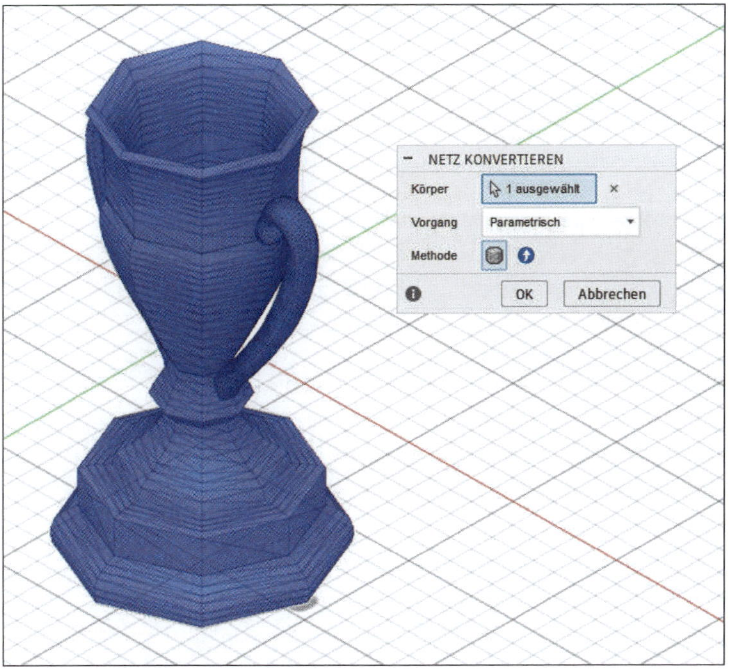

Abbildung 12.69: In Volumenkörper umwandeln

6. Schön sieht er nicht aus, aber für unsere Zwecke reicht es aus. Stellen Sie den *Visuellen Stil* auf *Schattiert* um und vergeben Sie eine andere Farbe oder ein anderes Material, dann macht er sich schon besser (siehe Abbildung 12.70).
7. Der eigentliche Zweck der Übung war aber, dass Sie den Pokal bearbeiten können. Das ist jetzt möglich, wenn Sie in den Bereich *Volumenkörper* wechseln. Nun können Sie Skizzen auf Flächen legen und Texte auftragen und diese als Prägung oder Erhebung ausbilden (siehe Abbildung 12.71). Aber das können Sie schon, das muss hier nicht noch mal beschrieben werden. Den Stand aus Abbildung 12.71 haben Sie auch in Ihrem Datenpanel, die Datei ***Lösung-12-05***. Schauen Sie sich diese an oder versuchen Sie, weitere Änderungen vorzunehmen.

Abbildung 12.70: Der Pokal als Volumenkörper

Abbildung 12.71: Den Pokal beschriften

8. Den fertigen Pokal können Sie dann als STL-Datei exportieren und drucken. Abbildung 12.72 zeigt den Pokal nach dem Export als STL-Datei im Slicer *Simplify3D* zur Vorbereitung auf den Druck.

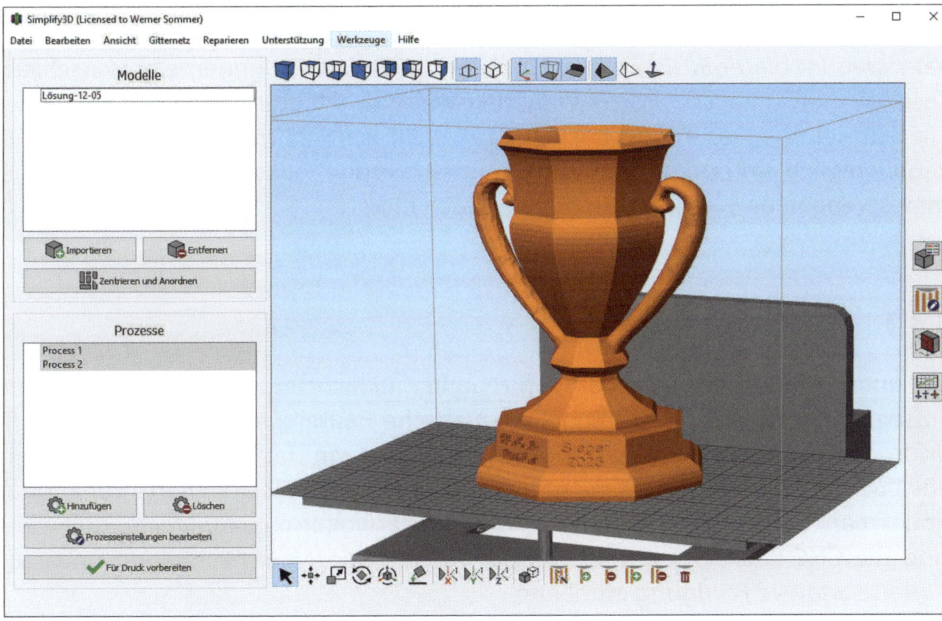

Abbildung 12.72: Aufbereitung für den Druck im Slicer

13. CNC-Bearbeitung

Nicht nur bei der Modellierung von 3D-Objekten ist Fusion stark. Die Objekte müssen auch gefertigt werden. Schon in der Grundversion und sogar in der Version für Privatanwender bietet Fusion einiges. Es lassen sich CNC-Programme für verschiedene Technologien erstellen. Um die Vorgehensweise zu erläutern, sollen im Folgenden je ein Beispiel fürs Fräsen und Drehen vorgestellt werden. Im Rahmen dieses Buches kann lediglich ein erster Überblick vermittelt werden. Alles Weitere würde den Rahmen sprengen und Stoff für ein eigenes Buch bieten.

13.1 CNC-Fräsen

Bei einem Fräsvorgang wird das Werkzeug in drei Richtungen bewegt, das *3-Achsen-Fräsen*. Dabei werden in der Regel prismatische Bauteile erzeugt. Komplexere Teile erfordern Bearbeitungen wie das *5-Achsen-Fräsen*. Mit der Fusion-Version für Privatanwender ist nur das *3-Achsen-Fräsen* möglich. Eine etwas erweiterte Funktionalität findet man in der kommerziellen Version. In der Erweiterung *Manufacturing-Extension* sind die CNC-Bearbeitung mit drei bis fünf Achsen, Verschachtelung und metallbasierte additive Fertigung enthalten.

Jetzt wollen wir uns mit dem Fräsen beschäftigen. Auch hier steigen wir gleich wieder mit einem Beispiel ein. Das Beispielteil lässt sich in *2½-Achsen* bearbeiten, da es sich um 2D-Konturen handelt, die lediglich bei der Bearbeitung in der z-Achse zugestellt werden.

13.1.1 Die CNC-Funktion »Setup«

Zunächst muss bei jeder Bearbeitung zuerst das Setup für die Bearbeitung ausgeführt werden.

1. Bei dem Beispiel handelt es sich um ein Fantasieteil, an dem verschiedene Möglichkeiten gezeigt werden können. Sie finden das Teil in der Datei ***Aufgabe-13-01*** in Ihrem Datenpanel. Laden Sie diese Datei und wechseln Sie danach im Menü mit den Arbeitsbereichen zu *Fertigen*. Im oberen Reiter der Multifunktionsleiste aktivieren Sie die Technologie *Fräsen*.

2. Jetzt zum Setup, in dem die Grundeinstellungen für die Verarbeitung festgelegt werden. Wählen Sie aus dem Bereich *Setup* der Multifunktionsleiste das Symbol für die Funktion *Setup*. Im folgenden Dialogfeld stellen Sie die

Parameter ein. Zunächst das Register *Setup* (siehe Abbildung 13.1, linkes Dialogfeld). Ein Tipp: Wenn Sie auf ein Feld zeigen, ohne zu klicken, wird ein Fenster mit Erläuterungen angezeigt.

- **Bearbeiten:** In diesem Bereich wählen Sie die Maschine aus, indem Sie auf das Feld klicken. In einem Auswahlfeld wählen Sie die *Fusion-Bibliothek* und daraus die Maschine – in unserem Beispiel die *Autodesk Generic 3-axis* – und klicken dann auf *Auswählen*. Dabei handelt es sich um eine fiktive 3-Achsen-Demo-Maschine von Autodesk. Wenn Sie auf *Auswählen* klicken, werden die Daten heruntergeladen und das Modell der Maschine wird in einem wählbaren Ordner gespeichert. Mit dem Schalter *Bearbeiten* lassen sich Maschinendaten und der Postprozessor ändern.
- **Setup:** Der *Operationstyp* ist *Fräsen*.
- **Werkstück Koordinatensystem (WKS):** Das Koordinatensystem für die Bearbeitung legen Sie am besten auf *Modellausrichtung* und *Modellursprung*.
- **Modell:** Hier gibt es nur einen Körper, deshalb ist der schon gewählt.
- **Spannmittel:** Um Spannmittel wollen wir uns in diesem Beispiel nicht kümmern, denn es sind in dem Modell keine angelegt.

3. Im Register *Rohteil* wird das Rohteil festgelegt (siehe Abbildung 13.1, rechtes Dialogfeld). Geben Sie bei *Modus* die Form des Rohteils vor, hier *Relative Quader*. Der *Modus Rohteilversatz* sollte im Beispiel auf *Rohteil seitlich und oben/unten* stehen. Geben Sie seitlich und oben einen Versatz von 2 mm an. Um das Werkstück spannen zu können, geben Sie unten einen Versatz von 6 mm an. Darunter werden dann die Maße des Rohteils angezeigt. Die weiteren Register belassen Sie auf der Vorgabe.

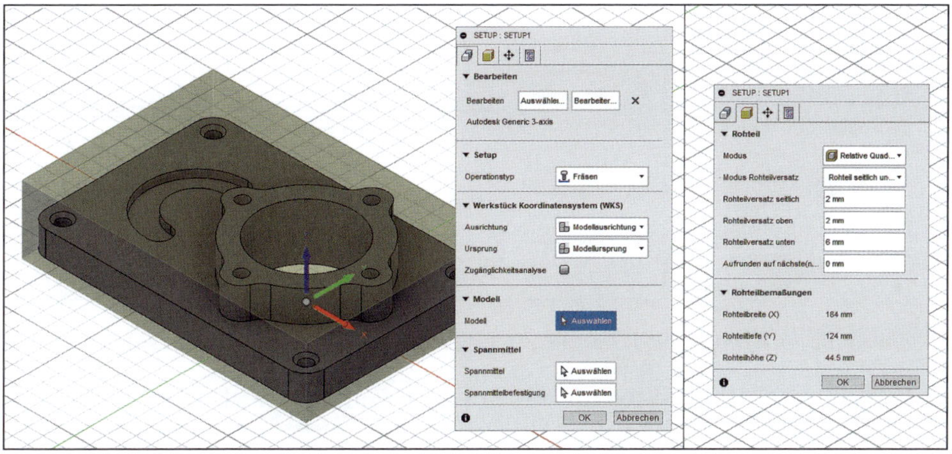

Abbildung 13.1: Setup für die Fräsbearbeitung

13.1.2 Die CNC-Funktion »Planen«

Wie schon erwähnt wurde, reicht es, das Bauteil mit den 2D-Funktionen zu bearbeiten. Zunächst soll das Rohteil auf die oberste Kontur des Bauteils plangefräst werden. Der Name der Funktion *Planen* kommt von dem Begriff »Planfräsen«.

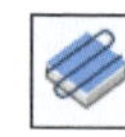

1. Wählen Sie die Funktion *Planen* aus dem Bereich *2D* der Multifunktionsleiste und Sie bekommen ein sehr umfangreiches Dialogfeld mit fünf Registern. Es würde zu weit führen, jede Einstellung zu beschreiben. Wir konzentrieren uns auf die wesentlichen Punkte. Anzumerken ist, dass Sie für jede Einstellungsmöglichkeit umfangreiche *Tool-Tipps* erhalten, wenn Sie mit der Maus darauf zeigen, nicht klicken.
2. Zunächst kann im Register *Werkzeug* das Werkzeug für diesen Bearbeitungsschritt gewählt werden. Klicken Sie auf *Auswählen* und die Werkzeugdatenbank wird geöffnet (siehe Abbildung 13.2).
3. Wählen Sie die *Fusion-Bibliothek* und dort den Typ *Planfräser* als Filter. Es werden die verfügbaren Planfräser in der rechten Spalte angezeigt. Mit dem Register *Info* lassen sich Form und technische Daten anzeigen. Markieren Sie den Planfräser mit 50 mm, klicken Sie auf *Auswählen* und er wird ins erste Dialogfeld übernommen. An den Schnittdaten ändern wir nichts.

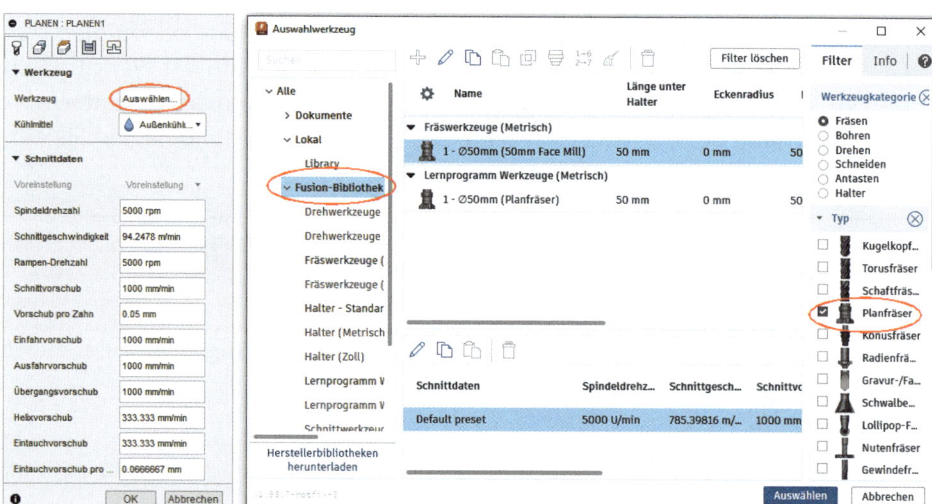

Abbildung 13.2: Dialogfeld Planen*, Register* Werkzeug *mit der Werkzeugdatenbank*

4. Im Register *Geometrie* soll für diesen ersten Vorgang nichts gewählt werden, da über das ganze Rohteil gefräst werden soll und nicht nur über die obere Kontur des Flanschs.

5. Im Register *Höhen* lassen sich die Abstände des Werkzeugs bei Vorschub, Rückzug, Sicherheit usw. einstellen. Auch hier geben wir uns mit der Vorgabe zufrieden.
6. Wichtig ist das Register *Durchgänge* (siehe Abbildung 11.3). Hier stellen Sie ein, in welcher Richtung bearbeitet werden soll. Klicken Sie auf das Feld *Bearbeitungsrichtung* und danach auf eine Kante, in der die Bearbeitung erfolgen soll. Ist der Schalter *Tiefenschnitte* aus, wird die Bearbeitung in einem Schritt ausgeführt. Ist er aktiviert, wird der Vorgang über mehrere Schritte abgearbeitet. Der Wert *Maximale Tiefenzustellung* gibt an, wie weit maximal zugestellt wird. Hier kann 1 mm eingestellt werden und die Fläche wird in zwei Durchgängen abgefräst.

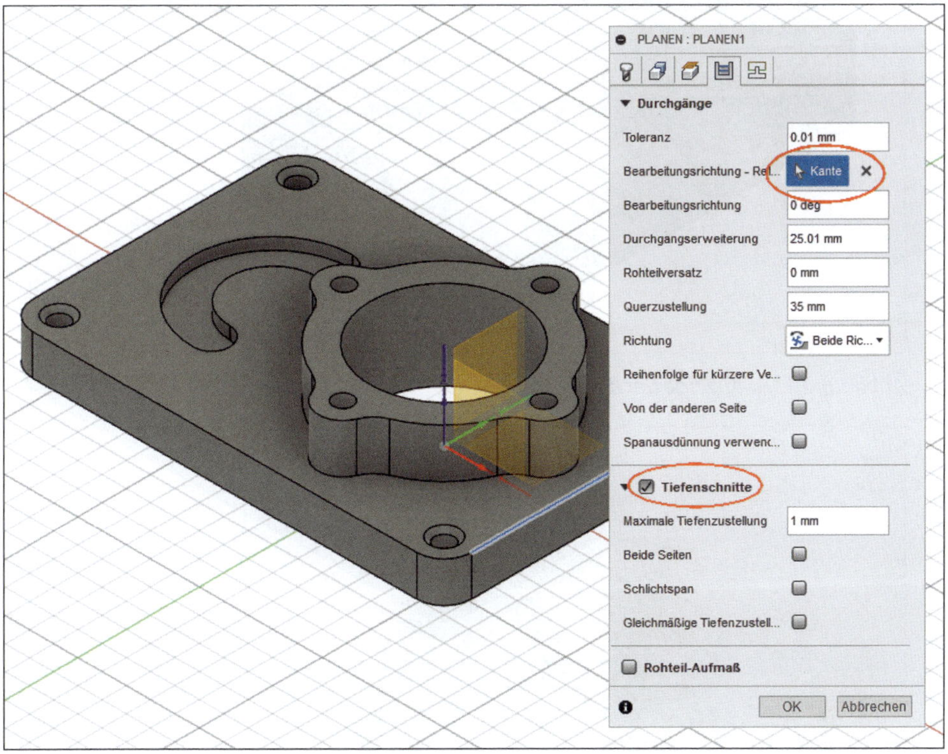

Abbildung 13.3: Dialogfeld PLANEN*, Register* DURCHGÄNGE

7. Im letzten Register *Anfahr-Wegfahrbewegungen* belassen wir ebenfalls die Voreinstellungen. Klicken Sie danach auf *OK* und die Bearbeitung wird angezeigt (siehe Abbildung 13.4). Die Bearbeitung wird in den Browser übernommen, dort können Sie die Anzeige auch wieder ausschalten. Ist etwas schiefgelaufen, können Sie die Bearbeitung mit den gleichen Dialogfeldern auch wieder ändern. Klicken Sie dazu im Browser auf das Bearbeitungssymbol vor dem Namen.
8. Noch mehr Informationen bietet die Simulation. Mit einem Rechtsklick auf den Eintrag der Bearbeitung im Browser können Sie unter vielen anderen Möglichkei-

ten auch die Funktion *Simulieren* wählen. Die Bearbeitung läuft wie ein Video ab. Sie können vor- und zurückspulen, die Geschwindigkeit einstellen und die Darstellungsart ändern (siehe Abbildung 13.5).

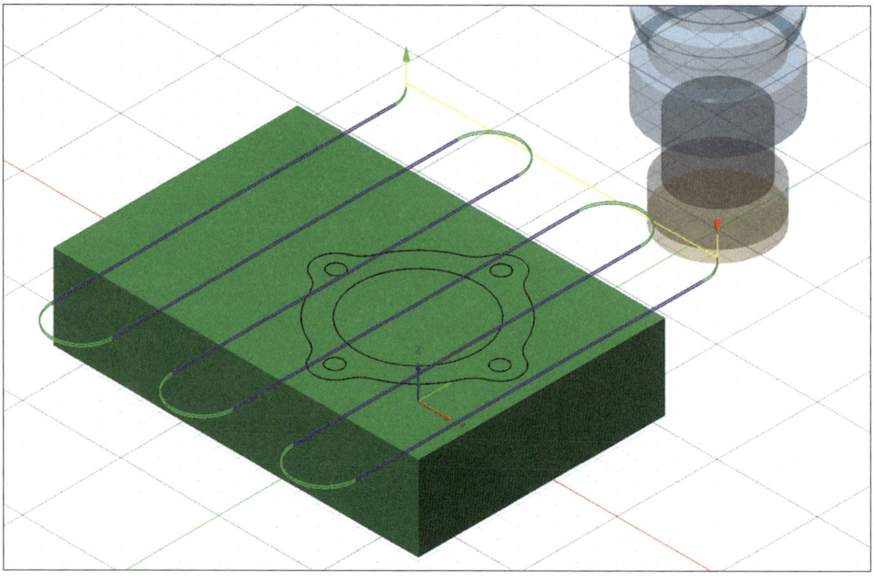

Abbildung 13.4: Anzeige der Bearbeitung

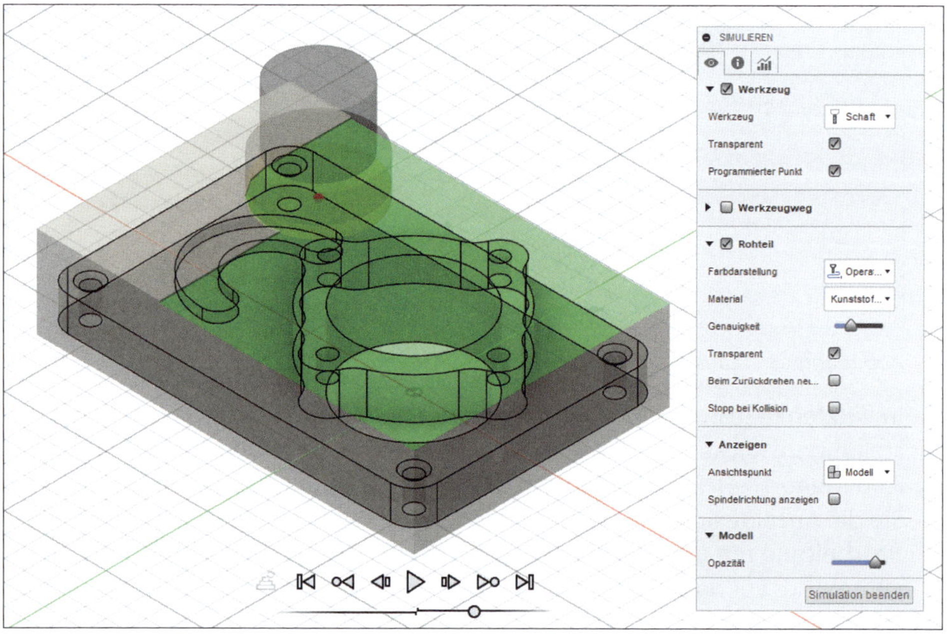

Abbildung 13.5: Simulation der Bearbeitung

13.1.3 Die CNC-Funktion »2D Adaptive Clearing«

In einem weiteren Schritt soll auf die durchgehende Fläche abgefräst werden. Dazu lassen sich verschiedene Funktionen verwenden. Es soll in diesem Fall mit der Funktion *2D Adaptive Clearing* gearbeitet werden.

1. Wählen Sie die Funktion *2D Adaptive Clearing* aus dem Bereich *2D* der Multifunktionsleiste. Auch hier bekommen Sie wieder ein ähnliches Dialogfeld wie bei der letzten Aktion, diesmal sogar mit sechs Registern. Gehen wir die erforderlichen Einstellungen diesmal im Schnellgang durch:
   - **Register Werkzeug:** Wählen Sie aus der *Fusion-Bibliothek* einen Schaftfräser mit 10 mm.
   - **Register Geometrie:** Klicken Sie bei *Geometrie* auf das Symbol für *Taschen* und auf die Fläche, bis zu der abgenommen werden soll. Klicken Sie den Schalter *Rohteilkonturen* an. Damit wird über die Rohteilkontur gefräst (siehe Abbildung 13.6). Das muss nicht weiter eingegrenzt werden.
   - **Register Durchgänge:** Wenn Sie es perfekt machen wollen, aktivieren Sie das Register *Durchgänge* und stellen den Schalter *Rohteil-Aufmaß* ein. Tragen Sie Aufmaße von jeweils 2 mm ein. Damit bewirken Sie, dass das meiste Material in einem Schrupp-Durchgang entfernt wird, aber noch 2 mm für einen Schlicht-Durchgang stehen bleiben (siehe Abbildung 13.7).
2. Klicken Sie dann auf *OK* und die Aktion wird ausgeführt und im Browser eingetragen. Markieren Sie den Eintrag mit einem Rechtsklick und wählen Sie im Kontextmenü die Funktion *Duplizieren*.

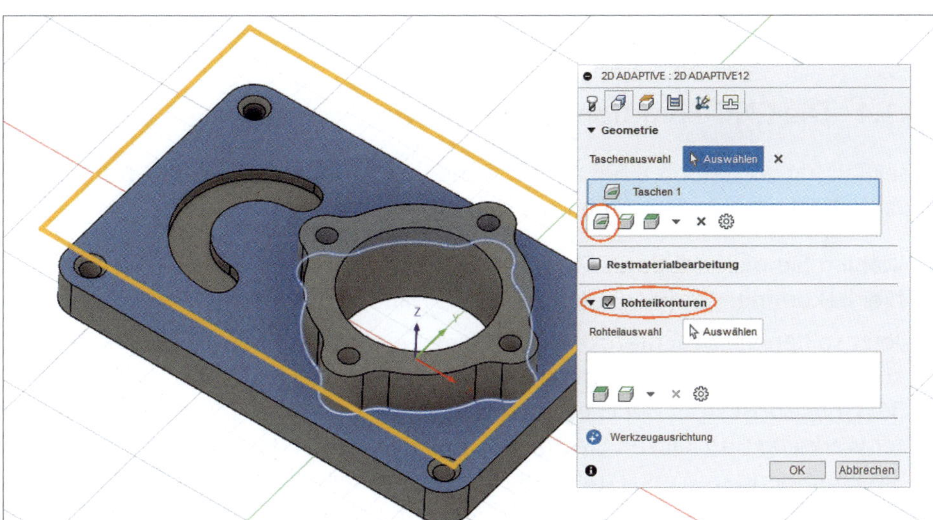

Abbildung 13.6: Auswahl der Geometrie

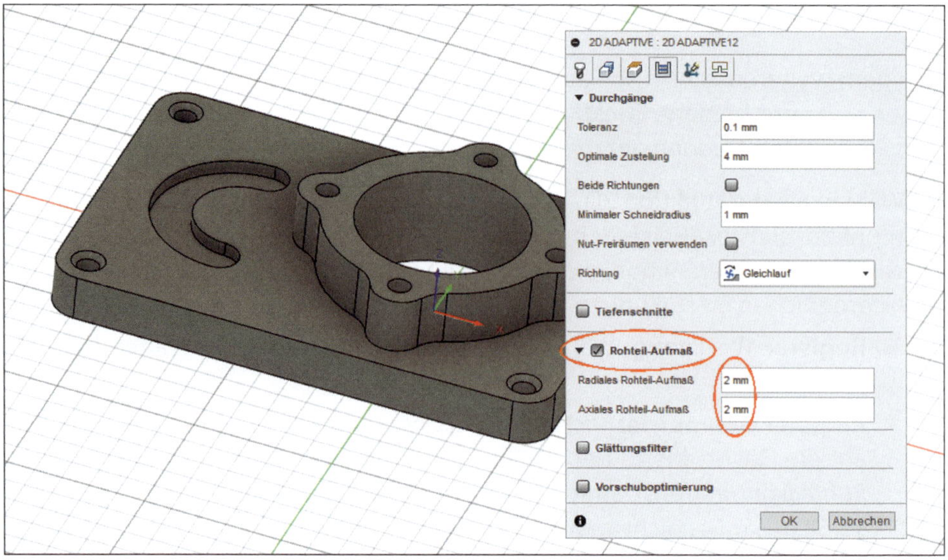

Abbildung 13.7: Einstellung eines Rohteil-Aufmaßes

3. Jetzt haben Sie die gleiche Operation noch einmal, aber wir machen eine Änderung. Klicken Sie den Eintrag am Symbol für den Namen doppelt an und Sie können Änderungen vornehmen. Schalten Sie bei dieser Aktion im Register *Durchgänge* den Schalter *Rohteil-Aufmaß* aus. Damit bekommen Sie einen Schlicht-Durchgang auf das Nennmaß. Bestätigen Sie noch mit *OK*.
4. Jetzt könnten Sie die komplette Simulation starten. Markieren Sie mit gedrückter ⇧-Taste alle Bearbeitungen und starten Sie nach einem Rechtsklick die Simulation aus dem Kontextmenü.

13.1.4 Die CNC-Funktion »2D-Kontur«

Unser Teil hat vom Rohteil her an der Außenkante noch ein Aufmaß von 2 mm. Das soll abgefräst werden. Hierfür eignet sich die Funktion *2D-Kontur*.

1. Wählen Sie die Funktion *2D-Kontur* mit dem Symbol im Bereich *2D*. Auch hier bekommen Sie wieder ein ähnliches Dialogfeld. 
2. Jetzt sollten Sie beachten, dass der bisher verwendete Schaftfräser nur einen Abstand zum Halter von 27,5 mm hat. Wir brauchen aber an dieser Stelle mindestens 36,5 mm, sonst stößt der Halter an dem Aufsatz an. Aktivieren Sie zuerst das Register *Werkzeug* und klicken Sie beim Feld *Werkzeug* auf das Feld *Auswählen*. Wählen Sie im folgenden Werkzeugfenster den Schaftfräser mit einem Durchmesser von 25 mm und einer *Länge unter dem Halter* von 40,5 mm aus der *Fusion-Bibliothek*. Sie können es zum Test einmal mit dem vorherigen Fräser probieren. Sie sehen

in der Simulation den Crash an der roten Markierung. Also besser das Werkzeug wechseln.

3. Jetzt ist das Register *Geometrie* wichtig. Wählen Sie im Bereich *Geometrie* bei der Konturauswahl die Variante *Kette*. Klicken Sie beim Auswahlfeld *Kette* die untere Kante am Modell an. Der Pfeil muss außerhalb der Kontur liegen (siehe Abbildung 13.8). Falls nicht, klicken Sie auf den Schalter *Umkehren*.

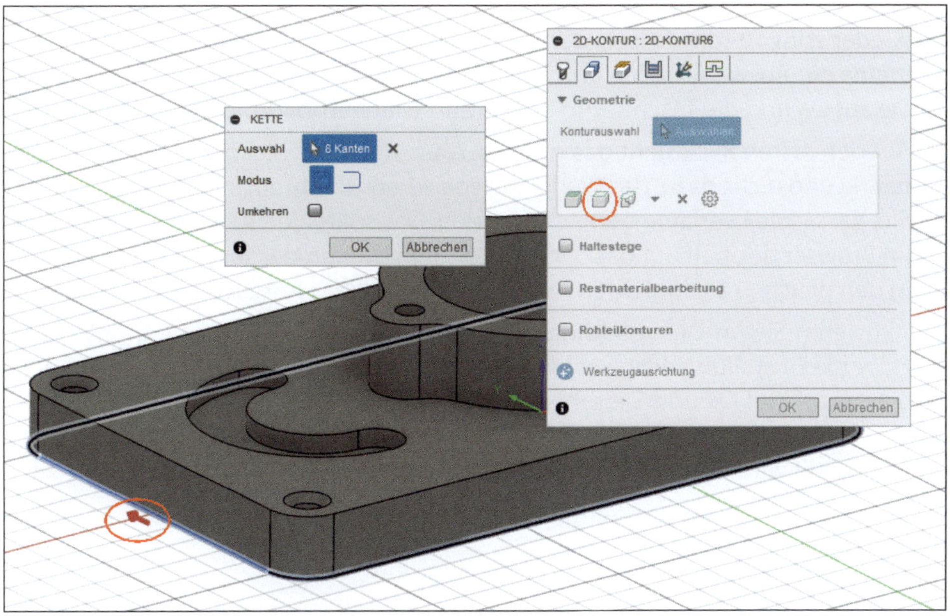

Abbildung 13.8: Auswahl der Kontur

4. Klicken Sie auf *OK* und die Außenkontur wird abgefräst (siehe Abbildung 13.9). Der untere Teil bleibt stehen, da ein unteres Aufmaß von 5 mm zum Spannen des Bauteils während der Bearbeitung vorgegeben wurde.

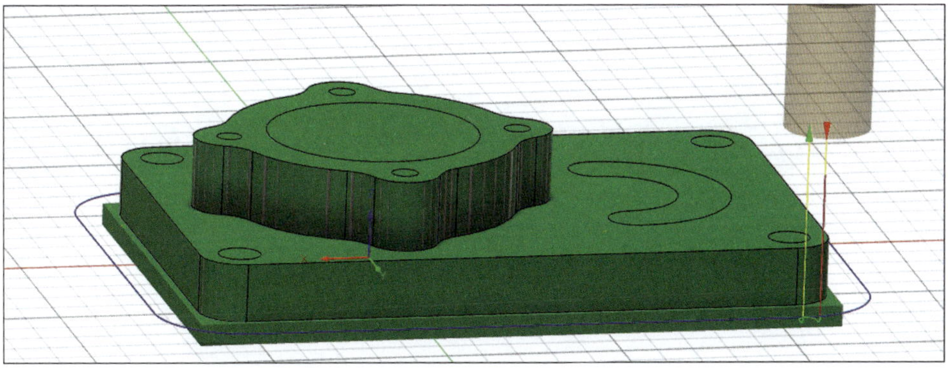

Abbildung 13.9: Bearbeitung der Außenkontur

13.1.5 Die CNC-Funktion »2D-Tasche«

Eine weitere Bearbeitungsstrategie erledigen Sie mit der Funktion *2D-Tasche*. Damit soll der halbkreisförmige Ausschnitt herausgearbeitet werden.

1. Wählen Sie die Funktion *2D-Tasche* aus dem Menü im Bereich *2D*. Wieder kommt ein ähnliches Dialogfeld. Zuletzt hatten wir den Fräser mit 25 mm Durchmesser verwendet. Der ist für die Tasche viel zu groß. Wechseln Sie im Register *Werkzeug* wieder zum 10-mm-Fräser. Wählen Sie noch im Register *Geometrie*, Bereich *Geometrie* die Auswahl *Tasche* und klicken Sie in die halbkreisförmige Tasche. Klicken Sie auf *OK* und die Tasche wird ausgeführt (siehe Abbildung 13.10, links).
2. Auf den ersten Blick sieht das gut aus. Aber eine CNC-Maschine ist zum Produzieren da und nicht dazu, das Werkzeug spazieren zu führen. In der Simulation sehen Sie, dass viele Leerläufe gemacht werden. Das sollte geändert werden. Klicken Sie im Browser doppelt auf das Symbol vor dem Namen der Tasche, dann können Sie in den gleichen Dialogfeldern wie bei der Erstellung Änderungen vornehmen.
3. Aktivieren Sie im Dialogfeld das Register *Höhen* und wählen Sie im Menü *Obere Höhe* die Einstellung *Ausgewählte Kontur(en)* (siehe Abbildung 13.10, Mitte). Klicken Sie danach auf *OK* und Sie sehen in der Voransicht (siehe Abbildung 13.10, rechts) und in der Simulation, dass zuerst auf die Modellkontur gefahren, eingetaucht und bearbeitet wird. So ist es besser.

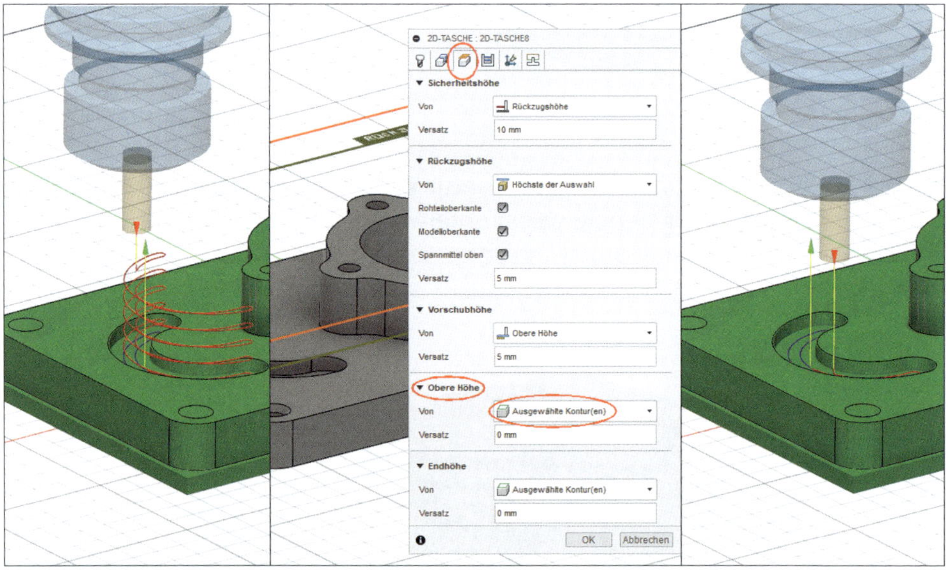

Abbildung 13.10: Erstellung und Korrektur an der Tasche

Die Bohrung in der Mitte erstellen Sie ebenfalls mit der Funktion *2D-Tasche*.

1. Wählen Sie die Funktion *2D-Tasche* noch einmal. Jetzt brauchen wir wieder den großen Fräser mit dem langen Schaft. Wechseln Sie im Register *Werkzeug* beim Feld *Werkzeug* im Feld *Auswählen* wieder zum Fräser mit 25 mm.
2. Im Register *Geometrie* klicken Sie im Feld *Geometrie* bei der *Taschenauswahl* den Typ *Kette* an und wählen den unteren Kreis (siehe Abbildung 13.11, links).
3. Da die Tasche nicht in einem Durchgang gefräst werden sollte, kann im Register *Durchgänge* (siehe Abbildung 13.11, rechts) bei *Tiefenschnitte* eine *Maximale Schrupp-Tiefenzustellung* von 6 mm und eine *Schlicht-Tiefenzustellung* von 2 mm eingestellt werden. So oder so ähnlich kann die Tasche sauber gefräst werden.

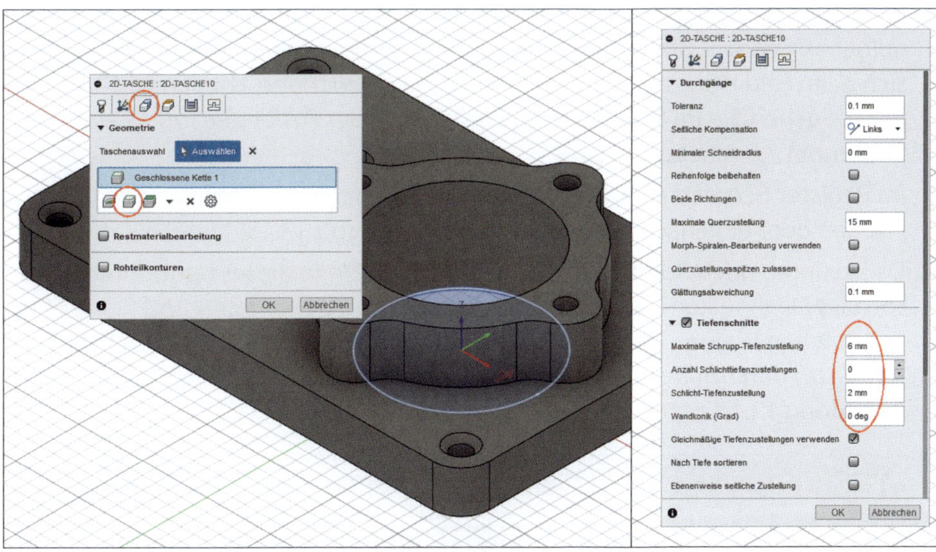

Abbildung 13.11: Einstellungen für die zweite Tasche

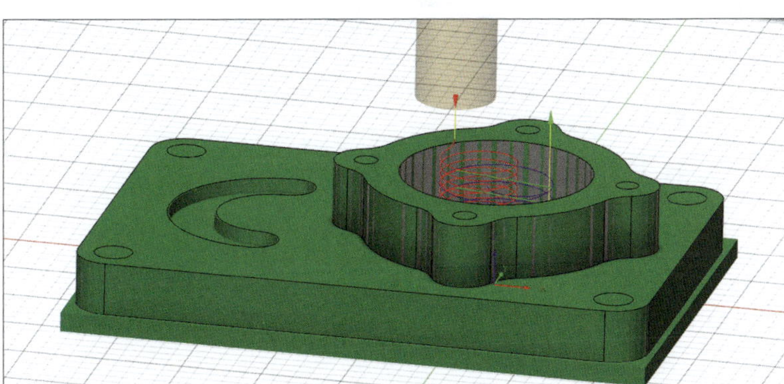

Abbildung 13.12: Bearbeitung der zweiten Tasche

4. Mit *OK* wird auch diese Bearbeitung erstellt, und wenn Sie die neue Tasche im Browser markieren, werden die Werkzeugwege angezeigt (siehe Abbildung 13.12). Überprüfen Sie es in der Simulation. Keine Angst, wenn die Tasche unten nicht offen ist. Es ist noch ein Sockel mit Rohmaterial darunter.

13.1.6 Die CNC-Funktion »Bohren«

Noch zwei Aktionen sollen ausgeführt werden. Alle Bohrungen lassen sich in einem Durchgang erstellen, und danach sollen die äußeren Bohrungen noch mit einer 90°-Senkung versehen werden. Also zuerst die Bohrungen.

1. Wählen Sie die Funktion *Bohren* mit ihrem Symbol im gleichnamigen Bereich der Multifunktionsleiste. Wieder kommt ein Dialogfeld, das ähnlich aufgebaut ist wie die vorherigen. Im Register *Werkzeug* entscheiden Sie sich beim Feld *Werkzeug* für die Option *Auswählen* (siehe Abbildung 13.13, links). Suchen Sie im folgenden Dialogfeld aus der *Fusion-Bibliothek* einen Bohrer mit 7,5 mm aus.

2. Im Register *Geometrie* können Sie im Feld *Geometrie* bei *Bohrungsflächen* alle acht Flächen der Reihe nach anklicken (siehe Abbildung 13.13, Mitte).
3. Da Sie unten noch Rohmaterial haben, können Sie in dieses reinbohren. Und zwar so, dass Sie eine komplette Durchgangsbohrung bekommen und keine Materialreste stehen bleiben. Stellen Sie ganz unten im Register *Höhen* den Schalter *Spitzenversatz durch Boden* ein und geben Sie sicherheitshalber noch 1 mm dazu (siehe Abbildung 13.13, rechts).

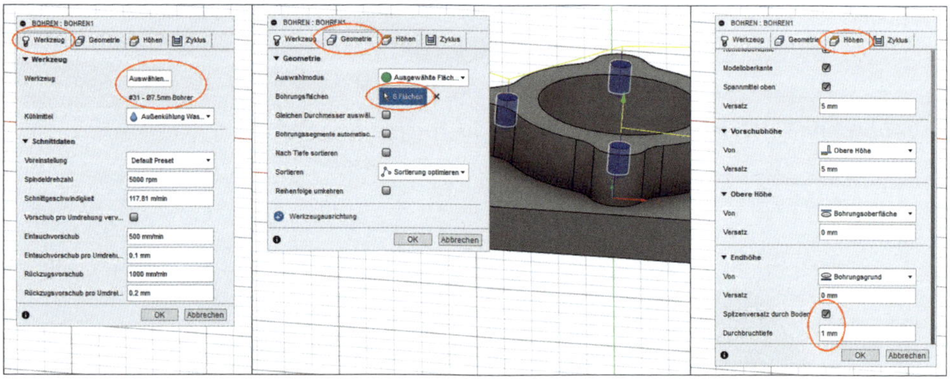

Abbildung 13.13: Bohrungen erstellen

4. Mit *OK* wird die Bearbeitung gespeichert und sieht in der Voransicht wie in Abbildung 13.14 aus.

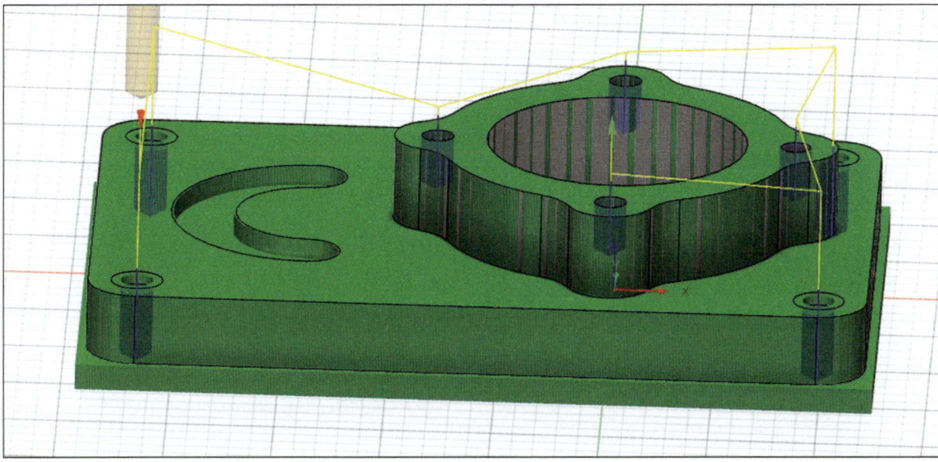

Abbildung 13.14: Bohrungen in der Voransicht

5. Wählen Sie noch einmal die Funktion *Bohren*. Gehen Sie genau wie vorher vor. Wählen Sie aber im Register *Werkzeug* aus der *Fusion-Bibliothek* einen *Konischen Senker* mit 12 mm aus.
6. Im Register *Geometrie* können Sie im Feld *Geometrie* bei *Bohrungsflächen* die Flächen der Senkungen an den vier äußeren Bohrungen anklicken. Mit *OK* bekommen Sie das Ergebnis in der Voransicht. Alle Bearbeitungen sind im Browser aufgelistet (Abbildung 13.15). Dort können sie einzeln in der Voransicht betrachtet oder simuliert werden. Sie können auch alle markieren und die Simulation komplett ablaufen lassen.

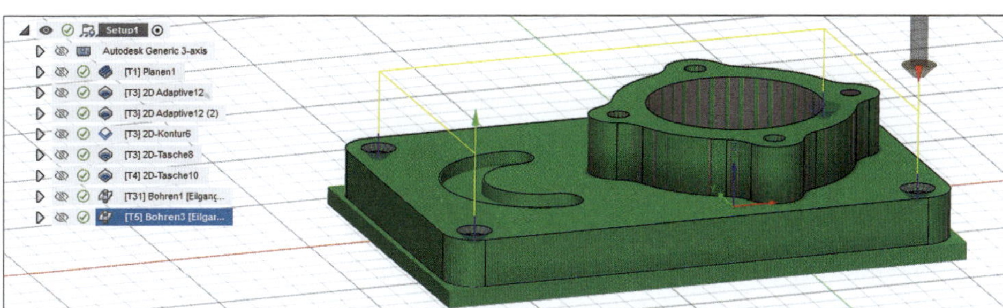

Abbildung 13.15: Voransicht der Senkungen und alle Bearbeitungsschritte im Browser

Diesen Stand finden Sie auch im Datenpanel in der Datei ***Lösung-13-01***. Die Entfernung des Rohmaterials am Boden sollte in einer weiteren Bearbeitung und je nach Maschine auch in einer neuen Aufspannung bearbeitet werden. Darum wollen wir uns jetzt nicht weiter kümmern.

13.1.7 Das NC-Programm erstellen

Das eigentliche Ziel unserer Arbeit in diesem Kapitel ist das NC-Programm, um das Teil auch tatsächlich bearbeiten zu können.

1. Wählen Sie zur Erzeugung des NC-Programms die Funktion *Postprozess* im Bereich *Aktionen* der Multifunktionsleiste. Sie bekommen ein Dialogfeld, in dem Sie im Register *Einstellungen* die Ausgabe des NC-Programms vornehmen können (siehe Abbildung 13.16). Dazu gleich mehr.

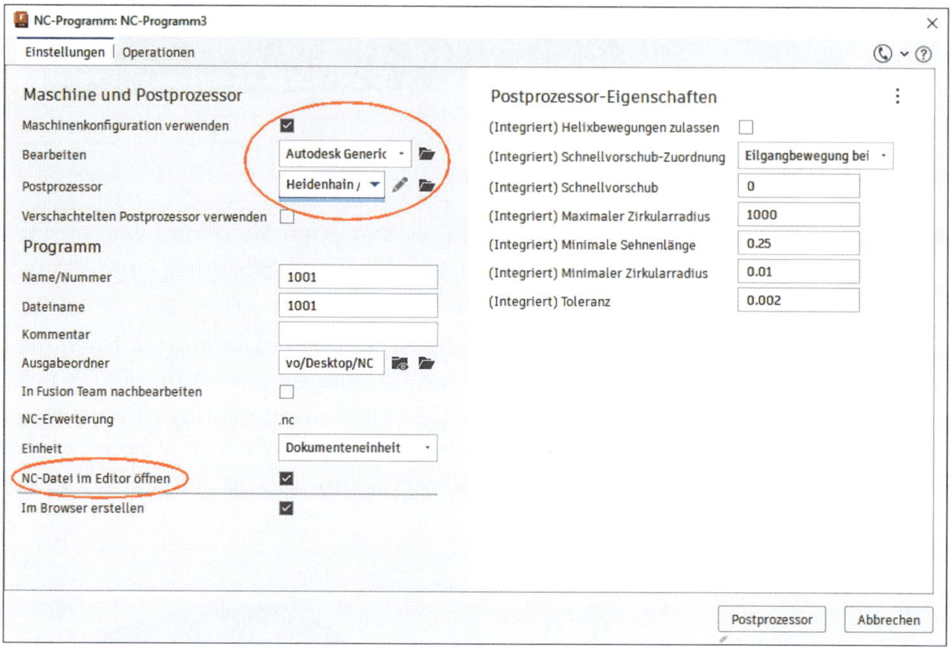

Abbildung 13.16: Dialogfeld zur Ausgabe des NC-Programms

2. Im Register *Operationen* wählen Sie, welche Bearbeitungsschritte Sie in dem NC-Programm ausgeben wollen. Zu beachten ist, dass in der Version für Privatanwender das NC-Programm immer nur für einen Bearbeitungsschritt ausgegeben werden kann. Dies muss danach von Hand zusammengesetzt werden. In der kommerziellen Version ist das in einem Schritt machbar.
3. Zurück zum Register *Einstellungen*. Da wählen Sie zuerst, welche Maschinenkonfiguration Sie verwenden wollen: die, mit der bisher gearbeitet wurde, oder eine andere. Wichtig ist dann vor allem der *Postprozessor*. Ein Postprozessor ist eine Software, die das NC-Programm an die Besonderheiten der Steuerung der Maschine

anpasst und optimiert. Wählen Sie einen aus dem Auswahlmenü *Postprozessor*. Da Sie bis jetzt noch keinen verwendet haben, müssen Sie zunächst einen auswählen und in einen lokalen Ordner kopieren.

4. Klicken Sie im Auswahlmenü *Postprozessor* auf den Eintrag *Aus Bibliothek wählen* und Sie bekommen die *Fusion-Bibliothek* für Postprozessoren. Jetzt müssen Sie zuerst einen Ordner vorgeben, in dem der aus der Bibliothek gewählte Postprozessor gespeichert werden soll. Dort können auch mehrere gespeichert werden. Machen Sie einen Rechtsklick auf den Eintrag *Verknüpft* in der linken Spalte und wählen Sie mit der Funktion *Ordner verknüpfen* einen lokalen Ordner bzw. legen einen an.
5. Wenn Sie jetzt in der linken Spalte auf *Fusion-Bibliothek* klicken und eventuell noch den Filter rechts oben auf *Fräsen* setzen, werden die Postprozessoren aus der Bibliothek aufgelistet. Wählen Sie zum Beispiel einen der Prozessoren von *Heidenhain*. Mit *Auswählen* wird er in den lokalen Ordner mit den Postprozessoren kopiert (siehe Abbildung 13.17). Diesen müssen Sie aber auch im folgenden Dialogfeld angeben.

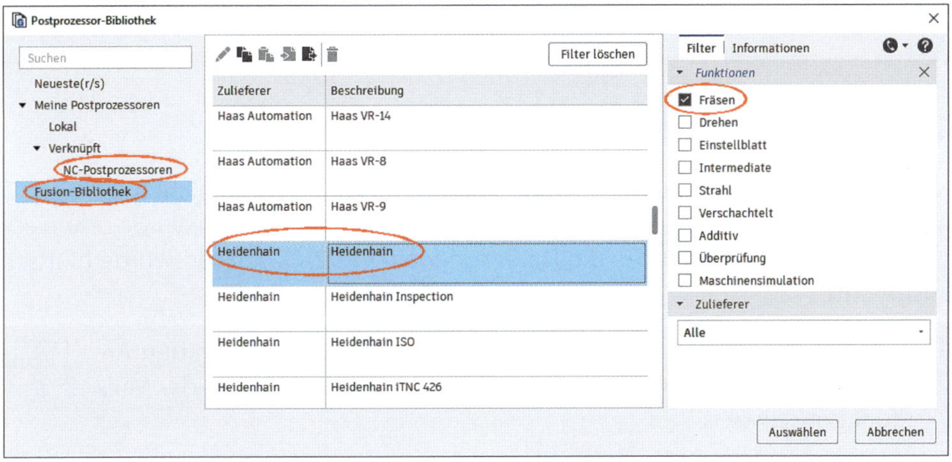

Abbildung 13.17: Auswahl des Postprozessors aus der Bibliothek

6. Dann kommen Sie zurück in das Dialogfeld aus Abbildung 13.16. Wählen Sie den gerade gespeicherten Postprozessor. Jetzt können Sie weitere Angaben zu der zu erstellenden Datei machen. Wenn Sie den Schalter *NC-Datei im Editor öffnen* aktiviert haben, sehen Sie das NC-Programm mit seinen G-Code-Befehlen im Editor. Mit einem Klick auf *Postprozessor* wird das Programm erstellt und, falls gewählt, im Editor geöffnet (siehe Abbildung 13.18). Diese Datei schicken Sie dann an Ihre NC-Maschine.

```
C: > Users > Lenovo > Desktop > NC > C 1001.h
16 ;-----------------------------------
17 * - 2D Adaptive12
18 TOOL CALL 3 Z S5000
19 L M140 MB MAX
20 M3
21 L X-122.64 Y-70.744 R0 FMAX
22 L Z+53.5 R0 FMAX
23 M8
24 CYCL DEF 32.0 TOLERANCE
25 CYCL DEF 32.1
26 L Z+43.5 F1000
27 L Z+20.5
28 L Z+19.5
29 L X-122.638 Y-70.737 Z+19.379
30 L X-122.632 Y-70.716 Z+19.261
31 L X-122.623 Y-70.681 Z+19.145
32 L X-122.611 Y-70.633 Z+19.035
33 L X-122.596 Y-70.573 Z+18.932
34 L X-122.577 Y-70.501 Z+18.837
35 L X-122.556 Y-70.418 Z+18.751
36 L X-122.532 Y-70.326 Z+18.677
37 L X-122.507 Y-70.226 Z+18.615
38 L X-122.479 Y-70.119 Z+18.565
39 L X-122.451 Y-70.007 Z+18.529
```

Abbildung 13.18: Ausschnitt aus der NC-Datei

13.2 CNC-Drehen

Nur der Vollständigkeit halber noch ein kurzer Einblick in die Möglichkeiten beim Drehen. Im Beispiel handelt es sich um die Schachfigur des Bauern. Es wurde schon etwas Vorarbeit geleistet. Laden Sie die Datei ***Aufgabe-13-02***. Das Setup wurde hier schon ausgeführt.

1. Falls die Datei nicht schon so geladen wurde, wechseln Sie in den Arbeitsbereich *Fertigen* und aktivieren dort den Reiter *Drehen* in der Multifunktionsleiste.
2. Schauen Sie sich die Einstellungen des Setups an. Klicken Sie im Browser das Symbol vor dem Eintrag doppelt an und Sie bekommen das Dialogfeld. Im Reiter *Rohteil* sehen Sie, dass für das Rohteil die Option *Relativer Zylinder* gewählt wurde mit einem Aufmaß von 2 mm radial, 1 mm an der Vorderseite und 12 mm an der Rückseite. Das Aufmaß an der Rückseite benötigt man zum Spannen des Rohteils. Das fertige Setup sieht dann wie in Abbildung 13.19 aus.

3. Zunächst soll Rohmaterial in einem Schrupp-Durchgang entfernt werden. Wählen Sie dazu die Funktion *Drehen-Profil-Schruppen* aus dem Bereich *Drehen*. Wählen Sie im folgenden Dialogfeld das Register *Werkzeug*. Hier klicken Sie auf das Auswahlfeld *Werkzeug* und wählen aus der dann eingeblendeten *Fusion-Bibliothek* ein Drehwerkzeug aus (siehe Abbildung 13.20).

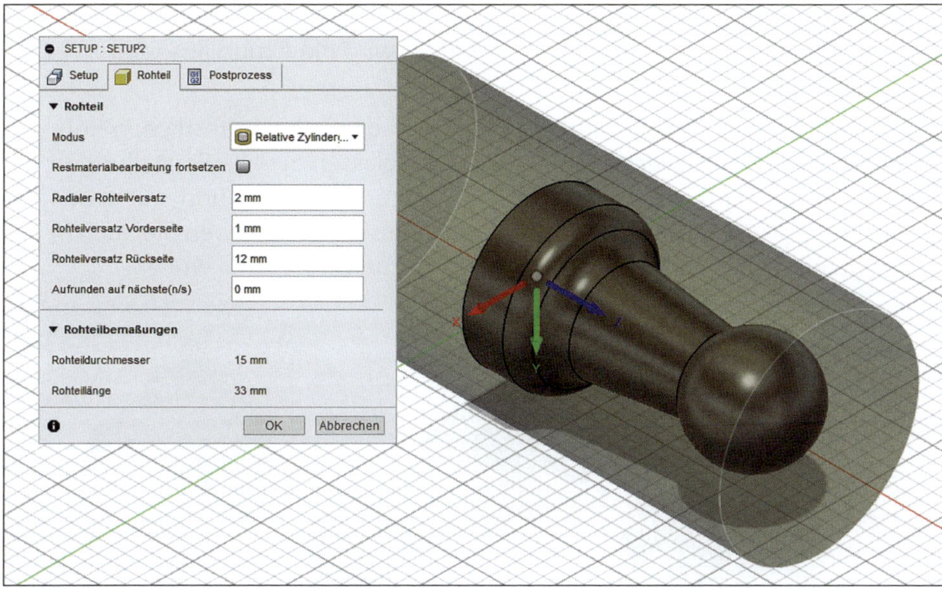

Abbildung 13.19: Setup zur Bearbeitung des Drehteils

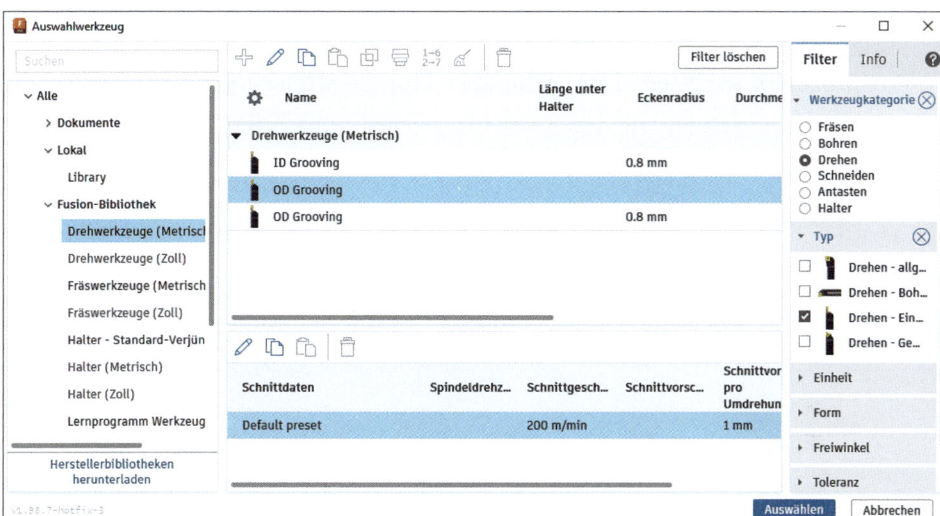

Abbildung 13.20: Auswahl des Bearbeitungswerkzeugs

4. Begrenzen Sie im Register *Durchgänge*, Bereich *Durchgänge* die *Maximale Schnitttiefe* auf 1 mm und das *Rohteil-Aufmaß* auf 0,5 mm in beiden Richtungen. Übernehmen Sie mit *OK* und simulieren Sie die Bearbeitung. Es sollte wie in Abbildung 13.21, links aussehen.

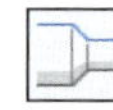

5. Als Nächstes die Funktion *Drehen-Profilschlichten*. Wählen Sie diese und ändern Sie nichts an den Einstellungen. Mit *OK* wird die Aktion ausgeführt, es sollte wie in Abbildung 13.21, Mitte aussehen.

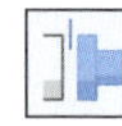

6. Mit der Funktion *Drehen-Abstechen* lässt sich das Teil vom restlichen Rohteil trennen. Wählen Sie die Funktion und belassen Sie alle Einstellungen auf dem Standard. Mit *OK* wird die Trennung ausgeführt und wir haben den Stand wie in Abbildung 13.21, rechts. Diesen Stand haben Sie auch in der Datei ***Lösung-13-02*** im Datenpanel, falls Sie vergleichen wollen.

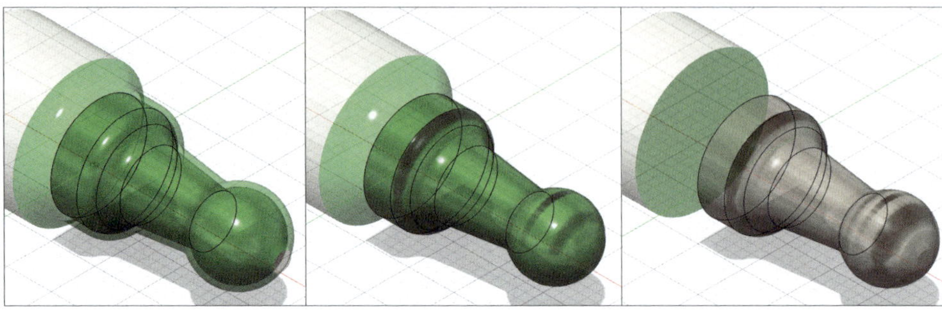

Abbildung 13.21: Die drei Bearbeitungsschritte für die Schachfigur

7. Sie können jetzt auch noch das NC-Programm erstellen. Dazu sollten Sie aber den Postprozessor wechseln. Der vorherige ist für die Steuerung von Fräsmaschinen.

14. Zusammenarbeit, Einschränkungen und Erweiterungen

Autodesk Fusion ist ein wahrer Meister in der Migration von Fremdsystemen, außerdem lässt sich Fusion weiter ausbauen zum Spezialsystem für diverse Anwendungen. Weiterhin können Sie mit Fusion rechenintensive Aktionen in die Cloud auslagern. In diesem abschließenden Kapitel erhalten Sie einen Einblick in diese Möglichkeiten.

14.1 Import und Export in Fusion

Es gibt nicht nur das CAD-System Fusion auf dieser Welt. Diese Feststellung gilt logischerweise aber auch für alle anderen CAD-Systeme. Deshalb ist es für den Erfolg eines Systems wichtig, dass es Daten in neutralen Formaten lesen und schreiben kann. Da beim Austausch über Neutralformate auch immer Verluste entstehen, ist es besser, wenn der Austausch direkt im nativen Format des Fremdsystems erfolgen kann. Und genau da schneidet Fusion als jüngster Vertreter dieser Spezies sehr gut ab. Im Folgenden eine Liste der Import- und Export-Funktionen von Fusion:

Format	Beschreibung	2D-Format	3D-Format	Import	Export
WIRE	Natives Autodesk-Alias-Format (Design-Software zur Konstruktion hochwertiger Oberflächen)	**O**	**X**	**X**	**O**
DWG	Natives AutoCAD-Format	**X**	**X**	**X**	**X**
SCH, BRD, LBR	Autodesk-Eagle-Format (Software zur Automatisierung von Elektronikentwürfen)	**X**	**X**	**X**	**O**
Diverse	Autodesk-Fusion-Archiv-Dateien (Fusion-eigene Dateien)	**X**	**X**	**X**	**X**
IAM, IPT	Natives Autodesk-Inventor-Format	**O**	**X**	**X**	**X**
CATProduct, CATPart	Natives CATIA-V5-Format	**O**	**X**	**X**	**X**
DXF	DXF-Format (2D-Neutralformat)	**X**	**O**	**X**	**X**

Format	Beschreibung	2D-Format	3D-Format	Import	Export
FXB	Austauschformat für Autodesk MotionBuilder	O	X	X	X
IGE, IGES, IGS	Iges-Format (3D-Neutralformat)	O	X	X	X
JT	ISO-Standard-Grafikformat (3D-Neutralformat)	O	X	X	O
NX	Natives Siemens NX-Format	O	X	X	O
X_B	Parasolid-Binärdateien (SolidWorks)	O	X	X	O
X_T	Parasolid-Textdateien (SolidWorks)	O	X	X	O
ASM, PRT	Natives Pro ENGINEER- und Creo Parametric Format	O	X	X	O
G	Natives Pro ENGINEER Granite Format	O	X	X	O
NEU	Natives Pro ENGINEER Neutral Format	O	X	X	O
3DM	Natives Rhino-Format	O	X	X	O
SAB, SAT, SMB, SMT	SAT-/SMT-Format (Austauschformat für CAD-Systeme, die mit ACIS-Kern arbeiten)	O	X	X	X
SKP	Natives SketchUp-Format	O	X	X	X
PAR, ASM, PSM	Natives SolidEdge-Format	O	X	X	O
PRT, ASM, SLDPRT, SDASM	Natives SolidWorks-Format	O	X	X	O
STE, STEP, STP	STEP-Format (3D-Neutralformat)	O	X	X	X
STL	STL-Format (Triangulierte Oberflächenmodelle)	O	X	X	X
123DX	Natives Autodesk-123D-Design-Format (Software wurde eingestellt)	O	X	X	O

Format	Beschreibung	2D-Format	3D-Format	Import	Export
3MF	Open-Source-Format (3D-Neutralformat)	O	X	X	X
USDZ	Austauschformat für Pixar Animation Studios	O	X	O	X
OBJ	Offenes Dateiformat zum Speichern dreidimensionaler geometrischer Formen	O	X	O	X

14.2 Einschränkungen in der Version für private Anwender

Wie Sie im Verlauf der Arbeit mit diesem Buch gesehen haben, gibt es verständlicherweise Einschränkungen in der Version für private Anwender. Im Folgenden eine Auflistung dieser Einschränkungen.

- Gleichzeitig bearbeitbare Dateien sind auf zehn begrenzt. Momentan nicht benötigte Dateien lassen sich im Datenpanel auf *Schreibgeschützt* setzen.
- Kein Zugriff auf Konfigurationen für Entwurfsvarianten.
- Nur ein Zeichnungsblatt für ein Bauteil oder eine Baugruppe.
- Keine Möglichkeit der automatisierten Zeichnungserstellung, Stapeldruck und Stücklisten.
- Kein Export von Zeichnungsblättern im PDF-Format. Über PDF-Druckertreiber einfach lösbar.
- Eingeschränkte Funktionalität beim Bemaßen von Zeichnungen.
- Keine Auslagerung des Renderns in die Cloud.
- Keine 5-Achsen-Bearbeitung, kein Drehfräsen und kein Antasten für Reverse Engineering im Bereich *Fertigen*.
- Einschränkungen im Bereich *Fertigen* beim Erstellen des NC-Programms und den Einstellblättern.
- Keine Funktionen in den Arbeitsbereichen *Generatives Design* und *Simulation*.
- Wesentliche Einschränkungen im Bereich Leiterplattenentwicklung, nur Basisfunktionalität enthalten.

14.3 Möglichkeiten der Erweiterungen

Fusion ist mit der Version, in der es ausgeliefert wird, noch nicht am Ende seiner Möglichkeiten. Erwirbt man die kommerzielle Lizenz, gibt es eine Reihe von Erweiterungen, die den Funktionsumfang enorm erweitern, beispielsweise diese:

- **Fusion Manufacturing Extension:** Das Paket bietet erweiterte Möglichkeiten in der 3- bis 5-Achsen-CNC-Bearbeitung sowie die effektivere Verschachtelung und Fertigung von Blechteilen und Funktionen zur metallbasierten additiven Fertigung.
- **Fusion Simulation Extension:** Im Paket sind Funktionen zum generativen Design und KI-Funktionen mit unbegrenztem Zugang zur Cloud-Berechnung enthalten. Damit lassen sich Gewichtseinsparungen und Leistungsverbesserungen erzielen. Das Paket beinhaltet außerdem verschiedene Simulationsstudien wie strukturelle, thermische und explizite Simulationen sowie zum Spritzguss. Damit ist ein weitgehendes Verständnis des Verhaltens einer Konstruktion unter realistischen Bedingungen möglich.
- **Fusion Design Extension:** Ein Paket für die Design-Optimierung komplexer Geometrien. Es ermöglicht einen automatisierten Ansatz beim Produktdesign von Alltagsgegenständen und Designobjekten.
- **Fusion Signal Integrity Extension:** Das Paket mit zusätzlichen Werkzeugen und Funktionen für die Integrität von Leiterplatten. Damit lassen sich EMV-Analysen (**E**lektro**m**agnetische **V**erträglichkeit) für kritische Signale in der Leiterplatte durchführen.
- **Fusion Manage Extension:** Für die Verwaltung von Konstruktionsabläufen, Änderungsaufträgen, Freigabeverwaltung, Stücklisten mit automatischer Bauteilnummerierung usw.

Dabei handelt es sich um Spezialgebiete, die in diesem Einführungsbuch nicht berücksichtigt werden können. Alle Informationen zu Fusion und den Erweiterungen finden Sie auch auf der Homepage des Herstellers: www.autodesk.de/products/fusion-360.

S

T

U

V

W

Z